普通高等院校计算机科学与技术专业面向应用系列教材

计算机网络

主　编　邓世昆

副主编　杨金华　王云扬

北京理工大学出版社
BEIJING INSTITUTE OF TECHNOLOGY PRESS

内容简介

本书采用大量的图例，通过简洁明快的语言，全面系统地介绍了数据通信的概念和计算机网络的原理及应用。主要内容包括计算机网络概论、网络数据通信基础、网络体系结构、局域网、网络设备、互联网 TCP/IP、广域网、接入网、无线局域网 WLAN、网络安全。在内容安排上力求体系结构合理，概念清晰，原理阐述清楚，既强调读者对基本原理和概念的掌握，又突出了理论与实践的有机结合，内容新颖、翔实，可读性强。

本书可以作为大学计算机类、通信工程及相关专业的核心课程教材，也可供从事计算机网络设计、建设、管理和应用的技术人员参考。

图书在版编目（CIP）数据

计算机网络/邓世昆主编. —北京：北京理工大学出版社，2018.1（2024.1 重印）
ISBN 978－7－5682－3583－9

Ⅰ.①计…　Ⅱ.①邓…　Ⅲ.①计算机网络　Ⅳ.①TP393

中国版本图书馆 CIP 数据核字（2016）第 323626 号

责任编辑：王玲玲　　文案编辑：王玲玲
责任校对：周瑞红　　责任印制：施胜娟

出版发行 / 北京理工大学出版社有限责任公司
社　　址 / 北京市丰台区四合庄路 6 号
邮　　编 / 100070
电　　话 /（010）68914026（教材售后服务热线）
（010）68944437（课件资源服务热线）
网　　址 / http://www.bitpress.com.cn

版 印 次 / 2024 年 1 月第 1 版第 4 次印刷
印　　刷 / 北京国马印刷厂
开　　本 / 787 mm×1092 mm　1/16
印　　张 / 19.75
字　　数 / 460 千字
定　　价 / 52.00 元

前　言

计算机网络是当今最热门的学科之一，在过去的几十年里取得长足的发展，尤其是最近几年，互联网技术的广泛普及应用，对科学、技术乃至整个社会的发展产生了极大的影响，也带来了网络技术人才需求量的不断增加，网络技术教育和人才培养成为高等院校的一项重要战略任务。

本教材正是为了满足网络技术人才教育、培养需求而编写的，本教材以计算机网络技术的发展为主线，在介绍数据通信原理、网络体系结构等基本理论的基础上，从网络应用、网络系统集成所需要的知识角度介绍了网络设备、局域网、互联网、广域网、接入网、无线局域网、网络安全的基本原理和技术，同时也介绍了一些互联网发展的新技术内容。

本教材在编写过程中，坚持以实用为原则，紧密结合教学实际，力求用通俗的语言和直观的图示进行介绍。教材编写既强调计算机网络的基本理论和基本概念，又突出理论和实践的有机结合，注重介绍计算机网络应用、系统集成的主流技术。

本教材是作者在多年来对本科生、研究生进行教学，以及从事网络工程项目实践的基础上完成编写的。本教材可以作为大学计算机专业、通信专业及相关专业的课程教材，也可供从事计算机网络设计、建设、管理和应用的技术人员参考。

全书各章内容简要介绍如下。

第 1 章介绍计算机网络的基本概念。读者除了要了解计算机网络的发展过程、技术演变之外，还需要了解计算机网络结构的基本组成。

第 2 章介绍数据通信的基础知识。本章是学习后续各章的重要基础知识。如果开设过数据通信基础课程，这部分内容可以不讲或作为复习时的阅读教材。

第 3 章介绍网络体系结构。读者需要熟悉 ISO 开放系统互连参考模型、七层模型中各层功能，其中的基本概念是学习网络技术的理论框架。

第 4 章详细介绍局域网技术。读者需要熟悉局域网 IEEE 802 参考模型、逻辑链路层 HDLC 协议内容，其流量和差错控制机制是学习网络技术的基础；HDLC 协议还与其他许多协议有关，所以应该深入了解这部分内容。读者还需要通过学习以太网，掌握交换式以太网技术，了解 10M、100M、1 000M、10G 以太网络的技术演变及以太网物理层协议的内容实质。

第 5 章介绍网络设备的基本工作原理。读者需要熟悉集线器、网桥、二层交换机、三层交换机的工作原理和技术演进，掌握广播域、冲突域的基本概念及 VLAN 技术，熟悉路由器基本工作原理，路由实现。

第 6 章讨论互联网 TCP/IP。读者需要理解 TCP/IP 网络体系结构的技术思想和系统结构，IP 地址、子网划分、IP 地址规划及 TCP/IP 协议簇的各个协议是学习互联网的重要内容，需要深入地了解，并熟悉无连接的网络服务和面向连接的网络服务这两种实现技术。动态路由技术、组播技术、QoS 技术、TCP 协议的连接管理和流量控制技术也是重点内容，掌握了这些内容，才能理解互联网通信的实现过程及网络管理，才能熟练应用现代计算机网络。

第 7 章讨论广域网。重点是通过 X. 25、帧中继了解分组交换网的工作原理，通过 ATM 和 SDH 了解高速网络的基本原理。这一章的内容对于广域网互连是有用的。

第 8 章介绍接入网。读者需要理解接入网的基本概念，熟悉有线宽带网络接入技术，这部分内容是现代网络入户的主流技术。

第 9 章讲述无线局域网。读者需要了解无线网传输技术、介质访问控制技术、IEEE 802. 11 技术标准及无线网组网技术。这部分内容对理解无线局域网通信的实现过程及无线网络系统集成都有重要的参考作用。

第 10 章讲述网络安全。重点是网络安全系统架构体系、加密技术、访问控制技术，本章使读者建立起基本的网络安全概念和了解网络安全使用的基本技术，为后续深入研究网络安全打下基础。

建议本书在 72 课时内讲完，有些非重点部分可以作为阅读和自学的内容。

本书第 1、2 章由杨金华执笔，第 3、4、5、6、9、10 章由邓世昆执笔，第 7、8 章由王云扬执笔。因时间、水平和范围的限制，书中的不当和疏漏之处在所难免，殷勤希望同行专家和广大读者批评指正。

编　者

2017 年 12 月

CONTENTS 目录

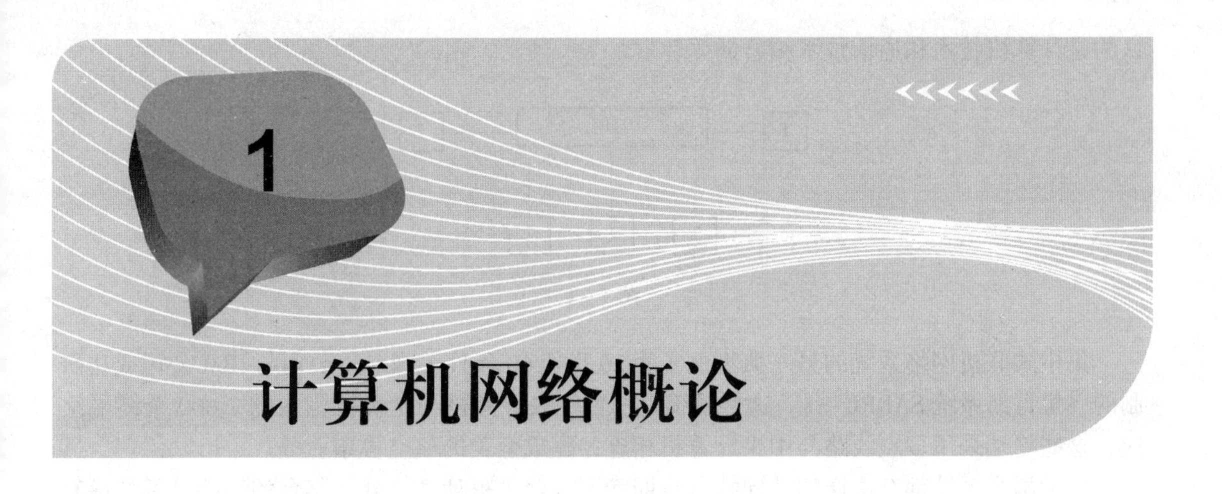

1.1 计算机网络概论

铁路、公路、海运等组成的交通运输网，把城市与乡镇连接在一起，传输人流和物流，构成了国家的经济命脉。类似地，计算机网络就是把分布在不同地点的多个独立的计算机系统连接起来，传输数据流，让用户实现网络通信，以及共享网络上的软硬件系统资源和数据信息资源。

1.1.1 计算机网络的发展

计算机网络是计算机技术和通信技术结合的产物，计算机网络的发展历史与通信技术的发展紧密相关。计算机网络起源于20世纪50年代，经过60多年的发展历程，形成了今天能全球互连、支持多媒体信息传输、能实现高速传输的计算机网络。计算机网络的发展可以概括地分为五个阶段：

①面向终端的集中式联机网络系统。

②多个计算机互连的分布式计算机网络。

③统一网络体系结构、遵循国际标准的计算机网络。

④光纤、宽带、高速的计算机网络，网络得到广泛应用的时代。

⑤IPv6、移动网络、云计算、物联网时代。

1. 面向终端的集中式联机网络系统

所谓的集中式联机网络系统，就是一台中央计算机连接大量分散在不同地理位置的终端网络系统。用户可以通过这些连接在不同地理位置的终端共享这台中央计算机资源。图1－1给出了一个集中式联机系统的示意图。图1－1中H为中央计算机，T为终端。

历史上典型的联机网络系统是1951年美国麻省理工学院林肯实验室为美国空军设计的称为SAGE的半自动化地面防空系统。该系统将17个防区的计算机终端连接到中央计算机，形成联机计算机系统，自动引导飞机和对导弹进行拦截。这个系统最终于1963年建成，被认为是计算机技术和通信技术结合的先驱。

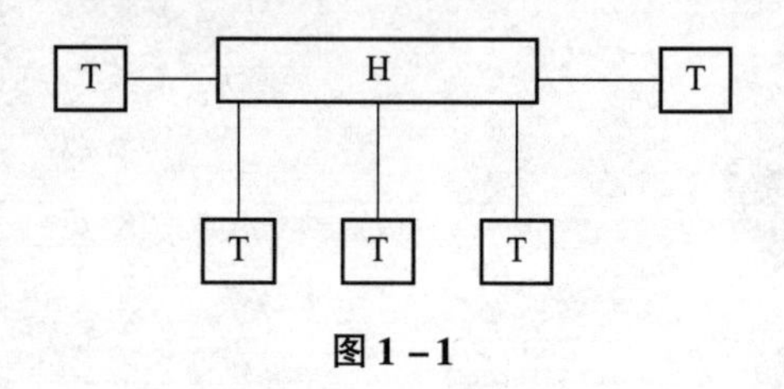

图 1-1

集中式联机网络系统的另一典型例子为20世纪60年代美国航空公司与IBM公司成功研制的飞机订票系统SABRE—1。这个系统由一台中央计算机与全美范围内的2 000个终端组成，这些终端采用多点线路与中央计算机相连，完成全美的航空售票业务。

以上两个系统都有这样的共同特点，即除了一台中央计算机外，其余的终端设备都没有数据处理的能力，仅有数据输入、输出的能力。数据的处理是通过终端将处理信息送到中央计算机，经中央计算机处理后将处理结果送到终端输出。在集中式联机网络系统中，随着连接的终端数目的增多，为了使承担数据处理能力的中央计算机负荷减轻，在通信线路和计算机之间设置了一个通信控制器，专门负责与终端之间的通信控制，于是出现了数据处理和通信控制的分工。由于这种分工使用专门的通信控制器实现通信控制，使中央计算机集中进行数据处理，能更好地发挥中央计算机的数据处理能力。另外，在终端较集中的地区，设置集中器和多路复用器，将通过低速线路传输的终端连至集中器或复用器，然后通过高速线路、调制解调器与远地中央计算机的前端机相连，构成如图 1-2 所示的远程联机系统，提高了通信线路的利用率，节约了远程通信线路的投资。

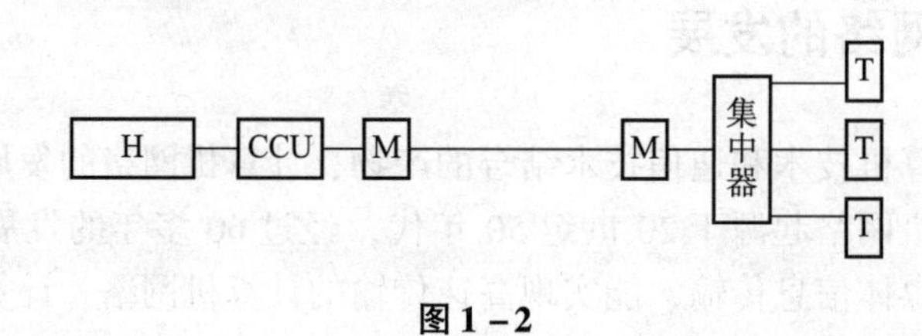

图 1-2

图 1-2 中 H 为计算机主机，CCU 为通信控制处理机，M 为调制解调器，T 为终端。

集中式联机网络系统的思想主要是解决早期计算机主机价格高昂，不可能每个用户拥有一台主机的问题。通过多个终端连接计算机，实现多个用户共享一台主机的目的。随着计算机价格逐渐下降，集中式联机网络系统已被通过通信线路将多个计算机互连的分布式网络（第二代计算机网络）所取代。

2. 多个计算机互连的分布式计算机网络

1969年，美国国防部高级研究计划局（Defense Advanced Research Projects Agency，DAPRA）建成了ARPA网，标志着计算机与计算机互连的分布式网络的兴起。

ARPA网最初的目标是借助现有的通信系统，使与通信系统连接的计算机系统之间能够相互进行数据通信和资源共享。ARPA网当时只有4个节点，以电话线路作为通信主干网络，两年后，建成15个节点，进入工作阶段。此后，ARPA网的规模不断扩大。到20世纪70年代后期，网络超过60个，主机100多台，地理范围跨越了美洲大陆，连通了美国东部和西部的许多大学和研究机构，并且通过通信卫星与夏威夷和欧洲等地区的计算机网络相互连通。ARPA 网是一个成功的系统，它在概念、结构和网络设计方面都为后继的计算机网络的发展打下了基础。

ARPA 网的主要特点：

①资源共享；

②分散控制；

③分组交换；

④专门的通信控制处理机 IMP；

⑤分层的网络协议。

这些特点往往被认为是现代计算机网络的一般特征。图 1－3 给出了一个 ARPA 网的示意图。

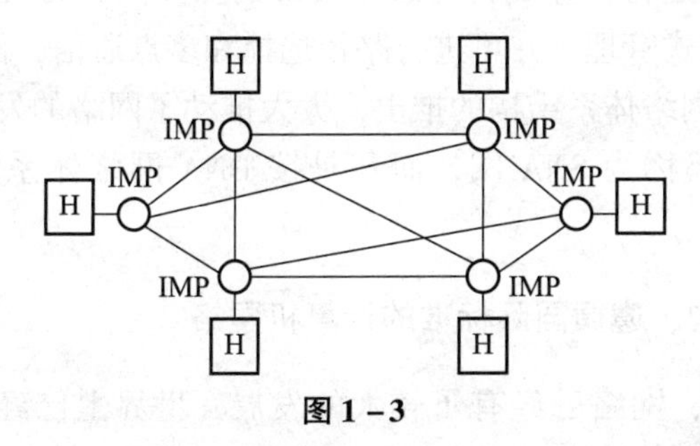

图 1－3

ARPA 网是由负责信息处理的计算机 H、负责通信控制的接口信息处理机 IMP 及通信线路构成的通信网组成的计算机网络，它也是今天的分布式网络的典型结构。

ARPA 网采用了分组传输方式，在发送数据时，将一个大的数据块(文件)划分成若干小的数据块，并对每一个小的数据块进行编号，每个小的数据块称为分组，每一个分组单独选择路由进行传输，到达接收方后，再根据各个分组的编号重新将分组组装成原来的大的数据块（文件)。分组传输能很好地利用网络链路资源，大大提高传输效率，此技术现在仍然在使用。

ARPA 网的出现第一次提出了网络分层的概念，网络分层将完整的网络功能分解成若干子功能，每个子功能由不同的层次来共同实现，同层间按照协议进行通信，层间的信息交互通过接口实现。网络分层思想使网络体系结构变得清晰，各层的设计与实现可以由独立的软件、硬件完成，并且便于厂家设计网络产品，成为今天网络体系结构的架构标准。

ARPA 网自 1969 年投入运行以来，以它的可靠服务证明了 ARPA 网技术的优越性。在 ARPA 网以后，又用同样的技术建立了一个军用网络 MILNET，后来又扩展到欧洲，称为 MINET。MILNET 和 MINET 都连到 ARPA 网上。这以后，开通了两个卫星网 SATNET 和 WIDDEBAND，也连到了 ARPA 网上，再加上许多大学和政府的局域网也陆续加入 ARPA 网，形成了一个带数百万台主机和超过千万用户的 ARPA 网际网，形成了今天著名的 Internet 网的最早形态。

ARPA 网的形成及它显示出的优越性，推动了计算机网络的迅猛发展。20 世纪 70 年代后期是广域网络大发展的时期，在这个时期，很多国家的政府部门、研究机构和公司都在发展各自的分组交换广域网。

随着人们对组网的技术、方法和理论的研究日趋成熟，为了促进网络产品的开发，各大计算机公司纷纷制定自己的网络技术标准，相继推出了自己的计算机网络体系结构，IBM 公司的 SNA（System Network Architecture）和 DEC 公司的 DNA（Digital Network Architecture）是两个著名的例子。

1994 年，IBM 公司首先推出了自己的网络体系结构 SNA。SNA 描述了网络部件的功能，以及通过网络传输信息和控制配置与运行的逻辑构造、格式和协议等。它主要用于集中式面向终端的计算机网络。1976 年，SNA 将一台主机和它的终端设备连成树形网络，并进一步扩展成带树形分支的多台主机的互连网络。1979 年，SNA 去掉上述限制，允许用户之间进行通信，从而形成比较完善的分布式网络体系结构。

1975 年，DEC 公司宣布了自己的网络体系结构 DNA。它诞生时就强调分布式而不是集中式的网络体系结构。1978 年，DEC 公司推出自己的第二代网络体系结构，它能在实时、分时和多任务操作系统上运行，并支持对远程资源的操作。1980 年，DEC 第三代网络体系结构推出，它增强了分布式管理，并可进行路径选择和多点通信，网络的节点可达 255 个。

SNA 和 DNA 这两个网络体系结构的推出，大大推动了网络的发展，以后凡是按 SNA 网络体系结构组建的网络都称为 SNA 网，而凡是按 DNA 网络体系结构组建的网络都称为 DNA 网。

3. 统一网络体系结构、遵循国际标准的计算机网络

20 世纪 70 年代后期，网络已经有了较大的发展，世界上已经有很多计算机网络在运行。由于它们大多都是自己研制的网络，这些网络技术标准只是在一个公司范围内有效，遵从自己公司指定的某种标准。这种没有统一的网络体系结构、各自为政的状况使得用一个公司的计算机网络产品很难和另一公司的计算机网络产品互连并进行通信。不能互连的原因是它们的网络体系结构、网络遵循的标准不一样。然而，要充分发挥计算机网络的作用，就应当使不同厂家的计算机网络产品组建的网络能够互连，并能进行通信。

要使不同厂家生产的计算机网络产品能够互连，能进行通信，就需要制定一个国际范围的网络标准，只要不同厂家生产的计算机网络产品都遵循这个国际范围的网络标准，就能够互连，进行通信。70 年代后期，国际标准化组织意识到这个问题，开始着手制定网络的国际标准。

1977 年，国际标准化组织（ISO）的 SC16 分技术委员会（TC97 信息处理系统技术委员会）开始着手制定国际范围的网络标准——“开放式系统互连参考模型”（Open System Interconnection/Reference Model，OSI/RM）作为国际标准。

OSI/RM 规定了网络的体系结构及互连的计算机之间的通信协议，遵从 OSI/RM 网络体系结构及协议的网络通信产品都是所谓的开放系统。也就是说，只要是遵循 OSI/RM 标准的网络系统，就可以和位于世界上任何地方的、也遵循这个标准的其他网络系统互连，并进行通信。这种统一的、标准化的产品市场给网络技术的发展带来了网络市场的繁荣，推动了互联网络的快速发展，开创了计算机网络的新纪元。

计算机网络发展历程中，还包括局域网（Local Area Network，LAN）的发展。20 世纪 80 年代，微型计算机产品有了极大的发展，由微型机构成的局域网技术得到了相应的发展。

鉴于广域网出现的问题，局域网的发展一开始就注意标准化的问题，着手制定统一的局域网标准。1980 年 2 月，美国电气电子工程师协会提出的 IEEE 802 局域网标准出台，后来

被国际标准化组织采纳，作为 LAN 的国际标准，称为 ISO 8802 标准。

由于局域网厂商从一开始就按照标准化、互相兼容的方式生产局域网产品，这种标准化的结果使用户在建设自己的局域网时选择面更宽，设备更新更快，促进了局域网的快速发展。经过 80 年代后期的激烈竞争，局域网厂商大都进入专业化的成熟时期。

4. 光纤、宽带、高速计算机网络，网络得到广泛应用的时代

20 世纪 90 年代以来，计算机网络技术有了飞跃的发展。高速光纤和光器件的成熟，高速交换技术的出现，使传输速率不断提升，已经达到 1 Gb/s、10 Gb/s 的网络速率，40/100 Gb/s 的局域网标准已经形成并颁布。高性能、低价格计算机的推出，丰富的网络设备产品，都成为计算机网络大发展的催化剂，大大促进了计算机网络的发展。

信息时代的到来、信息高速公路的建立、互联网的迅速扩大，使得计算机网络应用更加广泛；管理信息系统、办公室自动化、高性能计算、网络媒体服务、网上购物等形成计算机网络应用的巨大市场。网络技术和计算机技术的大发展形成了“不进入网络的计算机，就不能称之为计算机；网络就是计算机”的新概念。

5. IPv6、移动互联网、云计算、物联网时代

进入 21 世纪，网络进入了 IPv6、移动互联网、云计算、物联网时代。随着网络的日益普及和业务的广泛开展，网络出现了 IP 地址枯竭的问题。32 位的地址表达、只有 40 亿个网络地址的第一代 IPv4 网络发展至今已经使用了 30 多年，2011 年，国际互联网名称和地址分配公司 ICANN 宣布 IPv4 网络地址的最后一批资源已经在全球分配完毕。这意味着 IPv4 网络地址已成为基于 IPv4 发展起来的互联网可持续发展的“瓶颈”，将使全球在互联网基础上拓展的移动互联网、云计算、物联网等新兴业务，由于没有网络地址可用而无法继续开拓新的业务。这个问题早在十几年前人们就注意到了，于是国际互联网工程任务组设计了 128 位地址表达，并且技术更加先进、成熟的 IPv6 网络。IPv6 除了具有足够的地址空间外，还具有许多比 IPv4 更加强大的新功能。基于 IPv6 的互联网具备可持续发展的优势和成熟的技术，许多发达国家制定了明确的 IPv6 发展路线图。在政府层面，2010 年 6 月前，美国政府机构网络已经切换到 IPv6，并于 2014 年完成全国性的 IPv6 升级改造。2010 年年底，欧盟的 1/4 企业、政府机构和家庭用户已经切换到 IPv6。在应用商层面，日本 NTT 公司基于 IPv6 网络地址的 IPv6 网络已经全面应用。我国也在积极发展 IPv6 网络，现在已经建成了基于 IPv6 网络地址的大规模下一代互联网示范网络，已经有多所高校、科研单位及企业建设了 IPv6 驻地网，同时还积极参加国际上的 IPv6 网的各种研究项目。

随着宽带无线接入技术和移动终端技术的飞速发展，人们迫切希望能够随时随地甚至在移动过程中都能方便地从互联网获取信息和服务，移动互联网应运而生并迅猛发展。移动互联网是一种通过智能移动终端，采用移动无线通信方式获取业务和服务的新兴业务，包含终端、软件和应用三个层面。终端层包括智能手机、平板电脑等；软件包括操作系统、中间件、数据库和安全软件等；应用包括休闲娱乐类、工具媒体类、商务财经类等不同应用与服务。移动互联网一推出就得到人们的热捧，需求越来越高，优势越来越凸显，促成了移动互联网技术的快速发展，目前，移动互联网在传输带宽和距离、抗干扰能力、安全性能方面已经接近有线网络，甚至在某些方面已经超过传统的有线网络，市场应用价值越来越高。移动

互联网络技术已经成为网络通信技术下一步的主要发展方向。

21世纪是云计算的时代。云计算是一种基于因特网的超级计算模式，在远程的数据中心，几万甚至几千万台电脑和服务器连接成一片，具有每秒超过10万亿次的运算能力，为用户提供网络服务。如此强大的运算能力几乎无所不能。用户通过电脑、笔记本、手机等方式接入数据中心，按各自的需求进行信息检索、数据存储和科学运算。

物联网是21世纪信息技术的重要组成部分。物联网是在互联网基础上延伸和扩展的网络，通过射频识别（RFID）、红外感应器、全球定位系统、激光扫描器等信息传感设备，按约定的协议，把任何物品与互联网相连接，进行信息交换和通信，以实现对物品的智能化识别、定位、跟踪、监控和管理。

21世纪，网络速率、安全性、可靠性不断提升，IPv6拥有巨大的地址空间，全方位支持语音、数据、视频业务，物物相连的物联网络、无处不在的移动网络、高性能的智能终端，加上呈爆炸性增产的巨大网民数量和网络业务，正在开创21世纪网络新时代、新纪元。

1.1.2 我国的计算机网络

我国的计算机网络发展可以追溯到1987年。1987年，北京大学钱天白教授通过意大利公用数据网设在北京的终端机发出我国第一封电子邮件，揭开了中国人使用Internet的序幕。

1988年，清华大学校园网通过邮电部的X.25实验网实现了与德国研究网DFN的互连，并能通过德国的DFN访问Internet。

1990年10月，中国正式注册了顶级域名CN；1993年，中国科学院计算机网络中心提出我国的域名体系。

1989年，国家计委组织建立中关村地区的教育科研示范网络，在北京大学、清华大学和中科院三个单位间建立了高速互连网络，该项目于1992年完成，并于1994年通过美国的Sprint公司以64 Kb/s的速率实现了Internet的连接。到目前为止，中国教育科研计算机网已经成为覆盖全国、互连全国上千所高校和部分中小学的教育专业网络。

1990年开始，国内的北京市计算机应用研究所、中科院高能物理研究所、电子部华北计算所、电子部石家庄第54研究所等科研单位，先后将自己的网络与中国的公用数据网X.25相连接。同时，利用欧洲国家的计算机作为网关，使得中国的CNPAC科技用户可以与Internet用户进行E-mail通信，形成了最初的中国科技网。目前，中国科技网已建成连接中国科学院分布在全国各地45个城市共1 000多家科研院所和高新技术企业的科技专业网络。

1993年3月12日，朱镕基副总理主持会议，提出和部署建设国家公用经济信息通信网（简称金桥工程）。1994年6月8日，金桥前期工程建设全面展开。1995年8月，金桥工程初步建成，在24省市开通联网（卫星网），并与国际网络实现互连。1996年9月6日，中国金桥信息网（ChinaGBN）连入美国的256 KB专线正式开通。中国金桥信息网宣布开始提供Internet服务，主要提供专线集团用户的接入和个人用户的单点上网服务。

1994年，邮电部投资建设公用互联网ChinaNET。ChinaNET是向社会公众提供服务的网络，现由中国电信经营管理。ChinaNET于1995年5月正式向社会开放。它是中国第一个商业化的计算机互联网，是一个为中国的广大用户提供Internet的各类服务的商业网络。到目前为止，ChinaNET 已经发展成一个采用先进网络技术，覆盖国内所有省份和几百个城市、拥有 5 亿用户的大规模商业网络。

1994 年以后，国家计委、邮电部、国家教委和中科院主持建成的覆盖全国的中国金桥信息网、中国公用计算机互联网、中国教育科研计算机网、中国科技网主干网成为我国互联网络的主干网基础。

1996 年，我国互联网进入应用平台建设和增值业务开发阶段，一大批娱乐和专业的中文网站建成并提供服务。

1997 年，国务院信息化工作领导小组宣布组建中国互联网络信息中心(CNNIC)。

1997 年 11 月，CNNIC 发布了第一次《中国互联网发展状况统计报告》。报告表明，截至 1997 年 10 月 31 日，我国网民数量达到 62 万人，共有连网的计算机 29.9 万台。注册域名 4 066 个，WWW 网站 1 500 个，网络国际出口带宽 18.6 MB。

2006 年 1 月，CNNIC 发布了第十七次《中国互联网发展状况统计报告》。报告显示，截至 2005 年 12 月 31 日，我国上网用户总数突破 1 亿，为 1.11 亿人。我国网民数位居世界第二。

2009 年 1 月 13 日，CNNIC 发布了第 23 次统计报告。报告显示，截至 2008 年年底，我国互联网普及率以 22.6% 的比例首次超过 21.9% 的全球平均水平。同时，我国网民数达到 2.98 亿，宽带网民数达到 2.7 亿，国家 CN 域名数达到 1 357.2 万，三项指标继续稳居世界排名第一。

2011 年 7 月 19 日，CNNIC 发布了第 28 次统计报告。报告显示，截至 2011 年 6 月底，中国网民规模达到 4.85 亿，微博用户数量以高达 208.9% 的增幅，从 2010 年年底的 6 311 万爆发增长到 1.95 亿，成为用户增长最快的互联网应用模式。

2013 年 7 月 17 日，CNNIC 发布了第 33 次统计报告。报告显示，截至 2013 年 6 月底，我国网民规模达到 5.91 亿，互联网普及率为 44.1%。与此同时，我国手机网民规模达 4.64 亿，较 2012 年年底增加了 4 379 万人，网民中使用手机上网的人群占比提升至 78.5%。“3G”的普及、无线网络的发展和手机应用的创新促使我国手机网民数量快速提升。

1.1.3 网络的定义和功能

1. 计算机网络的定义

计算机网络在不同的发展阶段或从不同的观点看有不同的定义。

ARPA 网建成后，把计算机网络定义为：“以相互共享（硬件、软件和数据）资源方式连接起来，且各自具有独立功能的计算机系统的集合。”这个定义着重于应用目的，而未指出物理结构。

当联机终端网络发展到多个计算机互连的分布式计算机网络时，为了区分前者和后者，从物理结构看，计算机网络被定义为：“在网络协议控制下，由多台功能独立的主计算机、若干台终端、数据传输设备，以及计算机与计算机间、终端与计算机进行通信的设备所组成的计算机复合系统。”这个定义强调连网的计算机必须具有数据处理能力且功能独立。

目前，一般较公认的计算机网络的定义如下：利用通信设备和线路将地理位置不同的、功能独立的多个计算机系统互连起来，以功能完善的网络软件实现软件、硬件资源共享和信息传递的系统。

这里强调了计算机网络是通信技术和计算机技术结合的产物，强调计算机网络是将处在不同地理位置的计算机进行互连，强调互连的计算机主机是具有独立的数据处理能力的计算机，强调互连是为了实现信息传输和资源共享。

2. 计算机网络的功能

计算机网络主要是为用户提供一个网络环境，使用户能通过计算机网络实现资源共享和信息传递。

（1）资源共享

计算机在广大的地域范围连网后，资源子网中各主机的资源原则上都可共享。计算机网络的共享资源有硬件、软件、数据等。

硬件资源有超大型存储器、特殊的外部设备，以及大型、巨型机的CPU处理能力等，共享硬件资源是共享其他资源的物质基础。软件资源有各种语言处理程序、服务程序和各种应用程序等。数据资源有各种数据文件、数据库等，共享数据资源是计算机网络最重要的目的。

在网络中，资源共享的最典型的例子就是数据中心存储系统、高性能计算中心的计算系统及云计算。数据中心存储系统具有近百太字节的存储容量，实现企事业单位的数据集中存储、集中管理，各种应用系统的数据都以共享数据中心存储空间的方式存储在数据中心存储系统中。

高性能计算中心由具有上万亿次计算能力的计算系统和相关计算业务软件构成，用户通过网络远程提交计算作业，由计算中心计算系统处理后，将计算结果输出到用户终端。所有需要计算资源的用户都可以通过网络共享高性能计算中心的计算资源。

云计算通过共享的软硬件资源和信息资源实现按用户需求提供服务，是计算机网络资源共享最令人向往的理想实现。

（2）信息传递

计算机网络的另一主要目的是信息传递。通过计算机网络可以实现文件传输，以及电子邮件、声音、数据、图形和图像等多媒体信息的上传和下载。

计算机网络除了以上两个主要功能外，还有以下一些功能：

①提高可靠性。

计算机网络一般都属于分布控制方式，如果有单个部件或少量计算机发生故障，可以利用网络上的其他计算机来完成它们要完成的任务。由于相同的资源可分布在不同地方的计算机上，这样，网络可通过不同路由来访问这些资源。计算机网络中的通信双方存在多条路径可达对方，当一条通信链路故障时，从其他路径仍然可达对方，从而大大提高了通信的可靠性。

②分布式处理。

由于计算机价格下降的速度快，在计算机网络内，计算机和通信装置的价格比发生了显著的变化，这使得在计算机网络内部可以充分利用计算机资源。在计算机网络上设置一些专用服务器，专门进行某种业务的处理，把所需的各种处理功能分散到各个计算机网络上，提高处理能力和效率。

③改善工作环境条件。

电子邮件、QQ 等通信方式使用户可以快捷地通信，使世界范围的通信过程缩短到几分钟的电子过程。利用即时通网络业务，可以轻松实现网上对话、视频聊天、文件传输、获取资讯等网络业务。

利用视频会议系统，可以实现可视电话、网络会议，使远隔千里的人们只要坐在计算机旁就可以和其他网络上的用户进行会议讨论、相互交谈和协商。

利用计算机网络可以实现信息查询，连在网上的每一个信息库，只要是开放的，都可以通过计算机网络去访问，去查询所需要的信息。使用计算机网络可以查询世界上任何与Internet网相连的计算机上的信息，使世界变成一个全球性的电子图书馆。

尽管以上提出了一些网络的功能，事实上，目前的互联网还远远不是经常说到的“信息高速公路”。这不仅是因为目前互联网的传输速度不够，更重要的是，互联网还没有定型，还一直在发展、变化。因此，任何对互联网的技术定义也只能是当下的、现时的。与此同时，在越来越多的人加入互联网、使用互联网的过程中，也会不断地从社会、文化的角度对互联网的意义、价值和本质提出新的理解。

1.1.4 计算机网络的组成

计算机网络是计算机、计算机外部设备通过由通信设备及线路组成的通信网络进行互连。计算机网络可分为由计算机及计算机外部设备组成的资源子网和由通信设备及线路组成的通信子网两部分。资源子网负责网络中的数据处理任务，通信子网负责网络中的数据传输任务，如图 1 -4 所示。

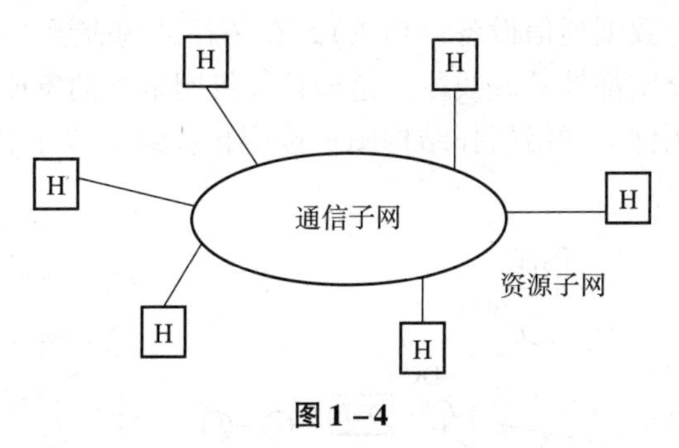

图 1 -4

在实际网络中，资源子网由个人终端计算机、PC 服务器、小型机等主机等组成，通信子网由调制解调器、数据网接入设备、交换机、路由器等网络设备组成，传输链路由电话线、同轴电缆、无线电线路、卫星线路、微波中继线路、光缆、铜缆等传输介质组成。

如果把资源子网中的计算机、外部设备和通信子网中的通信控制处理机抽象成节点，将通信子网中的传输线路抽象成链路，则计算机网络就是由节点和链路两种元素组成的，即由网络节点和通信链路组成。

网络节点又分为端节点和转接节点。端节点指通信的源节点和目的节点，源节点是传输数据的出发源点，目的节点是传输数据的最终接收点，源节点和目的节点都是由用户主机等主机设备构成的，又称为数据终端设备 DTE。转接节点指网络通信过程中起控制和转发信息

作用的节点，例如程控交换机、集中器、接口信息处理机等，又称为数据通信设备（DCE）。通信链路是指传输信息的信道，可以是电话线、同轴电缆、无线电线路、卫星线路、微波中继线路、光纤缆线等传输介质。

1.1.5 计算机网络的分类

计算机网络可以按地域范围、拓扑结构、交换技术、有线、无线等进行分类。

1. 按地域范围分类

按地域范围分类，计算机网络可以分为局域网、城域网、广域网。

局域网的地域范围仅在几十米到几千米，主要是一个工作室、一栋大楼、一个园区范围内的网络。

城域网的地域范围仅限一个城市内的距离，100 km 以内。主要是一个城市的专门机构的网络，如每个城市的大学网络、中学网络及政府有关管理机构的专用网络等。

广域网的地域范围是互联网络的概念，指各个城市、各个省，乃至各个国家互连的网络。广域网一般要借助电信覆盖全国、全省的网络，实现各个城市、各个局域网之间的互连，所以，广域网主要是电信运营商的网络。

2. 按拓扑结构分类

网络中的连接模式叫作网络的拓扑结构。为了方便研究网络的拓扑结构，将网络中的主机、外部设备和通信控制处理机用抽象的节点来表示，将通信线路抽象成链路线段来表示。在网络中负责信息处理的计算机、服务器等统称为数据终端设备（DTE），负责通信控制的交换机、路由器等统称为数据通信设备（DCE）。在拓扑结构表示中，将 DTE、DCE 都抽象成节点，将所有的传输介质都抽象成线段。这样计算机网络被抽象成点和线的连接，这种点线连接构成的网络结构图称为网络拓扑结构图。按照拓扑结构表示，图 1－5 所示的网络将被表示成图 1－6 所示。

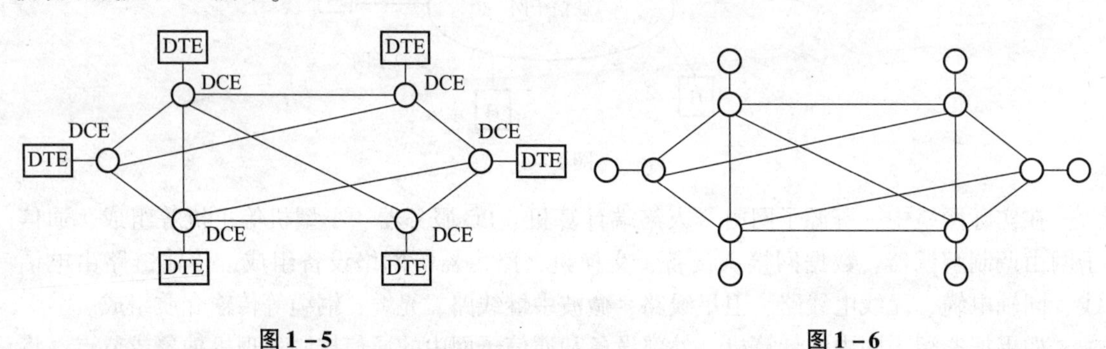

图 1－5　　图 1－6

在计算机网络中，计算机互连采用全连接型构成点到点的通信是最理想的，即每一对节点之间都存在一条线路直接连接，这样传输速度最快，如图 1－7 所示。在全连接方式中，系统需要的链路数是节点数的平方倍，需要大量的传输线路，使得通信线路费用过高，所以，在实际网络中采用全连接是不现实的。

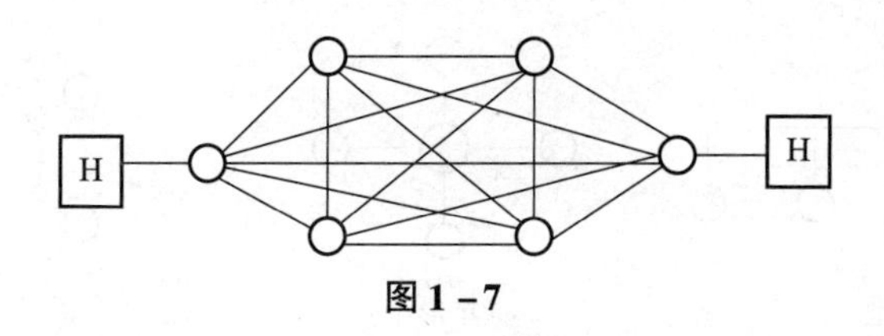

图 1－7

在实际网络中不采取全连接方式，而是采取中间转接方式。在图 1－8 所示的采用中间转接方式的网络中，Ha 主机要与 Hb 通信时，传输的数据可以从 Ha 主机出发，经 b 到 d，再到 f 的转接，仍然可以到达 Hb 主机；同样，从 Ha 主机出发，经 b 到 e，再到 f 的转接，也可以达到 Hb 主机。尽管需要通信的两台主机之间没有直接的连接，但是通过中间的转接，仍然能实现数据的传输。中间转接方式需要的线路大大减少，节省了大量的通信费用，计算机网络中一般都采用中间转接方式。在局域网、城域网及广域网的拓扑结构中，中间转接方式一般多用于广域网。

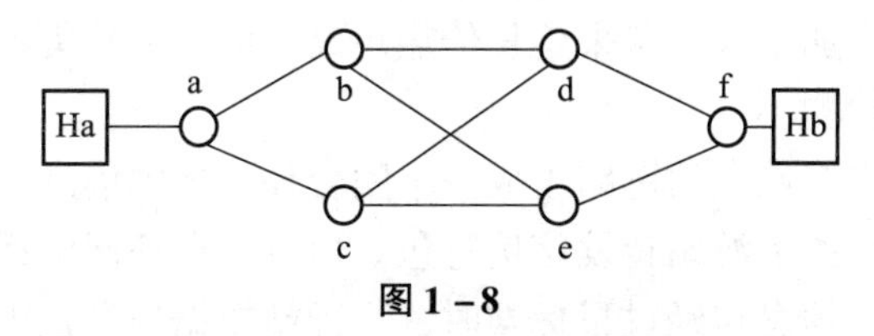

图 1－8

按照网络拓扑分类，计算机网络拓扑有网形拓扑、树形拓扑、混合型拓扑、总线型拓扑、星形拓扑和环形拓扑。广域网的拓扑结构一般为网形拓扑、树形拓扑、混合型拓扑，如图1－9所示。

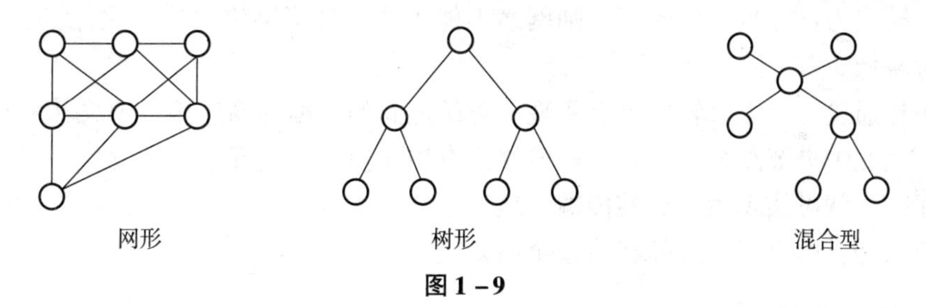

图 1－9

网形拓扑由于节点之间有许多条路径相连，可以为数据分组的传输选择适当的路由，当网络某部分出现故障或数据流量过大时，数据分组可以绕过失效的部件或过忙的节点，大大提高网络的传输可靠性。

网形拓扑结构的网络协议复杂，但由于它的可靠性高，被广泛使用在广域网中。

树形拓扑像一棵倒置的树，顶端是树根，树根以下带若干分支，每个分支还可以再带子分支。这种拓扑的站发送信号时，根接收该信号，然后重新广播到全网。树形网容易扩充，新的节点和分支很容易加入网中；容易进行故障隔离，某一分支或节点出故障时，很容易将故障分支或节点与整个网络系统隔离开来。其缺点是对根的依赖较大，根若出现故障，则全网不能正常工作。

混合型一般是将两种不同的网络拓扑混合起来，具有各自的优缺点。

局域网的拓扑结构一般为总线型拓扑、环形拓扑、星形拓扑，如图 1－10 所示。

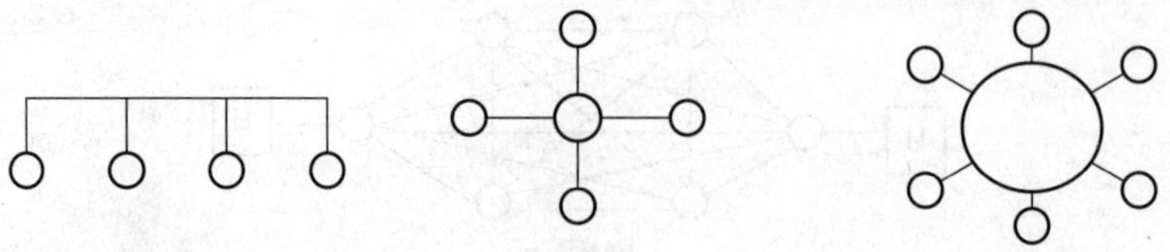

总线型 星形 环形

图 1－10

总线型拓扑属于共享信道的广播式网络，所有站点通过相应的接口直接连接到这一公共信道上。任何一个站发送的信息都沿着公共信道传输，并且能被所有的站接收。当一对站进行数据传输时，靠发送信息包中的目的地址实现对接收站的识别。因为所有站共享一条公共信道，所以一个时刻只能有一个站发送信息。要发送信息的站通过某种仲裁协议（介质访问控制方法）获得使用信道的权力。网上的所有站分时地使用信道进行数据传输。

总线型拓扑优点为：结构简单，容易扩充；连接采用无源部件，有较高的可靠性。缺点为：传输距离较远时，需加中继设备来延长传输距离；由于不是集中控制，故障检测需要在网上各节点进行，故障检测不容易。

环形拓扑由站点和连接站点的链路组成一个闭合环。环中信息流向只能是单方向的。每个收到信息包的站都向它的下游站转发该信息包。信息包在环网中逐站转发，传输一圈，最后由发送站进行回收。当信息包经过目标站时，目标站根据信息包中的目标地址判断出自己是接收站，并把该信息包拷贝到自己的接收缓冲区中，完成数据包的接收。通过这样的方式，网络上的任何一对工作站可以实现数据的通信。

环形拓扑的优点为：控制方式使每个站具有相等的发送权，即每个站都有相同的机会获得发送权。缺点为：一旦发生断环，则网络不能工作；环形网络的连接采用的是有源部件，可靠性相对较低。

星形拓扑通过一个中央转发节点实现一对站之间的数据传输连接。中央转发节点是集中控制方式，因此中央节点相当复杂。一般使用专用交换机来实现中央转发。一对用户之间一旦建立了连接，就可实现无延迟的传输。星形拓扑的优点是：控制简单，容易做到故障诊断和隔离。缺点是：中央节点故障将引起全网瘫痪。

3. 按交换方式分类

按交换技术分类，可将网络分为电路交换网络、报文交换网络等。

电路交换网络在通信时，通过交换在源端和目的端之间建立一条专用的物理通路，用于信息传输，传输的信息独占该通路。电路交换通信的过程包括建立连接、维持连接、拆除连接这三个阶段。电路交换的传输延迟小，但线路利用率低，也不便于差错控制。最典型的电路交换网络就是实现语音通信的电话网络。

报文交换采用了存储转发方式。在源节点的主机将要传输的数据加上源地址、目的地址、差错校验码等信息封装成一个数据报文，转发到前向节点存储下来，待前向节点可以接收该数据报文时，再由前向节点将该报文向下一个节点转发，转发到下一节点后再存储下来，待下一节点可以接收该数据报文时，继续进行转发，通过逐个节点的不断转发，最终该数据报文达到目的节点的主机。报文交换由于采用存储转发方式，相对于电路转发，延迟较长，但可以充分利用网络多条路径可达的特点，提高线路利用率和传输速度。报文转发方式由于到达每个节点后都被先存储下来，可以对该数据报文进行适当的处理，使网络的差错控制和安全控制等得以实现。电路交换网络、报文交换网络等有各自的优缺点，分别用于不同的场合。

4. 按有线、无线网络分类

网络分为有线网络和无线网络。有线网络使用光纤、双绞线等传输介质实现通信，无线网络通过无线信道进行通信。企业、校园、小区的网络一般为有线网络，城市公共区域的网络一般采用无线网络，企业、校园、小区的网络建设也可以在有线网络基础上延伸无线网络，覆盖企业、校园、小区户外的公共区域，支持移动上网功能。

2.1 数据通信基本概念

计算机网络是计算机技术和通信技术结合的产物，计算机网络的发展历史与通信技术的发展紧密相关。最早的通信方式是电报、电话，随着计算机的研究和发展，通信转向计算机网络的数据通信。

2.1.1 数据通信系统

计算机网络是数据通信系统，从计算机网络的组成部分来看，一个完整的数据通信系统一般由以下几个部分组成：数据终端设备、数据通信设备、通信传输信道。

1. 数据终端设备

数据终端设备（Data Teminal Equipment，DTE）是数据的生成者和使用者，在计算机网络中，DTE 负责数据的处理。最常用的数据终端设备就是网络中的微机、服务器。此外，数据终端设备还可以是网络中的专用数据输出设备，如打印机等。

2. 数据通信设备

数据通信设备（Data Communications Equipment，DCE）是负责数据传输控制的设备。在计算机网络中，最常用的数据通信设备是网卡、交换机、路由器等。DCE 在 DTE 和传输线路之间提供信号变换和编码功能，并负责建立、维持和释放链路的连接。数据通信设备除了进行通信状态的建立、维持和释放链路等操作外，还可接收来自多种数据终端设备的信息，并转换信息格式。如通信系统中各种调制解调器及各种通信子网的接入设备就属于通信控制设备。

3. 通信传输信道

通信传输信道是信息在信号变换器之间传输的通道。如电话线路等模拟通信信道、专用数字通信信道、宽带电缆（CATV）和光纤等。

数据通信系统的基本组成框图如图 2－1 所示。

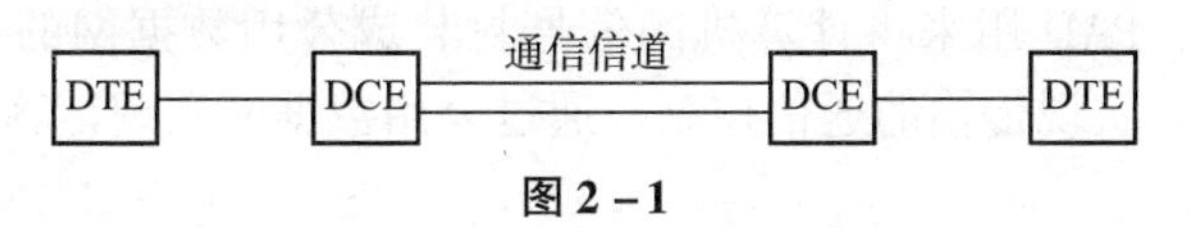

图 2－1

通信信道是传输信号的通道，在许多情况下，可直接利用现成的公共信道，例如利用电话网或公用数据网组成通信传输信道。存在两种信号形式的传输信道，即模拟信道和数字信道，模拟信道传输模拟信号，数字信道传输数字信号，两种信道均可用来作为数据传输信道。通信信道是进行数据传输的基础，信道质量的好坏直接影响到传输的质量。

模拟传输信道只能传输模拟信号，电话网络是模拟传输信道，模拟信号直接通过电话网络进行传输。电话机产生的信号是模拟信号，该信号直接通过传输模拟信号的电话网传输到对端的电话，实现语音通信。电话通信在整个通信过程中都采用模拟信号进行通信。

计算机产生的信号是数字信号时，不能直接通过模拟信道进行传输。为了利用模拟信道传输计算机的数字信号，必须在发送方先将数字信号转换成模拟信号后，通过模拟信道传输，信号传输到接收方后，还需将模拟信号重新转换为数字信号，交给接收方计算机，即利用模拟信道传输计算机的数字信号时，必须在发送方和接收方进行信号形式的转换。

电话网络是模拟信道，在网络数据通信中，也可以利用电话网络来传输计算机的数字信号，实现计算机的数据通信。当利用电话网络实现计算机数据通信时，必须进行信号形式的转换。即在发送方完成数－模转换，将计算机的数字信号转换成模拟信号后，通过电话网络传输到接收方；在接收方则需进行相反的转换，即完成模－数转换，将通过电话网传来的模拟数据信号还原成计算机的数字信号，提交给接收方计算机。

电话网络进行数据通信时，在发送方实现数－模转换和在接收方实现模－数转换的设备称为调制解调器，实现“数字－模拟”转换的过程是调制，实现“模拟－数字”的过程为解调。调制和解调合在一起时，就称为调制解调器（对应的两个英文字也合在一起写，写成 MODEM）。用电话网实现计算机数据传输的例子如图 2－2 所示。此时，计算机为数据终端设备（DTE），调制解调器为数据通信设备（DCE）。

图 2－2

当利用数字信道传输计算机数据时，由于信道本身就是传输数字信号的，不必再进行数－模信号形式的转换，此时不再需要调制解调器 MODEM。单纯从信号形式来讲，计算机的数字信号可以直接通过数字信道进行传输。但在实际网络通信中，计算机与数字信道连接时，仍需设置相应的通信控制设备实现传输的控制。在这种情况下，通信控制设备的功能包括实现数据信号的编码，线路特性的均衡，收发时钟的形成与供给，控制接续的建立、维持与拆除及必要的通信管理等。在此种情况下，通信系统仍然是由 DTE、DCE 和通信信道组成的。

公用数据网是数字信道，采用公用数据网实现计算机数据通信时，需要使用接入公用数据网的接入设备 PAD，计算机通过 PAD 接入公用数据网，这里的计算机为数据终端设备 DTE，接入设备 PAD 为数据通信设备 DCE。

在公用数据网中，PAD 用来将计算机的信号封装成公用数据网的分组格式，使其能在公用数据网上传输，并实现传输的通信控制。通过公用数据网实现计算机数据传输的例子如图 2-3 所示。

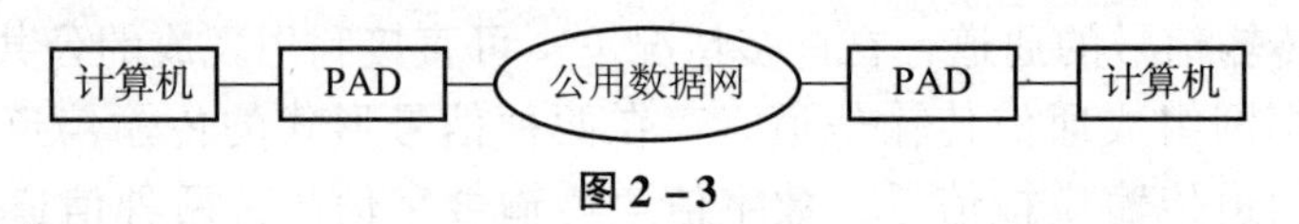

图 2-3

如果通过传输信道有若干中间转接节点的交换网，则在通信开始前首先要通过呼叫过程建立连接，而在通信结束后拆除连接。如果是采用固定连接的专用线路，则无须这两个过程（即呼叫和拆除）。

在数据电路建立以后，为了进行有效的通信，还必须对传输过程按照一定的规则进行控制，以保证双方能协调、可靠地工作。这个传输的控制规则称为传输控制规程（简称规程），也称为传输控制协议，它们必须由通信的双方事先约定。如约定怎样实现收、发双方的同步，传输差错的检测校正及数据流的控制等功能。传输控制协议规定了传输的双方所使用的编码、同步方式、差错控制方式及流量控制方式等。传输双方按协议规定的传送码形式、同步方式、差错控制方式及流量控制方式进行传输，即传输双方按协议规定的传送码进行编码、译码；按协议规定的同步方式实现同步；按协议规定的差错方式进行差错控制编码、校验；按协议规定的流量控制方式进行流量控制。

2.1.2 数据编码

数据编码将二进制数据用电信号进行表达，实现在线路上的传输。网络中的数据是用二进制数进行表达的，数据在传输时是采用二进制数字信息进行的，二进制数字信息通过电信号的两种状态对二进制数据进行表示，如低电平（0 V）表示数据 0，高电平（+5 V）表示数据 1，或者正电压（+5 V）表示数据 1，负电压（-5 V）表示数据 0。将二进制数字信息表示成不同的电信号形式就是数据编码问题。数据编码具有多种编码方式，各种不同的编码具有不同的特点，适应不同的情况。

1. 单极性码

在单极性编码方式中，只用一种极性（正或负）的电压表示数据，单极性码示意如图 2-4 所示。例如，用 +5 V 表示二进制数字 1，而 0 V 表示二进制数字 0。采用单极性码传输数据时，需要额外配合时钟信号使用，时钟信号指示出每一位数据的起始和结束位置。数据接收方通过时钟信号准确识别数据。单极性码由于噪声引起电平的变化，会致使数据读取出错，所以抗噪声特性不好。

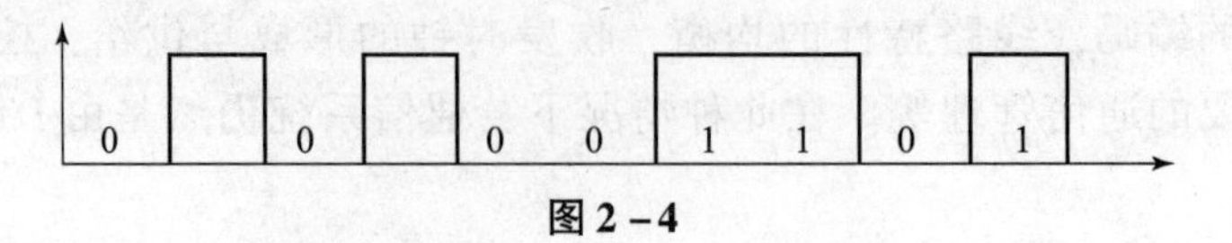

图 2-4

2. 双极性码

在双极性编码方式中，分别用正极性和负极性电压表示二进制数 0 和 1，如图 2 - 5 所示。例如，用 +5 V 表示二进制数字 1，而用 -5 V 表示二进制数字 0，这种代码由于用正负极性电压表示 1 和 0，其电平差比单极性码的大，因而抗干扰特性相对较好。采用双极性码传输数据时，仍然需要额外配合时钟信号使用。

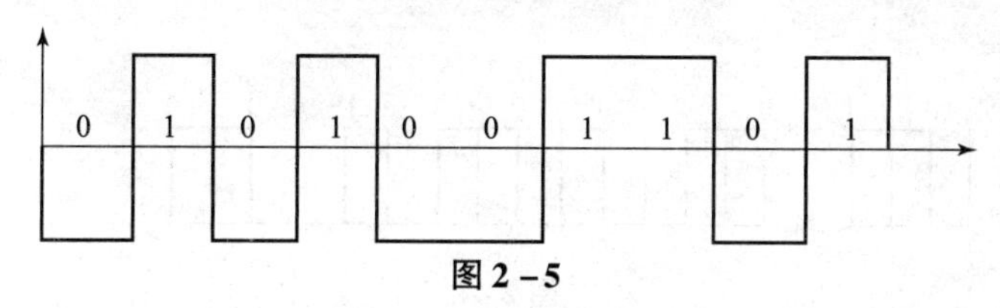

图 2 - 5

3. 双极性归零码

双极性归零码是二进制信号编码方法，如图 2 - 6 所示。在双极性编码方案中，信号在三个电平（正、负、零）之间变化，一种典型的双极性码是信号交替反转编码（Alternate Mark Inversion，AMI）。在 AMI 信号中，数据流中遇到 1 时，交替地使电平在正和负之间翻转；而遇到 0 时，则保持零电平。它与双极性编码方式相比，抗噪声特性更好。AMI 有其内在的检错能力，当正负脉冲交替出现的规律被打乱时，很容易识别出来，这种情况叫作 AMI 违例。一组代码中若含有 AMI 违例，便可以被接收机识别出来。由于双极性归零码无论表示 0 还是表示 1 时，脉冲跳变后都回到零，故称为归零码。

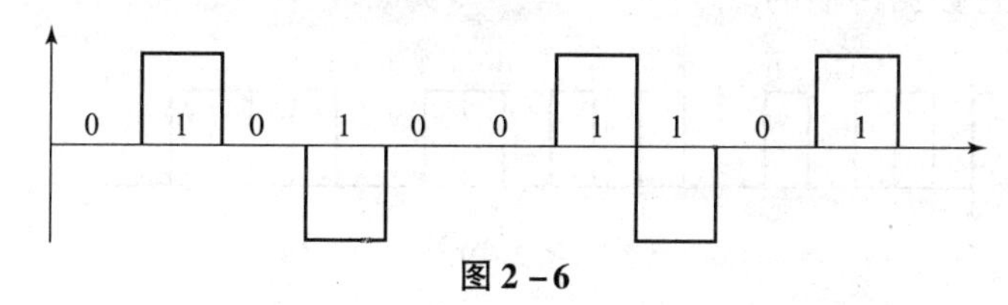

图 2 - 6

4. 不归零码

不归零码（Non Return to Zero）的规律是：当出现 1 时，电平翻转；当出现 0 时，电平不翻转。因而数 1 和 0 的区别不是高低电平，而是电平是否有从高跳变到低，或者从低跳变到高。不归零码示意如图 2 - 7 所示。由于利用电平的跳变信息来区别 0 和 1，所以这种代码也叫差分码。这种编码的特点是实现起来简单，而且费用低，但仍然需要额外配合单独的时钟信号使用。

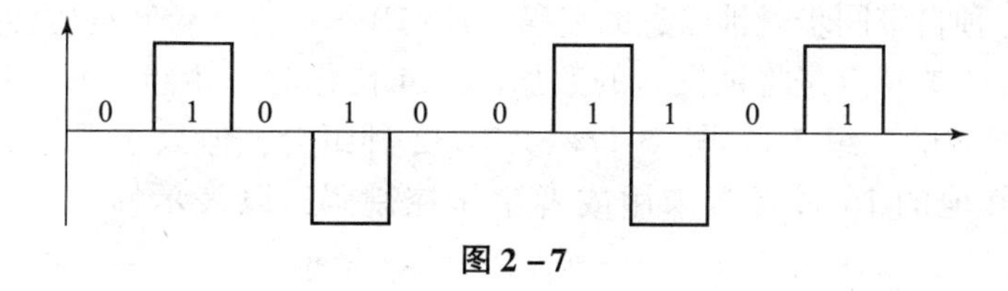

图 2 - 7

5. 曼彻斯特码

曼彻斯特码（Manchester）是一种自带同步时钟信息的编码，数据传输时不需要额外配合时钟使用，数据时钟就隐含在传输的数据当中，如图 2－8 所示。曼彻斯特码将一个码元分为前半码元和后半码元两部分，当数据为 0 时，用前半码元为低电平、后半码元为高电平来表示，码元中心跳变；当数据为 1 时，用前半码元为高电平、后半码元为低电平来表示，码元中心跳变。码元中间的电平跳变可以用来作为同步定时信号，反映一个码元的时间宽度和起始、结束时间，即两个相邻的中心跳变的时间间隔就是一个码元的时间宽度，任何一个跳变往前移 1/2 码元，时间宽度就是前一个码元的起始时间至后一个码元的结束时间，即由此获得了时钟信号。

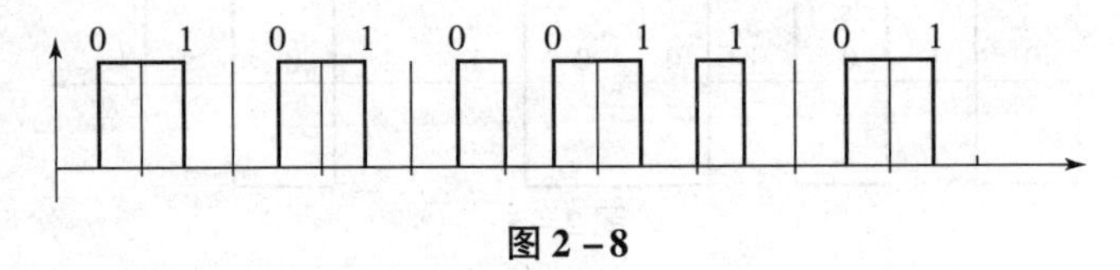

图 2－8

曼彻斯特码由于自带同步信息，可提高传输效率，因此得到了广泛的应用。著名的 Novell网、10M 以太网就是使用曼彻斯特码进行数据传输的。

6. 差分曼彻斯特码

差分曼彻斯特码和曼彻斯特码一样，也将一个码元分为前半码元和后半码元两部分，码元的中心仍然跳变，但是差分曼彻斯特码用码元的起始边沿来表示数据 0 和 1。数据为 0 时，码元的起始边沿跳变；数据为 1 时，码元的起始边沿不跳变。差分曼彻斯特码示意如图 2－9 所示。同样，码元中间的电平跳变可以用来作为同步定时信号。早期的令牌就是使用差分曼彻斯特码进行数据传输的。

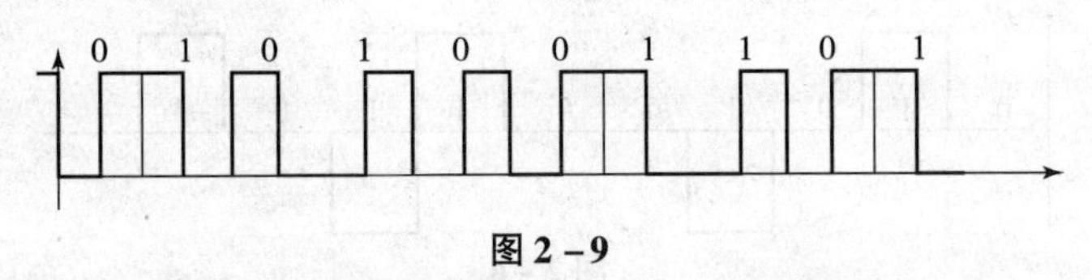

图 2－9

由曼彻斯特码和差分曼彻斯特码的图形可以看出，这两种码的每一个码元都要调制为两个不同的电平，因而调制速率是码元速率的两倍。这无疑对信道的带宽提出了更高的要求。如要达到 10 Mb/s 的传输速率，采用曼彻斯特码和差分曼彻斯特码传输，信道速率要求为 20 Mb/s。所以，曼彻斯特码和差分曼彻斯特码的编码效率为 50%，但曼彻斯特码和差分曼彻斯特码由于具有良好的抗噪声特性和自同步能力，所以在局域网中仍被广泛使用。

7. 4B/5B 编码

4B/5B 也是一种自带同步时钟信息的编码，4B/5B 编码把 4 位数据码转换成 5 位编码后进行传输，这种编码的特点是将欲发送的数据流每 4 位作为一个组，然后按照 4B/5B 编码规则将其转换成相应的一组 5 位码。5 位码共有 32 种组合，但只采用其中的 16 种来对应 4 位码的 16 种，其他的 16 种或者未用或者用作控制码，以表示帧的开始和结束等控制信息。

4B/5B 编码每一个组都有跳变发生，每个组中“0”的个数不超过 3 个，这样的编码方式保证了能识别出数据内容和提取时钟信息，并且还能保持线路的交流（AC）平衡，使得信号的直流（DC）分量变化不超过额定中心点的 10%。

4B/5B 编码由于用5位数字编码表示4位数字数据，故编码效率为4/5 = 80%，要实现100M的数据速率时，需要125M的线路速率。

在网络技术中，FDDI网和100M以太网的100BASE - TX和100BASE - FX都是采用4B/5B编码的。4B/5B编码的各个码组的对应关系见2 - 1。

表2 - 1

数据	4比特数据	5比特码组	NRZ的波形
0	0000	11110	
1	0001	01001	
2	0010	10100	
3	0011	10101	
4	0100	01010	
5	0101	01011	
6	0110	01110	
7	0111	01111	
8	1000	10010	
9	1001	10011	
A	1010	10110	
B	1011	10111	
C	1100	11010	
D	1101	11011	
E	1110	11100	
F	1111	11101	

除了4B/5B编码方式，还存在8B/10B编码、64B/66B编码等。8B/10B编码、64B/66B编码与4B/5B的概念类似，都是自带同步信息的数据编码，只是8B/10B编码、64B/66B编码能用于更高的数据传输速率。例如，在千兆以太网中采用了8B/10B的编码方式，在万兆以太网中采用了64B/66B的编码方式。

在数据通信中，选择什么样的信道编码要根据传输的速度、信道的带宽、线路的质量、实现的价格等因素综合考虑。

2.1.3 信号特性

在网络和数据传输技术中，数据能以多高的速率传输取决于传输数据的信道的频带宽度，而它们之间的关系往往是通过研究传输数据的数字信号的频带宽度和信道的频带宽度之间的关系来描述的。

1. 傅里叶分析

按照傅里叶级数，一个周期为 T 的复杂函数 $f(t)$ 可以表示为无限个正弦和余弦函数之和，见以下傅里叶级数表达式。

$$f(t) = \frac{a_0}{2} + \sum_{n=1}^{\infty} (A_n \sin \omega_n t + B_n \cos \omega_n t)$$

以上数学公式从物理的角度（傅里叶分析法）解释，就是任意一个数字信号 $f(t)$ 可以看成是一个基波和若干正弦和余弦谐波信号的叠加。其中，a_0 是常数，代表直流分量；A_n、

B_n 分别是 n 次谐波的正弦和余弦分量的幅值；ω 是基波频率，ω_n 是第 n 次谐波的频率。

2. 数据信号的频谱

按照傅里叶分析法，任意一个数字信号 $f(t)$ 是若干谐波的信号的叠加，将这些基波信号和各种高次谐波信号用振幅、频率的分布图表示出来，就得到该数字信号的频谱图。

频谱图是指数字信号的各次谐波的振幅、频率的分布图。这样的频谱图以频率 f 为横坐标，以各次谐波分量的振幅 u 为纵坐标，如图 2－10 所示。

图 2－10 中谐波的最高频率 f_h 与最低频率 f_L 之差（f_h-f_L）叫信号的频带宽度，简称为信号带宽，它描述了一个实际的数据信号所含有的频率成分。如果一个信道允许这些频率成分通过该信道，则意味着该信道允许该数据信号通过。

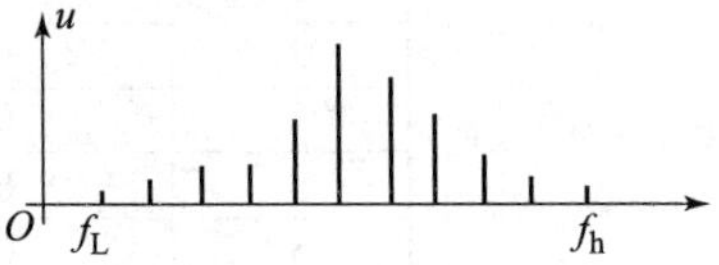

图 2－10

研究了信号的带宽，还需研究信道的频带宽度。对于一条通信信道，由于它不可避免地存在分布电容和分布电感，分布电容和分布电感的存在给传输信号带来了衰减。一般来说，传输的信号频率越高，信道产生的衰减将越大，当产生的衰减足够大时，接收端将收不到发送端发来的信号。所以，一个信道允许通过的信号频率成分也是有一定范围的。一个信道允许通过的信号频率范围称为线路的信道频带宽度，简称为信道带宽。不同的信道有不同带宽，如双绞线的带宽就比较窄，而同轴电缆的带宽相对就比较宽，光纤能得到比同轴电缆更宽的带宽。

传输信号能否从发送端通过信道传输到接收端，取决于信号带宽和信道带宽的匹配情况。如果一个信号带宽的范围是在信道带宽的范围内，就意味着这个信道能够使这个传输信号传输到接收端，或者说这个信道的带宽与信号的带宽是相匹配的；反之，如果一个信号带宽的范围超出信道带宽的范围，就意味着这个信道不能够使这个传输信号传输到接收端，或者说这个信道的带宽与信号的带宽是不匹配的。如 1 路电话信号带宽为 4 kHz，要让该电话信号通过模拟线路传输，则该模拟线路的带宽应大于 4 kHz。

通过傅里叶分析可知：数据信号的频带宽度和数据信号的每一个位数据码元宽度有关，数据信号的每一个位数据码元宽度越窄，则该信号的高频成分就越多，意味着其频带越宽，即信号带宽越宽。显然，数据码元越窄，说明数据速率越高。所以，可以得出结论：数据的传输速率越高，信道的带宽相应要求也越宽。

2.1.4 技术指标

1. 码元

数据信号是用离散的码元序列表示的，一个离散的状态位就是一个码元。在二进制中，0 或 1 中取一个状态位就是一个码元。一个字符 A 的 ASCII 码 01000001 是用 8 位二进制数字来表示的，即由 8 个码元构成。在四进制中，离散的状态值有 3、2、1、0 四个。同样，这四个取值中取一个状态位就是一个码元。可见，码元与它的离散状态值的取值多少无关，无论几进制的数字信号，一位状态码就是一个码元。

数字信号多数情况下都是二进制信号，在二进制情况下，一个比特就是一个码元。一个

码元携带的信息量由码元取的离散的状态值个数决定。在二进制情况下，码元取0和1两个离散状态值，则一个码元携带1位二进制比特数，传输1位二进制数，就传输了1个二进制比特数。在四进制情况下，码元可取0、1、2、3四个离散状态值，而四进制的4个离散值0、1、2、3可以用两位二进制进行表示，即00、01、10、11，这意味着每传送1个四进制的码元，相当于传送了2位二进制比特数。也就是说，在四进制中，一个码元携带2比特信息。同样，在八进制中，一个码元携带3比特信息。按照以上分析，可以得出码元携带的信息量 n（比特）与码元取的离散值个数 N 有如下关系：

$$n = \log_2 N$$

2. 波特率

波特率表示单位时间内传输的码元数，也称为码元速率。若一个信号码元占用的时间为 T，则波特率为

$$B = 1/T$$

例如，某线路每传输一个码元需1 ms，则每秒钟将传输1 000个码元，其码元速率为1 000波特。码元速率和信道的带宽有一定的关系，信道带宽越宽，可以传输的码元速率越高。奈奎斯特定理指出：在一定带宽的信道中，最高码元速率满足以下关系：

$$B_{max} = 2W(\text{Baud})$$

式中，W 为信道带宽；B_{max} 为最高码元速率。该公式说明，传输线路的最高码元速率为线路带宽的2倍。从以上公式可以看出，要提高线路的传输波特率，必须采用带宽较宽的传输线路。

3. 数据速率

单位时间内在信道上传送的信息量（二进制比特数）称为数据速率，单位为比特/秒，简写为b/s。例如，信道上的数据每秒传输1 000个二进制比特数，则传输速率为1 000 b/s。

显然，数据传输速率与传输信号码元采用的进制数有一定关系。传输的信号是二进制信号时，每传输一个码元，等于传输了1比特的信息量，码元速率等于数据速率；传输的信号是四进制信号时，每传输一个码元，等于传输了2比特的信息量，数据速率是码元速率的2倍。在二进制信号传输中，如果每秒钟传输了1 000个码元，则数据速率也为1 000 b/s；在四二进制信号传输中，如果每秒钟传输了1 000个码元，则数据速率为2 000 b/s。

4. 信道容量

信道容量表示信道的最大数据传输速率。按照奈奎斯特定理，对于理想情况（不考虑热噪声影响）的信道，信道的容量与信道的带宽和传输的码元离散状态取值（进制数）有关，它们满足奈奎斯特公式：

$$C = B\log_2 N = 2W\log_2 N$$

式中，W 为信道带宽；N 为传输码元离散状态取值。对于二进制信号，$N=2$，$\log_2 N$ 等于1，$C=2W$，对于四进制信号，$N=4$，$\log_2 N$ 等于2，$C=4W$。从公式可以看出，信道带宽越宽，信道容量越大；在信道带宽一定的情况下，传输信号的进制数越高，信道容量越大。所以，在信道带宽一定的情况下，可以通过提高传输信号的进制数来提高传输速率。

在实际网络中，大多数情况还是采用二进制信号进行传输的。在这种情况下，信道容量可以简单地表示为 $C = 2W$，即在带宽为 W 的信道中，信道容量为信道带宽的 2 倍。

例如，使用带宽为 4 kHz 的线路来传输数字数据，采用二进制信号传送。根据奈奎斯特定理，线路的容量为

$$C = 2W = 2 \times 4\ 000\log_2 2 = 8\ 000\ \text{bps}$$

即带宽为 4 kHz 的线路来传输二进制数字数据的最大速率为每秒发送 8 000 个码元；线路的最大数据速率，即线路容量为 8 Kb/s。如果采用四进制信号传送，则该线路的传输容量可提升到每秒发送 16 000 个码元；线路的最大数据速率，即线路容量为 16 Kbps。

由公式可见，带宽越宽，信道容量越大。在带宽一定的情况下，传输的码元表示的离散状态越多（进制数越大），信道容量越大，即在带宽一定的情况下，可以采用传输多进制码元的方法来提高信道容量。但是这样也会增加解码的负担，一般根据实际情况加以选择。

奈奎斯特公式是理想情况下（不考虑噪声的影响）得出的计算公式，而实际的信道总是存在热噪声干扰。对于必须考虑噪声影响的信道，信道容量满足香农公式：

$$C = W\log_2(1 + S/N)$$

其中，W 为信道带宽；S 为传输信号的平均功率；N 为线路中存在的噪声平均功率；S/N 叫作信噪比。显然信道的带宽越宽，信噪比越大，则信道容量越大。由于公式中 S 与 N 的比值一般较大，常用分贝数来表达，$\text{dB}(S/N) = 10\lg(S/N)$。

按照公式 $\text{dB}(S/N) = 10\lg(S/N)$，当 $S/N = 10$ 时，$\lg 10 = 1$，$\text{dB}(S/N) = 10\ \text{dB}$；当 $S/N = 100$ 时，$\lg 100 = 2\ \text{dB}(S/N) = 20\ \text{dB}$；当 $S/N = 1\ 000$ 时，$\lg 1\ 000 = 3\text{dB}(S/N) = 30\ \text{dB}$。

香农公式与信号所取的离散值个数无关（即与采用二进制、四进制等无关），也就是说，只要给定了信噪声比和带宽，则信道容量就确定了。例如，信道带宽为 4 000 Hz，信噪比为 30 dB，则最大数据速率：

$$C = 4\ 000\log_2(1 + 1\ 000) \approx 4\ 000 \times 9.97 \approx 40\ 000 = 40(\text{Kbps})$$

把香农公式和上面理想情况下使用的奈奎斯特公式进行比较，似乎存在矛盾。即有噪声的情况下，传输容量比无噪声的传输容量大。实际上，香农公式给出了在带宽一定的情况下，受噪声影响的信道极限传输速率。从奈奎斯特公式可知，在一定带宽的情况下，采用多进制可以提高信道容量 C，但在实际中，由于信道总是存在噪声，使得采用多进制来提高信道容量也是有限度的，这个限度的极限由香农公式决定。

5. 误码率

误码率是衡量数据传输可靠性的指标，它的定义是：

$$\text{误码率} = \text{出错的码元数} / \text{总的传输码元数}$$

若收到一万个码元，经检查后发现有一个错了，则出错率为 0.01%。

2.2 信道传输介质

计算机网络中的传输线路是网络中的物理信道，计算机网络中使用各种传输介质来组成物理信道，通过物理信道实现数据的通信。传输设备在发送端将数据转换成离散的电信号比特流传输到传输介质，并控制此数据流在传输介质上传输达到目的端，目的端将接收到的比

特流进行转换，恢复成数据，送给目的端应用程序，达到数据通信的目的。

在网络中存在多种传输介质，常用的传输介质有双绞线、光缆、同轴电缆等。选择何种传输介质主要从传输距离、传输速率、价格、安装难易程度和抗干扰能力等方面来加以考虑。

2.2.1 双绞线

双绞线由粗约 1 mm 的互相绝缘的一对铜导线扭在一起组成，一共四对，封装在一起，如图 2－11 所示。采用对称均匀绞合起来的结构可以减少线对之间的电磁干扰，双绞线早期主要用于电话通信中传输模拟信号，现在被广泛用于楼宇中电话模拟信号和网络数字信号的传输。

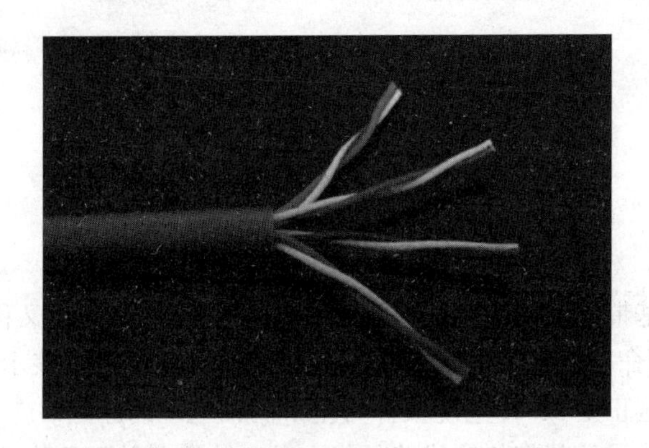

图 2－11

双绞线安装容易、价格低廉，是一种简单、经济的物理介质。相对其他传输介质来说，双绞线支持的传输距离较短，一般在百米数量级范围内。双绞线的传输距离与它传输的数据速率有关，传输距离越短，能支持的数据传输速率越高。双绞线的传输速率一般是以 100 m 的传输距离来定义的。

早期的双绞线传输速率不高，在 100 m 的传输距离内，仅能支持 10 Mb/s 的传输速率；最近几年，随着网络技术的发展，双绞线的传输速率不断得到提高。在 100 m 的传输距离内，传输速率已经提升到 100 Mb/s、1 000 Mb/s。

由于 100 m 的传输距离对于楼宇来说已经足够了，加之目前的双绞线已经能支持很高的传输速率，所以双绞线成为楼宇布线的主要线缆，被广泛用于楼宇综合布线系统中。

随着技术的发展，网络传输速度不断提高，双绞线支持的传输速度也在不断提高，从而分成不同类型的双绞线。目前双绞线主要有 3 类双绞线、4 类双绞线、5 类双绞线、超 5 类双绞线及 6 类双绞线等。

在 100 m 的传输距离内，3 类双绞线可以支持 10 Mb/s 的传输速率，而 5 类双绞线、超 5 类双绞线可以实现 100 Mb/s 的传输速率，6 类双绞线可以实现 1 000 Mb/s 的传输速率。

双绞线一般有非屏蔽双绞线（UTP）和屏蔽双绞线（STP）之分。STP 外面由一层金属材料包裹，以减小辐射，防止信息被窃听。屏蔽双绞线价格较高，安装也比较复杂，主要用于保密网的布线。UTP 无金属屏蔽材料，只有一层绝缘胶皮包裹，价格相对较低，组网灵活，在网络楼宇布线中得到广泛的使用。

2.2.2 同轴电缆

同轴电缆的芯线为铜质芯线，外包一层绝缘材料，绝缘材料的外面是由细铜丝组成的网状导体，再在由细铜丝组成的网状导体外面加一层塑料保护膜，如图 2－12 所示，其中由细铜丝组成的网状导体对中心芯线起着屏蔽的作用。由于芯线与网状导体同轴，故名同轴电缆。由于同轴电缆的网状导体的屏蔽作用，使它具有高带宽和极好的抗干扰能力。

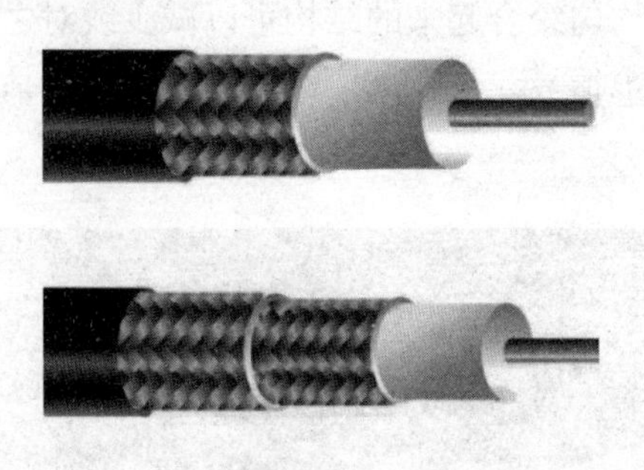

图 2－12

同轴电缆又分为基带同轴电缆和宽带同轴电缆。基带同轴电缆又称为 50 Ω 电缆，以它的特性阻抗为 50 Ω 而命名，基带电缆用于传输数字信号。通常把表示数字信号的方波所固有的频带称为基带，这正是 50 Ω 电缆被称为基带同轴电缆的原因。

由基带同轴电缆构成的基带传输线路的优点是安装简单并且价格低廉，但由于在传输过程中基带信号容易发生畸变和衰减，所以传输距离不能很长，一般为几百米。

50 Ω 同轴电缆，即基带同轴电缆，主要用于基带信号传输，传输带宽为 1～20 MHz。总线型以太网就是使用 50 Ω 同轴电缆，使用 50 Ω 同轴电缆的以太网可以实现 10 Mb/s 的数据速率。同轴电缆又分为粗缆和细缆，它们的安装方式也不相同，细缆使用 T 形接头实现连接；粗缆使用收发器实现连接。它们的安装都很容易。

在以太网中，一段 50 Ω 细同轴电缆的最大传输距离为 185 m，粗同轴电缆可达 500 m。计算机网络中基带电缆传输的数字信号编码多为曼彻斯特码和差分曼彻斯特码。

宽带同轴电缆频带较宽，一般可以达到几百兆赫兹。宽带同轴电缆主要用于模拟信号的传输。电视网络使用的电缆就是宽带电缆，由于电视电缆的特性阻抗为 75 Ω，又称为 75 Ω 电缆。

宽带同轴电缆由于频带较宽，一般采用频分复用技术将多路模拟信号经频率迁移后通过一根宽带电缆传输，实现了一根线缆传输多路模拟信号。

75 Ω 同轴电缆的带宽一般可达 1 GHz，目前常用的电视电缆就是宽带电缆，也称为 CATV 电缆。CATV 电缆的带宽为 750 MHz。

闭路电视就是使用宽带电缆并采用多路复用技术进行传输的典型例子。在闭路电视中，每一路（频道）电视节目的带宽为 6 MHz，闭路电视传输系统将 CATV 电缆的 750 MHz 带宽分成若干子信道，每一个子信道带宽为 6 MHz，每一个子信道传输一路电视信号，通过这样的方式，实现了一根 CATV 电缆传输多路频道的节目的目的。

网络中使用宽带同轴电缆往往是把计算机产生的数字信号转换成模拟信号在宽带同轴电缆上传输，在两端要分别加上调制器和解调器。CATV 电缆也可以采用频分多路技术(FDM)，把整个带宽划分为多个独立的信道，分别传输数字、声音和视频信号。

宽带系统与基带系统的主要不同点是基带系统用基带电缆直接传输数字信号，传输没有方向性，可以双向传输。宽带系统用宽带电缆传送模拟信号，由于模拟信号经放大器后只能单向传输，所以宽带系统若不加处理，只能单向传输。在网络中使用宽带电缆进行数据传输时，由于网络需要双向传输，因此需要进行技术处理，处理的方法是把整个 750 MHz 的带宽划分为两个频段，分别在两个方向上传送信号。也可以使用两根电缆，每根电缆分别负责一个方向的传输。虽然两根电缆比单根电缆费用要增加，但信道容量却提高了一倍多。

宽带系统的优点是传输距离远，可达几万米，并且可同时提供多个信道。然而，和基带系统相比，它的技术更复杂，宽带系统的接口设备也更昂贵。

2.2.3 光纤

随着网络的普及，各种网络业务广泛开展，对网络的传输速度也提出了更高的要求。传统的同轴电缆、双绞线难以满足网络对高速、大容量的要求，在这种背景下，光纤传输技术迅速发展起来。

光纤外形如图 2 – 13 所示。由于光纤具有传输频带宽、传输速率高，传输损耗小、中继距离远，传输可靠性高、误码率低，不受电磁干扰，保密性好等一系列优点，近年来光纤通信技术得到迅速的发展，成为通信技术中一个十分重要的领域。

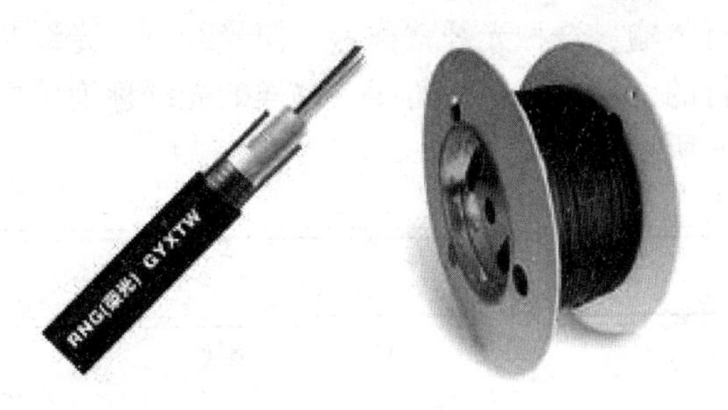

图 2 – 13

光纤是通过光信号进行传输的，在传输信号时，光纤通信系统的光电转换设备将来自发送方的电信号转换成光信号，通过光纤线路传输到对端，然后再通过光电转换设备进行反转换，将光信号恢复成电信号，交给目的端，如图 2 – 14 所示。

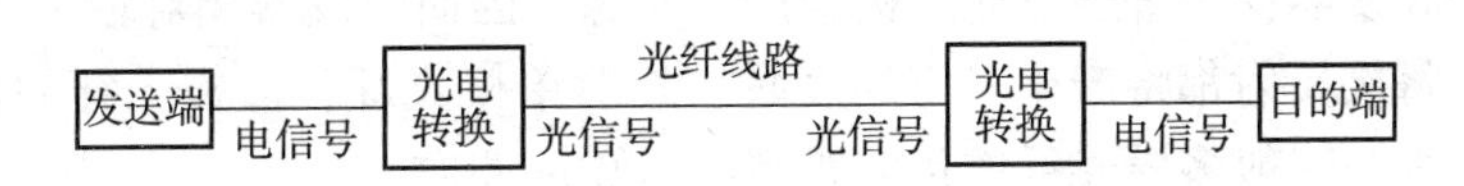

图 2 – 14

数字信号是由 0、1 组成的数字系列，传输 1 就是有光脉冲信号送入光纤，传输 0 就是没有光脉冲信号送入光纤。由于可见光的频率非常高，因此，一个光纤通信系统的传输带宽远远大于目前其他传输介质的带宽，使用光纤能实现高速数据传输。

光纤由能传送光波的超细玻璃纤维制成，外包一层比玻璃折射率低的材料，称为包层。光通过纤芯进行传输，因光在不同物质中的传播速度是不同的，所以光从一种物质射向另一种物质时，在两种物质的交界面处会产生折射和反射。当入射光的角度达到或超过某一角度时，折射光会消失，入射光全部被反射回来，这就是光的全反射。光纤通信就是利用光在纤芯中传输时，不断地被包层全反射，从而实现向前传输的。

用光纤来传输电信号时，先要将电信号转变成光信号，通过光纤进行传输，到达后，再将光信号还原成电信号。将电信号转变成光信号由发光二极管（Light Emitting Diode，LED）或注入激光二极管（Injection Laser Diode，ILD）完成。这两种器件在有电流脉冲通过时，都能发出光脉冲，将电信号转变成光脉冲信号。在发送端，经电－光转换后的光脉冲信号被送入光纤中进行传输；传输到达接收端后，接收端用光电二极管作光检测器，将光脉冲信号还原成相应的电脉冲信号。

在实际光传输系统中，将电信号转换成光信号和将光信号转换成电信号都是由收发器来完成的。收发器内部有发光二极管和光电二极管等器件，在发送端，收发器完成发送功能，将电信号转变成光脉冲信号送入光纤线路；在接收端，收发器完成接收功能，将光信号恢复成电信号。光传输系统的原理如图 2－15 所示。

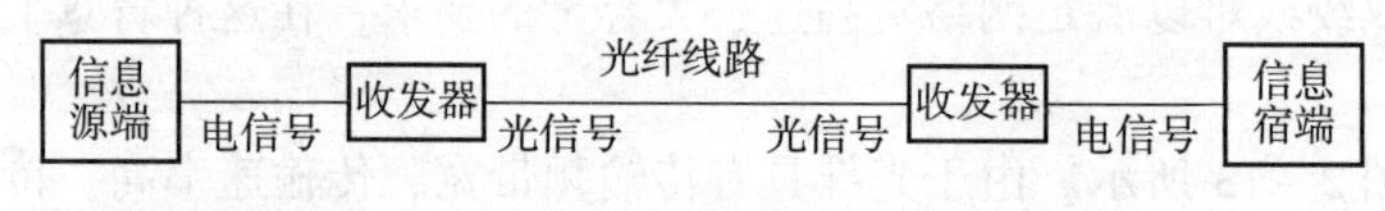

图 2－15

光纤按传输模式分为单模光纤和多模光纤。当光纤的芯径较大时，可以允许光波以多个特定的角度射入光纤进行传输，这种光纤就称为多模光纤；当光纤芯径很小时，只允许进入光纤的光线是与轴线平行的，即只有一种角度，这样的光纤称为单模光纤。多模光纤、单模光纤传输模式如图 2－16 所示。

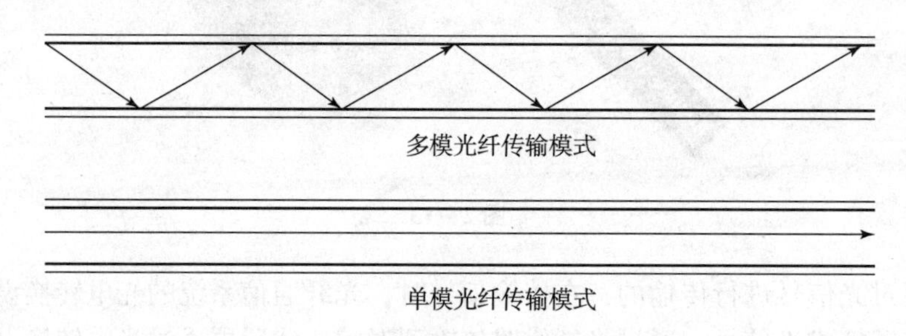

图 2－16

多模光纤的收发器使用普通发光二极管产生光源，因而收发器相对较便宜。但由于它主要是反射传输，每次反射都将产生一定的衰减。相对单模光纤，多模光纤的传输衰减较大，传输距离不能太远。一般多模光纤的传输距离在 500 m 左右。

单模光纤的收发器不使用普通的发光二极管，主要使用昂贵的半导体激光器，因而价格相对较高。但由于它的传输衰减较小，可以传输较远的距离，一般在远距离的传输中使用单模光纤和激光收发器。

使用单模光纤可以传输几千米、几十千米，甚至上百千米。1992 年 3 月，横跨大西洋的光纤系统已投入使用，使用的就是单模光纤，当时的传输速率已经可达5 Gb/s。

2.2.4 无线信道

前面提到的由双绞线、同轴电缆和光纤等传输介质组成的信道统称为有线信道，网络数据的传输也可通过空间电磁波传播实现，当通信距离很远，且是高山、岛屿等地形时，用空间传输就具有优越性。空间传输的信道称为无线信道，无线信道包括微波、激光、红外和短波信道。

微波通信的价格较高，安装也更难，传输速率一般为1～10 Mb/s。微波通信系统又可分为地面微波系统和卫星微波系统，两者的功能相似，但通信能力有很大差别。地面微波系统由视野范围内的两个互相对准的发送天线和接收天线组成，长距离通信则需要多个中继站组成微波中继链路。微波通信示意如图2－17所示。

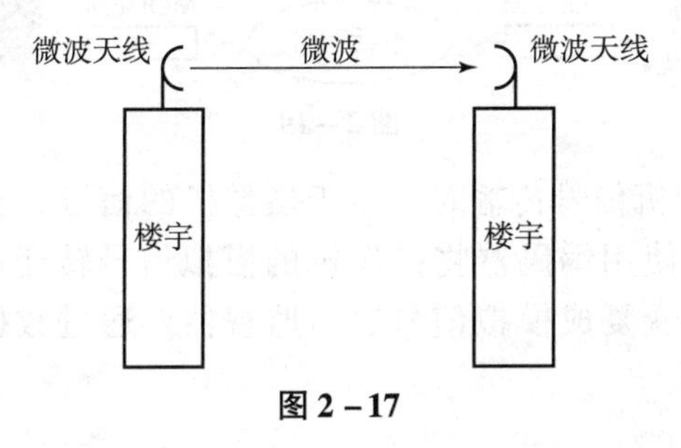

图2－17

通信卫星可看作是悬在太空中的微波中继站。卫星上的转发器把它的波束对准地球上的一定区域，此区域中的卫星地面站之间可互相通信。地面站以一定的频率段（上行频段）向卫星发送信息。卫星上的转发器将接收到的信号放大并变换到另一个频段（下行频段）上，发回地面上的接收站。这样的卫星通信系统可以在一定的区域内组成广播式通信网络。微波通信的频率段为吉赫兹段的低端，一般是1～300 GHz。地面微波一般采用吉赫兹范围，而卫星传输的频率范围则更高一些。微波具有宽带宽、容量大的优点，但微波信号容易受到电磁干扰，地面微波通信相互之间也会造成干扰；大气层中的雨、雪会大量吸收微波信号，当长距离传输时，会使得信号衰减至无法接收；另外，通信卫星为了保持与地球自转的同步，一般停留在36 000 km的高空，这样长的距离会造成大约270 ms的时延，在利用卫星信道组网时，这样长的时延是必须考虑的重要因素。卫星通信的示意如图2－18所示。

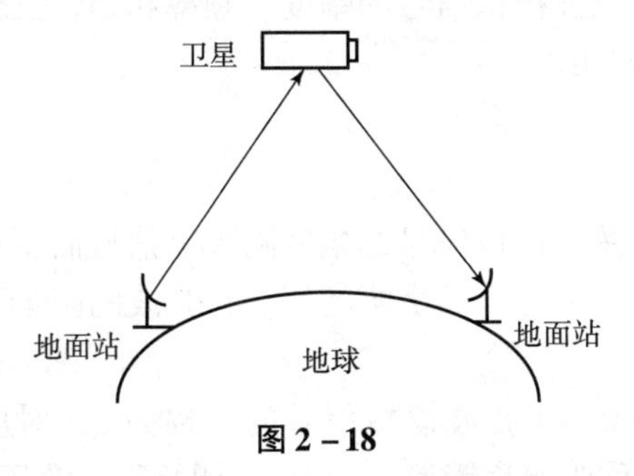

图2－18

2.3 编解码技术

计算机网络通过通信网将计算机互连，以实现资源共享和数据传输。当使用的通信网信号形式和计算机的信号形式不一样时，就必须进行信号形式的转换。一般将在发送方进行的信号形式转换称为编码，接收方进行的信号形式转换称为解码。

使用电话网络进行数据传输时，由于计算机送出的是数字信号，电话网络传输的是模拟信号，发送方需要使用调制解调器来完成调制，将计算机的数字信号转变成能在电话网里传输的模拟信号，然后通过电话网传输，传输到接收方时，接收方使用调制解调器来完成解调，将接收到的模拟信号恢复成计算机的数字信号送给计算机。此时，调制就是编码的过程，解调就是解码的过程。通过电话网进行数据传输的连接如图 2－19 所示。

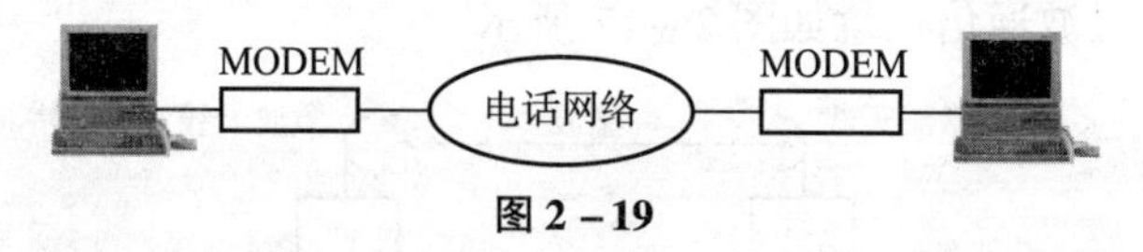

图 2－19

使用 IP 网络进行摄像机信号传输时，由于摄像机的信号为模拟信号，IP 网络传输的是数字信号，发送方需要使用编码器将摄像机的模拟信号转变成数据，再在数据网里传输，到达时再通过解码器恢复成模拟信号送给监视器。通过数据网传输视频模拟信号的连接如图 2－20 所示。

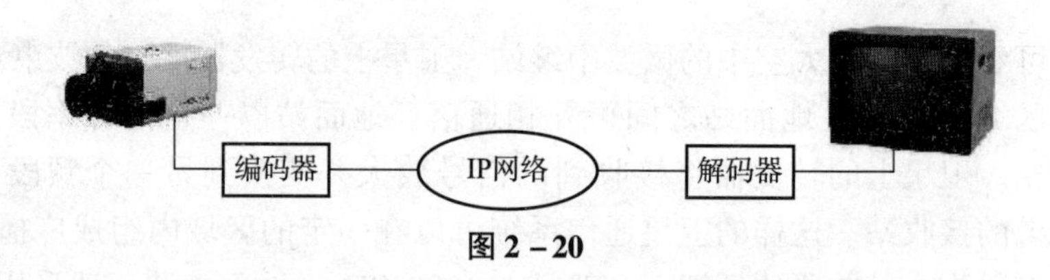

图 2－20

2.3.1 数字调制技术

调制广泛用于无线电广播、闭路电视等模拟调制技术中。计算机网中用的数字调制技术不同于模拟调制技术。计算机网中的数字信号是二进制信号，它的调制相对比较简单。一般有三种调制方式，分别用正弦波模拟信号的幅度、频率和相位三个参数来表示数字信号 0 和 1，分别称为调幅、调频和调相。

1. 调幅

按照这种调制方式，正弦波模拟信号的幅度随数字信号而变化，数字信号为 0 时，取一个幅度值；数字信号为 1 时，取另外一个幅度值。正弦波的两个不同的幅度值分别表示数字 0 和 1。

例如，对应二进制数字 0，正弦波模拟信号的振幅为 0；对应二进制数字 1，正弦波模拟信号的振幅为 A。调幅又称为幅移键控（ASK）。调幅数字波形与调幅波的关系如图 2－21 所示。

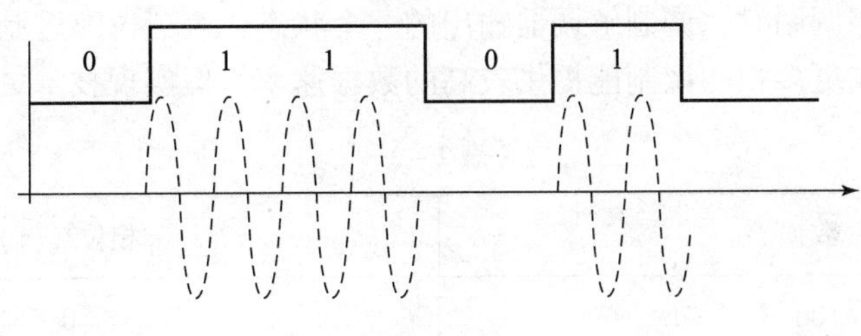

图 2－21

2. 调频

按照这种调制方式，正弦波模拟信号的频率随数字信号的变化而变化，取不同的频率来表示数字 0 和 1。例如，对应二进制数字 0，模拟信号的频率为f_1；对应二进制数字 1，模拟信号的频率为f_2。调频又称为频移键控（FSK）。调频数字波形与调频波的关系如图 2－22 所示。

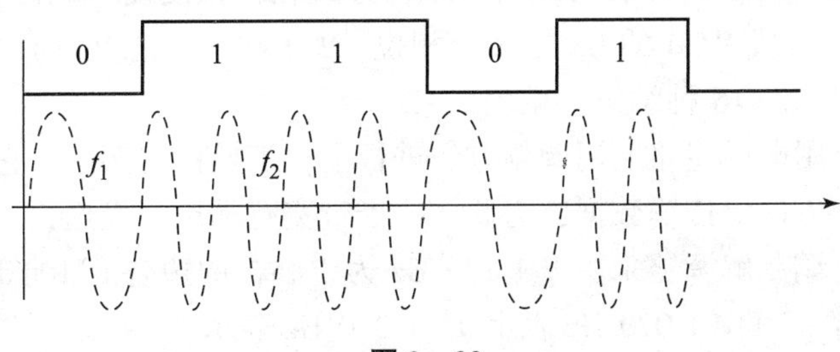

图 2－22

3. 调相

按照这种调制方式，正弦波模拟信号的相位随数字信号的变化而变化，取不同的初始相位值来表示数字 0 和 1。例如，对应二进制数字 0，模拟信号的初始相位为 0°；对应二进制数字 1，模拟信号的初始相位为 180°。调相又称为相移键控（PSK）。调相数字波形与调相波的关系如图2－23所示。

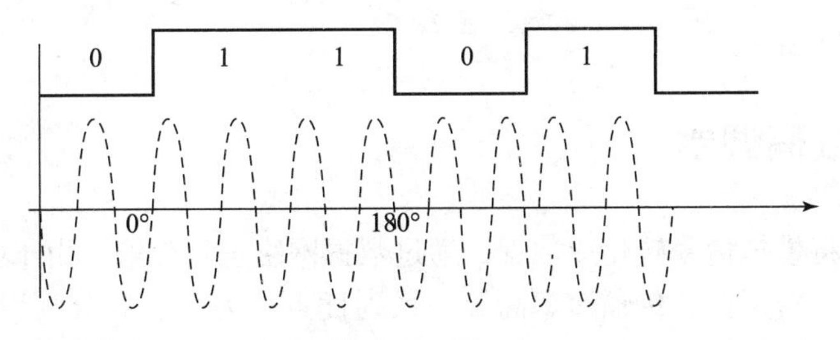

图 2－23

调相又有 2 相制、4 相制等。调制器只能输出两个相位值的称为 2 相调制，此时，输入的二进制数据和输出的相位状态值一一对应，输入数据的传输率和调制输出的波特率相等，即 $S=B$。

调制器可以输出 4 个相位值的称为 4 相调制，此时，调制器每输入两个二进制数据，输出一个相位状态值。输入数据的传输率是调制输出的波特率的一倍（$2S=B$）。即 4 相调制时，调制器输出的一个状态代表两位二进制数，见表 2－2。

同样，采用8相调制时，调制解调器输出的一个状态代表三位二进制数。

显然采用4相或更多相的调制能提供较高的数据速率，但实现技术更为复杂。

表2－2

数据	相位/（°）
00	0
01	90
10	180
11	270

除了单一的调幅、调频和调相以外，上述调制技术可以组合起来，得到性能更好、更复杂的调制信号。例如，PSK和ASK可结合起来，形成相位幅度复合调制PAM方式。如采用8相制PSK和ASK结合成PAM的方式，8个相位，2个幅度，总共具有16种状态，可以分别表示由4位数据组成的16种编码，见表2－2。

图2－24是在公用电话线路上用调频方法进行全双工操作的例子。它可以实现在一条传输线缆上同时在两个方向上传输数据，为此，一个带宽范围用于发送，一个带宽范围用于接收。在一个方向上，调制解调器采用以1 170 Hz为中心，两边各有100 Hz位移的1 070 Hz与1 270 Hz调制频率，其中1 070 Hz表示0，1 270 Hz表示1。在另一个方向上，调制解调器采用以2 125 Hz为中心，两边各有100 Hz位移的2 025 Hz及2 225 Hz调制频率，分别表示0和1。

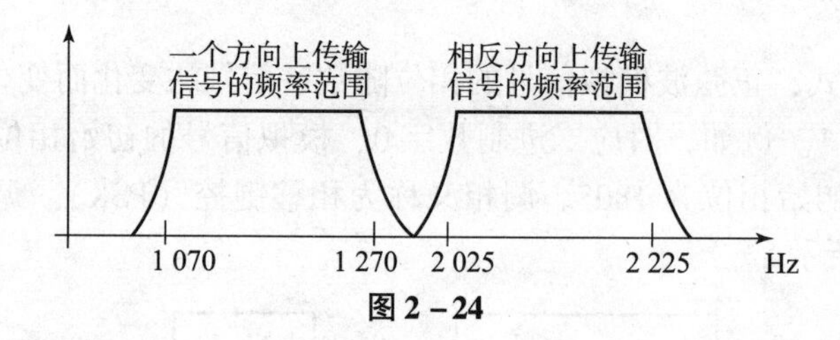

图2－24

2.3.2 脉冲编码调制

脉冲编码调制将模拟信号转化成数据，通过数据网络进行传输。由于数字信号传输具有失真小、误码率低、费用低、传输速率高等一系列优点。为保证充分利用数字信道的优点，提升传输质量，对于模拟信号的传输，往往也将它们转换成数字信号在数字信道上传输。

采用网络传输语音信号或电视信号时，由于语音信号、视频信号都是模拟信号，要将它们通过数据网络进行传输，就必须先将它们转换成数字编码的数据，再通过数据网进行传输，传输到对方后，再将这些数字编码恢复成模拟信号，送到相应的模拟设备。

模拟信号转换成数字编码的数据后，不但可以通过数字网络进行传输，还能转换成不同速率的数字信号，进行各种速率的网络传输；同时，模拟信号转换成数字编码的数据后，更便于存储、编辑、加密、压缩等各种信息处理。

模拟信号进行数字化编码的最常见的方法是脉冲编码调制技术（Pulse Code Modulation, PCM），简称为脉码调制。

PCM 在完成将模拟信号转换成数字化编码时，要经过取样、量化和编码三个步骤。

1. 取样

取样的目的是用一系列离散的样本来代表随时间连续变化的模拟信号。取样是每隔一定时间间隔取模拟信号的当前值作为样本。该样本代表了模拟信号在某一时刻的瞬时值。一系列连续的样本可用来代表模拟信号在某一区间随时间变化的值。

取样是由取样、保持电路来完成的，一个原理性的取样电路如图 2－25 所示。

图中开关 K 按取样频率不断接通、断开。K 接通时，取样电路中的取样电容充电，输出电压随输入电压变化（取样）。K 断开时，输出电压（电容上的电压）保持不变，如图 2－26 所示。

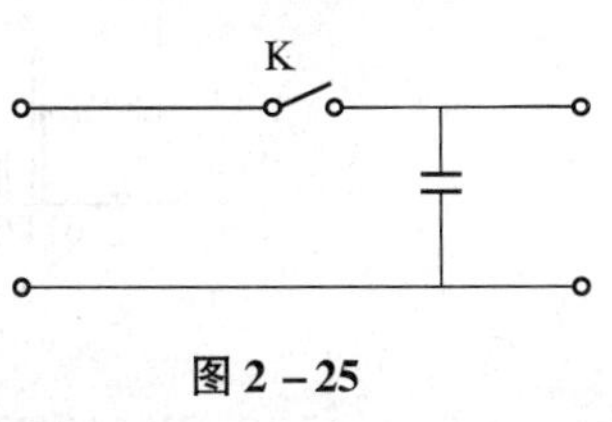

图 2－25

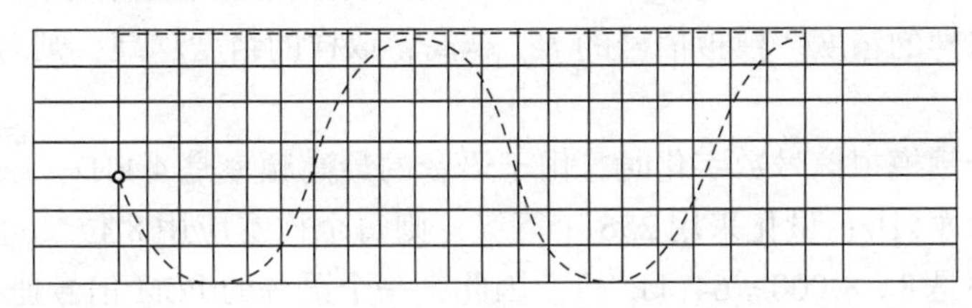

图 2－26

显然，取样频率越高，取下的样本越能代表模拟信号。以什么样的频率取样，才能得到近似于原信号的样本空间呢？奈奎斯特取样定理告诉我们：如果取样频率大于模拟信号最高频率的两倍，则可以用得到的样本空间重新构造出原始信号（恢复出原来的模拟信号），即

$$F_1 = \frac{1}{T_1} \geqslant 2F_{\max}$$

其中，F_1 为取样频率；T_1 为取样周期（即两次取样之间的时间间隔）；$F_{\max}$ 为模拟信号的最高频率。

2. 量化

量化就是分级，即将取样后得到的样本值分成若干等级的离散值，离散值的个数决定了量化的精度：离散值分级的级别越多，量化精度也越高，在数值化时编码的位数也就相应越多。图 2－27 中把量化时的等级分为 8 级。每个样本都量化为它附近的等级值。量化是用取样、保持电路中保持段的电压值来进行的。

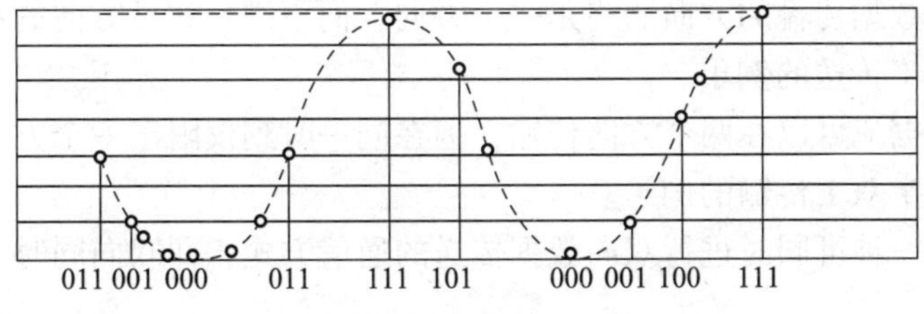

图 2－27

3. 编码

编码就是把量化后的样本值转换成相应的二进制代码，二进制代码的位数和量化的等级有关。当量化等级为 8 个等级时，在数值化时为 3 位二进制代码；当量化等级为 256 个等级时，在数值化时为 8 位二进制代码，如图 2－28 所示。

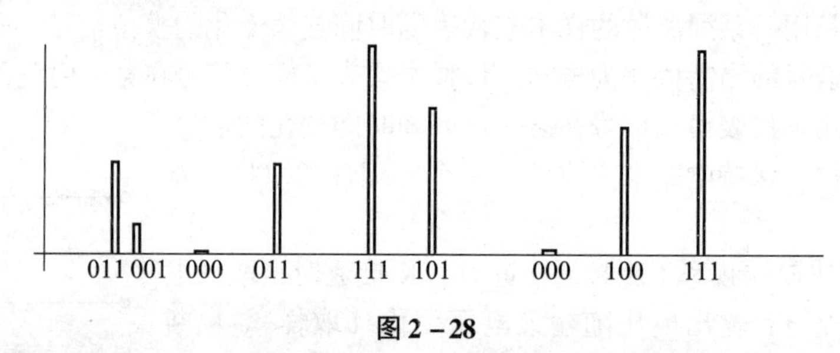

图 2－28

由上述脉码调制的原理可看出，取样的速率是由模拟信号的最高频率决定的，而量化级的多少则决定了取样的精度。模拟信号的 F_{max} 越高，取样的精度越高，则对传输信道的数据速率要求也越高。

例如，电话音频模拟信号数字化时，由于语音的最高频率是 4 kHz，根据奈奎斯特取样定理，取样频率为 8 kHz；量化采用 256 个等级，则每个样本应用 8 位二进制数字表示，数字化的语音的速率是 8 × 8 000 = 64(kb/s)。因此，一个语音的 PCM 信号速率为 64 kb/s。对于模拟电视信号数字化，由于视频信号的带宽更宽，取样速率要求就更高。假若量化等级更多，对数据速率的要求也就更高了。

在网络中，常常需要用数字信道传输语音信号，这时经过 PCM 就可把模拟信号的语音信号转换成数字信号，并用数据表示出来，成为二进制数据序列，然后通过数字信道传输，此过程为编码的过程。将二进制数据序列进行反转换，即将二进制数据转换成幅度不等的量化脉冲，然后再经过滤波，就可使幅度不同的量化脉冲还原成原来的模拟信号形式的语音信号，此过程为解码的过程。

2.4 数据通信方式

2.4.1 单工、双工通信

通信方式按传输的方式可分为单工通信、半双工通信和全双工通信，如图 2－29 所示。

①单工：是指数据传输的方向始终是一个方向，而不进行相反方向的传输。无线电广播和电视广播都是单工传送的例子。

②半双工：数据流可以在两个方向传输，但在同一时刻仅限于一个方向传输，即双向不同时。对讲机就是半双工传输的例子。

③全双工：是一种可同时进行双向数据传送的通信方式，即双向同时。电话就是全双工通信的例子。

全双工通信往往采取 4 线制。每 2 条线负责传输一个方向的信号。若采用频分多路复用，可将一条线路分成两个子信道，一个子信道完成一个方向的传输，则一条线路就可实现全双工通信。

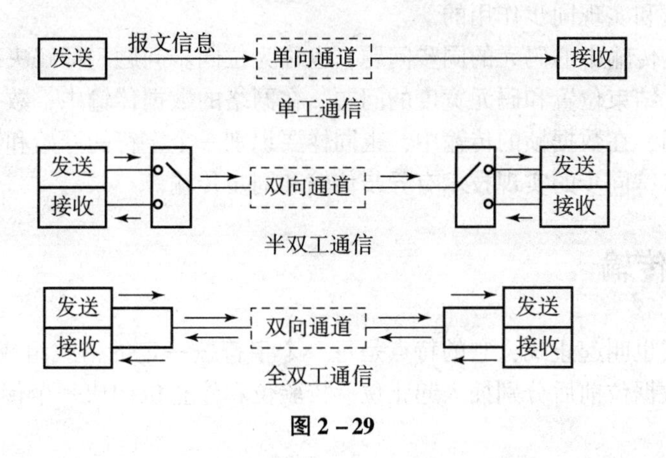

图 2 – 29

2.4.2 码元同步

计算机网络中一般都采用串行传输。在串行通信过程中，接收方必须知道发送数据序列码元的宽度、起始时间和结束时间，即在接收数据码元序列时，必须在时间上保持与发送端同步（步调一致），才能准确地识别出数据序列。这种要求接收方按照所发送的每个码元的频率及起止时间来接收数据的工作方式称为码元同步。在 OSI 网络模型中，码元的同步是由物理层实现的。实现码元同步有三种方式，如图 2 – 30 所示。

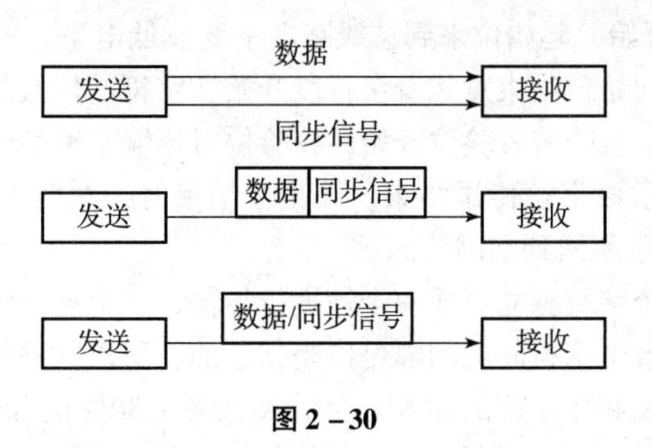

图 2 – 30

第一种方法是用一根数据线传输串行数据，用另外一根线传输能反映传输码元的宽度、起始时间和结束时间的同步信号。接收方收到数据信号时，根据同步信号识别出信号携带的数据。

第二种方法是用一根线既传输数据信号，也传输同步信号，即用一根线分时传输数据信号和同步信号。在传输数据前，先传送同步时钟信号，数据信号跟在后面传送。根据收到的同步信号，对后面的数据进行同步接收。

第三种方法仍然是用一根线既传输数据信号，也传输同步信号。但是，在传输时，将同步信号内含在数据信号中，传送数据的同时，同步信号也被传送，即同步信号与数据一起传输。这种方式大大减少了传输同步信号带来的时间开销，提高了传输效率。

曼彻斯特码编码就是采用第三种方式进行数据传输的。由于曼彻斯特码的数据编码无论传送 0 还是 1，其码元中间都会发生跳变，根据这一特点，接收方可以从数据信号中获得每位数据的码元宽度和码元起始、结束位置的信息，实现同步作用。以太网中就是采用曼彻斯特码进行数据传送和实现同步作用的。

以上讨论的是传输中的码元的同步问题，也称为位同步问题。即解决准确识别发来的每一位数据的起始、结束位置和码元宽度的问题。在网络的数据传输中，数据是由许多字符组成帧来进行传送的，在数据帧的传输中，也同样要识别一个字符的开始和结束，即要解决字符的同步问题。字符同步的实现技术有异步传输和同步传输。

2.4.3 异步传输

异步传输方式也叫起止式，它的特点是每一个字符按一定的格式组成一个帧进行传输。即在一个字符的数据位前后分别插入起止位、校验位和停止位构成一个传输帧，如图 2－31 所示。

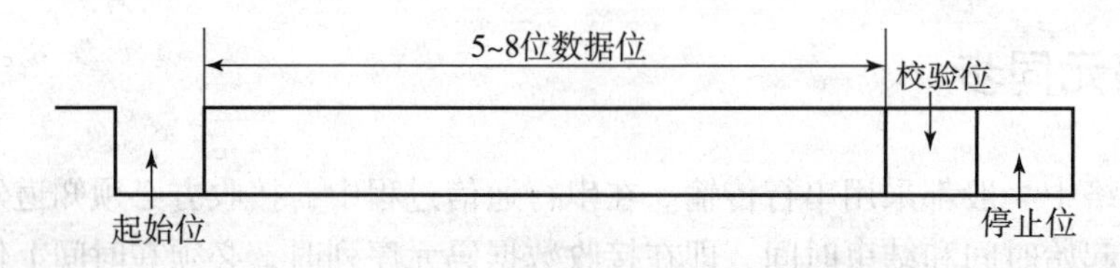

图 2－31

起始位起同步时钟置位作用，即起始位到达时，启动位同步时钟，开始进行接收，以实现传输字符所有位的码元同步。在异步传输方式中，没有传输发生时，线路上的电平为高电平（空号）。一旦传输开始，起始位来到，线路电平变成低电平，即线路的电平状态发生了变化，指示数据到来。起始位结束意味着字符段开始，字符的位数是事先规定好的，一般为 5～8位。字符位结束后，意味着校验位开始，校验位对传输字符做奇偶差错校验，校验位之后是停止位，停止位指示该字符传送结束。停止位结束时，线路上的电平重新变成高电平(空号)，意味着线路又重新回到空闲状态。

异步传输由于每一个字符独立形成一个帧进行传输，一个连续的字符串同样被封装成连续的独立帧进行传输，各个字符间的间隔可以是任意的，所以这种传输方式称为异步传输。

由于起止位、检验位和停止位的加入，会引入 20%～30% 的开销，传输的额外开销大，使传输效率只能达到 70% 左右。例如，一个帧的字符为 7 位代码、1 位校验位、1 位停止位，加上起始位的 1 位，则传输效率为 7/(1＋7＋1＋1)＝7/10。另外，异步传输仅采用奇偶校验进行检错，检错能力较差。但是，异步传输所需要的设备简单，所以在通信中也得到了广泛的应用。例如，计算机的串口通信就是采用这种方式进行传输的，通过电话线、MODEM 上网也是采用异步传输方式实现的。

2.4.4 同步传输

同步传输将一次传输的若干字符组成一个整体数据块，再加上其他控制信息构成一个数据帧进行传输。这种同步方式由于每个字符间不能有时间间隔，必须一个字符紧跟一个字符

(同步)，所以这种传输方式称为同步传输方式，如图 2－32 所示。

SYN	SYN	SOH	报头	数据	ETX

图 2－32

按照这种方式，在发生前先要封装帧。即在一组字符（数据）之前先加一串同步字符 SYN 来启动帧的传输，然后加上表示帧开始的控制字符（SOH），再加上传输的数据，在数据后面加上表示结束的控制字符（如 ETX）等。SYN、SOH、数据、ETX 等构成一个封装好的数据帧。

接收方只要检测到连续两个以上 SYN 字符，就确认已进入同步状态，准备接收信息。随后的数据块传送过程中双方以同一频率工作（同步)，直到指示数据结束的 ETX 控制字符到来时，传输结束。这种同步方式在传输一组字符时，由于每个字符间无时间间隔，仅在数据块的前后加入控制字符 SYN、SOH、ETX 等同步字符，所以效率更高。在计算机网络的数据传输中，多数传输协议都采用同步传输方式。

一组字符采用同步传输和异步传输的示意如图 2－33 所示。同步传输的每个字符间不能有时间间隔（同步)，而异步传输的每个字符间的时间间隔可以任意（异步)。

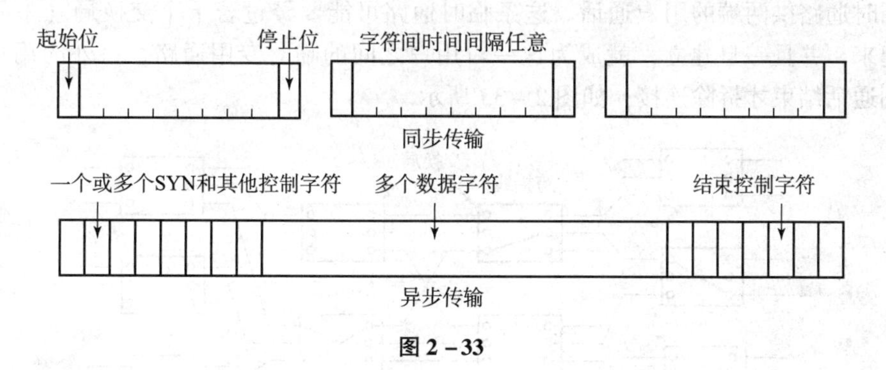

图 2－33

根据同步、异步的概念，可以说异步传输字符间是异步的，而在字符内是比特同步的；而同步传输字符间是同步的，字符内是比特同步的。

2.5 数据传输交换方式

经编码后的数据在通信线路上进行传输的最简单形式是在两个互连的设备之间直接进行数据通信。但是，网络中互连很多台计算机，将它们全部直接连接是不现实的，通常通过许多中间交换（转发）互连而成。数据从源端发送出来后，经过的中间网络称为交换网。在交换网中，两台计算机进行信息传输，数据分组从源端计算机发出后，经过多个中间节点的转发，最后才到达目的端计算机。信息在这样的网络中传输就像火车在铁路中运行一样，经过一系列交换节点（车站)，从一条线路换到另一条线路，最后才能到达目的地。

图 2－34 给出了一个交换网的拓扑结构。图中的 H 代表计算机主机，中间的 A、B、C、D、E 和 F 为交换节点。

交换节点转发信息的方式就是交换方式。交换又可分为电路交换、报文交换和分组交换三种最基本的方式。

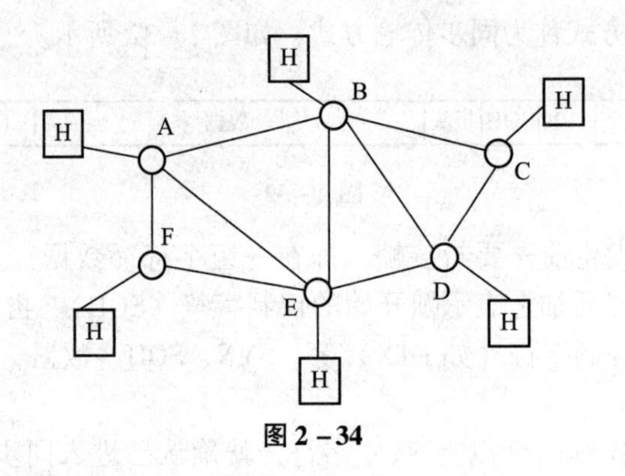

图 2-34

2.5.1 电路交换

电路交换方式是在数据传输期间，在源主机和目的主机之间利用中间的转接（交换）将一系列链路直接连通，建立一条专用的物理连接线路进行数据传输，直到数据传输结束。电话交换系统通过呼叫来建立这条物理连接线路，当交换机收到一个呼叫后，就在网络中寻找一条临时通路供两端的用户通话。这条临时通路可能要经过若干个交换局（中间）的转接建立起来，并且一旦建立，就成为这一对用户之间的临时专用通路，另外的用户不能打断，直到通话结束才拆除连接，如图 2-35 所示。

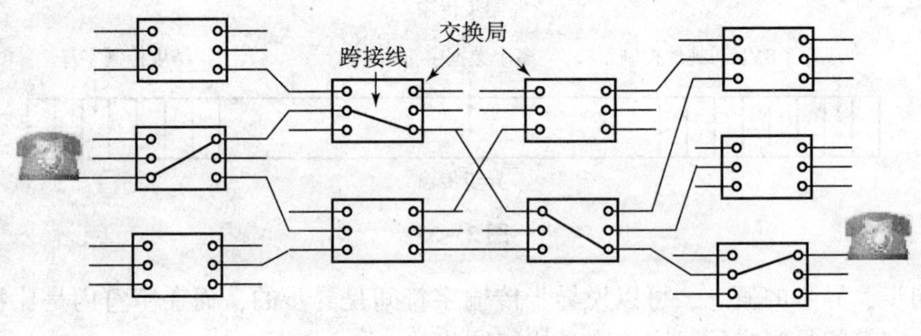

图 2-35

电路交换方式中，用电路交换实现数据传输时，要经过电路连接的建立、数据传输和电路连接的拆除三个过程。

（1）电路连接的建立

数据传输前先通过呼叫完成电路连接的建立。呼叫可以先用电话拨号，拨通后切换到计算机上；也可将计算机直接连接在自动拨号的调制解调器上，在计算机上键入电话号码进行呼叫。呼叫拨号后，经各级电话局的转接，电路连接就建立起来了。

（2）数据传输

电路接通后，呼叫的两个主机就可以进行数据传输了。数据传输沿呼叫接通的链路进行，在传输期间，这条接通的临时专用通路一直被这两台主机占用。

（3）电路连接的拆除

数据传输结束后，要将建立起来的临时专用通路拆除（让出）。拆除实际就是指示构成这条通路的链路已经空闲，可以为其他的通信服务。拆除类似于电话结束后的挂机。

电路交换的优点是传输可靠、迅速、不丢失信息且保持原来的传输顺序，传输期间不再有传输延迟；缺点是建立连接和拆除连接需要时间开销，等待较长的时间，这种交换方式适合于传输大量的数据，在传输少量数据时效率不高。

2.5.2 报文交换

报文交换采取存储－转发方式。它不要求在源主机与目的主机之间建立专用的物理连接线路，只要在源主机与目的主机之间存在可以到达的路径即可。当一个主机发送信息时，它把要发送的信息组织成一个数据包（报文），把目的计算机的地址附加在报文中进行传送，网络中的各转发节点根据报文上的目的地址信息选择路径，把报文向目标方向转发。报文在网络中通过各中间节点逐点转发，最终到达目的主机，如图 2－36 所示。在报文交换方式中，中间节点交换是由路由器或路由交换机来实现的。

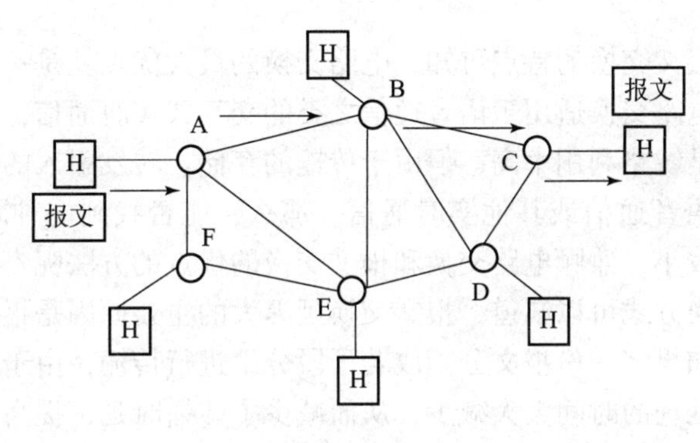

图 2－36

报文存储－转发各节点的过程为：报文传到一个节点时，先被存储在该节点，并和先到达的其他报文一起排队等候，一直到先到达该节点的报文发送完了，有链路可供该报文使用时，再将该报文继续向前传送，经过多次中间节点的存储－转发，最后到达目标节点，这就是存储－转发名称的由来。

存储－转发方式的节点有如下特点：

①每个节点必须有足够大的存储空间（内存或者磁盘）来缓冲（存储）收到的报文，这个存储空间又被称为缓存空间。

②每个节点将从各个方向上收到的报文排队，然后依次转发出去，这些都会带来传输时间的延迟。

③由于链路的传输条件并不理想，可能会出现差错，因此，从一个节点到另一个节点的传输（相邻节点间的传送）应该有差错控制的功能。

④报文到达一个节点时，向前传输的链路往往不止一条，节点需要为该报文选择其中一条链路进行转发传送，这就存在一个路由选择问题。路由选择得好，报文就能较快地到达目的主机；路由选择得不好，报文到达目的主机就会有较大的延迟。

⑤存储－转发方式既然以报文为单位进行传输，那么各节点必须能判别各报文的起始和结束点。

⑥为了保证报文的正常传输，还必须有其他一些特殊功能。例如，为防止网络中的报文

过分拥挤，应该采取一些流量控制措施，以及在排队时让一些紧急的报文优先传送等。

⑦数据在传输前必须打包，按报文格式形成报文。即在数据前面加上报头、后面加上报尾。报头、报尾的内容是发送双方的地址信息，指示报文开始、结束的同步信息，实现差错控制的校验码和其他控制信息等，这些信息用于控制报文正确、可靠地传输到目的主机。

存储－转发方式由于可以减少网络通信链路数量，降低线路通信费用，可以方便地实现差错控制和流量控制，另外，还可改变数据的传输速率，控制传输的优先级别，所以计算机网络中一般都采用存储－转发方式。

报文交换的优点是无须建立专用的物理链路，即传输的双方不独占线路，在传输期间，其他需要通信的双方仍然可以使用线路进行传输。每一对主机都只是断续地使用线路，所以存储－转发方式线路利用率较高。

2.5.3 分组交换

对比电路交换与报文交换的特点可知，电路交换的最大优点就是一旦建立起来，通信的传输延迟很小，所以电路交换适用于语音通信之类的交互式实时通信，但缺点是线路利用率低。报文交换的优点是线路利用率高，但由于传输的存储、转发引入的时延太长，不能用于要求快速响应的交互语音通信或其他实时通信。那么，能否找到一种既能保持较高的利用率，又能使传输延迟较小，兼顾电路交换和报文交换的优点的方法呢？

仔细分析报文交换方式可以知道，报文交换延迟大的主要原因是报文太长而导致转发时间及处理时间太长。如果将一份报文分割成若干段分组进行传输，由于分组后报文较短，这就使中间节点排队及处理的时间大大减少，从而减少了传播时延，提高了速度。另外，同属于一个报文的各分组可以同时在网络内分别沿不同路径进行“并行”传输，因此也大大缩短了报文传输经过网络的时间，从而既能保持较高的利用率，也能使传输延迟较小。这种将一份报文分割成若干段分组进行传输的方式称为分组交换。

分组交换由于分组后容量较小，所以可以存储在内存中，大大提高了交换速度；分组交换采用分组纠错，在发现错误时只需重发出错的分组，这可明显地减少出错的重发量，从而提高了传输效率。而报文交换方式中，任何数据出错，都必须将整个报文重新发送，传输效率低。分组传送的示意如图 2－37 所示。

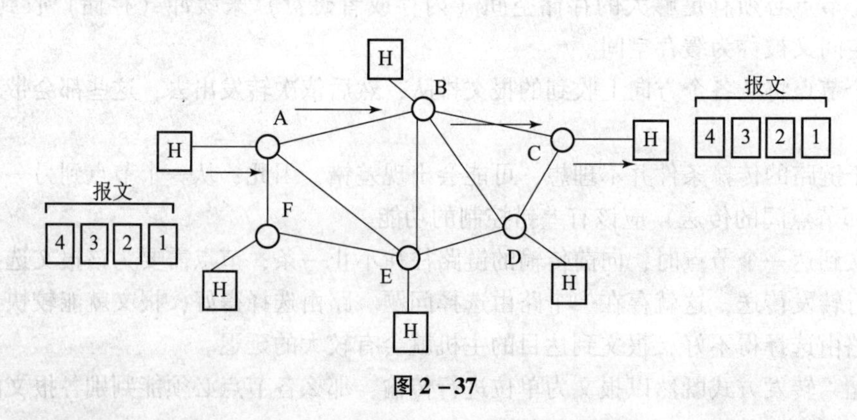

图 2－37

进行分组交换时，发送节点先要将传送的信息分割成大小相等的分组（最后一个例

外)，再进行打包，带上地址信息，指示分组开始、结束的同步信息，实现差错控制的校验码和其他控制信息等，并对每个分组加以编号，然后逐个分组发送，交换节点对分组逐个转发。收到分组后，根据分组编号，重新组装分组，恢复完整的数据信息。

由于分组传输速率远高于报文传输，加上线路技术的不断提高，线路支持的传输速率越来越高，目前计算机网络一般都采用分组传输方式。

2.6 多路复用技术

多路复用技术是将多路信号通过一条线路传输的技术。在网络通信中，通信的主要费用用于线路的传输上。由于计算机网络的通信多是突发性业务，即数据的波动性较大，采用多路复用技术，可以使线路数据的波动性得到平滑，使得发送的数据速率和平均值对应，提高了线路利用率，降低了通信费用。

随着技术的发展，信道复用技术目前有了很大的发展，主要有：频分多路复用技术（Frequency Division Multiplexing，FDM）、时分多路复用技术（Time Division Multiplexing，TDM）、统计时分多路复用技术（Statistics Time Division Multiplexing，STDM）、波分复用技术（Wavelength Division Multiplexing，WDM）、码分复用技术（Code Division Multiplexing，CDM）等。

目前的高速数据网多数采用多路复用技术。例如，现今的公共电话交换网（PSTN）、异步转移模式（ATM）、同步数字系列（SDH）都采用了多路复用技术。使用多路复用技术可以有效地利用高速干线的通信能力。

多路复用通过多路复用器来实现，多路复用器和数据终端设备的连接如图 2－38 所示。图中表明三个 DTE 设备通过多路复用器（MUX）在一条传输线路上传输。发送方的 MUX 将 A、B、C 三个终端的信号复用在一条宽带线路上传输，接收方的 MUX 将收到的复用信号还原成三路信号分别送给 A、B、C 终端。

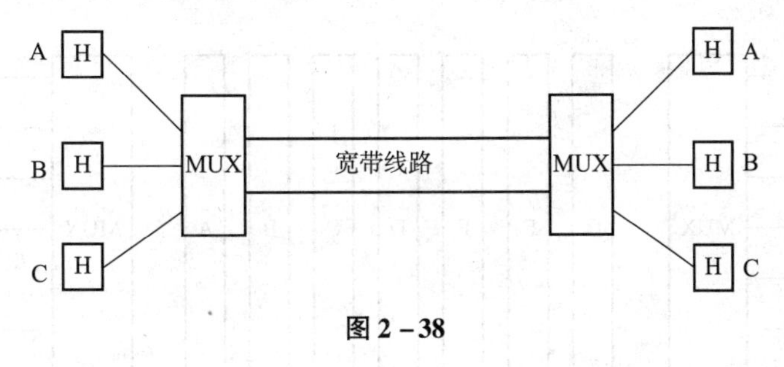

图 2－38

2.6.1 频分多路复用

频分多路复用技术（FDM）将一条宽带传输线路分成多个窄带的子信道，每一个子信道传输一路信号，实现在一条线路上传输多路信号，如图 2－38 所示。在频分多路复用技术中，发送方的 N 路低速信号占用不同的（互不重叠的）窄频带，依次排列在宽带线路的频带上进行传输，到接收方后再借助滤波器将各路低速信号分开。

FDM 的典型例子就是有线电视系统（CATV）中使用的频分多路技术。一根 CATV 电缆的带宽大约是 750 MHz，每个电视频道带宽为 6 MHz，采用 FDM 技术可传送 100 多个频道的电视节目。

网络中采用 FDM 技术传输数字数据信号时，利用 FSK 将不同信道的数字数据信号调制成多个频率不同的模拟载波信号，依次排列在宽带线路的频带内进行传输。频分多路复用的原理如图 2－39 所示。

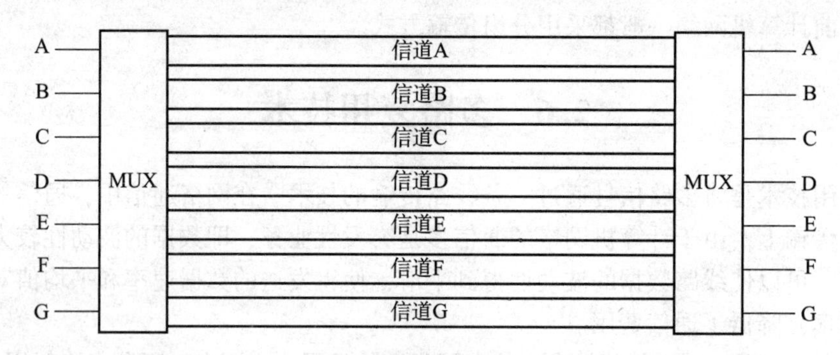

图 2－39

除 FSK 调制以外，FDM 技术也可采用 ASK、PSK 及它们的组合。每一个载波信号形成一个子信道，各子信号的频率不相重合，子信道之间留有一定宽度隔离频带，防止相互串扰。

2.6.2 时分多路复用

TDM 是多路信号分时使用一条传输线路，实现在一条线路上传输多路信号。在 TDM 中，将时间分成若干时隙，每路低速信号使用信道的一个时隙，将 *N* 路信号顺序发送到高速复用信道上。分时就是通道按时间片轮流占用整个带宽。时分多路复用的原理如图 2－40 所示。

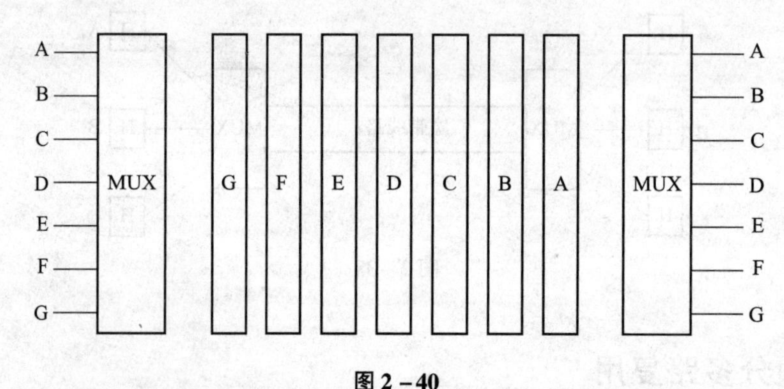

图 2－40

时间片的大小可以按一次传送一位、一个字节或一个固定大小的数据块所需的时间来确定。这种传统的时分多路复用又称为同步时分多路复用。

2.6.3 统计时分多路复用

统计时分多路复用又称智能时分多路复用，它的主要思想是提高 TDM 的效率。在 TDM

技术中，整个传输时间划分为固定大小的时间周期。每个时间周期内，各路信号都在固定位置占有一个时隙。这样可以按约定的时间恢复各路信号的信息流。当某路信号的时隙到来时，如果没有信息要传送，则这一部分带宽就浪费了。统计时分复用能动态地将时隙仅分配给有数据待传送的端口，而对于无数据传输的端口，就不分配时隙，这样大大提高了线路利用率。统计时分多路复用的原理如图 2－41 所示。由于终端 B 无数据传送，时隙就分配给 A、C、D 了。

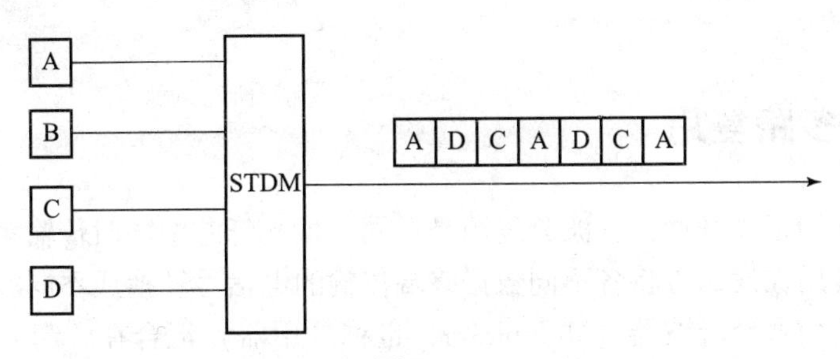

图 2－41

在网络中，把统计时分方式的多路复合器称为集中器。集中器依次循环扫描各个子信道。若某个子信道有信息要发送，则为它分配一个时隙，若没有有信息要发送，就跳过，这样就没有空时隙在线路上传播了。

在网络技术中，频分多路复用和时分多路复用往往还可以混合使用。在一个传输系统，可以采用频分多路复用技术将线路分成许多条子信道，每个子信道再利用时分多路复用来细分。在宽带局域网中，可以使用这种混合技术。

在介绍脉码调制 PCM 时曾提到，对 4 kHz 的语音信号按 8 kHz 的速率采样，256 级量化，则传输这个语音信号的信道的数据速率是 64 kb/s。为每一个这样的低速信道敷设一条通信线路是不划算的，所以，在实际中往往是采用高带宽的通信线路，使用多路复用技术建立更高效的通信线路。在美国使用多路复用技术的一种通信标准是贝尔系统的 T1 载波。

T1 载波也叫一次群，它利用 PCM 和 TDM 技术，使 24 路采样语音信号复用到一条 1.544 Mb/s 的高速信道上进行传输。该系统的工作是这样的，用一个编码解码器轮流对 24 路语音信道取样、量化和编码，一个取样周期（125 μs）中得到的 7 位一组的数字合成一串，共 7×24 位长。这样的数字串在送入高速信道前要在每一个 7 位组的后面插入一个控制位（信令），于是变成了 8×24＝192 位长的数字串。这 192 位数字再加入一个帧位(用于帧同步)，组成一个帧，故帧长 193 位，每 125 μs 传送一帧。T1 载波结构如图 2－42 所示。

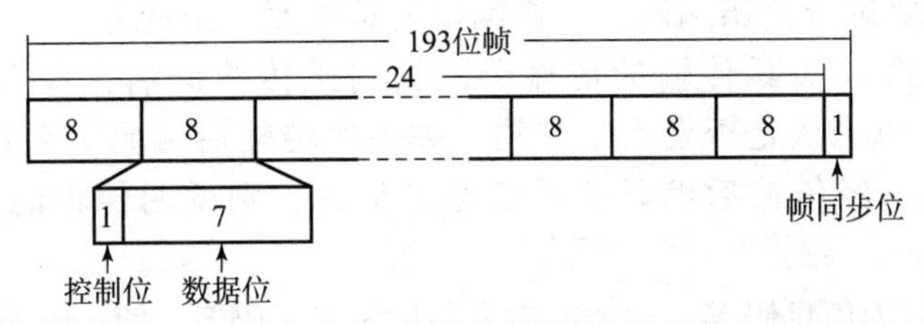

图 2－42

这样，可以算出 T1 载波的各项比特率。对 24 路语音信道的每一路来说，传输数据的比特率为 7 bit/125 ps＝56 kb/s，传输控制信息的比特率为 1 bit/125 μs＝8 kb/s，总的传输比特率为：193 bit/125 μs = 1.544 Mb/s。

除了 T1 载波，还有 T2 载波、T3 载波，T2 = 6.312 Mb/s、T3 = 44.736 Mb/s。

CCITT 建议两种载波标准：一种是和 T1 一样的 1.544 Mb/s，另一种是 E1 标准。E1 标准的速率为 2.048 Mb/s，它的每一帧开始处有 8 位作同步用，中间有 8 位用作信令，再组织 30 路 8 位数据，共 32 个 8 位数据组成一帧，一帧含 256 位数据，以每秒 8 000 帧的速率传输，可计算出数据传输率为 2.048 Mb/s。E1 载波是欧洲标准，也称为 E1 线路，我国一般采用 E1 标准。

2.6.4 波分多路复用

波分复用主要用于光纤通信，波分复用是在同一根光纤芯中同时传输多个不同波长光信号的技术。波分复用在发送方将各不同数据终端传输的电信号转换成不同波长的光信号，将这些不同波长的光信号经合波器（Multiplexer，也称复用器）汇合在一起，耦合到光线路的同一根光纤芯中进行传输。传输到达接收方后，再经分波器（Demultiplexer，也称解复用器）将耦合在一起的光信号分离成不同波长的光信号，再将这些不同波长的光信号转换成电信号交给接收方不同的数据终端，实现多路数据的光传输。

波分复用又分为密集波分复用（DWDM）和稀疏波分复用（CWDM）。DMDM 使更多的不同波长光载波信号在同一根光纤中进行传输，CWDM 相对使用不太多的不同波长光载波信号在同一根光纤中进行传输。如 DMDM 使用 32 个不同波长的光波在同一根光纤中进行传输，CWDM 使用 8 个不同波长的光波在同一根光纤中进行传输。

波分复用技术当前研究的热点之一是 DWDM，DWDM 实验室水平可达到在一根光纤中传输 100 路 10 Gbps 的数据，即 100 × 100 Gbps，中继距离 400 km；30 × 40 Gbps，中继距离 85 km；64 × 5 Gbps，中继距离 720 km。

2.7 差错控制

无论通信系统如何可靠，传输中总难免出现误码。通常线路的误码率为 $10^{-4} \sim 10^{-5}$，而网络要求的误码率为 $10^{-10} \sim 10^{-11}$，因此，网络中必须采取差错控制措施来降低误码率。差错控制主要就是考虑如何发现和纠正信号传输中的差错，提高通信的可靠性。

改善通信可靠性的一个有效措施是改善传输介质和通信环境，但是，另外一个廉价和可行的措施是采用差错控制。

差错控制首先要进行差错编码，差错编码就是按照一定的差错控制编码关系在数据后面加上检错码，形成实际传输的传输码。收到该传输码后，检查它们的编码关系（称为校验过程），以确认是否发生了差错。如果经传输后编码关系仍然正确存在，则没有发生差错；如果经传输后编码关系已经被破坏，则说明传输的数据发生了变化，即发生了差错。

设发送的数据称为信息码 M，附加的检错码称为冗余码 R，信息码加冗余码形成带差错控制的传送码 T，则信息码、冗余码及传送码的关系如图 2 - 43 所示。

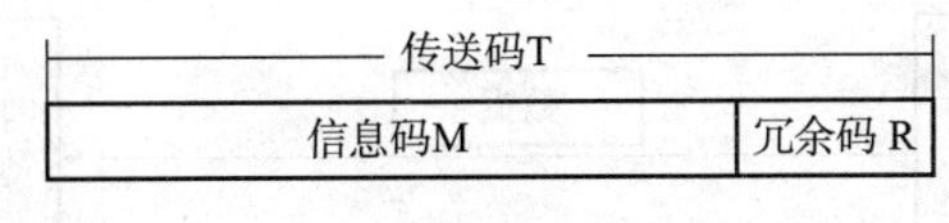

图 2-43

例如，发送方将传送的信息数据码 M 附加上检错冗余码 R，构成在线路上传送的传送码 T，然后将传送码 T 从通信信道发向接收方，传送码 T 传送到接收方时，接收方检查信息数据和检错冗余码之间的关系，若它们之间原来存在的关系没有被破坏，说明传输没有出错；如果关系已被破坏，说明发生了差错，则采取某种措施纠正错误，即差错控制方法。

2.7.1 差错的起因和特点

通信过程中引起差错的原因大致分为两类：一类是由热噪声引起的随机错误；另一类是由冲击噪声引起的突发错误。

通信线路中的热噪声是由电子的热运动产生的。热噪声时刻存在，具有很宽的频谱，且幅度较小。通信线路的信噪比越高，热噪声引起的差错越少。热噪声差错具有随机性，对数据的影响往往体现在个别位出错。

冲击噪声源是外界的电磁干扰，例如发动汽车时产生的火花、电焊机引起的电压波动等。冲击噪声持续时间短，但幅度大，对数据的影响往往是引起一个位串出错，根据它的特点，称其为突发性差错。

突发性差错影响局部，而随机性差错总是断续存在，影响全局，所以要尽量提高通信设备的信噪比，降低噪声对信号传输的影响。此外，要进一步提高传输质量，就需要采用有效的差错控制办法。

2.7.2 检错码、纠错码

差错控制首先要进行差错编码，存在两种差错编码：一种为检错码，另一种为纠错码。

检错码只能通过校验发现错误，不能自动纠正错误，纠正错误则要靠通知发送方传输的数据出错，要求重发或超时控制重发等措施来实现。

检错码方式需要传输系统有反馈重发的实体部分，所对应的差错控制系统为自动请求重发（Auto Repeat Request，ARQ）系统。ARQ 系统示意如图 2-44 所示。

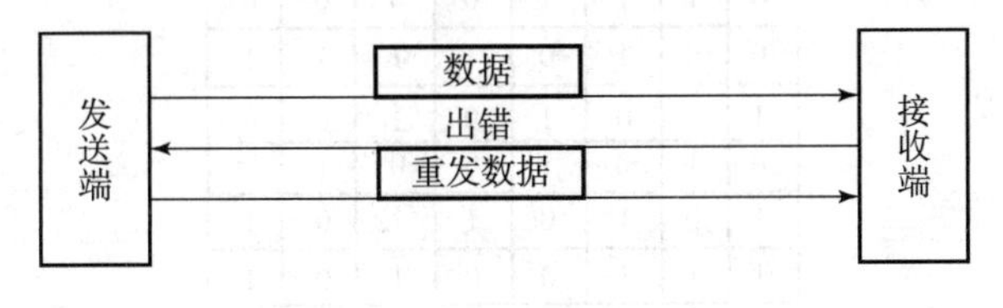

图 2-44

纠错码不但可以通过校验发现错误，还可以在接收方自动纠正错误。使用纠错码的传输系统不需要差错反馈重发的实体部分，对应的差错控制系统为前向纠错（Forward Error Control，FEC）系统。FEC 系统示意如图 2-45 所示。

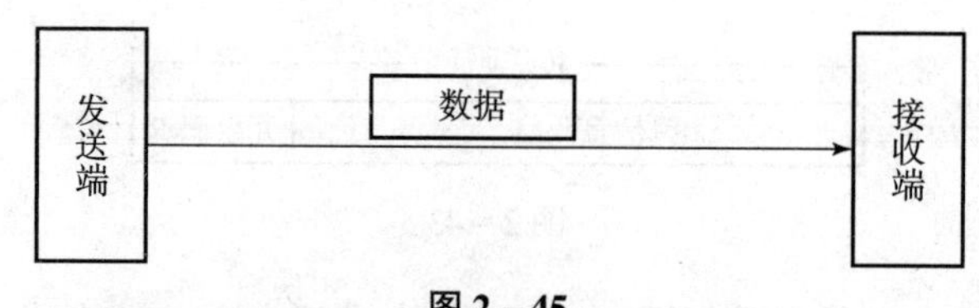

图 2-45

差错控制系统除了自动请求重发 ARQ 和前向纠错 FEC 系统外，还有一种混合方式的差错控制系统（Hybrid FEC-ARQ）。在混合方式中，对少量的接收差错自动前向纠正，而超出纠正能力的差错则通过自动请求重发方式纠正。

2.7.3 奇偶校验码

奇偶校验码是最常用的检错码。其原理是在字符码后增加一位，使码字中含 1 的个数成奇数个（奇校验）或偶数个（偶校验）。经过传输后，如果其中一位（甚至奇数个多位）出错，则按同样的规则（奇校验或偶校验）就能发现错误。奇偶校验检错示意如图 2-46 所示。

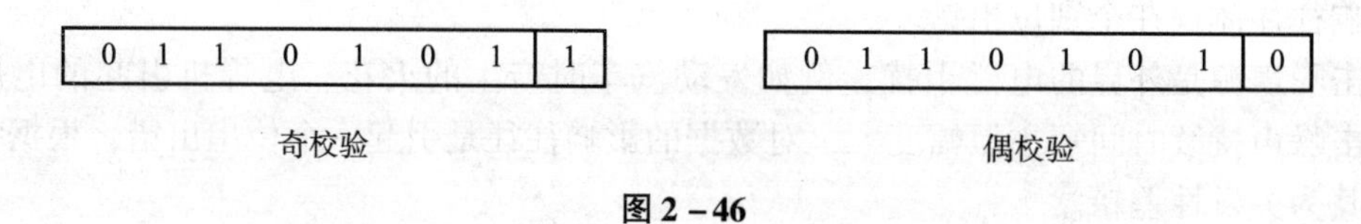

图 2-46

例如，一个字符码就构成了信息数据码 M，校验位就是检错冗余码 R。假设传输字符码为 M=10110010，采用奇校验时，R=1，构成的传送码为 T=101100101。它们之间的关系就是由信息数据码 M 和检错冗余码 R 构成的传送码 T 中含 1 的个数等于奇数个。在检查这个关系是否仍然存在时，如果仍然是奇数个 1，则认为传输没有出错；如果变成了偶数个 1，则认为发生了差错。显然这种方法简单、实用，但它不能检查出偶数个数据位出错的情况。

要检查偶数个数据位出错的情况，可采用水平垂直奇偶校验，如图 2-47 所示。对发送的每一个字符做水平奇偶校验，并将所有字符的对应位做垂直奇偶校验。

1	0	1	0	1	1	0	1
1	0	0	0	0	0	1	1
0	1	1	1	0	0	0	0
0	0	1	0	1	1	1	1
1	0	0	1	0	1	0	0
0	1	0	1	0	0	1	0
1	0	1	0	1	1	0	1
1	1	1	0	0	1	0	1

图 2-47

这种方法具有较强的检错能力，还可纠正部分错误。例如，仅在某一行和某一列中有奇数位错时，就能确定错码的位置在该行和该列的交叉处，从而纠正它。

2.7.4 正反码

正反码是一种简单的能自动纠错的差错编码。正反码的冗余位的个数与信息码位数相同。冗余码的编码与信息码完全相同或者完全相反，由信息码中含“1”的个数来决定。当信息码中含 1 的个数为奇数时，冗余码与信息码相同；当信息码中含 1 的个数为偶数时，冗余码为信息码的反码。例如，若信息码 M = 01011，则冗余码 R = 01011，传送码 T = 0101101011；若信息码 M = 10010，则冗余码 R = 01101，传送码 T = 1001001101。

正反码的校验方法为：先将接收码字中的信息位和冗余位按位半加，得到一个 K 位合成码组，若接收码字中的信息位中有奇数个“1”，则取该合成码组作为校验码；若接收码字中的信息位中有偶数个“1”，则取合成码组的反码作为校验码。最后，根据校验码查表 2 - 3，就能判断是否有差错产生。如果有差错发生，还能判断出差错发生的位置。由于二进制中只有 0 和 1 两个编码，确定了差错位置后，只要将该位置的 0 换成 1、1 换成 0，就纠正了发生的差错。

表 2 - 3

校验码组	差错情况
全为 0	无差错
4 个 1、1 个 0	信息位中有一位差错，其位置对应于校验码组中的“0”位置
4 个 0、1 个 1	信息位中有一位差错，其位置对应于校验码组中的“1”位置
其他情况	差错在两位或两位以上

例如，接收到的传送码字为 T = 0101101011，接收码字中的信息位和冗余位按位半加，得到的合成码组为 00000。由于接收码字中的信息位中有 3 个“1”，属于奇数个“1”情况，则取合成码组作为校验码，故 00000 就是校验码组，查表 2 - 2 可知，无差错发生。

若传输中发生了差错，收到的传送码为 01111，则合成码为 01111 + 01011，接收到的码字中的信息位有 4 个“1”，属于偶数个“1”情况，故取合成码组的反码作为校验码组，为 01111，查表 2 - 2 后，可知信息位的第一位出错，那么将接收到的码字 1101101011 纠正为 0101101011。

若传输中发生了两位差错，收到 1001101011，则合成码组为 10011 + 01011 = 00001，而此时校验码组为 11000，查表后可判断为两位或两位以上的差错。

正反码编码效率较低，只有 1/2，但其检错能力还是比较强的，如上述长度的 10 位码，能检测出两位差错和大部分两位以上的差错，并且还具有自动纠正一位差错的能力。由于正反码编码效率较低，只适用于信息位较短的场合。

2.7.5 海明码

海明码是由海明（R. Hamming）在 1950 年首次提出来的，它也是一种可以纠正一位差错的编码，但它的编码效率比正反码高得多。为了说明如何构造海明码，先回顾简单的奇偶校验码的情况。若信息位为 $a_{n-1}a_{n-2}\cdots a_1$，加上一位偶校验码 a_0 构成一个码字 $a_{n-1}a_{n-2}\cdots a_1a_0$。在校验时，可按关系式：

$$S = a_{n-1} + a_{n-2} + \cdots + a_1 + a_0$$

来计算。若 S≥0，则无错；若 S = 1，则有错。上式可称为监督关系式，S 称为校正因子。这里校正因子 S 只能有两种取值：0 和 1，分别代表有错和无错两种情况，而不能指出差错所在的位置。不难设想，若增加冗余位，也相应地增加监督关系式和校正因子，就能区分出更多的情况。例如，若有两个校正因子，则其取值就有 4 种：00、01、10、11，就能区分出 4 种不同的情况。若其中一种表示无错，另外三种不但可用来区分错误的情况，还能指出是哪一位出错等。

一般而言，信息位为 K 位，增加 r 位冗余位后，构成 n = K + r 位码字。若希望用 r 个监督式产生的 r 个校正因子来区分无错和在码字中的 n 个不同位置的一位错，则对冗余码位数要求为：

$$2^r \geqslant n+1 \qquad 或者 \qquad 2^r \geqslant K+r+1$$

以信息位为 4 位码的情况来说明。K = 4，要满足上述不等式，则 r > 3。假设 r > 3，则 n = K + r = 7，即在 4 位信息位 $a_6a_5a_4a_3$ 后面加上 3 位冗余位 $a_2a_1a_0$，构成 7 位码字：$a_6a_5a_4a_3a_2a_1a_0$，其中 a_2、a_1 和 a_0 分别由 4 位信息位中某几位进行半加得到。那么，在校验时，a_2、a_1 和 a_0 就分别和这些半加构成三个不同的监督关系式。

在无错时，S_2、S_1 和 S_0 全为 0，即 $S_2S_1S_0 = 000$；

若 a_2 错，则 $S_2 = 1$，而 $S_1 = S_0 = 0$，即 $S_2S_1S_0 = 100$；

若 a_1 错，则 $S_1 = 1$，而 $S_2 = S_0 = 0$，即 $S_2S_1S_0 = 010$；

若 a_0 错，则 $S_0 = 1$，而 $S_2 = S_1 = 0$，即 $S_2S_1S_0 = 001$。

而对于 $a_6a_5a_4a_3$ 的一位错，则用 $S_2S_1S_0$ 的其他 4 种编码值来区分。

表 2 - 4 中给出了 $S_2S_1S_0$ 值与错码位置的对应关系。

表 2 - 4

$S_2S_1S_0$	000	001	010	100	011	101	110	111
错码位置	无错	a_0	a_1	a_2	a_3	a_4	a_5	a_6

由表可见，只要 a_2、a_4、a_5、a_6 中有一位错，都应使 $S_2 = 1$，由此得到监督关系式：

$$S_2 = a_2 + a_4 + a_5 + a_6$$

用类似的方法可得 S_1、S_0 的监督关系式：

$$S_1 = a_1 + a_3 + a_5 + a_6$$

$$S_0 = a_0 + a_3 + a_4 + a_6$$

在编码时，信息位 a_6、a_5、a_4 和 a_3 的取值按监督关系式决定，使上述三式中的 S_2、S_1 和 S_0 取值为 0，即

$$a_2 + a_4 + a_5 + a_6 = 0$$

$$a_1 + a_3 + a_5 + a_6 = 0$$

$$a_0 + a_3 + a_4 + a_6 = 0$$

由此可得

$$a_2 = a_4 + a_5 + a_6$$

$$a_1 = a_3 + a_5 + a_6$$

$$a_0 = a_3 + a_4 + a_6$$

在收到每个码字后，按监督关系式算出 S_2、S_1 和 S_0。若全为“0”，则认为无错；若不全为“0”，在一位出错的情况下，可查表来判定是哪一位出错，从而纠正之。

例如，码字 0010101 传输中发生一位错，收到的为 0011101，代入监督关系式可算出 $S_2=0$、$S_1=1$ 和 $S_0=1$。由表可查得 $S_2S_1S_0=011$，对应 a_3 错，因而可将 0011101 纠正为 0010101。

上述例子的信息码位数为 4，冗余码位数为 3，海明码的编码效率为 4/7。若 K=7，即 7 位信息码，则按 2r>K+r+1 可算得 r 至少为 4，此时编码效率为 7/11。信息位长度越长时，编码效率越高。

海明码只能纠正一位错，若用下述方法排列，可以纠正传输中出现的突发性错误。将连续 P 个码字排列成一个矩阵，每行一个码字，而逐位发送的顺序则是一列一列进行的，海明码编码如图 2-48 所示。

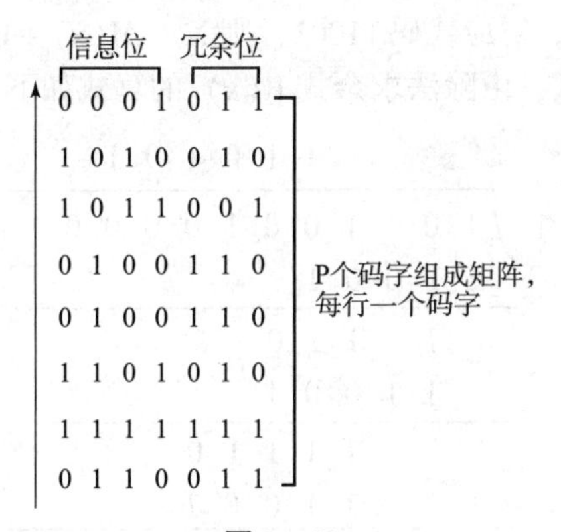

图 2-48

图中的顺序为 011001100001…110100011。如果发生长度小于等于 P 的突发错误，那么，在 P 个码字中每个码字最多有一位错，正适合用海明码纠正。

2.7.6 循环冗余校验码

循环冗余校验码（Cyclic Redundancy Check，CRC）是检错码，它可以使接收方发现错误，通过发送方重新发送数据，纠正错误。循环码的每一个码字的每一次循环移位也一定是另一个码字。同样，任一有效码经过循环移位后得到的码字仍然是有效码字，无论是右移还是左移，也不论移多少位。循环冗余校验码具有很强的检错能力，并且硬件实现很容易，在局域网中有广泛的应用。

循环冗余校验码可以用一种特殊的多项式除法进行分析。在这种多项式中，任何数据码可以和多项式建立一一对应关系。

例如，数据码 1010111 对应的多项式为 $X^6+X^4+X^2+X+1$，而多项式 $X^5+X^4+X^2+1$ 对应于代码 110101。并且，CRC 码在编码和校验时，都可以利用事先约定的生成多项式

G(x) 来完成。

M 位要发送的数据信息位对应一个（m－1）次多项式 M(x)。

r 位冗余码对应于（r－1）次多项式 R(x)。

由 m 位信息码加上 r 位冗余码组成的 m＋r 位传送码 T(x)：

$$T(x)=X^r\cdot M(x)+R(x)。$$

例如：信息码 1011001 的 $M(x)=X^6+X^4+X^3+1$，冗余码 1010 的 $R(x)=X^3+X$，由于冗余码共 4 位，r＝4，所以传送码 $T(x)=X^r\cdot M(x)+R(x)=X^4\cdot M(x)+R(x)$。

$$X^r\cdot M(x)=10110010000,\ R(x)=1010$$

$$T(x)=X^{10}X^8X^7X^4X^3X=10110011010$$

使用循环校验码的第一步是编码。编码就是在给定信息码 M(x)的情况下，求出冗余码 R(x)，从而得到传送码 T(x)。由信息码产生冗余码的过程，就是通过一个给定的 r 次生成多项式 G(x)，用 G(x) 除 $X^r\cdot M(x)$，得到的余式就是 R(x)。

值得注意的是，这里做除法时，要做减法，而在二进制中，按模的运算，加法和减法一样，都是异或运算。例如：10110011＋11010010＝01100001，10110011－11010010＝01100001。

在进行多项式除法时，只要对其相应系数相除就可以了。仍以 $M(x)=X^6+X^4+X^3+1$ 为例，若 $G(x)=X^4+X^3+1$，对应代码 11001，则 $X^4\cdot M(x)+R(x)=X^{10}X^8X^7X^4X^3+X$，对应代码为 10110010000。那么，由除法求余式 R(x) 的算式如下。

```
                  1 1 0 1 0 1
          ________________________
1 1 0 0 1 ) 1 0 1 1 0 0 1 0 0 0 0
            1 1 0 0 1
          ________________________
              1 1 1 1 0
              1 1 0 0 1
          ________________________
                  1 1 1 1 0
                  1 1 0 0 1
          ________________________
                      1 1 1 0 0
                      1 1 0 0 1
          ________________________
                        1 0 1 0  ←—— R(x)
```

得到的余式为 1010，是冗余码，对应的多项式为 $R(x)=X^3+X+1=1010$。

得到 R(x)后，就得到了传送码 $T(x)=X^r\cdot M(x)+R(x)=10110011010$。

从以上讨论的编码过程可以看出，生成多项式 G(x)是一个重要内容。

目前，网络中 CCITT 规定的生成多项式主要有四种：

①$CRC12=X^{12}+X^{11}+X^3+X^2+1$

②$CRC16=X^{16}+X^{15}+X^2+1$

③$CRC16=X^{16}+X^{12}+X^5+1$

④$CRC32=X^{32}+X^{26}+X^{23}+X^{22}+X^{16}+X^{11}+X^{10}+X^8+X^7+X^5+X^4+X^2+X+1$

其中 CCITT 的 CRC16 是在美国和欧洲最流行的，它们的检验码长度为 16 位。CRC32 已被规定为点对点的同步传输标准。

完成编码，形成传送码 T(x)后，成为线路上传送的码，当传送到接收方后，要进行差错检测，检查是否有差错发生。

由于 R(x) 是 G(x) 除 $X^r \cdot M(x)$ 的余式，那么必然有：

$$X^r \cdot M(x) = G(x) \cdot Q(x) + R(x)$$

其中 Q(x) 为商式。检查是否有差错发生的方法是，将接收的码字多项式 T(x) 除以 G(x)：

$$\frac{T(x)}{G(x)} = \begin{cases} \text{余式为0,无差错} \\ \text{余式不为0,有差错} \end{cases}$$

如果 T(x) 不能被 G(x) 整除，即余式 R(x) 不等于 0，则说明发送方发出的 T(x) 到达接收方时发生了变化，有错误发生；若 T(x) 可以被 G(x) 整除，即余式为 0，则说明没有发生差错。

例如，前述例子中，发送方发送的传送码 T(x) = 10110011010，经传输后，由于受干扰，在接收方变为 10100011010，T(x) 除以 G(x) 的余式 R(x) 不为 0，说明发生了差错。

理论上，证明循环冗余校验码的检错有以下几种方法。

①可检出所有奇数个错。

②可检出所有单比特错和双比特错。

③可检出所有小于、等于校验位长度的突发错。

CRC 码的产生和校验，既可以用软件实现，也可以用硬件来实现。硬件实现由图 2－49 所示的移位寄存器来完成。

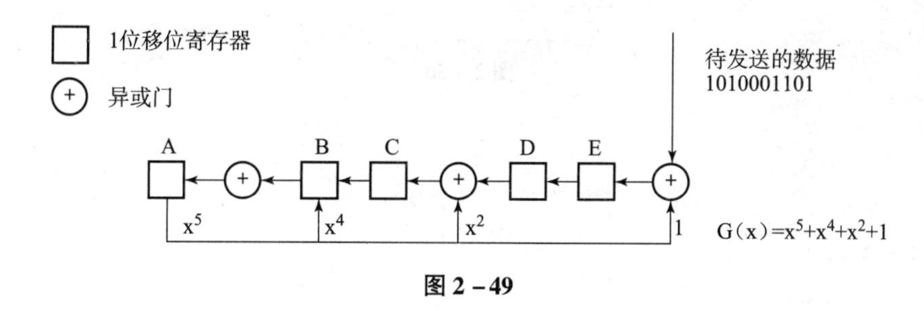

图 2－49

移位寄存器的寄存器位数等于校验码系列的长度，如采用 CRC16 生成式时，移位寄存器为 16 位。移位寄存器由几个异或门和一条反馈回路构成，是否需要异或门和异或门的连接点取决于生成式 G(x) 的系数项。当数据码 M(x) 从右向左逐位输入时，图 2－49 所示的移位寄存器可以生成校验冗余码 R。

寄存器被初始化为零，当一位从最左边移出寄存器时，就通过反馈回路进入异或门，并和后续进来的位及左移的位进行异或运算。当所有 m 位数据从右边输入完后，输入 r 个零。最后，当这一过程结束时，移位寄存器中就形成了校验冗余码 R。

r 位的校验冗余码 R 跟在数据位后面发送，形成传送码 T。可以按同样的过程计算校验和，并与接收到的校验和比较，以检测传输中的差错。

在图 2－50 所示的例子中使用：

信息码 M = 1010001101，$M(x) = X^9 + X^7 + X^3 + X^2 + 1$。

生成式 G = 110101，$G(x) = X^5 + X^4 + X^2 + 1$。

移位操作的过程如图 2－50 所示，移位操作完成后，从 A、B、C、D、E 寄存器得到 5 个余数冗余码 R = 01110。

移位寄存器内容:	A B C D E	输入位	
初始内容:	0 0 0 0 0		
步骤 1	0 0 0 0 1	1	待发送数据M(X)
步骤 2	0 0 0 1 0	0	
步骤 3	0 0 1 0 1	1	
步骤 4	0 1 0 1 0	0	
步骤 5	1 0 1 0 0	0	
步骤 6	1 1 1 0 1	0	
步骤 7	0 1 1 1 0	1	
步骤 8	1 1 1 0 1	1	
步骤 9	0 1 1 1 1	0	
步骤 10	1 1 1 1 1	1	
步骤 11	0 1 0 1 1	0	加入5个0
步骤 12	1 0 1 1 0	0	
步骤 13	1 1 0 0 1	0	
步骤 14	0 0 1 1 1	0	
步骤 15	0 1 1 1 0	0	

余数（作为5个校验位发送）

图 2 - 50

3.1 计算机网络体系结构

计算机网络体系结构就是为了完成网络功能，把网络上每个计算机互连的功能划分成定义明确的层次，规定通信双方同层次进行通信的协议及相邻层之间的接口和服务。网络的分层、各层的功能和服务、同层间通信的协议及相邻层接口，构成网络体系结构的主要内容。

3.1.1 计算机网络的基本功能

数据信息传输对计算机网络提出了两个基本要求：

①及时而可靠地将数据从发送主机一端传送到目的主机一端。

②保证数据经网络到达用户后正确无误，从语法和语义上均能为接收用户所识别。

计算机数据通信和语音通信不同，在语音通信中，只要求所建立的传输信道清晰、低噪声，而双方对通信内容的识别（互懂）则由终端用户自己去解决。在数据通信中，信号的识别是至关重要的。由于数据通信是机器与机器之间的通信，必须按预定的数据格式发送数据和接收数据，各种命令和控制符都应事先规定和精确定义。在通信开始前，终端用户必须一致同意预定的数据格式、各种命令和控制符的定义，这些事前规定的定义称为通信的协议。所以，计算机网络通信的双方在通信前必须建立起特定的规程协议，并按照建立的特定规程协议进行通信。

计算机数据通信和语音通信的另一个不同是计算机数据通信的间歇性和突发性。人们打电话时，信息流是平稳而连续的，速率也不高。然而计算机之间的数据通信却不是这样，当用户坐在终端前思考时，线路中没有信息流过；当用户发出文件传输命令时，开始突发数据传输；当数据传输结束时，线路可能又进入无数据阶段。所以，计算机数据通信具有突发性的特点。另外，计算机网络上连接着多台计算机，它们共享通信线路，计算机数据通信的突发性和共享线路的特点决定了计算机网络必须使用交换技术来满足这种特殊的通信要求。

为了高效地使用通信线路，计算机网络将要传送的数据分成若干分组进行传输。为了将这些分组正确地传输到目的地，被拆分或分组的每一段数据必须加入一些附加信息。这些附加的信息主要有用于识别分组开始和结束的同步信息、验证收到的分组是否正确的差错控制信息、指明发送分组的源端和接收分组的目的端的地址信息等。

计算机网络将每一段数据加入附加信息形成数据分组的过程称为打包，打包在发送方完成。打包的分组经过计算机网络传输到后，需要去除这些附加信息，取出传输的数据。将分段的数据中加入的附加信息去除称为解包，解包在接收方完成。所以，计算机网络的通信在发送方实现打包，在接收方实现解包。

如果网络中从发送方到接收方没有直接的链路存在，则数据分组的传输需要通过网络的中间节点选择不同的传输链路实现转发。通过网络中存在的若干节点和链路进行不断的转发，最终达到目的节点。由于发送方通往接收方之间的节点和链路往往存在若干条路径，网络中需要选择最佳的路径进行传输，即数据报文达到每个转发节点时，每个节点都存在为该数据报文选择一条最佳传输路径的问题。所以，计算机网络中的各节点设备要为转发的数据分组解决路由选择问题。

计算机网络的数据报传输过程中，难免会发生差错。当传输发生差错时，网络需要及时发现，并进行相应的处理（如要求重新发送）。在计算机网络中，发现差错发生，并进行相应的处理，最终得到正确的数据报文，这种情况称为差错控制。所以，计算机网络要实现差错控制。

复杂网络中的数据通信情况类似于道路系统中的交通流量情况。如果没有控制，数据流量太大时会引起拥挤和堵塞，所以，计算机网络在进行数据通信时，需要进行数据流量控制。如限制进入网中的数据分组数目，使网中的数据流量比较均匀，不发生拥挤和阻塞。所以，计算机网络要实现流量控制。

两个端主机进行通信时，它们是按进程进行的，这种进程的通信在网络中称为会话。网络系统要对通信双方的会话进行管理，以确定什么时候该谁说（发送）；什么时候该谁听（接收）；一旦发生差错，从哪儿恢复继续会话。所以，计算机网络的通信要进行会话管理。

两个端主机进行通信时，双方的信息表示要互相能够识别，如果双方的信息表示不一样，还需完成信息表示的转换。所以，计算机网络需要解决信息表示的问题。

计算机网络传输数据的目的是实现网络应用，如实现网站访问、电子邮件、文件下载，所以，计算机网络应提供各种基本的网络应用服务。

网络需要实现以上若干基本功能，而这些基本功能是由网络中的不同部分来完成的。在计算机网络中，一个网络被分解成若干层次，各层次实现网络的某一部分功能，构成计算机网络的所有层次共同实现了计算机网络的总体功能。

3.1.2 分层系统结构和协议

从上面的讨论可知，计算机网络的两个基本功能涉及两个基本层次：第一个功能直接与通信传输有关。它解决数据的可靠传输，处于低层的位置，低层功能的实现主要由通信设备和通信线路来完成。第二个功能与信息处理有关，处于高层的位置，高层功能的实现主要由计算机主机系统或设备中的软件来完成。高层、低层的关系如图 3-1（a）所示。由此，一个计算机网络可以分成一个面向通信的通信子网和一个面向信息处理的资源子网，如图 3-1（b）所示。其中通信子网对应低层部分，资源子网对应高层部分。

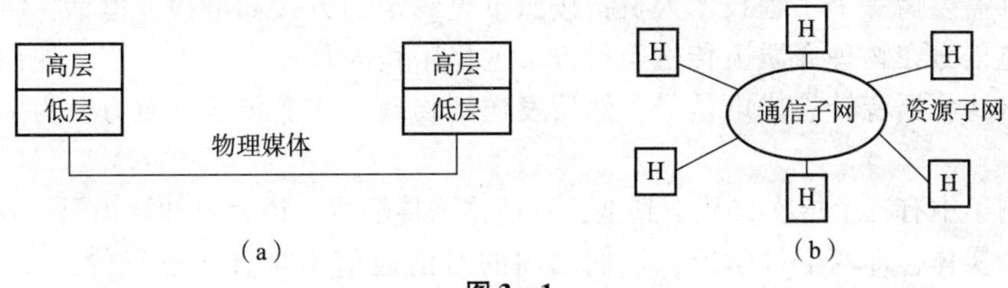

图 3－1

通信子网和资源子网中各自要实现的功能是很复杂的，所以，在网络技术中，还需将通信子网和资源子网各自的功能做进一步的划分，某些功能划分成一个层次，每层只完成某些特定的功能。

按照 OSI 技术标准，一个计算机网络被划分成七个层次。其中下面四层负责数据的可靠性传输，对应通信子网部分；上面三层负责数据处理，对应资源子网部分。即由通信子网组成的低层被划分成四个子层，由资源子网组成的高层被划分成三个子层。这样，一个计算机网络的总体组成被划分成七个层次，又称为七层网络体系结构模型，如图 3－2 所示。一个计算机网络总功能任务就由若干个子层各自完成自己的子任务来最终实现。

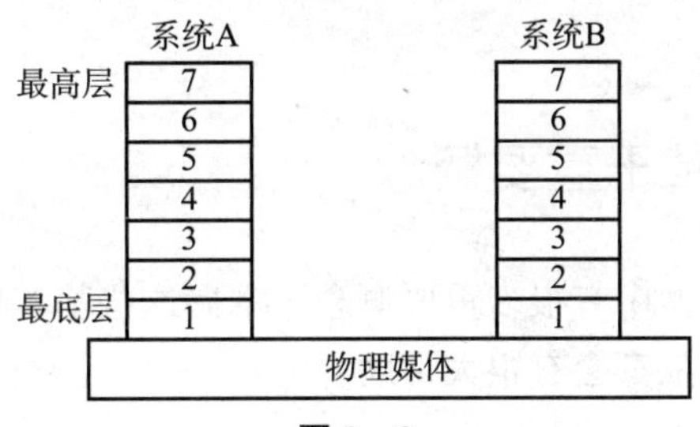

图 3－2

分层是一种结构化技术，它将一个复杂问题分解成若干容易解决的子问题，是工程中常用的一种方法。分层是系统分解的最好方法之一，把网络在逻辑上看成是由若干相邻的层组成的。大体上讲，将计算机网络分成若干层次，可以有以下好处：

①各层是独立的。某一层并不需要知道它的下一层是如何实现的，而仅仅需要知道该层通过层间的接口所提供的服务是什么。

②灵活性好。当某层内部发生变化时，只要接口关系保持不变，则该层或以下各层均不受影响。此外，某一层提供的服务还可以修改。当不再需要某层提供的服务时，甚至可以将该层取消。

③结构上可分割开。各层都可以采用最适合的技术来实现。

④易于实现和维护。

⑤实现标准化。

在达朗姆（A. S. Tanenbaum）所著的《计算机网络》一书中曾经举了一个生动的例子来说明计算机网络的分层结构。这个例子讲的是一个肯尼亚的哲学家和一个印度尼西亚的哲学家的对话。他们可以看成是层次结构中的最高层。由于他们使用不同的语言不同，因而不能直接对话，于是每人都请来一个翻译，将他们各自的语言翻译成译员都能懂的第三国语言。这里翻译就在第二层，翻译员向高层提供翻译的服务。两个翻译可以使用共同的语言进行交流，但是由于他们一个在非洲、一个在亚洲，还是不能直接对话。两个翻译都需要请一个工程技术人员，按照事先约定的方式如电报或电话，将交谈的内容转化成电信号在物理介质上传送至对方。这里工程人员就在最下一层，他们知道如何按约定的方式将语音转换成电信号，然后发送到物理介质上传送到对方，为上一层翻译提供服务。

这个例子中有三个层次，从下到上，不妨称为传输层、语言层和认识层。在认识层上对话的两个实体，即两个哲学家，他们之间的对话通信不是直接进行的，称为虚通信。这个虚通信是通过语言层接口处翻译员提供的语言翻译及翻译员间的交谈来实现的，抽象地说，就是上一层的虚通信是通过下一层接口处提供的服务及下一层的通信来实现的。对语言层的翻译员来说，他们并不关心哲学家交谈的内容，而只是将内容准确地翻译成第三国语言。他们间的通信也是虚通信，是通过传输层工程技术人员提供的服务及传输层通信来实现的。传输层的工程技术人员只负责按共同的约定将语言转换成电信号，通过实际的通信线路传输到对方，既不管用什么语言，也不管交谈的是什么哲学问题。传输层的这种通信为实通信。

该例中，在不同语言国家两个哲学家的对话系统被分解成了三个层次，各层次完成自己特定的功能，三个层次共同完成了对话系统所需的所有功能，这就是网络分层的生动例子说明。

3.1.3 体系结构的若干重要概念

网络体系结构的网络模型中有很多重要概念，掌握这些基本概念对更好地学习后面各章或者阅读有关网络书籍和文献都会有很大帮助。

1. 服务、功能与实体

网络体系采用分层结构，每一层实现特定的功能，所有层共同实现网络的整体功能。网络各层的层次关系存在上下层之间的关系和同层间的关系。

网络上下层之间的关系是服务关系，下层为上层提供一定的服务，而各层把这种服务实现的细节对上层屏蔽起来，上下层之间通过层间的接口进行交互。

结构中的每一层都完成某些特定的功能，这些功能有些是新增加的，完全不同于低层，有些则是为了增强低层的功能。以前述通信子网组成的低层和资源子网组成的高层两层结构为例，高层的功能（保证收、发双方对所传信息可懂）是以其下层提供的服务（保证正确无误地传输）为基础的。

下层的任务是向其上层提供无误码的信息传送，使上层往下看到的是一条“理想的无误码的通道”。至于下层是如何做到这一点的，上层并不关心，也无须知道。显然，实际的物理信息传输通路总是存在噪声、干扰，误码是客观存在的。通常的做法是在低层做误码检测，凡是有误码的信息，接收端拒收，要求发送方重传，直到无误码发生为止。接收方只负责接收发来的正确信息。这种“报喜不报忧”的做法本身就将物理线路上存在误码这一事实对高层屏蔽起来了。换句话说，由于下层提供了一定的服务，高层就不必再去考虑低层的问题，而只考虑本层的功能即可。

事实上，低层采用何种差错控制方法上层根本不必知道，只要低层最终能提供正确的传输即可。所以，各层设计与实现的细节对上层无关紧要，重要的是能完成本层功能，为上层提供需要的服务，在这个条件下，各层的设计细节对整个网络功能、性能也不会带来影响。这种灵活性是分层结构的重要优点之一，也是各个网络产品生产厂家可以自己设计、生产自己的网络产品，又能相互兼容的重要保证。图 3－3 给出了网络的层次模型。

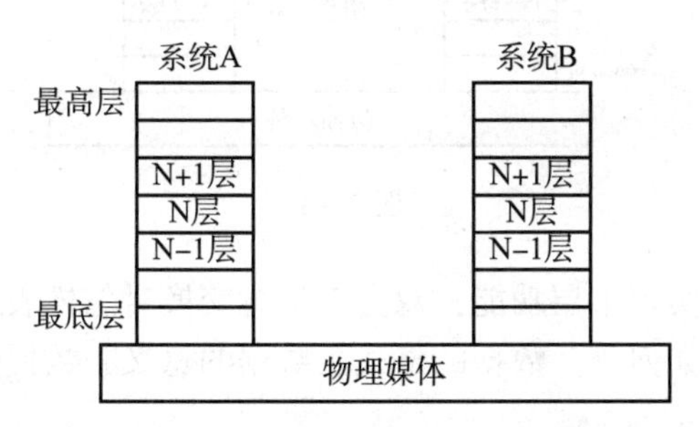

图 3－3

在层次模型结构中，任意层以“N 层”为标记，而分别把它的下一层和上一层记为“N－1 层”和“N＋1 层”，此标记规则同样可用来标明其他所有与层有关的概念。

体系结构中服务的概念，就是每一层都以某种方式在其低层提供的服务之上，再附加一定的功能，为上层提供服务，使整个系统的最高层能够提供网络应用所需要的服务。

功能是指 N 层完成它特定的任务需要的具体功能。每一层具体功能的实现是由该层中的软硬件来完成的，N 层中实现 N 层功能的软硬件又称为 N 层实体。

N 层是 N－1 层的用户，又是 N＋1 层的服务提供者，换言之，N 层实体在它从 N－1 层所得到的 N－1 层服务之上附加了一些功能，形成向 N＋1 层实体提供的 N 层服务，N＋2 层的用户使用了 N＋1 层提供的服务，实际上它还通过 N＋1 层间接使用了 N 层的服务，并间接地使用了 N－1 层及以下所有各层的服务。

在分层结构中，除了最高层外，N 层中的各软硬件实体共同向 N＋1 层实体提供服务。也就是说，通过分层，把总的问题分成若干小的问题。

分层的另一目的是保证层间的独立性。由于只定义了本层向高层所提供的服务，至于本层怎样提供这种服务，则不做任何规定，因此，每一层在完成自己的功能的方法上都具有一定的独立性。这样就允许任意一层或几层在工作中做各种变动，关键是要向其高层提供同样的服务。这种方式让各生产厂家可以独自设计实现自己的产品。

网络中的服务和功能具有这样的性质：功能是对本层而言的，而服务是本层向上一层提供的服务。

2. 协议

分层将复杂的整体功能分解成若干子功能，分而治之，逐个加以解决，简化了网络的复杂度。每一个子层都为网络上的数据传输完成自己特定的功能，通过层间的接口为上层提供服务。

网络发送方、接收方同层之间的关系是协议关系。网络中各层功能是通过和同等层进行信息传输实现的。网络发送方、接收方的同等层在实现信息传输时，必须事前有一些约定，并遵循这些事前约定的规则，这些规则称为网络协议。如规定数据传输的报文格式，双方都按规定的数据报文格式进行数据传输，网络层次和协议的关系如图 3 - 4 所示。

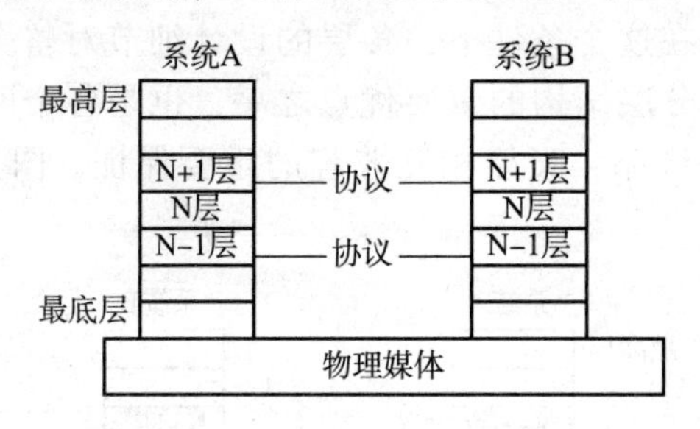

图 3 - 4

网络协议明确规定为实现本层功能，双方在信息交换时怎样表示信息格式，怎样控制信息交换，信息交换的顺序如何等。数据的格式、数据的意义、数据传输的时序，称为网络协议的三要素，表述为：

①语法，即数据与控制信息的结构和格式；

②语义，即需要发出何种控制信息、完成何种动作及做出何种应答；

③时序，即事件实现顺序的详细说明。

网络协议是计算机网络的重要组成部分。网络的各层功能的实现通过各层的协议体现，讨论网络各层的功能就是讨论各层网络协议，可以这么认为：计算机网络的功能是通过各层功能的组合来完成的，各层的功能是由各层协议来实现的。从这个意义上来说，计算机网络的软件实现就是计算机网络协议的集合。

N 层实体之间的合作关系由 N 层协议来规范，N 层协议协调 N 层实体间的工作，实现 N 层的功能。处于同等层的双方，每一层的同等层之间都有协议关系存在。同等层之间的 N 层协议精确地定义了各 N 层实体如何使用 N - 1 层服务协同完成 N 层功能，并将这些功能附加在 N - 1 层服务之上，通过层间的接口 SAP 向N + 1层实体提供 N 层服务。

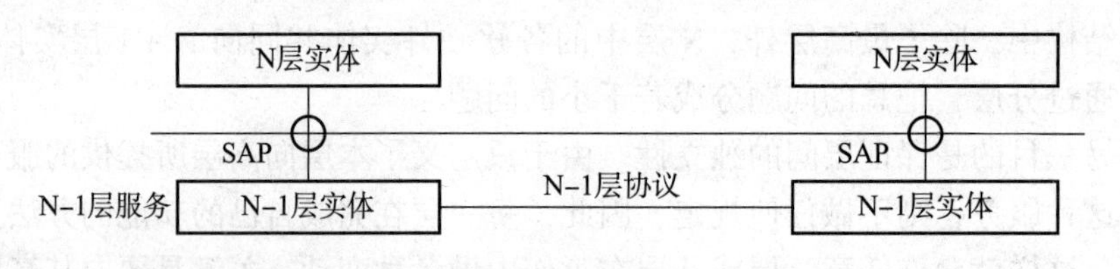

图 3 - 5

3. 服务访问点 SAP

前面说过，低层向高层提供服务，通过层间的接口来实现。在网络中将同一系统中相邻两层的实体进行信息交互的接口称为服务访问点（Service Access Point，SAP），也就是 N 层实体和 N + 1 层实体之间的逻辑接口。相邻层的一对实体——N 层实体和 N + 1 层实体就是通过服务访问点来使用和提供服务的。

一个 N 层服务访问点一次只能连到一个 N + 1 层实体上，一个 N 层服务访问点可以从一个 N + 1 层实体脱开，然后重新接到同一个或另一个 N + 1 层实体。同样，在 N + 1 层和 N 层之间有服务访问点 SAP，在 N 层和 N - 1 层之间也有服务访问点 SAP，即各相邻层之间都存在服务访问点SAP。N+1层实体从SAP获得N层服务，一个N层的SAP只能由一个N层实体提供，也只能为一个N+1层的实体所用。然而，一个N层实体可以提供几个N层的SAP，一个N+1层实体也可能利用几个N层的SAP为其服务。一个服务访问点由服务访问地址来标识。协议、服务、服务访问点概念的模型示意如图3-5所示。

4. 层间数据流动方向

当数据终端用户进行数据发送时，它通过计算机主机将数据发送到网络，通过网络送到对方主机，如图3-6所示。这个过程对应网络七层模型，即发送方最高层（N层）和它的下层相邻层（N-1层）进行交互，将信息交给下层（N-1层），该相邻层又和它的下一层（N-2层）进行交互，这样一直到最底层。最底层以信息流方式通过物理媒介传输到接收方的最底层，最底层又和它的相邻上层交互，将信息交给相邻上层（N层），相邻上层再交给它的相邻上层（N+1层），这样一直到最高层，最高层将信息交给接收用户。可以看出，各层都仅仅和自己的相邻层交互，信息流的流动在发送方是自上而下的，而在接收方是自下而上的。各层间交互的目的是通过这种交互最终实现和自己的对等层传输信息，交互通过本层的协议实现。

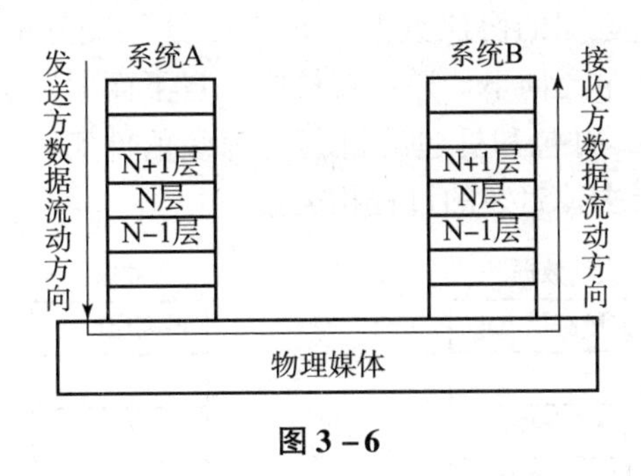

图3-6

5. 协议数据单元

在网络层次结构模型中，网络中各层功能是通过和同等层之间的协议实现的，网络同等层在实现信息传输时，必须使用本层的协议数据单元进行通信。信息从最高层自上而下传送过程中，每层都要加上供同等层使用的各种控制信息，这些控制信息实际加在数据的前部和尾部，形成头部和尾部，构成本层的协议数据单元（PDU），如图3-7所示。在数据的前部和尾部加上头部和尾部，构成本层的协议数据单元，这个过程一般称为打包。

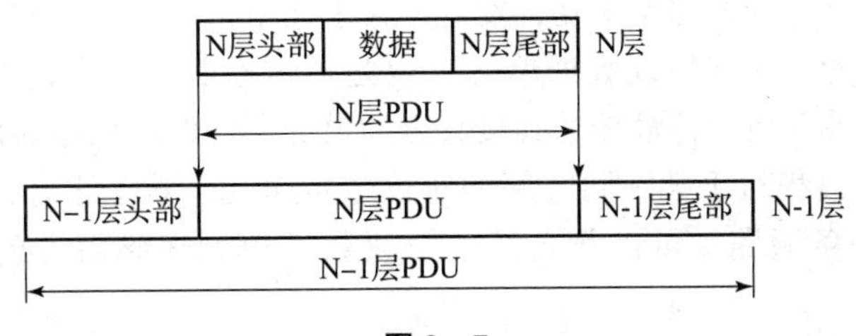

图3-7

发送方的最高层实体从用户处获得传送的信息（数据），加上头部和尾部，形成最高层的协议数据单元，然后通过服务访问点 SAP 交给它的下层（N 层）实体；N 层实体将来自最高层的协议数据单元作为自己的信息（数据），再加上本层的头部和尾部，形成 N 层的协议数据单元，继续通过服务访问点 SAP 交给 N－1 层实体，经过 N－1 层再次打包，又构成 N－1 层的协议数据单元向下层传送，就这样逐层交互，直至最下面的物理层。各层数据单元关系如图 3－7 所示。

到达物理层后，通过最下面的物理传输介质上以比特数据流的形式传输到接收方的物理层，完成传送到接收方的任务。到达接收方后，物理层使用物理层协议数据单元的头部和尾部的控制信息完成比特流的接收，此时该物理层协议数据单元的头部和尾部的作用已经完成。在逐层自下而上的传送中，不必将物理层数据单元的头部和尾部再往上层传送，可以剥去该数据单元的头部和尾部（拆包），再往上层传送。同样，在物理层上面的这一层，根据物理层上面的这一同等层的协议数据单元的头部和尾部中的控制信息完成接收，然后再解包，再通过 SAP 往它的上层传送，交给它的上层实体，这样一直传送到最高层。所以，在逐层向上层传送时，对协议数据单元的处理正好和相反，即是逐层的剥去该层协议数据单元的头部、尾部，最终将数据（打包）送到最高层。

网络的数据传送是通过逐层的协议数据单元 PDU 逐层交互的，在发送方自上而下逐层打包，形成各层的协议数据单元向下传递；在接收方自下而上逐层拆包，向上传递，最终到达最高层，如图 3－8 所示。打包和拆包的过程与邮政信件实际传递中要加信封、加邮袋、装邮车等层层封装，再层层去掉封装的过程相类似。

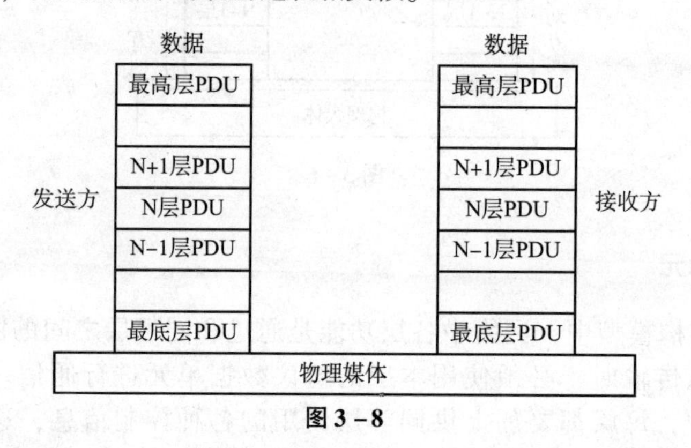

图 3－8

6. 虚通信和实通信

前面已经提出虚通信的概念，这里做进一步的讨论。我们已经知道，网络层次模型中的数据流动通过各层和自己的相邻层交互，发送方自上而下进行，接收方自下而上进行。某一同等层的协议数据单元（N 层协议数据单元）也是通过不断地从发送方向下层交互到达最低层，通过最底层物理介质的传输传送到接收方的最底层，然后又逐层自上而下交互，才到达 N 层。这样的交互过程对于某一同等层的协议数据单元，看上去好像在发送、接收双方的同等层之间存在一条通路，可以将自己的协议数据单元送到对方的同等层，这就是虚通信。

网络体系结构中，在最底层通过物理介质的传输称为实通信（实际的传送是通过自上而下的交互传送到最底层的物理介质，再自下而上交互地传送来实现的）。虚通信和实通信的示意如图 3－9 所示。

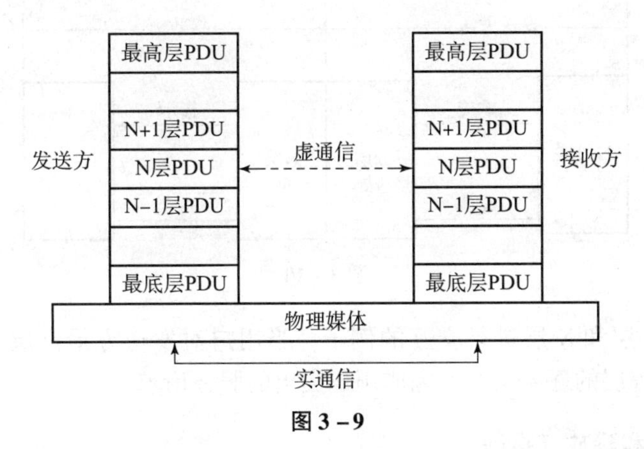

图 3－9

以后讨论数据传输涉及两个对等层时，可以用直接的传输（虚通信）来讨论问题，而不必再烦琐地说明发送方自上而下、接收方自下而上这个传输过程。

7. 服务原语

上述讨论指出，分层结构的信息传输是通过发送方层间不断地交给下层和接收方不断地提交给上层来实现的。传输在发送方是自上而下进行的，在接收方是自下而上进行的，交互的目的是和自己的对等层传输信息以实现数据传输。这种交互的实现由上层的实体通过 SAP 交给下层的实体，这种交互的控制是通过服务原语进行的。OSI 定义了四种类型的服务原语来实现 N＋1 层实体向 N 层实体之间的交互：

①请求原语（Request）。请求原语是发送方的 N＋1 层（上层）实体向发送方自己的 N 层（下层）发出的，要求这个 N 层实体向它提供指定的服务。例如，请求建立连接、请求数据传输等。

②指示原语（Indication）。指示原语是由接收方的 N 层（下层）发向接收方自己的相邻层 N＋1 层（上层）的，通知 N＋1 层有服务请求到来。

③响应原语（Response）。响应原语是接收方的 N＋1 层（上层）发向自己的 N 层（下层）的，通知 N 层对此服务请求响应。

④确认原语（Confirm）。确认原语是由发送方 N 层（下层）发向自己的相邻层 N＋1 层（上层）的，表示 N 层对 N＋1 层提出的服务请求已经完成（加以确认）。

服务原语和协议数据单元的关系如下：

假设发送方的 N＋1 层实体要和接收方的 N＋1 层实体进行通信。于是 N＋1 层实体就先发出请求原语，以调用 N 层实体的某个过程。这就引起了 N 层实体向其对等层发出一个协议数据单元，当对等层 N 层实体收到这个协议数据单元 PDU 后，就向自己一方的 N＋1 层实体发出指示原语，指示 N 层实体已经调用一个过程，接着 N＋1 层实体发出响应原语，用于完成刚才指示原语所调用的过程。这又引起 N 层实体产生一个协议数据单元，通过网络返回到 N 层实体，N 层实体向 N＋1 层实体发出确认原语，表示完成了 N＋1 层实体发出的请求原语的调用过程。

一个服务原语交互过程如图 3－10 所示。

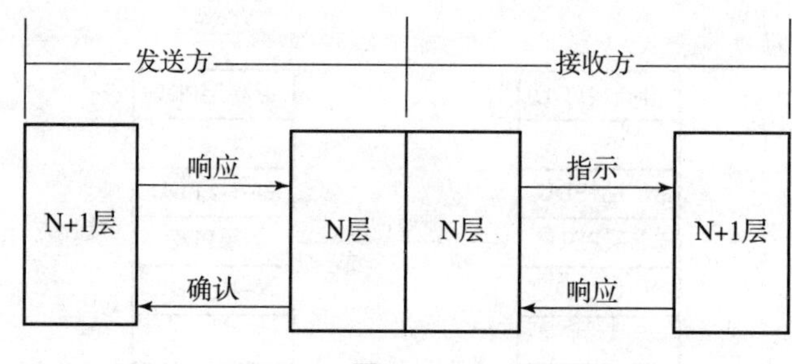

图 3－10

以上仅是 N＋1 层和 N 层进行交互的例子。当用户对发送方最高层实体提出服务请求时，通过以上各对等层的逐层交互，完成用户提出的服务请求。

8. 连接的建立和释放（拆除）

所谓连接，就是两个对等实体为进行数据通信而进行的一种联系。两个同等 N＋1 层实体之间进行通信时，即在两个或多个 N＋1 层实体之间进行交换信息，就要利用 N 层协议建立 N 层的联系。这种联系称为 N 层连接，可以在 N 层的两个或多个访问点之间提供 N 层连接，处于 N 连接的服务访问点称为 N 层连接点。

（1）建立连接

连接就是两个或多个 N＋1 实体之间交换数据，必须先在 N 层中用 N 协议在 N＋1 实体之间建立联系，使服务的实体进入准备就绪状态，这种联系称为 N 连接。N 连接是 N 层给 N＋1 层实体提供的一种为了交换信息的服务。建立一个连接包括以下内容：

①为实体提供服务的实体名；

②建立 SAP 与 N＋1 实体和 N 实体的连接；

③N＋1 实体要求 N 实体提供合乎要求的服务质量；

④设定与 N 服务有关的其他性能（如流量控制的窗口大小、数据长度、加速服务等）。

建立 N 连接要求如下的条件：

①在这些 N 实体间可以得到一个 N－1 连接；

②两个 N 实体处于能执行连接建立协定的状态。

N 连接的建立和释放是在 N－1 连接基础上动态地进行的，N 连接的建立意味着两个实体间的 N－1 连接可以利用，如果 N－1 连接可用，继而又要求 N－2 连接可用。依此类推，直到遇到可用的下层连接。显然最底层的物理线路连接必须存在，这样所有上层连接的建立才有物质基础。

（2）释放连接

当完成了数据交换后，各实体为本次数据交换分配的资源应该释放出来，为后续继续的数据传输提供服务，这种对分配资源的释放过程就是释放连接。释放连接实现了对建立起来的连接给予释放，除此之外，还有其他原因也能引起连接释放。

常规释放：

当通信的 N＋1 实体间完成数据传送，任何一方 N＋1 的实体都可以发起它们之间的连接，释放后的 N 实体可以为其他的 N＋1 实体建立新的 N 连接服务。常规释放为非证实型的释放。

有序释放：有序释放也叫协商释放，实质是证实型的释放服务。

异常释放：异常释放也叫随意释放，当N服务用户和服务提供者发现异常情况，不必再保持N连接上的数据传送时，都可随时发起释放连接。释放还将在后面章节进一步讨论。

9. 数据传送

数据传送包括正常的数据传送，在连接建立和释放期间的数据传送、加速数据传送等内容。

(1) 正常的数据传送

在N实体之间，以N协议数据单元为单位交换控制信息和用户数据。N协议数据单元是N协议所指定的数据单元，它包括N协议控制信息和可能的N用户数据。N协议控制信息是在N实体之间利用N－1连接来交换的，用于支持N实体间的操作。

如果已经存在N－1连接，就能在N协议的规则控制下交换数据；反之，若不存在N－1连接，就必须首先建立连接，然后再进行数据传送。

(2) 连接建立期间的数据传送

在N连接的建立请求中，可以携带N用户数据，并且在连接建立的应答中，也可以携带数据。

(3) 加速数据传送

加速数据传送是给予协议数据单元拥有较高的优先权，加速数据传输，可以不受流量控制。

一个通过连接使用服务原语进行数据传输的简单例子如下：

连接请求：呼叫方通过连接请求原语向被叫方请求建立一个连接。

连接指示：连接请求通过虚通信传到被叫方后，通过连接指示原语向被叫方指示有建立连接的请求。

连接响应：被叫方响应此连接，则通过连接响应原语告诉本方服务提供者。

连接证实：呼叫方服务提供者通过虚通信得知被叫方已建立连接后，通过连接证实原语告知呼叫方服务用户。

通过以上四步就建立一条呼叫方与被叫方之间的连接，可开始进行数据传输。

数据请求：呼叫方服务用户通过此原语请求本方服务提供者将数据送给被叫方。

数据指示：被叫方服务提供者收到对方送来的数据后通知服务用户。

断连请求：任何一方用户可通过此原语请求释放连接，由服务提供者传至对等方。

断连指示：对等方服务提供者通过此原语告诉本方服务用户释放连接。

从以上例子可看到服务有证实和非证实之分。连接服务是证实的服务，要使用请求、指示、响应和证实全部四种服务原语。数据传送服务和断连服务都是非证实的，只要使用请求和指示两种原语即可。证实的服务需要在对等方之间来回一次，花费较多的时间，但增加了可靠性。对建立连接的服务被呼叫方既可以同意建立连接，也可以拒绝建立连接。数据传送及断开连接服务根据需要可采用证实的服务或非证实的服务方式。

以上是计算机网络中的若干概念。有了网络的分层结构思想和分层模型中的若干基本概念，就为深入了解开放系统互连参考模型和网络协议标准打下了良好的基础。

3.2 开放系统互连参考模型——OSI

要使不同厂家生产的计算机网络产品能够互连进行通信，就需要制定一个国际范围的网络标准。20 世纪 70 年代后期，国际标准化组织意识到这个问题，开始着手制定网络的国际标准。

1977 年，国际标准化组织（International Organization for Standardization，ISO）成立了一个分委员会 SC16，着手研究开放系统互连的网络体系结构的标准。这里“开放”这一术语强调了这样一个事实，即只要遵循所制定的国际标准，该网络系统就能与世界上所有服从该同一标准的网络系统互连。在经过 18 个月的研究后，基本完成了任务，ISO 把该结构模型称为开放系统互连参考模型，简称为 OSI/RM（Open System Interconnection/Reference Model）。

3.2.1 OSI 的层次模型

ISO 制定的 OSI 参考模型由七层协议模型组成，有时又称为 ISO 开放系统互连参考模型为七层模型，七层模型的各层分别为物理层、数据链路层、网络层、传输层、会话层、表示层、应用层，如图 3－11 所示。

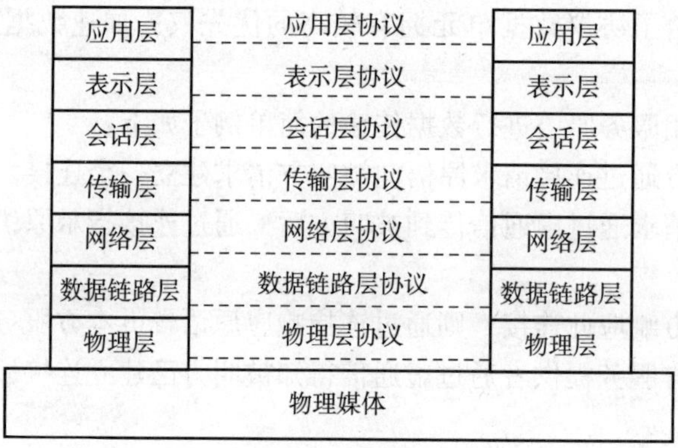

应用层	应用层协议	应用层
表示层	表示层协议	表示层
会话层	会话层协议	会话层
传输层	传输层协议	传输层
网络层	网络层协议	网络层
数据链路层	数据链路层协议	数据链路层
物理层	物理层协议	物理层
物理媒体		

图 3－11

ISO 在划分功能层次时建立了一些分层的原则，七层协议模型就是根据这些原则定义的：

①层次不能太多，也不能太少。太多则系统的描述和集成都有困难，太少则会把不同的功能混杂在同层次中。

②每一层应该有定义明确的功能，这种功能或者在完成的操作过程方面，或者在涉及的技术方面与其他功能层次有明显不同，因而类似的功能应归入同一层次。

③每一层的功能要尽量局部化。这样，随着软硬件技术的发展，层次的协议可以改变，层次的内部结构可以重新设计，但是不影响相邻层次的接口和服务关系。

④以往的经验证明是成功的层次应予以保留。

⑤考虑数据处理的需要，在数据处理过程中需要不同的抽象级（例如词法、句法、语义等）的地方设立单独的层次。

⑥层次的边界应划分在服务描述的量最小、交互作用最少的地方，或者是对将来的接口标准化有利的地方。

⑦每一层只与它的上下邻层产生接口。

⑧需要时可以在一个层次中再划分出一些子层。子层的划分可以满足特殊的通信要求，但并不改变原来的上下邻层之间的接口关系。

按照开放系统互连参考模型，计算机网络被划分成七个层次，分别为应用层、表示层、会话层、传输层、网络层、数据链路层、物理层，一个计算机网络总功能任务的实现就由这七个子层各自完成自己的子任务来最终实现。

考虑到网络传输中源端主机发出的信息往往要经过若干中间转接节点的转发，最终才到达目的主机，OSI 模型的网络体系结构模型又被表示成如图 3 - 12 所示形式。

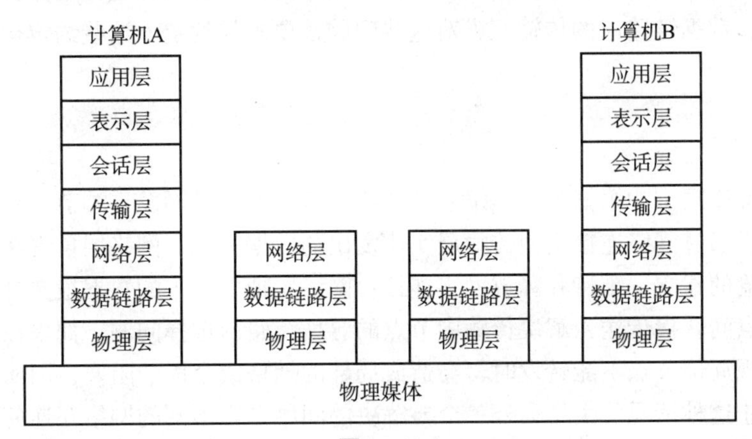

图 3 - 12

这个模型和图 3 - 11 所示的模型主要差别在于将中间转发节点（中继系统）也用模型表示出来，中继系统通常只涉及通信子网的下面三层，即网络层、数据链路层和物理层。

3.2.2 各层的基本功能

1. 物理层

物理层是 OSI 模型的最低层，涉及的是网络传输介质和设备的接口。物理层的功能是在 DTE 和 DCE 之间提供比特流的传输。OSI 模型中物理层的定义为：在物理信道实体之间合理地通过中间系统为比特流传输所需建立、维持和终止传输数据比特流的物理连接提供机械的、电气的、功能的和规程的手段。具体地说，为完成比特流在传输介质上的传输，物理层规定采用什么样的传输介质，DTE 和 DCE 之间如何连接，连接设备采用的插接器件种类，插接件的引脚和排列，各引脚信号的工作规程，用什么样的编码表示数据“0”“1”，实现比特同步的方法，能实现的传输速率，最初的连接是如何建立的，传输完成后如何终止连接等。以上涉及的这一切对传输的双方都要有一致的约定，所约定的这一切构成了物理层的协议。

2. 数据链路层

数据链路层是 OSI 模型的第二层，数据链路层的功能是将物理层传送的比特流组织成数据链路层的协议数据单元帧进行传送。数据链路层负责在相邻节点的链路上实现数据帧传输，建立、维持和释放数据链路，通过校验、确认和反馈等重发等手段将原始的物理链路改造成无差错的数据链路。

原始的物理链路由于噪声干扰等因素，在传输比特流时可能发生差错，所以，数据链路层要采用差错控制将原始的物理链路改造成无差错的数据链路。另外，相邻节点之间的数据传输，还要防止发送数据过快，导致来不及接收数据而发生数据丢失，所以数据链路层要采取流量控制。同样，帧的格式如何组成、怎样实现帧的同步、用什么样的方式实现差错控制和流量控制等，数据链路层的传输双方对这些问题都要事先约定，这些约定构成了数据链路层的协议。

3. 网络层

网络层是 OSI 模型的第三层，网络层的功能是负责通信子网发送端节点到接收端节点的分组数据传输，通过网络连接交换传输层实体发出的数据报文。网络层负责在通信子网上实现分组数据传输的建立、维持和释放网络连接；网络层把上层来的数据报文分割成分组，在通信子网的节点间转接传送，解决传输中节点的寻址、路由选择问题。如果在通信子网的缓冲区装满，出现局部节点不能转发时，会造成局部的拥挤或全面的阻塞，因而网络层要采取流量控制来防止这种情况发生。另外一个要解决的问题是当不同的网络互连使传送的分组跨越一个网络的边界时，网络层应该对不同网络中的分组长度、寻址方式等进行变换，以适应两个网络通信协议的不同，即网络层要解决网际互连的问题。同样，网络层传输双方为实现网络层功能所做的约定构成了网络层的协议。

4. 传输层

传输层是端主机到端主机的层次，传输层在通信子网提供的服务的基础上提供通用的传输服务，负责端主机到端主机的传输。传输层处于高层用户和通信子网之间，传输层的存在向高层用户屏蔽了通信子网的存在及技术细节，使得高层用户可以直接使用传输层进行端到端的数据传输，而不需要知道通信子网的细节。传输层的第二个作用是采用分用和复用的方式优化网络的传输性能，使得高层可以并行进行多个应用服务。同时，可以将多个网络连接用于一个传输服务，也可以将一个网络连接用于多个应用服务。传输层在端主机到端主机间实现流量控制，以免高速主机发送的信息淹没低速主机。传输层服务可以是提供无差错按顺序的端到端连接，也可以提供不保证顺序的独立报文传输，为高层用户提供了灵活的选择。同样，传输层的传输双方为实现传输层功能所做的约定构成了传输层的协议。

5. 会话层

会话层负责不同主机进程到进程的会话，传输层是主机到主机的层次，而会话层是进程到进程的层次。会话层组织和管理进程间的会话，允许双向进行或一个方向进行会话，解决会话过程中通信双方该谁说、该谁听的问题，会话层还提供会话的连接管理和会话同步服务。当要开始会话时，需要建立会话连接；当该会话结束时，需要拆除该会话连接。若两台主机间的进程要进行较长时间的文件传输时，如果传输发生错误，则全部重新传送显然是不合理的，会话同步提供了在数据流中插入同步点的机制，对传输的文件进行分段，如果发生了错误，可以在距离出错点最近的段开始恢复传输，这就是会话同步。会话同步将大大提高传输效率。会话层还提供活动管理。会话层之间的通信可以划分为不同的逻辑单位，每一个逻辑单位为一个活动，每个活动具有相对的完整性和独立性。活动的启动、结束、恢复、放弃等由会话活动进行管理。会话层所有的这些功能都需要会话层专门的协议支持。

6. 表示层

表示层为上层用户提供数据或语法表示。在网络通信中，大多数用户间并非交换随机的比特流，而是要交换诸如人名、日期、数量和商业凭证之类的信息。这些信息是通过字符串、整型数、浮点数及由简单类型组合成的各种数据结构来表示的。不同机器采用了不同的编码方法来表示这些数据类型和数据结构。为了让采用不同编码方法的计算机通信后能相互理解数据的值，可以采取抽象的标准方法来定义数据结构，并采用标准的编码表示形式，管理这些抽象的数据结构，同时把计算机内部的数据表达形式转换成网络通信中采取的标准形式，OSI 网络模型中，这些功能都是由表示层来实现的。另外，在网络中还存在数据压缩和数据加密等数据表示问题，这些也都是表示层的功能范畴。

7. 应用层

应用层是 OSI 模型的最高层。应用层由若干应用进程（应用程序）组成，通过这些应用程序为用户提供网络服务，网络中的其他各层都是为支持这一层的功能而存在的。应用层管理开放系统的互连，包括系统的启动、维持和终止，为特定的网络应用提供了访问 OSI 环境的手段。应用层实现网络环境下的不同主机间的文件传输、访问和管理，网络环境下的邮件处理系统，网络域名的使用，网络管理的实现等基本网络应用服务。

3. 2. 3 OSI 的协议规范

按照 OSI 七层模型，ISO、CCITT 在其他有关组织合作努力下为各层制定了各种协议和服务标准，这些协议和服务标准统称为“OSI”协议。OSI 网络协议定义了以下七个方面的规范：

①比特流的传输规范，即具体地规定了为实现比特流的传输介质和传输设备的连接，以及同步和传输。

②信息的传输时序规范，即什么时间传输、传输的起始和结束的表示问题等。

③数据的正确传递规范，即为了实现正确的传输采取的差错控制方法和编码规范。

④传输的流量规范，即在不同层次实现流量控制的规范。

⑤网络的寻址规范，即网络地址的表示和分配等规范。

⑥网络各层间的联系规范，即层间实体信息的交互和收发双方同等层虚通信的数据单元格式定义。

⑦体系结构的规范、网络的层次结构，不同协议的网络之间的通信规范。

这七个方面的规范，每一个方面都由若干具体的协议标准体现出来，从而形成了上百种网络协议标准。目前 CCITT 和 OSI 制定的各种网络协议和服务标准有 200 余个。其中很多 ISO 的协议和 CCITT 的建议是完全等价的。在网络术语中，建议和协议是同样的含义，建议是 CCITT 表述协议标准的专门术语，由 CCITT 制定的标准都称为建议。比如说，ISO 7498 是 OSI 基本模型的协议标准编号，在 CCITT 中它的编号为 X. 200，它们都是指开放系统互连参考模型，即七层模型。有一些标准只有 CCITT 标准，而无等价的 ISO 标准。同样，有一些标准只有 ISO 标准，而无等价的 CCITT 标准。

和其他协议一样，OSI 协议是实现某些功能的过程描述和说明。每一个协议都详细地规定了特定层次的功能特性。

3.3 物理层

3.3.1 物理层概述

物理层位于 OSI 模型的最底层，负责比特流的传输。物理层协议要定义为实现比特流传输采用的传输介质、设备的连接接口、采用的比特流传编码、同步方式及实现物理链路的连接管理和传输控制。OSI 对物理层的定义是，在物理信道实体之间合理地通过中间系统为比特流的传输建立、维持和终止传输数据比特流的物理连接提供机械的、电气的、功能的和规程的手段。

从 OSI 网络模型可知，网络由资源子网和通信子网构成，资源子网对应计算机主机部分，通信子网对应通信网络部分。按照前面讨论的通信模型，数据终端设备 DTE 通过数据通信设备 DCE 接入信道，实现通信。在 OSI 网络模型中的计算机主机就是数据终端设备 DTE，通信子网的接入设备就是数据通信设备 DCE，通信网络就是信道，如图 3－13 所示。

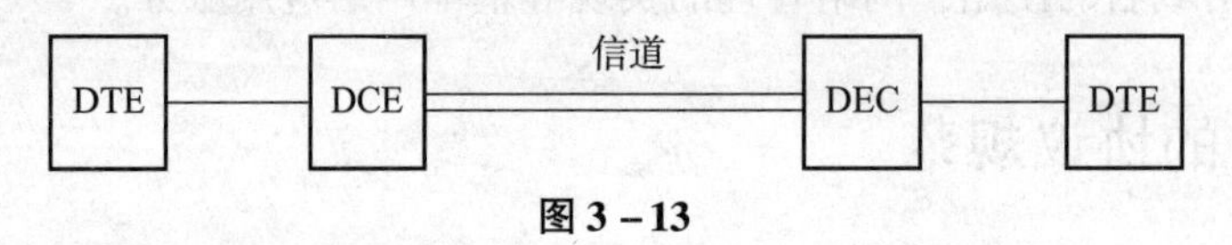

图 3－13

具体地说，物理层协议的机械特性规定了为实现数据流传输，物理层连接的 DTE 设备与 DCE 设备间连接设备的插头和插座的机械形状和大小的具体标准。

①功能特性规定了物理层连接 DTE 设备与 DCE 设备间的连接插座、插头引脚数和排列的标准。

②电气特性规定了在物理信道上传输数据流时，数据流采用什么编码，一个比特码持续多少时间（数据速率）；数据流用什么电压代表“1”，用什么电压代表“0”，以及设备电路的形式等电气标准。

③功能特性说明了 DTE 设备与 DCE 设备间的连接接口的形状、大小，连线引脚的个数和排列，每个引脚连线的功能，即哪些是用于数据传输的传输线，哪些是用于传输控制的控制线。

④规程特性规定了控制线上的控制信号如何实现传输控制，数据线何时进行数据传输，控制信号之间的工作顺序如何，控制连线的控制信号如何实现数据传输初始阶段物理链路的

建立，数据传输阶段物理链路的维持，以及传输完成后物理链路的终止等控制。

物理层为实现比特流传输涉及的传输介质。设备的连接接口、采用的比特流传编码、同步方式及实现物理链路的连接管理和传输控制，这一切在物理层的传输双方都要事前有一致的约定，并在传输过程中遵循这些事前约定的规则。这些双方事前约定并遵循的一切规则构成物理层协议的内容。

3.3.2 物理层协议

物理层协议与具体的物理传输技术有关，不同的技术采用不同的协议标准。OSI 在定义物理层协议标准时，采纳了各种现成的协议，例如 RS－232、RS－449、X. 21、V35、ISDN 以及 IEEE 802、IEEE 802. 3、IEEE 802. 4、IEEE 802. 5 等协议。EIA RS－232C 和 X. 21 是两个物理层通常使用的物理层协议，这里将它们作为物理层的协议实例加以介绍。

1. RS－232C 接口

RS－232C 是美国电子工业协会（Electronic Industry Association，EIA）在 1996 年颁布的异步通信接口标准，是为使用公用电话网进行数据通信而制定的标准。由于公用电话网是传输模拟信号的网络，计算机产生的信号是数字信号，两台计算机主机通过电话网进行数据通信时，需要使用调制解调器完成模拟信号和数字信号的转换，在发送方的调制解调器将计算机主机的数字信号转换成模拟信号送入电话网，传输到接收端后，接收端的调制解调器将接收到的模拟信号恢复为数字信号交给计算机。

RS－232C 就是为实现这种方式下的通信而设计的协议标准。图 3－14 给出了两台计算机使用调制解调器通过电话网相连的结构图。按照通信模型对 DTE、DCE 的定义，这里的计算机主机为 DTE，调制解调器为 DCE，公用电话网为通信信道。

从前面讨论可知，一个物理层的协议标准主要定义其电气的、机械的、功能的、规程的规范，RS－232C 接口在这四个方面的规范如下：

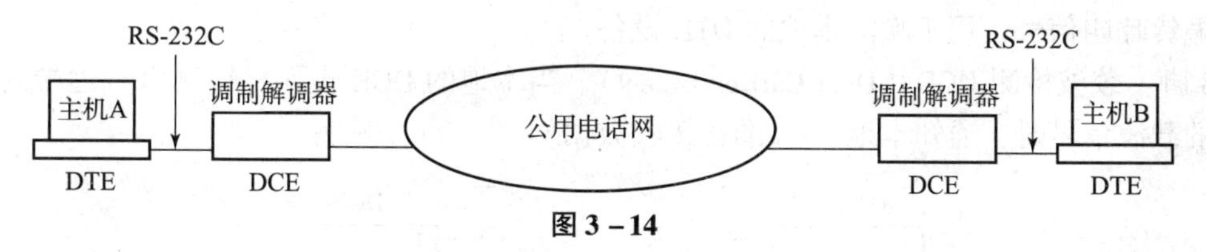

图 3－14

（1）机械特性

RS－232C 接口的机械特性规定使用 25 芯 D 型插座实现 DTE 设备与 DCE 设备的连接。

（2）电气特性

RS－232C 接口的电气特性规定使用＋12 V 表示数据 0，－12 V 表示数据 1。数据传输速率为 150、300、600、1 200、2 400、4 800、9 600、19 200 b/s。

（3）功能特性

RS－232C 接口的功能特性定义了 25 芯标准连接器中的 20 根信号线，其中 2 条地线、4 条数据线、11 条控制线、3 条定时信号线，剩下的 5 根线作备用或未定义。

RS－232C 接口常用的只有 10 根，它们是：

1——保护地　　　　6——数据设备就绪
2——发送数据端　　7——信号接地
3——接收数据端　　8——载波检测
4——请求发送　　　20——数据终端就绪
5——清除发送　　　22——振铃指示

使用 RS－232C 接口实现主机与调制解调器的连接情况如图 3－15 所示。以上各引脚功能如下：

1 脚：保护地。该引脚用于机壳接地，起屏蔽作用，以减小电磁干扰。

2 脚：发送数据线 TxD（Transmitted data）。该引脚是用于从 DTE 发送数据至 DCE 的数据传输。

3 脚：接收数据线 RxD（Received data）。该引脚用于 DCE 将从网络接收到的数据发送给 DTE。

4 脚：请求发送 RTS（Request to send）。该引脚用于 DTE 通知 DCE 有数据发送要求，控制调制解调器做好数据发送的准备，进入数据发送状态。

5 脚：允许发送 CTS（Clear to send）。该引脚用于 DCE 通知 DTE，表明 DCE 已经做好数据发送的准备，DTE 可以将数据送到数据线上。该信号是对 RTS 的响应信号。

4 脚、5 脚信号构成一对握手应答控制信号，当这一对信号完成握手后，表明 DTE 和 DCE 都已经处于数据发送准备就绪状态。

6 脚：DCE 就绪 DSR（Data set ready）。该信号在 DCE 上电时有效，指示 DCE 设备已经处于可以工作的状态。

20 脚：DTE 就绪 DTR（Data terminal ready）。该信号在 DTE 上电时有效，指示 DTE 设备已经处于可以工作的状态。

6 脚、20 脚信号构成一对握手应答控制信号，当这一对信号完成握手后，指示 DTE 和 DCE 设备都已经处于工作就绪状态。

22 脚：振铃指示 RI（Ringing）。该引脚用于本地的 DCE 通知本地的 DTE 它收到来自远端的振铃呼叫信号，用于唤醒本地的 DTE 设备。

8 脚：载波检测 DCD（Data Carrier Detect）。当本地的 DCE 收到（检测出）远端的 DCE 送来的载波信号时，通知本地 DTE 准备接收数据。

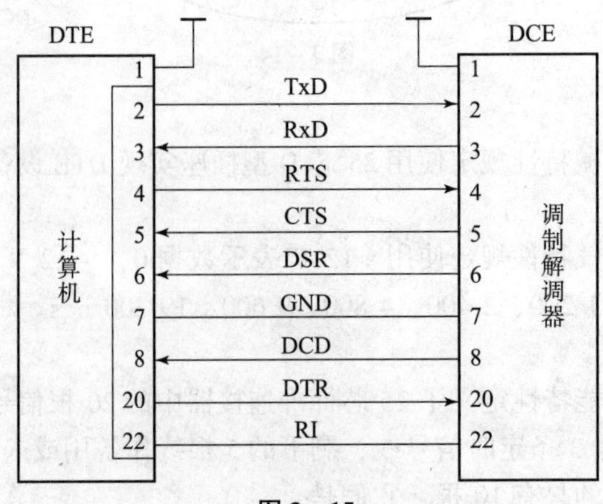

图 3－15

(4) 规程特性

RS-232C 接口的规程特性规定了各个引脚信号的工作过程。RS-232C 的工作是在各引脚控制信号的作用下，按照工作顺序使各信号的电平状态“ON”（低电平 -12 V）和“OFF”（高电平 +12 V）相应变化，配合完成建立连接、维持连接、拆除连接，实现数据的有序传输。在 DTE 与 DCE 已经采用 RS-232C 接口完成物理连接的情况下，只有通信双方的 DSR 和 DTR 均为“ON”状态时，DTE 和 DCE 才具备数据传输操作的基本条件。若 DTE 要发送数据，还需要首先将 RTS 置为“ON”，等待 CTS 应答信号为“ON”状态后，才能将数据送到 TxD 线上进行数据发送。

使 DSR、DTR 为“ON”，RTS、CTS 为“ON”的过程就是建立连接的过程。当建立连接的过程完成后，DTE 和 DCE 都处于设备就绪、数据发送准备就绪状态，就可以开始发送数据了。当数据开始发送时，DTE 和 DCE 进入数据传输阶段。数据传输结束后，还需要拆除连接，让出本次传输占用的资源，此时 DTE 和 DCE 分别将自己的 RTS、CTS 变为“OFF”，向对方指示本次传输已经结束，占用的资源可以让出，至此，本次建立的连接就拆除了，这一次数据传输过程全部结束。下一次的数据传输将重新建立连接后，再进行数据传输。显然，整个数据传输由建立连接、数据传输、拆除连接三个阶段完成。

2. 同步通信接口 X.21 接口

以上介绍的 RS-232C 接口是为在模拟信道上传输数据而制定的接口标准，但早在 1969 年，国际电报电话咨询委员会（International Telephone and Telegraph Consultative Committee，CCITT）就预见数据通信迟早会从模拟信道演变成数字信道，于是开始研究和制定数字信道的接口标准。1976 年，CCITT 通过了用于数字信道传输的数字信道同步通信接口标准的建议书 X.21。

公用数据网是传输数字信道的网络，X.21 就是为采用公用数据网实现数据通信而设计的协议标准。在采用公用数据网进行数据通信时，计算机需要通过公用数据交换网的接入设备 PAD 接入公用数据网，X.21 就是数据终端设备 DTE 与公用数据交换网的接入设备 PAD 之间的接口标准。图 3-16 给出了两台计算机连接到公用数据网进行数据通信的连接结构图。按照通信模型，这里的计算机主机为 DTE，公用数据网接入设备 PAD 为 DCE，X.21 是计算机通过公用数据网实现数据通信的物理层接口标准。

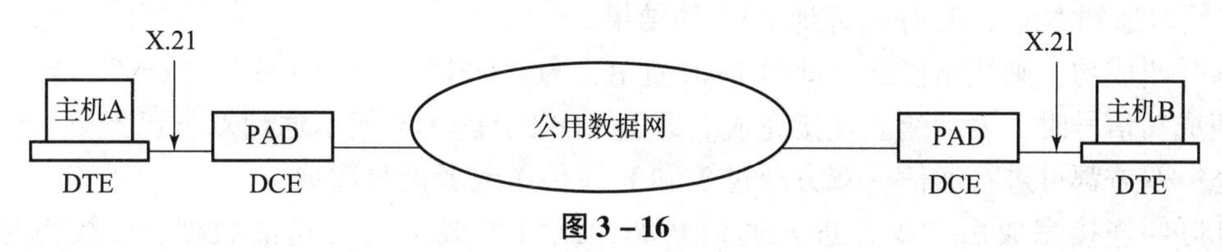

图 3-16

从前面讨论可知，一个物理层的协议标准主要定义其电气的、机械的、功能的、规程的规范。

机械特性：X.21 接口的机械特性规定使用 15 芯的连接插座实现 DTE 设备与 DCE 设备的连接。X.21 接口对管脚功能做了精心安排，使得每一互换电路都能利用一对导线操作。

电气特性：X.21 接口的电气特性规定采用平衡式电路结构进行传输。使用 +5 V 表示数据 0，-5 V 表示数据 1，数据传输速率为 600、2 400、4 800、9 600 和 48 000 b/s。为了做到在更远距离上达到更高的数据速率，并同时提供一定的灵活性，X.21 规定对于超过

9 600 b/s的速率只能采用平衡式电路结构，以保证通信性能。

功能特性：功能特性只定义接口的各引脚功能。

X. 21 的引脚有信号地 G、公共地 Ga。

数据发送引脚 T：用于数据从用户 DTE 发送到公用数据网的接入设备 DCE。

数据接收引脚 R：用于 DCE 将从公用数据网接收到的数据传送给用户 DTE。

控制位 C 和指示位 I：分别用于数据传输的控制和状态指示。

码元定时 S 和字节定时 B：分别用于码元同步和字节同步控制。

X. 21 各功能引脚的信号传输方向如图 3 – 17 所示。

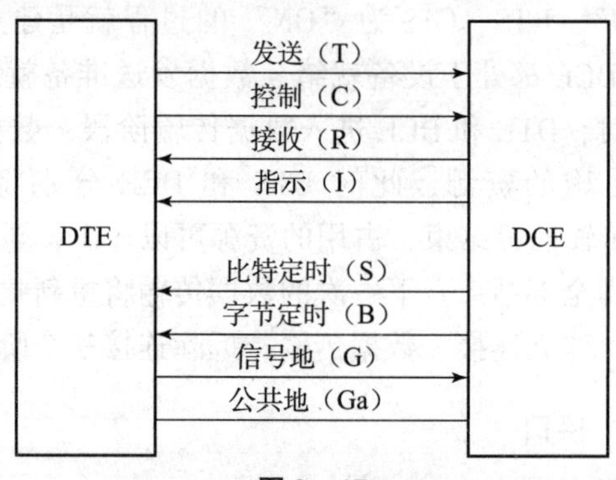

图 3 – 17

各引脚信号的过程如下：

①当无数据传输时，接口空闲，T 信号线、C 信号线、R 信号线、I 信号线都传送“1”码。CCITT 规定 C 线和 I 线中，“1”为“OFF”，“0”为“ON”（低电平 –5 V）和“OFF”（高电平 +5 V）。

②当有数据传输要求时，需要建立连接，此时 DTE 要发出呼叫，它将 T 线置为“ON”，并将 C 线置为“ON”。此时，T = C = ON，相当于某人摘机呼叫。此时，如果 DCE 已连在线路上接收到呼叫时，它开始经 R 线向主叫 DTE 返回连续的拨号音 R++++（0 和 1 交替出现），此时，DCE 告诉 DTE 可以拨号，R++++ 相当于数字拨号音。

③当主叫 DTE 收到“R++++ ”字符时，就开始经 T 线逐步发送远程 DTE 的地址码信息。远程 DCE 接到该地址码信息后，就发出呼叫进行信号（发出请求连接分组），呼叫远地 DTE，同时通知本地 DTE 呼叫远地 DTE 的结果。

如呼叫成功，则线路接通。此时 DCE 置 R，为“OFF”，并置 I 线为“ON”。当 DTE 收到呼叫成功信号时，表示建立连接完成。即 R = OFF，I = ON 指示通信双方已经处于通信就绪状态。双方都可进行通信，双方通过 T 和 R 线传送或者接收数据。

④呼叫连接完成后，双方进入通信状态，此时 T 线上为发送的数据，C 线信号维持“ON”，即 T = 数据，C = ON，指示正在进行数据传输。

⑤数据传送完毕后，两个 DTE 中的任何一个都可以置自己一侧的 C 线为“OFF”状态，C = OFF，表明自己的数据已发送完，断开连接一般由主叫方进行。即主叫方先说“再见”，置 C 为“OFF”，置 T 为“ON”。即 T = 0，C = OFF，指示数据传输结束。

当本地 DCE 检测到 C 线为“OFF”时，便将 I 置为“OFF”，R 置为 OFF，主叫方 DTE 把 T 置为 OFF，作为应答，使接口又恢复到空闲的状态。即 T = OFF、I = OFF、R = OFF，指示拆除了连接，回到无通信的初始状态。

从以上通信过程可以看出，X. 21 整个数据传输也是由建立连接、数据传输、拆除连接三个阶段完成。数据传输前先要建立连接，使 DTE、DCE 为本次数据传输做好准备，建立完成后才可以进行数据传输。数据传输完毕，还需要拆除连接，使 DTE 和 DCE 回到无通信的初始状态，以便再有连接请求时能进行下一次通信服务。

以上介绍了采用公用电话网和数据网进行数据通信的两个物理层经典协议 RS－232C 和 X. 21，分别代表使用模拟信道和异步通信方式的接口标准，以及使用数字信道和同步通信方式的接口标准。这两个协议属于采用广域网作为通信子网实现 DTE 和 DCE 接口的协议。在实际网络通信中，还有使用局域网进行数据通信的情况。存在各种形式的局域网，不同的局域网 IEEE 802. 3、IEEE 802. 4、IEEE 802. 5 的物理层也采用响应的物理接口层协议，实现主机设备和通信设备的接口、通信设备和通设备间的接口，这些内容将在后面局域网的章节进行介绍。

3.4 数据链路层

3.4.1 数据链路层概述

数据链路层负责网络中相邻节点间的帧的传输，通过数据链路层的协议完成帧的同步、节点间传输链路的管理、传输控制及实现节点间传输的差错控制和流量控制，在不太可靠的物理链路上实现了数据帧可靠地传输。

数据链路层负责网络中两个节点间的数据链路上数据帧的传输，传输节点设备的软硬件和传输链路构成数据链路。数据链路层将物理层传送的比特流组织成数据链路层的协议数据单元帧进行传送，负责建立、维持和释放数据链路的链路管理任务，通过校验、确认和反馈重发等手段进行帧传输的差错控制和流量控制，实现将原始的物理链路改造成无差错的数据链路。

数据链路层的协议数据单元为帧，帧是将上层网络层的数据单元——分组作为数据链路层的数据，加上数据链路层的帧头和帧尾构成数据链路层的帧（打包）。帧头和帧尾的信息有地址信息、控制信息及实现差错控制的校验码，这些信息与数据信息一起构成帧。数据链路层的发送节点需要将上层网络层的数据单元分组作为数据链路层的数据打包成帧，以帧的数据格式向接收节点发送。在接收节点根据帧头和帧尾的信息完成数据帧的接收，然后将帧头、帧尾的这些信息取出，还原回分组交给网络层，这个过程为解包。所以打包和解包是数据链路层的功能之一，数据链路层的传输示意如图 3－18 所示。

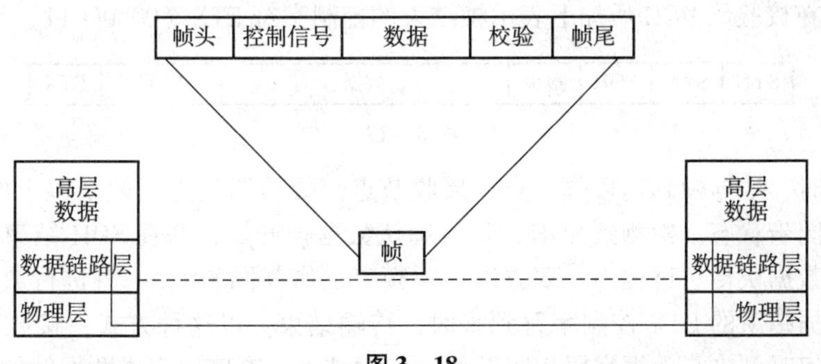

图 3－18

数据链路层的另一个功能为链路管理。链路管理就是数据链路建立、维持和拆除的操作。当网络中两个节点要进行数据帧的传输时，数据传输的两个节点要事前交换一些信息，让发送节点和接收节点及传输链路都处于准备数据发送和数据接收的状态，网络中这个工作阶段被称为数据链路层的建立连接。完成数据链路的建立连接后，可以进入数据传输阶段。在数据传输阶段，两个节点需要一直处于能够发送数据和接收数据的状态，网络中这个工作阶段称为维持连接。数据传输结束后，两个节点可以不再处于以上状态，可以释放建立连接阶段占有的资源，网络中这个工作阶段称为拆除连接。

数据链路原始的物理链路，由于噪声干扰等因素，在传输比特流时可能发生差错。所以数据链路层要采取差错控制发现差错，并通过纠错、重发等手段使接收方最终得到无差错的数据帧，实现将原始的物理链路改造成无差错的数据链路。另外，相邻节点之间的数据传输还要防止发送数据过快而来不及接收和处理数据帧，从而发生数据丢失，所以数据链路层要采取流量控制，保证数据在数据链路层的可靠接收。因此，数据链路层承担着相邻节点传输的差错控制和流量控制任务。

此外，数据链路还要约定采用什么样的帧格式进行传输，即定义帧格式；决定如何识别一个帧的到来和帧的结束，即实现帧同步。

数据链路层涉及的帧格式，帧同步方法，链路管理、差错控制和流量控制方式。这一切在数据链路层的传输双方都要事前有一致的约定，并在传输过程中遵循这些事前约定的规则，这些双方事前约定并遵循的约定的一切规则构成数据链路层协议的内容。

3.4.2　帧同步方式

数据链路层负责网络中两个节点间的数据链路上数据帧的传输。数据帧从发送节点传输到接收节点，接收节点要准确地接收数据帧，首先要解决数据帧的同步问题。要实现数据帧的同步，就是要准确识别一个帧的到来（开始）和结束，从而实现帧的准确接收。数据链路层协议的帧同步一般有两种方式，即采用特殊控制字符实现帧同步和采用特殊比特串实现帧同步。

1. 采用特殊控制字符实现帧同步

采用特殊控制字符实现帧同步方式的帧格式如图 3－19 所示。在发送帧时，在帧的前面加上特殊的控制字符 SYN（00010110）来启动帧的传输，在其后加上表示帧开始的控制字符 SOH（00000001），再加上包含地址、控制信息的报头，以及传输的数据块和块校验码 BCC 等，最后在校验码 BCC 后加上表示帧结束的控制字符 ETX（00000011）等。

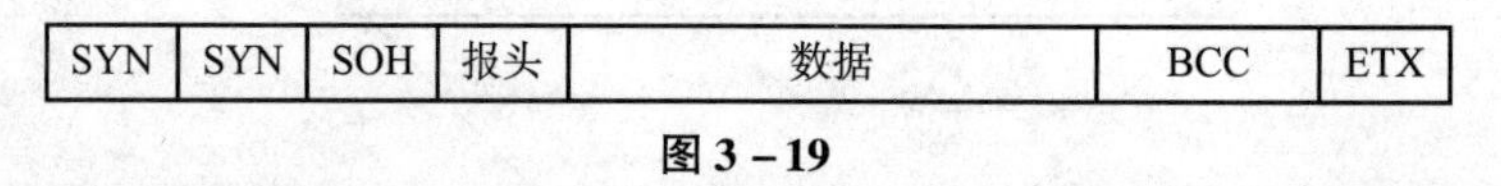

图 3－19

数据传输时，数据帧到达接收节点，接收节点只要检测到连续两个以上的 SYN 字符就可确认已进入同步状态；检测到 SOH，就可确认数据帧开始，并在 SOH 结束时，开始接收数据。随后的数据块传送过程中，双方以同一频率工作（同步），一直进行数据的接收，直到收到指示数据结束的 ETX 控制字符到来时，传输结束。以这种方式，接收节点能准确地识别出数据帧何时到来，数据字段何时开始、何时结束，准确地完成数据帧的接收。

2. 采用特殊比特串实现帧同步

采用特殊比特串实现帧同步方式的帧格式如图 3－20 所示。发送节点在发送帧时，在帧的前面加上特殊比特串 01111110 来启动帧的传输，再加上报头及传输的数据块和校验码 FCS 等，最后在校验码 FCS 后同样加上特殊比特串 01111110 表示帧结束。

01111110	报头	数据	FCS	01111110

图 3－20

接收节点只要检测到特殊比特串 01111110 就确认帧到来，进入同步状态，开始接收数据帧，直到特殊比特串 01111110 再次来到时，传输结束。

采用特殊比特串 01111110 实现帧同步的方式存在透明传输问题。由于该方式以特殊比特串 01111110 识别帧起始和结束，在数据帧的数据字段中如果出现 01111110 比特串，也会被误认为是帧的结束标志到来，做出帧结束处理的动作，这显然导致错误发生。要避免这种情况发生，就必须规定数据段不允许出现特殊比特串 01111110。这种规定将给数据发送带来障碍，网络中称这种情况为不能支持透明传输。

为了支持透明传输，对这种采用特殊比特串 011111101 作为帧起始、结束标志的协议，必须采取比特填充法进行处理。比特填充法的具体操作如下：

在发送数据时，先对数据段的数据位进行检查，当数据位中出现连续 5 个“1”时，则自动在其后插入一个“0”，而接收方则做该过程的逆操作，即每当接收到的数据段的数据位中出现连续 5 个“1”时，将跟在后面的“0”自动删去，以此恢复原始数据信息。这样做保证了发送出来的数据流不会出现连续 6 个“1”，如果收到连续 6 个“1”，则一定是用于帧同步的特殊比特串 01111110。这种连续 5 个“1”插“0”的方法使得数据段的数据传输不再受限制，实现了数据的透明传输。“0 比特插入”方法简单易行，容易用硬件实现，对传输速度几乎无影响，在网络中得到普遍的使用。

3.4.3 差错控制

从前面的讨论可知，网络需要通过差错控制来提高传输的可靠性，差错控制方式可以采用前向纠错 FEC 方式和自动请求重发 ARQ 方式。自动请求重发 ARQ 方式由于算法简单，实现容易，是目前数据链路层协议实现差错控制的主要方式。

在 ARQ 方式中，发送数据的成功与否通过接收端向发送端返回应答来确认，即接收端收到数据帧后经过校验，根据校验结果向发送端返回肯定应答 ACK 或否定应答 NAK。当接收端返回的应答为否定应答时，说明收到的数据帧出错，发送端需要重新发送。通过出错重新发送的处理，使得最终收到的是正确的数据帧，实现了差错控制，提高了传输的可靠性。

ARQ 方式的应答情况如下：

①肯定应答 ACK（Acknowledgement）：接收端对收到的帧进行校验，无误后向发送端返回肯定应答 ACK，发送端收到此应答后知道发送成功。

②否定应答 NAK（Negative Acknowledgement）：接收端对收到的帧进行校验，发现有错误后向发送端返回否定应答 NAK，发送端收到此应答后知道发送失败，需要重新发送该数据帧。

③超时控制：应答是建立在发送的帧没有丢失的情况下的，如果发送的帧在传输过程中发生丢失，接收端永远收不到该帧，也不会返回该帧的应答，于是将出现发送端永远收不到应答的情况，此时发送端将处于无意义的等待状态。这种情况在网络中是需要避免的。网络中采用超时控制来避免这种情况，在发出一个帧后启动一个计数器开始计时，在设定的时间到达时，还没有收到应答帧，则认为该帧已经丢失并重新发送该帧。

网络的数据链路层协议差错控制经常使用的 ARQ 技术有三种：

1. 停等法

停等法的工作方式是发送端每发送完一帧后就要停止发送，一直等到该帧的应答帧返回，才能发送下一帧。停等法的工作示意如图 3 – 21 所示。

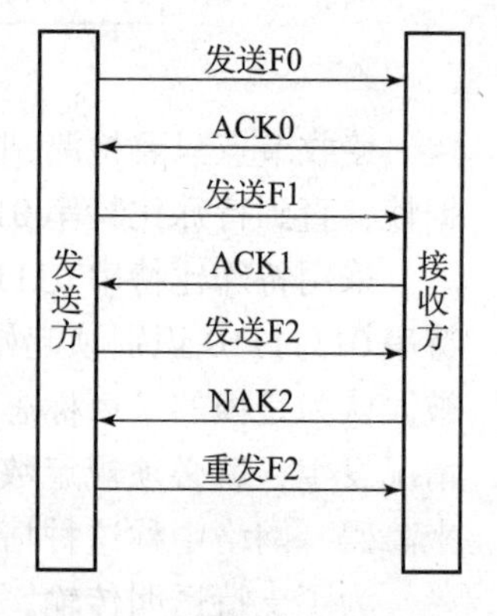

图 3 – 21

发送端每次将当前信息帧作为待确认帧保留在缓冲器中，当发送端开始发送该帧时，随即启动计时器，当接收端收到无差错的帧时，即向发送端返回一个肯定应答帧 ACK，发送端收到该肯定应答帧 ACK 后，知道发送成功，可以将保留在缓冲器中的帧清除，腾出缓冲器空间，用于存储其他帧。

若接收端收到的是有差错的帧，即向发送端返回一个否定应答帧 NAK，同时将收到的错误帧丢弃。

当收到的是 NAK 帧时，则需要重发该帧，发送端将保留在缓冲器中的该帧重新发送；当收到的是 ACK 帧时，则清除缓冲区中的帧，同时将计数器清零，开始下一帧的发送。

如果发出一个帧后在设定的时间还未收到应答帧，则认为该帧已经丢失并重新发送，发送端将保留在缓冲器中的该帧重新发送。

停等法每发送一帧就要进入等待，直到应答帧返回才能继续发送下一帧，使得线路利用率不高，因此在实际网络中用得不多。实际网络中一般使用连续重发方式。

使用连续重发方式在发送端发送数据时，可以连续发送一系列数据帧，即不用等待前一帧被确认就可以发送下一帧。连续重发方式需要一个较大的缓冲空间，以存放若干待确认的数据帧。GO – back – N 和选择重发是两种常用的连续重发方式。

2. Go – back – N

在 GO – back – N 方式中，发送端可以连续发送一系列数据帧，然后进入等待应答状态。当返回的应答有对某一帧的否定应答 NAK 时，无论发送端已经发出多少帧，发送端都需要退回到该帧，重新发送该帧及下面的各帧。GO – back – N 差错控制策略示意如图 3 – 22 所示。

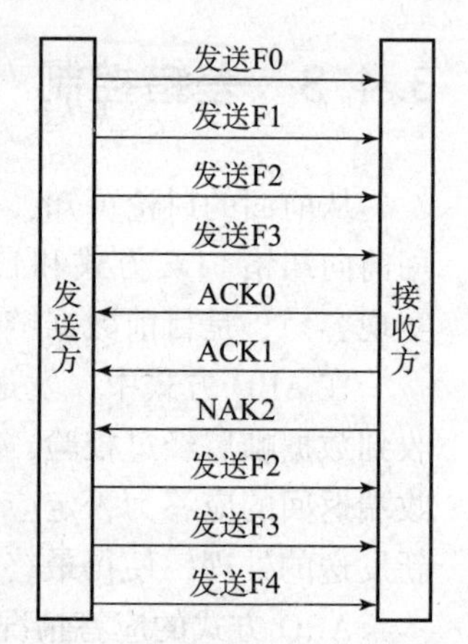

图 3 – 22

在图 3 – 22 中，发送端连续发送了 F0、F1、F2、F3 帧，正确收到 F0、F1，返回 ACK0、ACK1。但 F2 有差错发生，返回 NAK2，发送端收到 NAK2 时，将退回到 F2 帧开始重新发送。

GO – back – N 策略可能会将已经发送到的帧再传送一遍，这显然是一种浪费。在以上例子中，F2 有差错发生，返回 NAK2，收到 NAK2 时退回到 F2 帧重新发送。此时已经发送过去的 F3 帧可能是正确的，但是按照 GO - back - N 策略，还是得退回到 F2 帧开始新重发，并重复发送已经发送到接收端的 F3 帧，这势必造成线路资源的浪费。针对这个问题，选择性重发应该是一种更好的策略。

3. 选择性重发

选择性重发采用哪一帧出错，重发哪一帧的办法。选择性重发的工作方式如图 3 - 23 所示。在图 3 - 23 中，发送端连续发送了 F0、F1、F2、F3 帧，正确收到 F0、F1，返回 ACK0、ACK1，但 F2 有差错发生，返回 NAK2，收到 NAK2 时，将 F2 帧重新发送，然后继续发送 F4、F5 帧。显然选择性重发避免了对已经正确达到的帧的再次传送，提高了线路利用率。

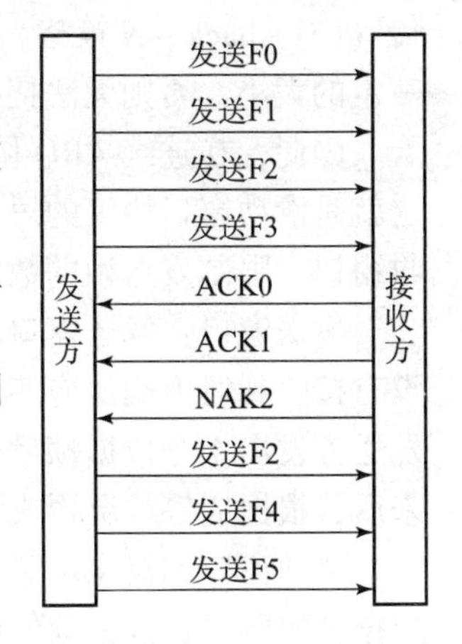

图 3 - 23

3.4.4 流量控制

流量控制是数据链路层的重要功能。数据链路层的流量控制限制链路上的帧的传输速率，使发送速率不超过接收速率，保证接收端的正确接收。在数据帧传输过程中，当发送速率超过接收速率时，会发生帧的丢失现象，导致差错发生。数据链路层的流量控制避免了这种情况的发生，进一步提高了数据链路层传输的可靠性。数据链路协议常用的流量控制方案主要有 XON、XOFF 方案和滑动窗口协议。

1. XON、XOFF 方案

数据链路层发生发送速率超过接收速率时，会发生帧的丢失现象，导致差错发生。发生这种问题的主要原因是缓冲区容量有限，当发送端发送过来的帧的数目已经超过接收端缓冲区能够接收的帧的数目时，会发生帧的丢失现象，从而发生差错。

XON、XOFF 方案使用一对控制字符来实现流量控制。当通信链路上的接收端缓冲区已满，不送能继续接收发送来的数据帧时，便向发送端发送一个要求暂停发送的控制字符 XOFF（00010011），意思关闭发送链路，发送端收到此控制字符便停止发送信息帧，进入等待状态。等缓冲器区的帧处理完毕，腾出了缓冲空间可以继续接收新的信息帧时，接收端向发送方返回一个可以继续接收信息帧的控制字符 XON（00010001），意思是开启发送链路，通知可以继续发送信息帧。

XON、XOFF 方案工作示意如图 3 - 24 所示。发送端连续发生了 F0、F1、F2、F3、F4 五个帧，此时接收端缓冲区已满，不能继续接收新的帧，接收端向发送端返回 XOFF，要求发送端暂停发送，发送端收到 XOFF 后，暂停发送。直到接收端缓冲区中的帧已经处理完毕，转发到其他节点，缓冲区又可以接收新的数据帧，接收端向发送端返回控制字符 XON，通知发送端可以继续发送，发送端又开始发送新的帧 F5。

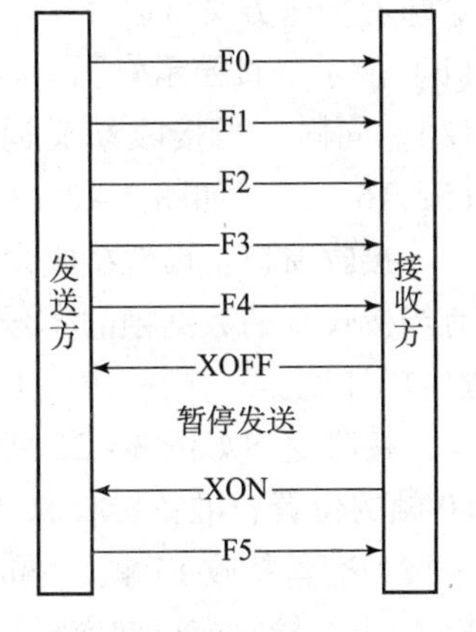

图 3 - 24

2. 滑动窗口协议

在使用连续 ARQ 协议时，如果发送端一直没有收到接收端的确认应答信息，不能无限制地继续发送数据帧，因为当未被确认的帧太多时，只要有一帧出错，就会有许多帧需要重传（GO - back - N 策略），这必然浪费很多时间。如果能够发送大量的帧，缓冲区也需要有一定的大小，否则无法接收较多的帧，这两种情况都需要增加一些不必要的开销。

因此，在连续 ARQ 协议中，必须对已经发送出去但未被确认的数据帧的数目加以限制，这就是滑动窗口协议的思想。发送窗口协议在发送方和接收方设置一定大小的发送窗口和接收窗口，限制发送帧的数量，实现流量控制的目的。

发送窗口：发送窗口用来控制发送方发送数据帧的数量。发送窗口的大小 WT 表示在还没有接收到对方确认应答的条件下发送方最多可以发送的数据帧数目。如设定 WT = 4，则发送方发出 4 个数据帧后如果没有应答回来，则发送端就不可以继续发送，必须等待应答回来后，根据应答情况再决定可以发送的帧数目。

滑动窗口的概念示意如图 3 - 25 所示。在数据链路层，数据帧传输时，必须指示出发送数据帧的序号，数据帧的序号是在数据帧中用专门的序号字段来描述的。设发送帧的顺序字段为 3 比特，则一共可以表示 8 个顺序号（0、1、2、3、4、5、6、7），发送窗口 WT = 4。在初始情况下，由于 WT = 4，可以发送的帧为 F0、F1、F2、F3，这 4 个帧发出后，发送方将不能再发送其余帧，进入等待应答回来，如图 3 - 25（a）所示。

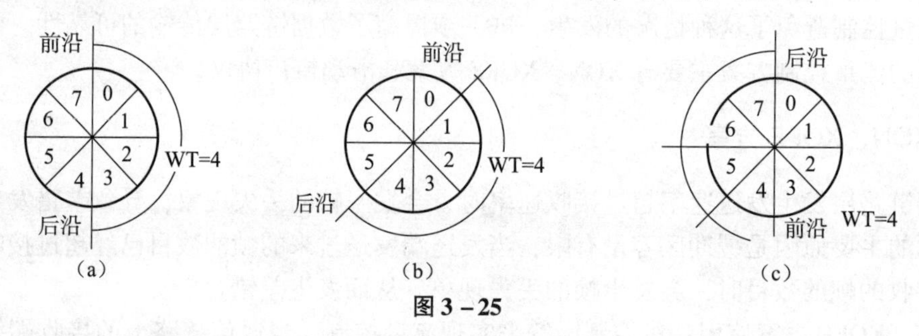

图 3 - 25

当返回对第一个帧的确认 ACK0 后，由于 WT = 4，在还没有接收到对方确认应答的条件下，发送方最多可以发送的数据帧数目为 4，现在由于返回了对第一个帧 F0 的确认应答，意味着发送方又可以发送一个帧 F4。所以现在可以送的帧为 F1、F2、F3、F4，如图 3 - 25（b）所示。按照示意图，相当于发送窗口的前沿、后沿向前滑动了一格（称为滑动窗口协议）。同样，当接收端又返回了 ACK1、ACK2、ACK3 后，发送方可以发送的帧变为 F4、F5，F6、F7，如图 3 - 25（c）所示。

接收窗口：设置接收窗口是为了控制当前将接收哪些数据帧，接收窗口的控制机理是只有当接收到的数据帧的序号落在接收窗口内时，才允许将该帧收下。若接收到的数据帧落在接收窗口之外，则一律认为异常，将其丢弃。

接收窗口如图 3 - 26 所示。在连续发送协议中，WR = 1，为初始状态，接收窗口处于 F0 帧的位置，准备接收 F0 帧，如图 3 - 26（a）所示。在收到 F0 帧后，接收窗口向前滑动一格，准备接收 F1 帧，同时向发送方发送对 F0 帧的确认，如图 3 - 26（b）所示。在收到 F1 帧后，接收窗口向前滑动一格，准备接收 F2 帧，同时向发送方发送对 F1 帧的确认，如图 3 - 26（c）所示。

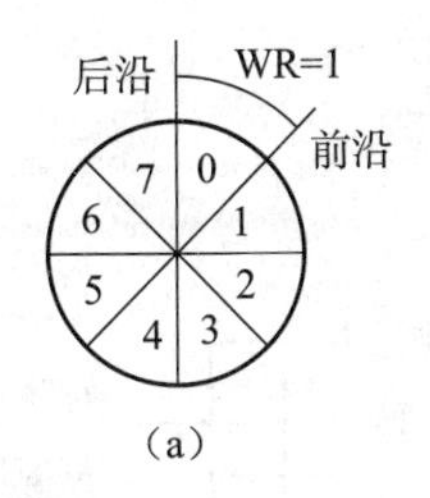

(a)

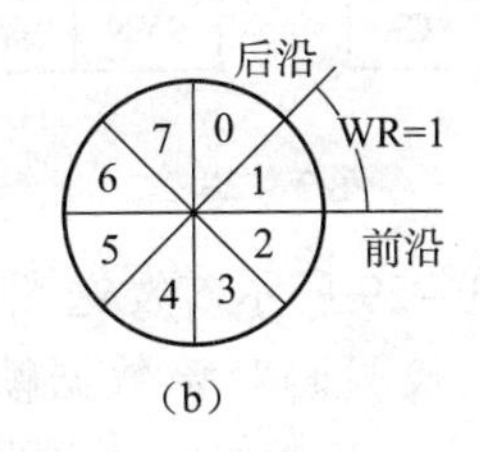

(b)

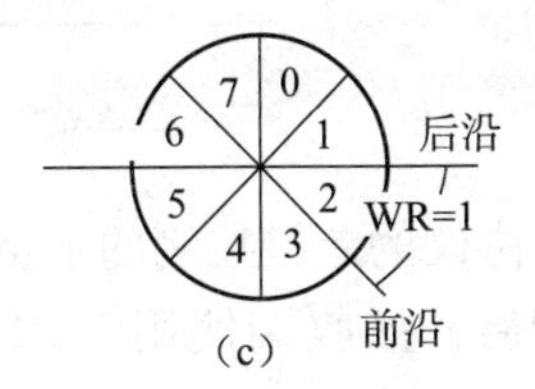

(c)

图 3－26

可以看出，在接收窗口不滑动时，发送窗口无论如何也不会滑动，只有当接收窗口发生了滑动，发送窗口才会发生滑动。通过滑动窗口协议，控制了发送出去的信息帧的数量，使得发送出去没有收到应答的帧的数目始终控制在发送窗口范围，达到流量控制的目的。

滑动窗口协议可以在收到确认信息之前发送多个数据帧，这种机制使得网络通信处于忙碌状态，提高了整个网络的吞吐率。滑动窗口协议不但可以用于数据链路层的流量控制，还可以用于网络层通信子网的流量控制，它解决了端到端的通信流量控制问题。

3. 4. 5 数据链路层协议

在数据链路层中，数据帧的传输通过数据链路层协议实现。对于数据链路层协议，OSI也采用当前流行的协议，其中包括 BSC、HDLC、LAPB 及局域网 IEEE 802 标准的数据链路层协议 IEEE 802. 2。BSC 和 HDLC 是面向字符传输协议和面向比特传输协议的两个经典的数据链路层协议，这里将它们作为数据链路层的协议实例加以介绍。

1. 二进制同步传输协议

二进制同步传输协议（Binary Synchronous Communication，BSC）是 IBM 公司提出的数据链路层传输协议，该协议采用特殊的帧格式及控制字符实现传输控制。图 3－27 所示为一个 BSC 协议的数据帧格式。

SYN	SYN	SOH	报头	STX	数据报文	ETX	BCC

图 3－27

在 BSC 协议的帧格式中，第一字段和第二字段是两个同步字符 SYN，然后是指示报头开始的控制字符 SOH，接着是报头部分。报头结束后，是指示数据报文开始的控制字符 STX，然后是数据报文部分。数据部分结束后，是指示数据报文结束的控制字符 ETX，最后是 16 位的块校验码 BCC。

BSC 协议采用特殊同步字符方式实现帧同步，SYN（Synchronous）是帧同步控制字符，当连续出现 2 个 SYN 时，表示一个帧的开始；SOH（Start of Head）是报头开始控制字符，它的出现表示报头开始，其后面就是报头信息；STX（Start of Text）是报文开始控制字符，它的出现表示数据报文开始，其后面就是数据报文；ETX（End of Text）是报文结束控制字符，它的出现表示数据报文结束。通过这样的方式，可以识别什么时候发送的帧来到，什么时候发送的帧结束，实现帧同步的目的。

BSC 帧分为数据帧和控制帧。数据帧用于数据发送，控制帧主要用于差错控制和流量控制。用于控制目的的肯定应答帧和否定应答帧的帧格式以及应答关系如图 3－28 所示。

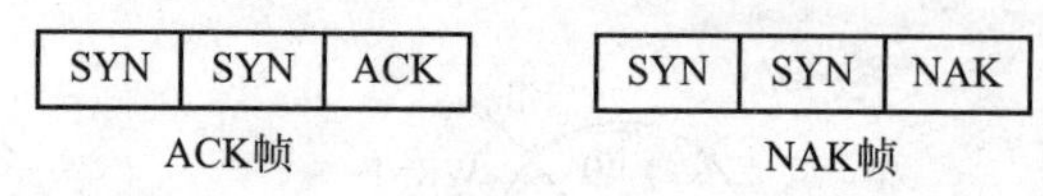

图 3－28

BSC 协议的差错控制的示例如图 3－29 所示。发送端的数据帧到达接收端后，接收端使用 BCC 字段的校验码对该数据帧进行校验，若收到的数据帧正确，则向发送端返回 ACK 帧，发送端收到 ACK 帧后，发送方可以继续发送下一个数据帧。若收到的数据帧出错，则向发送端返回 NAK 帧，发送端收到 NAK 帧后，将预留在缓冲区的该帧取出，重新进行发送。

发送方 接收方
数据帧1
ACK1
数据帧2
NAK2
数据帧2

图 3－29

BSC 协议的流量控制采用停等法实现，即每发送完帧后就要停止发送，一直等到该帧的应答帧返回，才能发下一帧。由于必须等到应答回来才能继续发送，控制应答的发出时间就可以实现流量控制。

二进制同步传输协议 BSC 是面向字符型的传输控制协议，它采用特殊控制字符实现传输控制，数据报文中的数据也只能是完整的字符，所以它不支持不是完整字符的任意比特串的数据传输。面向字符的传输使得传输与字符编码关系过于密切，不利于兼容，为了实现透明传输，需采用字符填充法，实现起来比较复杂。BSC 仅支持半双工方式，传输效率较低。目前在网络设计中已经很少使用 BSC 传输协议，而是普遍使用后来发展起来的高级数据链路控制传输协议 HDLC。

2. 高级数据链路控制传输协议

高级数据链路控制传输协议（High－Level Data Link Control，HDLC）是一种面向比特的数据链路层的传输控制协议，它是由国际标准化组织 ISO 根据 IBM 公司的（Synchronous Data Link Control，SDLC）协议开发而成的。

（1）HDLC 的特点

HDLC 是一种面向比特的数据链路层的传输控制协议，可以支持任意比特串的数据传输，数据以帧的形式传输，协议不依赖于任何一种字符编码集（面向比特），帧中的数据可以是任意比特值，对于任何一种比特流都可以实现透明传输。

HDLC 使用特殊比特串 01111110 实现帧同步，即通过特殊比特串 01111110 来标识一个帧起始和结束，通过“0 比特插入法”实现透明传输。

无论是数据帧、控制帧，HDLC 都采用统一的帧格式，并且都采用循环校验码 CRC 进行差错校验，提高帧传输的可靠性。

HDLC 是一种通用的数据链路控制协议，无论是点对点、点对多点链路，以及平衡结构和非平衡结构，都能采用 HDLC 协议实现数据传输。

（2）站点关系

由于能支持多种站点结构，采用 HDLC 协议进行数据传输时，要事先定义链路上站点的操作方式。所谓链路操作方式，就是链路上的工作站是以主站方式操作，还是以从站方式操作，或者是主从站兼备的复合站操作。

在链路上用于控制目的的站称为主站，其他的受主站控制的站称为从站。主站负责组织数据传输和链路管理控制，并且对链路上的差错实施恢复。主站可以主动发起数据传输。而从站是从属于主站的站，不能进行链路管理控制，也不能主动向主站发起数据传输。从站只有在得到主站的命令后，才能以响应方式向主站发送数据。由主站发往从站的帧称为命令帧，而由从站返回主站的帧称为响应帧。主从站以命令和响应的方式进行数据传输，具有主从站关系的站点结构为非平衡结构。

除了主从站关系，链路上的站关系还有复合站关系。复合站关系是指链路上的站点既可以作为主站，也可以作为从站，即链路上需要传输数据的两个站中，任何一个站都可以作为主站，也可以作为从站，既可以主动发起数据传输，以命令方式要求对方响应传输，也可以以响应方式向对方发送数据，这样的站点关系称为复合站关系。复合站兼备了主站和从站的功能，具有复合站关系的站点结构为平衡结构。点对点、点对多点、非平衡结构、平衡结构站点关系示意如图 3－30 所示。

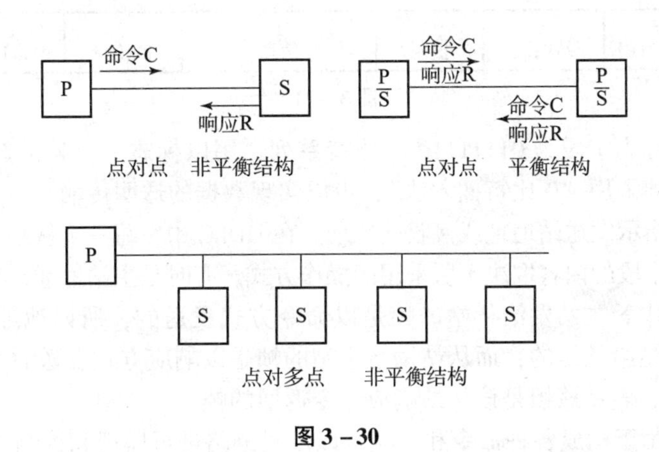

图 3－30

点对多点的方式，链路上连有多个站点，为了实现有序的传输，有多个站点的链路控制通常使用轮询技术。在这多个站中，其中有一个站是主站，其他站为从站，主站轮流询问每一个从站是否需要传输，有传输需要时，将链路分配给其使用。显然，轮询其他站的站称为主站，被轮询的站称为从站，主站需要比从站有更多的逻辑功能。在一个站连接多条链路的情况下，该站对于一些链路而言可能是主站，而对另外一些链路而言又可能是从站。

（3）三种操作方式

为了适应不同的站点关系，HDLC 协议定义了三种操作方式。分别是正常响应方式（Normal Responses Mode，NRM）、异步响应方式（Asynchronous Responses Mode，ARM）和异步平衡方式（Asynchronous Balanced Mode，ABM）。

NRM 是一种用于主从站关系、非平衡结构的数据链路操作方式，有时也称为非平衡正常响应方式。在这种操作方式下，传输过程由主站启动，并控制超时和重发，从站只有收到主站某个命令帧后，才能作为响应向主站传输信息，整个链路的建立、维持、拆除等管理由主站负责。

ARM 也是一种用于主从站关系、非平衡结构的数据链路操作方式。与 NRM 不同的是，ARM 方式中，从站可以主动发起数据传输，并负责控制超时和重发，但链路的建立、维持、拆除等管理仍然由主站负责。与 NRM 相比，ARM 可以认为是一种准 NRM 方式。

ABM 是一种用于复合站关系、平衡结构的数据链路操作方式。由于链路上的站点是复合站，在任何时候，任何站都能主动发起传输，每个站既可作为主站，又可作为从站。各站都有相同的一组协议，任何站都可以发送或接收命令，也可以给出应答，并且各站对差错恢复过程都负有相同的责任。

(4) HDLC 的帧格式

在 BSC 协议中，数据报文和控制报文是以不同的帧独立传输的，而在 HDLC 协议中，无论是数据帧还是控制帧，都采用统一的帧格式进行传输，并且都采用循环校验码 CRC 进行差错校验，提高了帧传输的可靠性。

HDLC 帧由帧标志字段（F）、地址字段（A）、控制字段（C）、信息字段（I）、帧校验序列字段（FCS）等组成，如图 3－31 所示。

8	8	8	任意	16	8
F 01111110	A 站地址	C 控制	I 信息	FCS 帧校验	F 01111110

图 3－31

标志字段 F：标志字段为 01111110 的比特系列，用以标志一个帧的起始和终止，实现帧的同步。HDLC 帧采用“0 比特插入法”，可以实现数据的透明传输。

地址字段 A：指示发送站地址或接收站地址。在 HDLC 中，每一个从站和复合站都被分配唯一的地址。地址字段的内容取决于所采用的操作方式，有时是主站地址，有时是从站地址。

在非平衡操作中，主站发给从站的帧是以命令方式发送的，所以地址字段 A 是从站的地址，表示该命令是给从站的；而从站发给主站的帧是以响应方式发送的，所以地址字段 A 是从站自己的地址，表示该帧是该从站响应命令返回的帧。

控制字段 C：用于构成各种命令和响应，以便对链路进行监视和控制。主站或复合站利用控制字段来通知被寻址的从站或复合站执行约定的操作；相反，从站用该字段作为对命令的响应，报告已完成的操作或状态的变化。

信息字段 I：可以是任意的二进制比特串。HDLC 协议对信息字段的比特串长度未作限定，其上限由 FCS 字段或通信站的缓冲器容量来决定，目前国际上用得较多的是 1 000 ~ 2 000 比特；而下限可以为 0，即无信息字段。

校验字段 FCS：帧校验序列字段可以使用 16 位循环校验码 CRC，对两个帧同步标志字段 F 之间的整个帧的内容进行校验。FCS 的生成多项式为 $X^{16}+X^{12}+X^{5}+1$。

(5) 控制字段

控制字段共有 8 位，其中的第 1 位或第 1、2 位表示传送帧的类型。HDLC 中有信息帧（I 帧）、监控帧（S 帧）和无编号帧（U 帧）三种不同类型的帧。控制字段中第 1 位为“0”，表示信息帧；第 1、2 位为“10”，是监控帧；第 1、2 位为“11”，是无编号帧。

三种帧在控制字段的 8 位的格式见表 3－1。

表 3－1

控制字段比特	1	2 3 4		5	6 7 8
信息帧（I）	0	N(S)		P/F	N(R)
监控帧（S）	1	0	S	P/F	N(R)
无编号帧（U）	1	1	M	P/F	M

信息帧中的第2、3、4位为发送帧序号N（S），第5位为轮询/终止位P/F，第6、7、8位为下个预期要接收的帧的序号N(R)。

无编号帧提供对链路的建立、拆除及多种控制功能。无编号帧的第3、4位M和6、7、8位M组成32种编码，用于定义32种附加的命令或应答功能、建立连接时设置链路操作方式、拆除连接等命令。

HDLC具有简单的探测链及对方站点状态的功能，使用轮询/终止位P/F实现探测链路和确认对方站点设备状态。在链路物理层就绪后，HDLC设备以论询方式向对方设备发送信息，确认链路和对方设备是否可用。当P/为1时，要求被轮询的从站给出响应。

（6）三种帧类型

信息帧：信息帧用于传送数据，通常简称为I帧。I帧以控制字第1位为“0”来标识。信息帧的控制字段中的N(S)用于指示所发送帧的序号。HDLC采用连续发送方式，一次可以连续发送多个帧，通过序号来指示当前发送的帧是第几个帧。

N(R)用于存放下一个预期要接收的帧的序号，同时，N(R)还具有对前面收到的帧进行应答的功能。N(R)=5，即表示下一帧要接收5号帧，换言之，5号帧前的各帧已经正确接收到。可以看出，实际上N(R)是应答信息。HDLC通过向对方发送数据帧，将给对方的应答信息填入发送帧的N(R)字段，从而将应答捎带到对方。

N(S)和N(R)均为3位二进制编码，可取值0~7。

监控帧：用于差错控制和流量控制，通常简称为S帧。S帧以控制字段第1、2位为“10”来标志。S帧不带信息字段，只有6个字节，即48个比特。S帧的控制字段的第3、4位为S帧类型编码，共有四种不同编码，分别表示不同的控制功能。

00——接收就绪（RR）。该帧表示接收端在就绪状态，可以接收对方发来的数据帧。帧中的N(R)表示从对方发来编号小于N(R)的I帧已经被正确接收，期望接收的下一个I帧的编号是N(R)。

10——接收未就绪（RNR）。该帧表示在未就绪状态，当前不可以接收对方发来的数据帧。帧中的N(R)表示从对方发来编号小于N(R)的I帧已被收到，但接收端目前正处于忙状态，尚未准备好接收编号为N(R)的I帧，要求对方停止发送。

01——拒绝（REJ）。该帧表示从对方发来编号为N(R)的I帧出错，需要对方将从编号为N(R)开始的帧及其以后所有的帧进行重发。

11——选择拒绝（SREJ）。该帧表示从对方发来编号为N(R)的I帧出错，需要对方重发该帧。

可以看出，接收就绪RR帧和接收未就绪RNR帧有两个主要功能：首先，RR被用于差错控制的应答帧，同时RR帧和RNR帧构成一对流量控制帧。RR帧和RNR帧用来表示接收站已准备好或未准备好接收信息，希望对方继续发送或停止发送。当接收站接收到的帧太多，来不及处理时，接收站向发送站发送RNR帧，希望发送站暂停发送。当又开始具备处理能力时，接收站再发一个RR帧给发送站，通知发送站可以继续发送。流量控制的示意如图3-32所示。

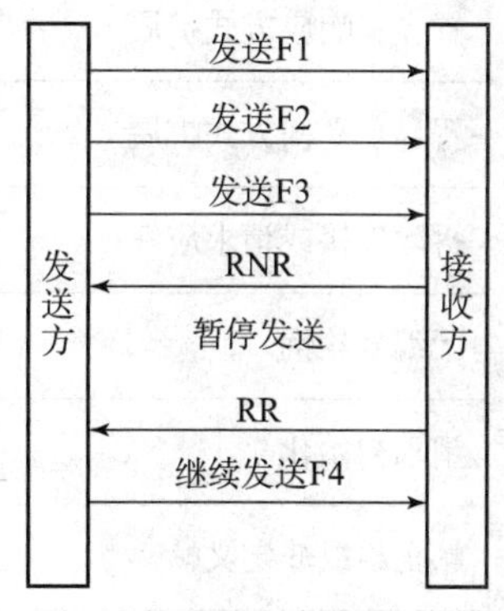

图3-32

拒绝REJ帧和选择拒绝SREJ帧主要用于差错控制。REJ帧用以指示N(R)帧出错，请求重发从N(R)序号开始的所有帧。显然，这是采用了GO－back－N的差错控制方式。如图3－33所示。SREJ帧用以指示N(R)帧出错，请求重发序号为N(R)的单个帧。显然，这是采用了选择性重发的差错控制方式，如图3－34所示。

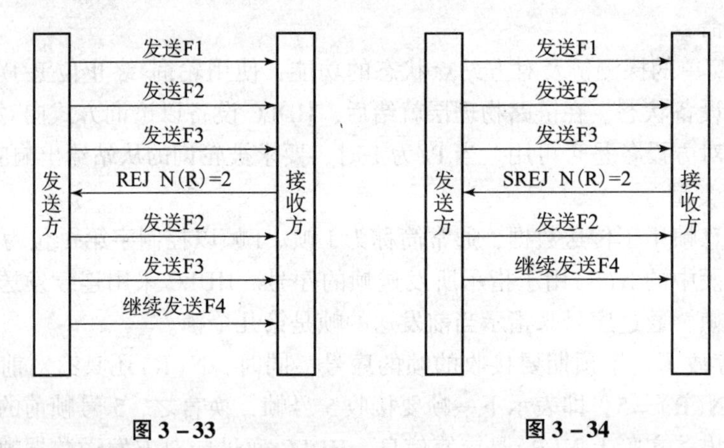

图3－33　　图3－34

无编号帧：无编号帧主要用来设置操作方式、建立、拆除连接等操作。其中，主站采用无编号帧发送除信息帧以外的各种命令，从站用无编号帧发送对主站响应的命令。表3－2给出了无编号帧的名称、类型和M位编码。

表3－2

帧名	帧符号	类型		M位
		命令	响应	34578
置正常响应方式	SRNM	C		00001
置异步响应方式	SARM	C		11000
置异步平衡方式	SABM	C		11001
置正常响应方式扩展	SRNME	C		11011
置异步响应方式扩展	SARME	C		11010
置异步平衡方式扩展	SABME	C		11110
拆除连接或请求应答	DISC，RD	C	R	00010
无编号轮询	UP	C		00100
请求初始化	SIM，RIM	C	R	10001
帧拒绝或非定义帧	FRMD	C		10010
无编号确认	UA	C	R	00110

(7) HDLC 协议的通信过程举例

HDLC 协议的通信过程示例如图 3－35 所示。设通信为主从站关系，工作在正常响应方式。HDLC 协议要完成数据传输，先要进行初始化，设置操作方式。设置操作方式在建立连接阶段完成。建立连接完成后进入数据传输状态，数据传输完毕后拆除连接，结束本次传输。

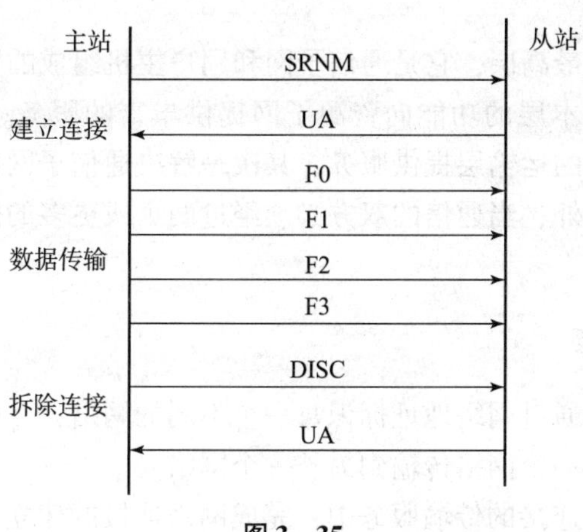

图 3－35

建立连接阶段：

主站通过发送 SRNM 命令给从站，通知从站工作在正常响应方式。从站收到该命令后，如果同意建立连接，就完成操作方式设置，并以 UA 返回给主站，表示同意建立连接，并已完成建立连接。

数据传输阶段：

主站连续发送数据帧给从站。从站在接收帧时，按不同情况进行不同处理：

如果收到的帧正确，并且从站的缓冲区尚有空间，可以继续接收新的帧，则从站返回 RR 帧，一方面应答前面发来的帧已经正确收到，另一方面通知对方可以继续发送。

如果收到的帧正确，但从站的缓冲区已满，不可以继续接收新的帧，则从站返回 RNR 帧，一方面应答前面发来的帧已经正确收到，另一方面通知对方暂停发送。

如果收到的帧不正确，从站将收到的帧的序号 N(R)装入 REJ 帧，删除收到的错误帧，向主站返回 REJ 帧，请求主站重新发送 N(R)开始的其他帧。

拆除连接阶段：

当数据帧传输完毕，主站将拆除已经建立的链路连接。主站发送 DISC 命令给从站，通知从站拆除连接，从站收到该命令后，如果同意拆除连接，就完成拆除连接，并以 UA 返回给主站，表示同意拆除连接，并已完成拆除连接。

高级数据链路控制传输协议 HDLC 由于采用特殊字段的特殊比特位实现传输控制，数据报文中的数据可以是任意比特串，没有任何限制，不一定是完整的字符串，这在网络传输中是一个重要的特性。HDLC 实现透明传输采用比特填充法，实现起来容易，还可以通过硬件来实现，从而得到较高的处理速率。这些优点使得 HDLC 协议在网络中得到普遍的应用。

3.5 网络层

3.5.1 网络层概述

网络层是通信子网的最高层，它是通信子网和用户主机组成的资源子网的界面，该层综合物理层、数据链路层和本层的功能向资源子网提供丰富的服务。网络层要解决的问题很多，首先是网络层向上面的运输层提供服务，其次是解决通信子网传输的路由选择、流量控制及差错控制处理等。另外，当通信的双方必须经过两个或更多的网络时，网络层还涉及网络间的互联问题。

1. 网络层的主要功能

①网络寻址：网络层通过网络地址标识每一个不同的网络，互联的网络通过网络地址实现寻址，使数据分组能从一个网络传输到另外一个网络。

②网络连接：在面向连接的传输服务中，完成网络连接的建立、维持和拆除。

③分组交换：通过通信子网内各节点的交换，将发送方发出的分组最终转发到接收方。

④路由选择：在源主机到目的主机存在多条路径的网络中，选择合适的路径将分组从源主机传到所要通信的目的主机。

⑤流量控制：对进入分组交换网的通信量应加以控制，避免网内发生拥挤，提高网络传输性能。

⑥差错控制：解决数据从通信子网源节点到目标节点的可靠传输。

⑦中继功能：网络互联后，通信的双方必须经过两个或更多的网络时，如果传输路径经过的网络采用了不同的传输协议，需要由中继完成不同网络之间的协议转换，这种协议转换可以通过路由器或专用的网关来实现。

⑧优先数据传送：对某些数据采用优先传送，使其不受流量控制的影响。

⑨复位或重启动：若传输的分组序号错乱，无法组装报文时，复位从第一个分组重新传送；当出现对严重网络故障使数据无法正常传输时，重新启动，并重置网络各参数。

2. 网络层提供的服务

从 OSI/RM 的角度看，网络层所提供的传输服务有两大类，即面向连接的传输服务和无连接的传输服务。

面向连接的服务就是通信双方在通信时要事先选择一条通信传输路径，该路径选择完成后，本次传输的所有分组都沿这条路径进行传输。面向连接的服务通信过程有建立连接、维持连接和拆除连接三个过程。面向连接的服务由于事先选定了传输路径，在数据传输过程中，各分组不需要携带目的节点的地址，只要沿着选定的传输路径就可到达目的端。面向连接的服务在一定程度上类似于建立了一个通信管道，发送者在一端放入数据，接收者在另一端取出数据。面向连接服务的数据传输的收发数据顺序不变，因此传输的可靠性好，但需要通信前的连接开销，协议复杂，通信效率不高。面向连接的传输服务一般适用于实时性要求不高、数据量较大的数据传输。

无连接的服务不要求事先选定路径，传输时，只需向目的端发送带着源端地址和目的地址的数据分组（也称为数据包），通信网中的各转发节点根据分组携带的地址进行路由选择，分组通过通信网中逐节点的不断转发，最终到达目的节点，完成传输。无连接的服务由于没有建立网络连接、维持连接、拆除连接的过程，传输中也不额外占用网络系统的其他资源，所以传输速度快，协议简单。但无连接的服务不能防止分组的丢失、重复等差错，所以可靠性相对不高。无连接的传输服务一般适合于实时性要求高、数据量较少的数据传输。

3. 网络服务质量

网络服务质量（QoS）是ISO用来定义通信子网网络传输服务好坏的参数。网络服务质量一般通过网络带宽、传输时延、时延抖动、分组丢失率、差错发生率等性能来衡量。网络带宽决定网络的传输速率，带宽越宽、传输速率越高，传输时延为分组从发送方到接收方的传输所用时间，时延抖动为传输分组间的时延差异，分组丢失率为分组在传输过程中发生丢失的比例，差错发生率为分组在传输过程中发生差错的比例。显然，在网络中，网络带宽越大越好，传输时延越小越好，时延抖动、分组丢失率、差错发生率越小越好。

网络服务质量越高越好，但是高质量的网络服务质量是要付出开销代价的。为了在服务质量与开销代价间寻找平衡，网络传输时，需要事前约定需要的网络服务质量，网络服务质量的约定通常在建立连接时由传送实体与网络实体协商确定，通常有一组参数的期望值和一组能接受的最坏值。ISO关于网络服务质量的参数一部分已经在有关的网络协议中能找到对应关系，但另一些参数还未严格定义。

3.5.2 虚电路、数据报

虚电路服务和数据报服务分别是网络层中的面向连接传输服务和无连接传输服务的同义词。实际上，在网络层以上的各层也有两种不同的服务，即面向连接传输服务和无连接传输服务，只是在网络层以上各层不使用虚电路和数据报这两个名词罢了。OSI在制定各层标准中开始时多采用面向连接的传输服务，但随着通信子网质量的不断提高，无连接传输服务逐渐显现出它的优越性，现在的OSI标准都是既提供面向连接的传输服务，也提供无连接的传输服务。

1. 虚电路方式

虚电路类似于电路交换，又不同于电路交换，它是综合了电路交换和分组交换的优点的一种传输服务。从前面学习可知，电路交换方式在传输前要为本次传输建立一条传输通路，通路建立完成后，本次传输沿着这条通路进行传输。虚电路类似于电路交换，虚电路方式在传输数据之前也要先在源主机、通信子网、目的主机之间选择一条传输路径，传输路径建立完成后，本次数据传输的各分组都沿这条固定路径按存储-转发方式进行传输。虚电路方式类似于电路交换方式，又不是电路交换方式，所以称为虚电路方式。虚电路方式由于传输是沿固定路径传输，可方便地进行差错控制和流量控制，使得传输可靠性高。但由于这些控制处理的时间开销，也带来了一定的传输延时。

虚电路方式的具体传输过程如下：在传输时，发送方先发送一个要求建立连接的呼叫请求分组，这个呼叫请求分组在网络中传播，途中的各个交换节点根据当时的链路拥挤情况和节点的排队情况为该呼叫请求分组选择路由进行转发。该分组经逐节点的转发最终到达目的端，将这个呼叫请求提交给目的端。如果目的端可以响应这个请求，则向发送方返回一个呼叫接收的肯定应答，该呼叫接收分组沿呼叫请求分组传输的路径返回到发送方，发送方收到该分组后，则完成传输路径的选择，在源端和目的端之间的通信子网内为本次传输建立起一条虚电路。这个过程就是建立连接的过程。建立连接完成后，进入数据传输阶段。在数据传输阶段，源主机发送的所有分组都沿这条虚电路传输。传输结束后，还需要拆除连接，即释放为组织本次传输占用的资源，以使这些资源能继续为其他传输服务。拆除连接完成后，既释放了为组织本次传输占用的资源，也放弃了本次建立的该条虚电路。

虚电路和电路交换的不同在于，在虚电路建立后的传输期间，传输的双方并不独占线路，其他需要通信的双方仍然可以使用这条虚电路进行数据传输。每一对主机都只是断续地使用这条虚电路的链路。分组在每个节点上仍然需要存储缓冲，并在线路上进行排队等待输出，它并不是真正的电路交换方式，所以称它为虚电路。

由于虚电路以分组方式进行传输，所以它仍然具有分组传送传输延迟小、出现差错时只需重发出错的分组、重发量少、线路利用率高等优点。

图 3－36 所示为一个虚电路方式的示例。当 H1 与 H3 进行传输时，建立了一条虚电路 VC1；当 H1 与 H4 进行传输时，建立了另外一条虚电路 VC2。

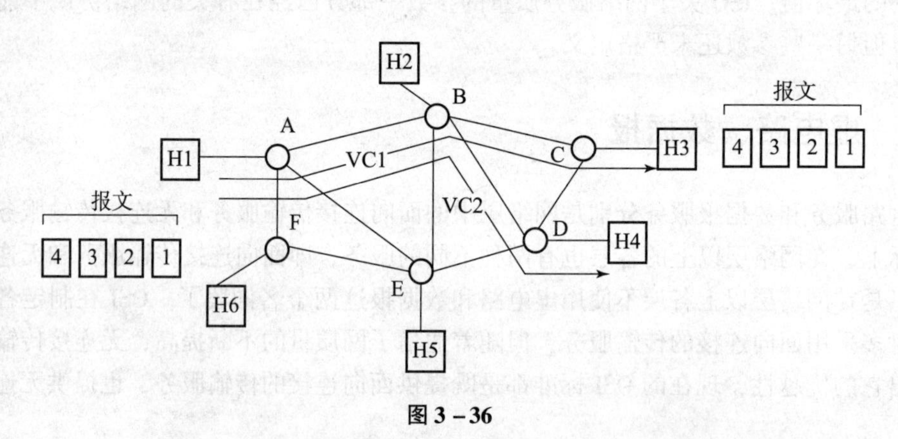

图 3－36

虚电路可以是暂时的，即每一次传输开始时建立起相应的虚电路，传输结束后就拆除这条虚电路，以此种方式工作的虚电路称为临时虚电路。此外，还存在永久虚电路。通信双方建立起虚电路后，就不再拆除，每次传输都使用这条虚电路，即虚电路建立起来后就不再拆除，一直提供给通信双方使用，以这种方式工作的虚电路叫作永久虚电路。

2. 数据报方式

在数据报方式中，每个分组的传送就像报文交换中的报文一样，也是独立处理的。在这里，每一个分组称为一个数据报，每个数据报都带有完整的地址信息，从发送节点进入网络后，经各节点不断转发，每一个节点收到一个数据报后，根据各节点所存储的路由信息，为该分组选择转发的路径，把数据报原样发送到下一节点，各节点根据分组携带的目的地址逐节点向目的节点转发，最终到达目的节点。

数据报方式与虚电路的主要差别在于，数据报方式中，每个分组在网络中的转发传播路径完全是由网络当时的状况随机决定，而虚电路方式是沿固定路径传输的。

在数据报方式中，当一台主机发起一次数据传输时，也先把数据分割成若干分组，然后打包，带上目的地址等信息和分组的序号，依次送入通信子网，各个分组在通信子网的各个节点独立地选择路由进行转发。由于各个节点需要根据当时通信子网内的网络流量、各节点的队列情况等为到达的分组选择路由，导致各个分组所走的路径可能不再相同，从而各个分组到达目的地址的顺序可能和发送的顺序不一致。有些早发送的分组可能在中间某段交通拥挤的线路上耽搁了，反而比后发出的分组更晚到达。由于数据报方式存在传输分组可能不按顺序到达的问题，目标主机在收到所有分组后，还必须对收到的分组进行重新排序才能恢复原来的信息。

在讨论了虚电路和数据报方式的工作原理后，可以对这两种传输方式进行比较。

①虚电路分组沿固定路径传输，分组是按顺序到达的，接收方不必重新排序。数据报每个分组独立地选择路径进行传输，各分组传输的路径可能是不相同的，到达目的地址的顺序也可能不按顺序到达，接收方需要对到达的分组进行重新排序。

②虚电路沿固定路径传输，容易控制，可靠性高。数据报分组中，各分组传输的路径可能是不相同的，传输不容易控制，可靠性相对较差。

③虚电路建立起连接后，各分组通过虚电路号选择路径，并沿固定路径传输，不必带完整的地址信息，而数据报的每一个分组都必须带上完整的地址信息。

④以虚电路方式传输前必须建立虚电路连接，传输结束后还要拆除连接，而数据报方式省去了呼叫建立和拆除连接阶段。在传输的数据量较少时，采用数据报方式速度快、灵活；对于长时间、大批量的数据传输，采用虚电路方式更可靠。

⑤虚电路方式中，当虚电路经过的链路或节点出故障时，所有经过该链路和节点的虚电路被破坏，传输不能进行；而数据报方式中，分组可以绕开故障区照常进行传输。

分组传输有很多优点，网络中一般多采用分组交换方式，而分组传输的虚电路、数据报方式分别适用于不同的数据业务。一个网络系统中往往同时提供数据报和虚电路两种服务，用户可根据需要选用。

3. 虚电路的实现

前面已经讨论过虚电路的工作方式，下面讨论虚电路的具体实现。

图3-37画出了虚电路的工作示意图。假设主机H1需要与主机H5通信。在建立连接阶段，由主机H1发出的呼叫请求分组选择的路径为H1—A—B—E—H5，当目的主机收到该请求分组后，若主机H5可以接收该传输请求，则向H1主机返回接收呼叫请求的应答，该应答返回H1后，建立虚电路连接过程完成，H1和H5之间建立了一条虚电路VC1。

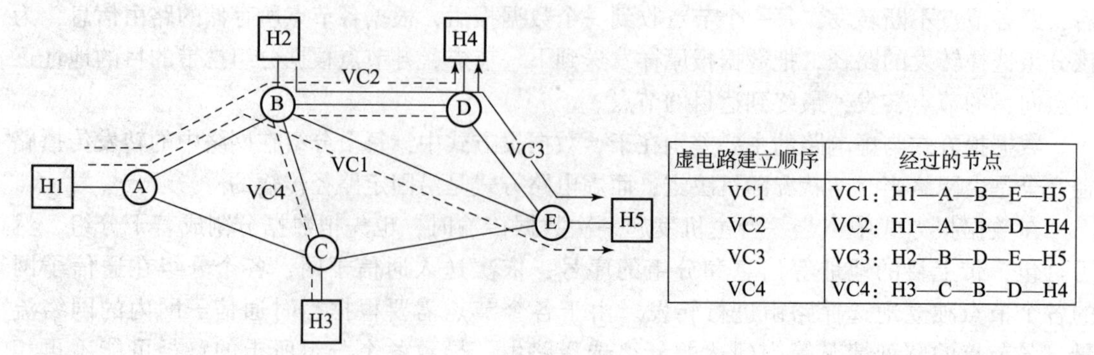

虚电路建立顺序	经过的节点
VC1	VC1：H1—A—B—E—H5
VC2	VC2：H1—A—B—D—H4
VC3	VC3：H2—B—D—E—H5
VC4	VC4：H3—C—B—D—H4

图 3－37

同样，假设网络中主机 H1 与主机 H4、主机 H2 与主机 H5 及主机 H3 与主机 H4 之间需要通信，它们在建立连接阶段分别建立了 H1—A—B—D—H4 的虚电路 VC2、H2—B—D—E—H5 的虚电路 VC3 和 H3—C—B—D—H4 的虚电路 VC4。

各主机间建立起虚电路后，进入数据传输阶段，传输的各分组都沿选定的固定路径进行传输。在虚电路方式中，通信子网的每个转发节点都存在一张虚电路表，在每一对主机需要通信，建立虚电路时，它们的呼叫分组经过转发节点时，会在虚电路表中建立起自己的路由信息；进行数据传输时，每个传输的数据分组到达每一个转发节点时，都会根据虚电路表中的路由信息进行转发，转发的路径就是建立的虚电路的路径，从而实现了沿固定路径传输。

在虚电路方式中，当网络上存在多对主机同时进行通信时，在一条物理链路上会同时存在多条虚电路。如以上例子中，从 A 节点到 B 节点就有两条虚电路，从 B 节点到 D 节点有三条虚电路。为了对虚电路进行区分，网络在建立虚电路表时用逻辑通道号对每一条链路上的不同虚电路进行编号，编号的原则是始终使用没有使用过的最小编号。如果一条链路上建立了三条虚电路，则最先建立的一条虚电路在该链路上的逻辑通道号为 0，第二条虚电路在该链路上的逻辑通道号为 1，第三条虚电路在该链路上的逻辑通道号为 2。

如图 3－37 所示的网络中，设存在主机 H1 和 H5、H1 和 H4、H2 和 H5、H3 和 H4 四对主机间的通信，建立了四条虚电路 VC1、VC2、VC3 和 VC4，这四条虚电路在各节点建立的虚电路表情况如下：

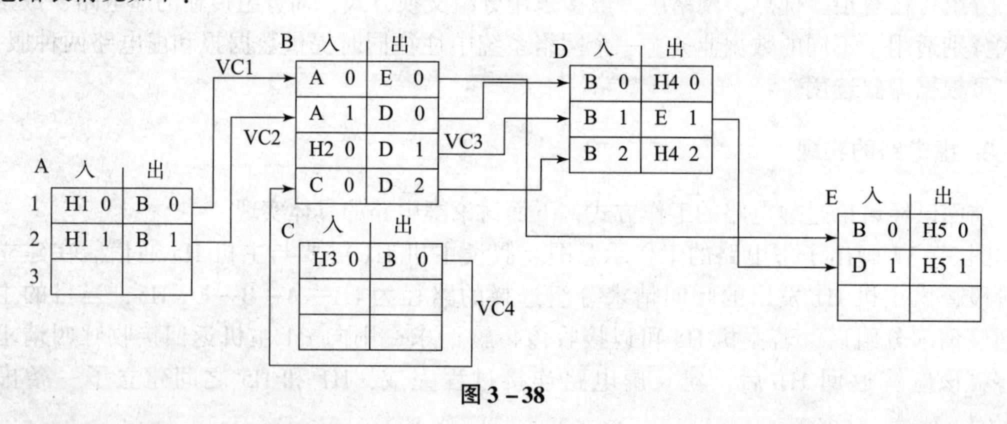

图 3－38

对于 VC1，该分组选择的路径为 H1—A—B—E—H5，当呼叫分组从 H1 主机出发到达 A 节点时，由于从 H1 到 A 的链路上还没有建立过虚电路，则选择的逻辑通道号为 0；从 A 节点到 B 节点时，由于从 A 节点到 B 节点的链路上也没有建立过虚电路，选择的逻辑通道号也为0；同样，从B节点到E节点、从E节点到H5主机时，选择的逻辑通道号为0。

VC1在A节点建立的虚电路表信息为：入端来自H1主机，使用逻辑通道号为0；出端到B节点，使用的逻辑通道号为0。在B节点建立的虚电路表信息为：入端来自A节点，使用的逻辑通道号为0；出端到E节点，使用的逻辑通道号为0。在E节点建立的虚电路表信息为：入端来自B节点，使用逻辑通道号为0；出端到H5主机，使用的逻辑通道号为0。

对于VC2，该分组选择的路径为H1—A—B—D—H4，当呼叫分组从H1主机出发到达A节点时，由于从H1到A的链路上的逻辑通道号0已经被VC1使用，此时从H1到A的链路上的逻辑通道号应使用1；同样，从A节点到B节点时，由于从A节点到B节点的链路上的逻辑通道号0也被用了，当前的逻辑通道号只能使用1；从B节点到D节点时，由于从B节点到D节点的链路上没有建立过虚电路，则使用逻辑通道号0；同样，从D节点到H4主机时，使用逻辑通道号0。

VC2在A节点建立的虚电路表信息为：入端来自H1主机，使用逻辑通道号为1；出端到B节点，使用逻辑通道号1。在B节点建立的虚电路表信息为：入端来自A节点，使用逻辑通道号1；出端到D节点，使用逻辑通道号0。在D节点建立的虚电路表信息为：入端来自B节点，使用逻辑通道号1；出端到H4主机，使用逻辑通道号0。

VC3、VC4的建立方式及逻辑通道号的使用也是一样。按照上面的方式，四条虚电路建立完成后，各虚电路在各转发节点建立的虚电路表信息如图3-37所示。

各主机间的通信建立起虚电路后，则进入数据传输阶段。数据传输阶段，传输的各分组到达每一个节点，根据该节点的虚电路表路由信息进行数据转发，转发的路径就是建立的虚电路的路径，从而实现了沿固定路径传输。

例如，VC1的路由情况为：主机H1使用逻辑通道号0封装的分组到达A节点，A节点的虚电路表指出来自H1主机，使用逻辑通道号为0的分组，出端应转发到B节点，使用逻辑通道号0；该数据分组的逻辑通道号被换成0，转发到B节点；该分组转发到B节点后，B节点的虚电路表指出入端来自A节点，使用逻辑通道号为0的分组，出端应转发到E节点，使用逻辑通道号0；该数据分组的逻辑通道号被换成0，转发到E节点；该分组转发到E节点后，E节点的虚电路表指出入端来自B节点，使用逻辑通道号为0的分组，出端应转发到H5主机，使用逻辑通道号为0。于是该数据分组的逻辑通道号被换成0，转发到H5主机，完成沿VC1虚电路路径的传输。

VC2的路由情况为：主机H1使用逻辑通道号1封装的分组到达A节点，A节点的虚电路表指出来自H1主机，使用逻辑通道号为1的分组，出端应转发到B节点，使用逻辑通道号1；该数据分组的逻辑通道号被换成1，转发到B节点；该分组转发到B节点后，B节点的虚电路表指出入端来自A节点，使用逻辑通道号为1的分组，出端应转发到D节点，使用逻辑通道号0；该数据分组的逻辑通道号被换成0，转发到D节点；该分组转发到D节点后，D节点的虚电路表指出入端来自B节点，使用逻辑通道号为0的分组，出端应转发到H4主机，使用逻辑通道号为0。于是该数据分组的逻辑通道号被换成0，转发到H4主机，完成沿VC2虚电路路径的传输。

VC3的路由情况为：主机H2使用逻辑通道号0封装的分组到达B节点，B节点的虚电路表指出来自H2主机，使用逻辑通道号为0的分组，出端应转发到D节点，使用逻辑通道号1；该数据分组的逻辑通道号被换成1，转发到D节点；该分组转发到D节点后，D节点的虚电路表指出入端来自B节点，使用逻辑通道号为1的分组，出端应转发到E节点，使用逻辑通道号1；该数据分组的逻辑通道号被换成1，转发到E节点；该分组转发到E节点后，E节点的虚电路表指出入端来自D节点，使用逻辑通道号为1的分组，出端应转发到H5主机，使用逻辑通道号为1。于是该数据分组的逻辑通道号被换成1，转发到H5主机，完成沿VC3虚电路路径的传输。

VC4的路由情况为：主机H3使用逻辑通道号0封装的分组到达C节点，C节点的虚电路表指出来自H3主机，使用逻辑通道号为0的分组，出端应转发到B节点，使用逻辑通道号0；该数据分组的逻辑通道号被换成0，转发到B节点；该分组转发到B节点后，B节点的虚电路表指出入端来自C节点，使用逻辑通道号为0的分组，出端应转发到D节点，使用逻辑通道号2；该数据分组的逻辑通道号被换成2，转发到D节点；该分组转发到D节点后，D节点的虚电路表指出入端来自B节点，使用逻辑通道号为2的分组，出端应转发到H4主机，使用逻辑通道号为2。于是该数据分组的逻辑通道号被换成2，转发到H4主机，完成沿VC4虚电路路径的传输。

3.5.3 路由选择

网络中，通信子网在网络源节点和目的节点间可能提供了多条传输路径，网络节点在收到一个分组后，要确定向下一节点传送的路径，这就是路由选择。确定路由选择的策略称为路由算法。在数据报方式中，网络节点要为到达的每个分组路由做出选择；在虚电路方式中，在连接建立时需要为本次传输的路由做出选择。

一个较好的路由选择算法应该具有如下特点：

正确性：算法必须是正确的。

简便性：算法不能太复杂，不能增加太多的时间开销。

公平性：算法对所有的用户都必须是公平的。

健壮性：不能因小故障而无法运行。

稳定性：算法对网络状态信息响应时间不能太灵敏，否则发生震荡；也不能太迟钝，否则起不到及时调节的作用。

设计路由算法时，一般要考虑以下技术要素：

①根据什么因素来决定路由，可以根据最短距离S、最少链路数L、最短队列Q等因素；也可以综合以上因素求最优路由，即为每种因素规定一个权X_i，从源端到目的端的路由应该是具有最小的权之和。

$$X = X_1 \cdot S + X_2 \cdot L + X_3 \cdot Q$$

②根据路由判定的地点来决定。可以由分布在网上的各节点决定路由，即分布式路由选择方式；也可以由网上的一个中央节点通过收集全网的信息来决定路由，即集中式路由选择方式。

③根据是否利用网络的状态信息（链路的流量情况、各节点的排队情况等）来决定路由。可以利用网络状态信息来决定路由，也可以不利用网络状态信息来决定路由。利用网络状态信息的称为动态路由选择，不利用网络状态信息的称为静态路由选择。

1. 静态路由选择策略

静态路由选择策略不利用网络状态信息进行路由选择，而是按照某种固定规则进行路由选择。这种固定的规则或者是选用特殊的静态路由策略，或者是由网管员在网络建成后设定的路由策略。特殊的静态路由选择算法有泛洪路由选择、固定路由选择和随机路由选择等方式。

（1）泛洪路由选择

泛洪路由选择法是最简单的一种路由算法，又称为泛洪法，取洪水泛滥之意。一个网络节点从某条链路收到一个分组后，向除该条链路外的所有链路发送收到的分组，最先到达目的节点的一个分组肯定经过了最短的路径，并且所有可能的路径都被尝试过。

这种方法可用于健壮性要求很高的场合，诸如军事网络，即使有的网络节点遭到破坏，只要源、目的地址间还有一条信道存在，则泛洪路由选择法仍能保证数据的可靠传送。

另外，这种方法也可用于将一个分组从数据源传送到所有其他节点的广播式数据交换中，也可被用来进行网络的最短路径及最短传输延迟的测试。

泛洪路由选择法存在无限制复制的问题，必须采取措施加以解决。无限制复制是指采用泛洪路由选择法后，由于泛洪法算法向所有链路发送收到的分组，即使分组已经到达目的端，仍然向其他链路发送收到的分组，导致网络中的分组数目不断增加，最终导致网络出现拥塞现象。

可以采用两种方法来限制分组的无限制复制：

一种方法是在每个分组的首部设置一个计数器，每当分组到达一个节点时，计数器自动加1。当计数器的计数值达到规定值（如达到端到端所能达到的最大段数，又称为网络直径）时，即将该分组丢弃。

另一种方法是在每一个节点建立一个登记表，凡经过此节点的分组均进行登记。当某个分组再次通过该节点时，即将该分组丢弃。当然，这种方法所付出的代价是各节点都要用去不少存储空间。建立登记表的方法可以有效地防止分组在网内无限制地复制，这种方法在其他路由选择方法中也是很有用的。

（2）固定路由选择

固定路由选择是一种使用较多的路由算法。每个网络节点存储一张路由表，表中每一项记录对应着某个目的节点的下一节点或链路。当一个分组到达某节点时，该节点只要根据分组上的地址信息便可从固定的路由表中查出对应的目的节点所应选择的下一节点。这张表格是由网管在对整个系统进行配置时生成的，并且在此后相当一段时间保持固定不变。固定路由选择的优点是简便易行，在负载稳定、拓扑结构变化不大的网络中运行效果很好。它的缺点是灵活性差，无法应付网络中发生的拥塞和故障。

（3）随机路由选择

在这种方式中，收到分组的节点在所有与之相邻的链路节点中为分组随机选择一个相邻节点作为转发的路由。方法虽然简单，也较可靠，但选定的相邻节点往往不是最佳路由节点，增加了不必要的负担，并且分组传输延迟也不可预测，故此法应用不广。

2. 动态路由选择策略

动态路由选择要依靠网络当前的状态信息来决定路由，选择当前能最快到达目的节点的路由为转发路径。动态路由选择策略能较好地适应网络流量、拓扑结构的变化，有利于改善网络的性能。但由于算法复杂，会增加网络的负担。常见的动态路由选择算法有独立路由选择、集中路由选择和分布路由选择。

（1）独立路由选择

在这类路由算法中，各节点只根据本节点的状态来决定路由，与其他节点不交换状态信息。此法虽然不能正确确定距离本节点较远的路由，但还是能较好地适应网络流量和拓扑结构的变化的。

一种简单的独立路由选择算法是 Baran 在 1964 年提出的热土豆（Hot Potato）算法。当一个分组到来时，节点必须尽快脱手，以最快的速度转发出去，就像拿到一个热土豆一样。具体的方法是看发往各链路的等待队列中哪个队列最短，就将其放入该队列中去排队等候，而不管该队列通向何方。

这个方法虽然简单，但并不准确。有时队列最短的方向并非正确的转发方向。分析结果表明，独立路由选择策略对于网络负荷起伏的自适应性是相当好的，但是这种策略对于网络出故障的适应性却相当差，最容易产生的问题是兜圈子。在如图 3－39 所示的网络中，设有从节点 C 欲发往节点 E 一个分组，而此分组应优先选择 C—E 通路，现假设 D—E 出了故障，而从节点 C 欲发往节点 E 的分组却非常多。当节点 C 中等待发往 E 的队列太长时，就需要选择其他路径，由于 D—E 的链路已坏，只能从 D—B 方向转发出去，这样，分组从节点 C 出发，经过节点 D、B、A，又回到 C，造成分组一直在网内兜圈子，却始终不能到达网的节点。

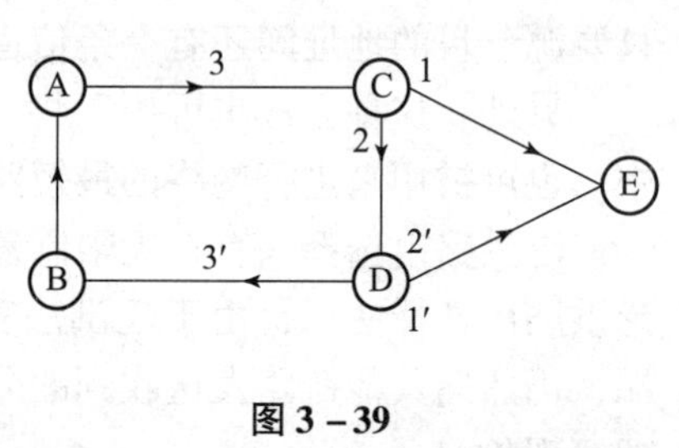

图 3－39

（2）集中路由选择

集中路由选择也像固定路由选择一样，在每个节点上存储一张路由表。不同的是，在集中路由选择算法中有一路由控制中心（Routing Control Center，RCC）定时收集网络状态信息，根据网络状态信息进行计算，生成节点路由表，并分送到各相应节点。由于 RCC 利用了整个网络的信息，所以得到的路由选择是完美的。

集中路由选择策略的最大好处是各个节点不需要进行路由选择的计算，减轻了各节点计算路由选择的负担。集中路由选择策略还可以对进入网络的信息量进行某种流量控制，消除分组在网内兜圈子及路由的振荡现象，这些特点使集中路由选择策略很有吸引力，但集中路由选择策略也存在着两个缺点：一是通往 RCC 线路上用于路由选择的通信量过分集中，越靠近 RCC，通信量越集中，导致靠近 RCC 的地方通信量的开销较大；另一个问题是可靠性问题，一旦 RCC 出故障，则整个网络即失去控制。

（3）分布路由选择

在分布路由选择中，每个节点周期性地同相邻节点交换状态信息，即获得相邻节点的状态信息，同时将本节点的路由信息通知周围的各节点，使这些节点不断地根据网络新的状态做出路由选择决定。由于路由的确定是由分布在网上的各节点进行的，所以称为分布式路由选择。

分布式路由的每个节点仍然保持一张路由表，该表说明由本节点至网络中其余节点的传递时延、距离、中继链路数、至目的站路径中的排队总长度等。分布式路由选择以传输时延最小的路径为传输路径。对于传输时延的获得，节点可以直接发送一个特殊的称作“回声”（echo）的分组，接收到该分组的节点并将其加上时间标记后尽快送回，这样便可测出延迟。

如果采用传递时延作路由算法参数，每一个节点每隔时间 T 就向其相邻节点送一张至其余节点的路由表，各节点也同时能收到来自各相邻节点的类似的路由表。

在如图 3－40 所示的网络中，设某节点 G 刚收到一张来自邻节点 B 的路由表，表中 B 节点估计它至节点 A 的传递时延为 n，如果 G 节点同时也知道它至节点 B 的时延 m，则 G 经过 B 节点至 A 节点的传递时延是 n＋m。显然，只要各相邻节点做类似的计算，那么各节点就可估计出至目的节点的最短时延，从而得出一张路由表。有了这张路由表信息，节点便可确定路由选择。

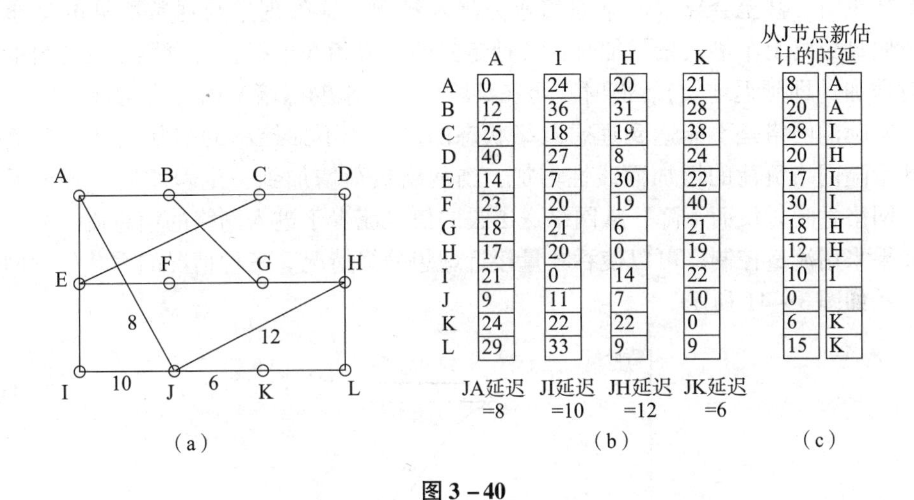

	A	I	H	K	从J节点新估计的时延	
A	0	24	20	21	8	A
B	12	36	31	28	20	A
C	25	18	19	38	28	I
D	40	27	8	24	20	H
E	14	7	30	22	17	I
F	23	20	19	40	30	I
G	18	21	6	21	18	H
H	17	20	0	19	12	H
I	21	0	14	22	10	I
J	9	11	7	10	0	
K	24	22	22	0	6	K
L	29	33	9	9	15	K
	JA延迟=8	JI延迟=10	JH延迟=12	JK延迟=6		

图 3－40

图 3－40 中表明了获得路由表的过程。节点 A 宣布至 B 的时延是 12 ms、至 C 的时延是 25 ms、至 D 是 40 ms 等。设节点 J 已经测得至其邻节点 A、I、H 和 K 的传递时延分别是 8、10、12 和 6 ms。现在来看看节点 J 如何根据这些信息来计算其至节点 G 的新的路由。它已经知道可以在 8 ms 内到达节点 A，而节点 A 宣布可以在 18 ms 内到达节点 G，故 J 可以推论，如果它向 A 转发分组到 G，则所需的时延是 18 ms＋8 ms＝26 ms。同样，可以算得它经过 I 和 H 或 K 至 G 的传递时延分别是 21 ms＋10 ms＝31 ms，6 ms＋12 ms＝18 ms 及 21 ms＋6 ms＝27 ms。显然，最短的时延是 18 ms，故在节点 J 的新路由表中至 G 的时延是 18 ms，且使用的路径经节点 H。对所有其余的目的节点做同样的计算就可得到图 3－40（b）中右列所示的新路由表。表中最右一列表示从 J 节点到达其他各节点应经哪个节点中转。

由于分布式路由选择算法是根据其相邻节点送来的路由表进行的，它的表项数据比集中式路由选择方式小得多，因此它所需要的计算时间也短得多。美国国防部的 ARPA 网就采用了这种路由选择法，在该网中，每隔 128 ms 各节点就给其相邻节点送一次路由表。路由表的计算工作大约只占节点处理单元计算资源的 5%，为存储路由表占去的节点存储容量大约为 3%。为了在节点间交换路由表有关信息，大约要占据一条 50 kb/s 链路容量的 3%。由此可见，这种分布式自适应路由选择法所花的资源开销并不大，是可以接受的。分布式路由选择算法的好处是既能适应网络拓扑的变化，又能使网络的业务量负荷比较均匀地分布于全网。

3.5.4 网络拥塞

通信子网中传输的分组信息流量多，导致网络性能大大下降的现象称为拥塞。网络的各种资源，比如网络节点中的缓冲器容量总是有限的，因此，如果不对进入网络的分组信息流量加以限制，进入网络的信息流量太多时，就会出现信息流量过负荷，使得网络来不及处理，以致引起信息流通过网络时产生比预计更长的时延，导致整个网络性能下降。在这种情况下，称网络处于拥塞状态。此时网络节点传送出去的信息流越来越少，远少于进入网络的信息流，网络的吞吐量下降。

拥塞严重时，甚至会导致网络通信业务陷入停顿。这种现象与通常所见的交通拥挤一样，当节假日公路上车辆大量增加时，各种走向的车流相互干扰，使每辆车到达目的地的时间都相对增加（即延迟增加），有时甚至在某段公路上车辆因堵塞而无法通行。

一个实际的网络是不能达到理想网络状态的。一个不加控制的实际网络，在负荷情况下，吞吐量随网络负荷的增加而线性增加，当网络负荷增加到一定程度后，将出现拥挤现象，此时网络吞吐量反而下降，从网络送出去的信息流少于进入网络的信息流。而一个实际的网络如果采用流量控制，可以使吞吐量接近理想网络情况。三种情况的吞吐量和网络负荷之间的关系如图 3－41 所示。

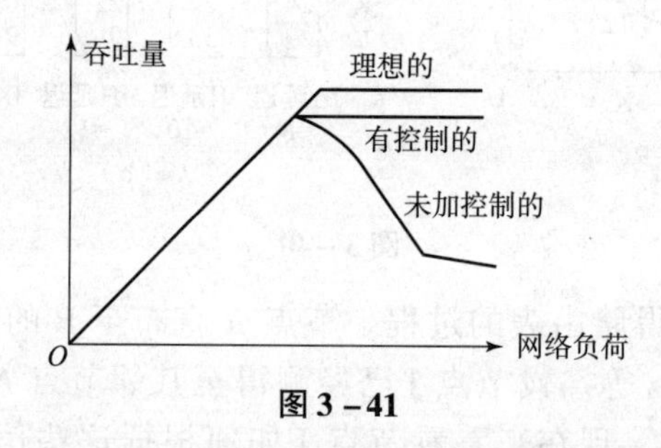

图 3－41

3.5.5 流量控制

在网络中采取流量控制是防止拥塞的一种方法。网络中的拥挤又分局部性拥挤和全局性拥挤，在网络中也是通过不同层次的流量控制来解决不同的拥挤的。网络中各层的流量控制在不同的环节、不同的层次分工进行。

数据链路层的流量控制实现了相邻节点间的流量控制，即解决了节点间的局部性拥挤，而全局的拥挤问题则是由通信子网的源节点到目的节点的流量控制和端主机到端主机的流量控制来解决的。网络中各层的流量控制如图 3－42 所示。

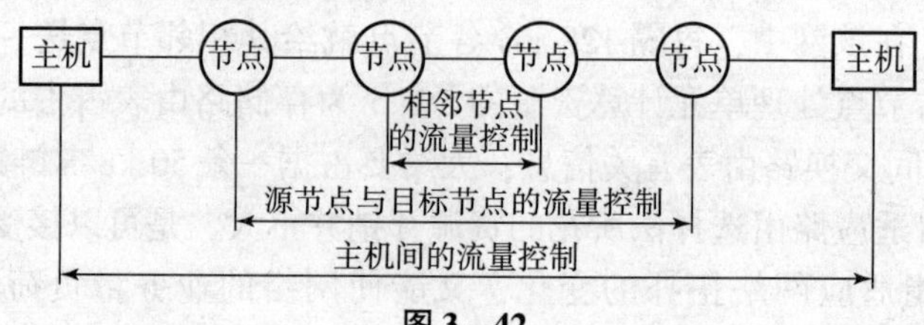

图 3－42

网络中，引起拥塞的主要原因是有限的缓存空间被占满，所以，全局性的流量控制主要应在缓存器方面采取措施，保证进入网络的信息流有空间存放，使其能够正常转发，从而避免拥塞。

1. 端主机－端主机的流量控制

端主机－端主机的流量控制主要有以下两种方法。

（1）传输前等待方式

在传输前等待方式中，每个端主机系统均设置有缓存区池。传输前，当源端主机和目的端主机建立通信连接时，系统就从缓存区池为这对通信端主机分配一个最低限度的基本缓存空间，并保持到通信结束。这个分配的基本缓存空间，保证了这对端主机通信传输时的信息转发，避免了拥塞。如果传输信息流量较大，可根据需要再向系统动态地申请一个或多个基本缓存空间，并在使用完后拆除连接，将占用资源返还给系统。

（2）缓存区预约方式

在两个主机之间的通信建立后，向接收主机预约缓存区空间，接收主机将缓存空间容量通知发送主机，发送主机就按此指定的缓存空间容量发送数据。在预约的缓存区用完后，发送主机要等接收主机再次发出分配缓存区的通知后，再继续发送数据。当网络采用虚电路工作方式时，发送主机一旦建立了一条虚电路，就完成了缓存区的预约。当采用数据报方式时，发送主机在收到缓存区空间的通知时，才完成缓存区的预约，才能发送数据。

如果每个主机都能可靠地执行主机－主机流控方法，那么主机间的通信就不会产生拥挤。但是主机间的通信是通过通信子网来完成的，如果通信子网中各节点存在拥挤现象，则仍然会大大增加信息的传递时延。因此，网络中，除了对主机－主机间的流控外，还必须对源节点－目的节点之间进行流量控制。

2. 源节点－目的节点的流量控制

（1）窗口流控

当网络采用虚电路工作方式时，网络中的每一对通信节点间都存在一条虚通路。一条虚通路的分组可以通过“窗口流控”进行控制。发送方必须按发送窗口尺寸大小来发送分组数据，发送完这群分组后，必须等接收到应答后，才能再发下一群分组。如果目的端节点处于拥挤状态，在解除拥挤之前可以暂不返给应答，减少发送端进入子网的分组数目，实现流量控制。目的端节点也可以通知发送方发生拥挤，让发送方减小发送窗口尺寸，从而减少发送分组数目，实现流量控制。显然，窗口流控方式能对进网的流量加以限制，从而保证了通信子网内部维持适度的信息流量，不发生拥塞。

（2）重装死锁及防止

源节点－目的节点的流量控制需要解决的另外一个问题是重装死锁。假设发给一个端系统的报文很长，被源节点拆成若干个分组发送，目的节点收到这些分组后，需要将这些分组重新装配成报文递交给目的端系统。由于目的节点用于重装报文的缓冲区空间有限，并且它无法知道正在接收的报文究竟被拆成多少个分组，此时，就可能发生目的节点用完了它的缓冲空间，但它收到的分组仍然不完整，无法拼装出完整的报文递送给目的端系统。而此时邻节点可能仍在不断地向目的节点转发分组，但由于目的节点用完了缓冲空间，使它无法接收这些分组，形成死锁，这种情况称为重装死锁。

图 3-43 给出一个重装死锁的示意例子。设有三个报文，每个报文分别拆成四个分组，分别用 1、1、1、1，2、2、2、2，3、3、3、3 表示。现在节点 C 在等待另一个 1 号报文的分组的到来，由于它的缓冲区已经用完，无法接收 B 节点的分组，同样，B 节点的缓冲区也已经用完，它也无法接收 A 节点的分组，三个节点都处于无谓的等待状态，形成死锁。

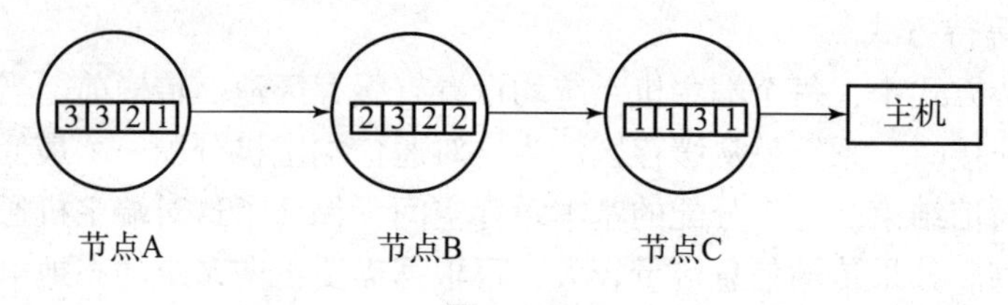

图 3-43

可以采用以下方法避免重装死锁：允许目的节点将不完整的报文递交给目的端系统；一个不完整的重装报文被检测出来后即被丢弃，并要求发送方重新发送；每个端节点配备一个后备缓存区，当重装死锁发生时，将不完整的报文暂时移至后备缓存区。

流量控制可以解决由于网络的拥挤引起的阻塞，也可解决由于拥挤引起的死锁。但网络在负荷不太大的情况下，有时也会发生存储转发死锁。

（3）中转节点-中转节点间的存储转发死锁

在数据链路层的讨论中，介绍了数据链路层的流量控制，它是中转节点-中转节点即相邻节点间的流量控制，其解决了局部的拥挤问题。当中转节点的缓冲区空间装满后，就可能造成分组既出不去也进不来的情况，这种情况称为存储转发死锁。

存储转发死锁是网络中最容易发生的故障之一，除了网络负荷太大而发生死锁外，在网络负荷不很大时也会发生。死锁发生时，一组节点由于没有空闲缓冲区而无法接收和转发分组，节点之间相互等待，既不能接收分组，也不能转发分组，并永久保持这一状态，严重的甚至导致整个网络的瘫痪，此时只能靠人工干预，重新启动网络，解除死锁。但重新启动后并未解除引起死锁的隐患，所以可能再次发生死锁。死锁是由于控制技术方面的某些缺陷引起的，起因通常难以捉摸，难以发现，即使发现，也常常不能立即修复。因此，在各层协议中都必须考虑如何避免死锁的问题。

图 3-44 所示是发生在两个节点间的直接存储转发死锁的图例。此时，A 节点的缓冲区全部用于输出到 B 节点的队列上，而 B 节点的缓冲区也全部用于输出到 A 节点的队列上，A 节点不能从 B 节点接收分组，B 节点也不能从 A 节点接收分组，A、B 节点间发生了存储转发死锁。

存储转发死锁也可能发生在一组节点之间。每个节点都企图向相邻节点发送分组，但每个节点都无空闲缓冲区用于接收分组，这种情形称作间接存储转发死锁，如图 3-45 所示。当一个节点处于死锁状态时，与之相邻的所有链路都将被完全阻塞。

采取适当方法可以防止存储转发死锁。这里介绍一种防止存储转发死锁的方法。

设通信子网的直径为 M，即从任一源节点到任意目的节点的最大中间链路段数为 M，每个节点设置 M+1 个缓冲区，以 0～M 编号。对于一个源节点，规定仅当其 0 号缓冲区空时才能接收源端系统发来的分组，而此分组仅能转发给 1 号缓冲区空闲的相邻节点，再由该节点将分组转发给它的2号缓冲区空闲的相邻节点。最后，该分组或者顺利到达目的节点，并被递交给目的端；或者到了某个节点编号为M的缓冲区中，再也转发不下去，此时，一定发生了循环，应该将该分组丢弃。由于每个分组都是按照一定的顺序规则分配缓冲区的，即分组所占用的缓冲区编号一直在递增，从而不会发生节点之间相互等待空闲缓冲区而出现死锁的情况。

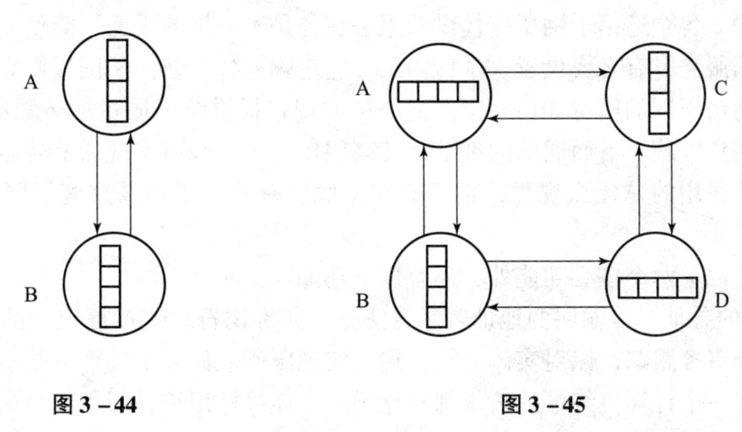

图3-44　　图3-45

(4) 许可证法

许可证法是一种全局性的流量控制方法。基本思想是依据通信子网的能力，把在通信子网内流动的分组总数限制在一定的数目内，则可以防止网络的拥挤和死锁。许可证法在通信子网中形成固定数目的“许可证”分组，许可证在网络中随机流动。任何一个主机发送到子网传送的分组，必须先获得一个许可证，当传送到目标节点时，这个分组释放它所用的许可证给子网。这样子网内传送的分组总数不会超过许可证的总数，达到了流量控制的目的。

许可证分组实际上是一个未被占用的固定长度的空帧，对网络来说，传送许可证也是一种负荷。不带任何用户信息的许可证在网中流动显然是不经济的。那么，能否让一个许可证固定地分配给各节点呢？实际上，各节点的业务量并不均匀，业务量大的节点需要更多的许可证。而业务负荷本身也是变化的，因此，又希望有足够的许可证在流动，以便在需要时能比较容易地捕获到许可证。折中的办法是在每个节点保持一个小容量的许可证池，这样，在大部分情况下，能使各节点的待传分组立即拾到许可证进入传输，同时，也保证一定数量的许可证在网中循环流动，以便各种负荷的节点也有机会拾到额外的许可证。

许可证法与端-端节点流控有些相似，两者都试图控制进网的信息量。区别在于前者是在整个网络范围内实施的，而端-端节点流控只在虚电路上进行。

3.6 传输层

3.6.1 传输层概述

传输层是OSI体系结构中的第四层，传输层存在于通信子网以外的主机中，在下面通信子网的支持下，为用户提供可靠的端主机到端主机的数据传输服务。传输层的核心功能可以简单地归纳为以下两条：

①不管通信子网的质量如何，在传输层支持下，两个末端系统之间都能进行可靠的数据交换。

②屏蔽和隔离通信子网的技术细节，向高层提供独立于网络的运输服务。

在互联网中，各个通信子网所能提供的服务往往是不一样的。为了能使通信子网的用户得到统一的通信服务，有必要设置一个传输层。它应弥补各个通信子网提供服务的差异与不足，使得不管通信子网的质量如何，都向网络层的用户提供统一质量的传输服务。换言之，传输层向高层用户屏蔽了下面通信的细节，使高层用户不必知道实现通信功能的物理链路是什么、数据链路采用的是什么规程，也不必知道底层有几个子网及这些子网是怎样互联起来的。

传输层除了以上两个核心功能外，还有以下功能：

1）传输层的寻址。传输层的地址表示方法是连接标识符。连接标识符的目的是为服务请求方提供一种事务跟踪，以对实体进行调用，实现服务。如多个计算机终端共同访问一台服务器，这时每一个计算机终端的请求都建立了一个连接标识符，服务器靠这些连接标识符识别当前的服务是哪一个计算机终端提出的服务请求。

2）传输层的分段与组装。高层产生的数据包一般都是比较大的，为了能使用网络层提供的分组传送服务，传输层将高层的数据包分割成段，以便下层网络层以分组方式传送；同样，在传输层完成将下层送来的、剥去分组头的分组的段进行组装，恢复成数据包送给高层。

3.6.2 传输层的模型

在 OSI 的七层模型中，传输层恰好处于中间，其通过下面三层提供的服务为上面的高层用户提供服务。传输层的用户可以是会话层实体，也可以直接是更高层的实体。传输实体之间通过交换传输层协议数据单元（Transport，Protocol Data Unit，TPDU）来完成协议的功能，通过传输服务原语实现传输层用户交换数据，通过网络服务原语取得下层的网络服务。传输层实体通过传输服务访问点（Transport Service Access Point，TSAP）为上层提供服务，通过网络服务访问点（Network service Access Point，NSAP）使用网络层提供的服务。图 3 - 46 所示为传输层与上、下层协议实体及与实体之间的关系。

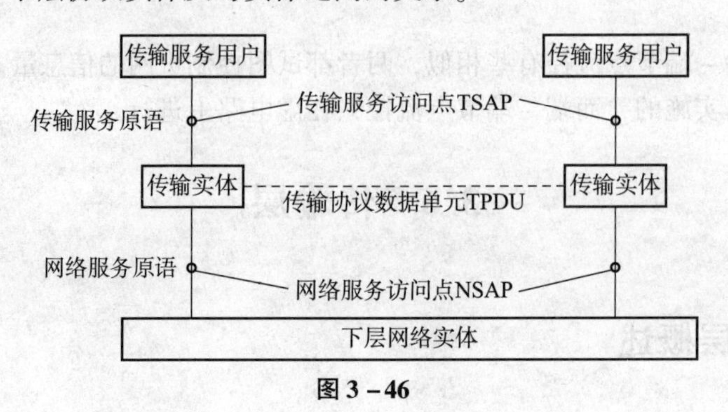

图 3 - 46

3.6.3 传输层服务

传输层的最终目标是利用网络层提供的服务来为其用户提供有效的、可靠的数据传输服务。根据不同业务需求，传输层提供两种服务供选择，即面向连接的传输服务和无连接的传输服务。

面向连接的传输服务在数据交换之前，需要在两个传输实体之间建立连接，建立连接的任务之一就是在用户的请求服务和传输实体之间建立起联系，并用连接标识符加以表示，通过连接标识符使用户的服务请求指向相应的传输实体。连接建好后，传送的用户数据就可不附加完整的目标地址，只需要一个连接标识号即可。面向连接的传输过程中，传输双方通过连接，做好传输准备，提高了传输的可靠性。同时，需要向发送方确认收到的每一份报文，这种机制提供了可靠的交付，但也带来较多的时间开销。

无连接协议中每个数据报都必须带有目标用户的完整地址，独立地进行路由选择传输。无连接的传输服务在数据交换之前不需要建立连接，远地主机的传输层在收到报文后也不给出任何确认，因此无连接传输服务不提供可靠交付。但是无连接的传输服务没有建立连接、拆除等时间开销，减小了传输时延，传输效率较高。

当两个传输用户（两个主机进程）需要可靠地交换大量数据时，适合采用面向连接的传输服务。例如，传输文件一般采用面向连接的传输服务。但如果两个用户之间仅仅是交换简短的信息，且对可靠性要求不太高时，就可以选用无连接的传输服务。另外，如果传输间歇性短数据，显然无连接方式较优。如果要求既要可靠地发送一个短报文，又不希望经历建立连接的麻烦，则可选用带确认的数据报服务，即无连接带确认的服务。无连接带确认的服务类似于带回执的挂号信。

面向连接的 OSI 传输层协议按网络层提供的服务质量（QoS）的不同，有五种不同的传输层协议与之对应，以适应不同通信子网服务质量的差异和用户对服务质量的要求。网络层提供的服务越完善，传输层协议就越简单；网络的服务越简单，传输层协议就越复杂。

3.6.4 服务质量

根据传输层的功能，传输实体应该根据用户的要求提供不同的服务，这些不同的服务是用服务质量（Quality of Service，QoS）参数来说明的，如传输连接建立延迟、传输连接建立失败率、吞吐量、输送延迟、残留差错率、传输失败率、传输连接拆除延迟、传输连接拆除失败率等。QoS 参数是运输层性能的度量，反映了运输质量及服务的可用性，其主要集中在传输延迟和传输差错方面。各 QoS 参数定义如下：

①传输连接建立延迟，是指在连接请求和相应的连接确认间容许的最大延迟。

②传输连接失败率，是在一次测量样本中传输连接失败总数与传输连接建立的全部尝试次数之比。

③连接失败率，定义为由于服务提供者方面的原因，造成在规定的最大容许建立延迟时间内所请求的传输连接没有成功，而由于用户方面的原因造成的连接失败不能算在传输连接失败率内。

④吞吐量，是单位时间传输用户数据的字节数，每个方向都有吞吐量，由最大吞吐量和平均吞吐量值组成。

⑤输送延迟，是在数据请求和相应的数据指标之间所经历的时间。每个方向都有输送延迟，包括最大输送延迟和平均输送延迟。

⑥残留差错率，是在测量期间，所有错误的、丢失的和重复的用户数据与所请求的用户数据之比。

⑦传输失败率，是在进行样本测量期间观察到的传输失败总数与传输样本总数之比。

⑧传输连接拆除延迟，是在用户发起拆除请求到成功地拆除传输连接之间可允许的最大延迟。

⑨传输连接拆除失败率，是引起拆除失败的拆除请求次数与在测量样本中拆除请求总次数之比。

QoS参数由传输服务用户在请求建立连接时加以说明，它可以给出所期望的值和可接受的值，如果传输实体可以接受提出的值，则连接成功。在某些情况下，传输实体在检查QoS参数时能立即发现其中一些值是无法实现的，在这种情况下，传输实体直接将连接失败的信息告诉请求者，同时说明失败的原因。

3.6.5 传输协议类型

前面谈到，在互联网的情况下，各个通信子网所能提供的服务往往是不一样的。为了向不同通信子网提供统一的通信服务，传输层必须提供不同的服务质量，以弥补各个通信子网提供服务的差异与不足。为此，网络中将通信子网按服务质量划分3种类型，并定义了5类传输协议，用户根据通信子网的服务质量匹配相应的传输协议，实现向高层用户提供统一的服务。通信子网按服务质量划分的3种类型定义如下。

A类：具有可接受的残留差错率和故障通知率（网络连接断开和复位发生的比率），无N－RESET网络服务。该定义描述了A类网是一种服务质量最完美、基本无错无故障的完美服务，基于A类服务质量的传输层协议是很简单的。

B类：具有可接受的残留差错率和故障通知率，存在N－RESET网络服务。该定义描述了B类网是一种基本无差错的服务，但网络内部会由于内部拥塞、硬件故障或软件错误等发生网络服务中断，此时需要发生N－RESET服务原语，使网络重新建立连接，重新同步。N－RESET服务原语，导致系统混乱甚至崩溃。传输层协议要纠正由于N－RESET导致的混乱而建立新的连接，重新同步，恢复正常传输，使传输服务用户得到的始终是可靠的传输。

C类：具有不可接受的残留差错率和故障通知率，存在N－RESET网络服务。该定义描述了C类网是一种不可靠的服务，存在连接不可靠、有丢失和重复的分组等差错发生，以及会发出N－RESET服务原语。C类网是一种服务质量最差的网络，基于C类网的传输层协议是较复杂、功能较完善的协议。

为了既经济又可靠地提供传输服务，在不同质量通信子网的支持下，需要选用不同的传输协议，传输层提供了5类传输协议：

0类协议是最简单的一类，每建立一个传输连接，对应地建立一个网络连接。使用0类传输层协议的前提是网络连接不出错，依靠网络层保证传输层数据的正确传输。0类传输协议不再进行排序、流控和错误检测，它只提供建立和释放连接的机制。0类协议是针对A类网络定义的。

1类协议除包括对网络层崩溃的错误进行复位之外，其他方面与0类相似。如果一个传输连接使用的网络连接受到网络复位的影响，那么连接两端的两个传输实体就进行一次重新同步。然后从中断处开始继续运行，它们必须对被传输的数据编号并进行跟踪。除此之外，1类传输协议也没有流控和纠错功能。1类协议是针对B类网络定义的。

2类协议像0类一样，也是针对可靠的A类网络服务而设计的。它不同于0类之处是，其协议中允许多个传输连接共用一个网络连接（称为多路复用）。2类协议是针对A类网络，但可以复用的情况定义的。

3类协议集中了1类和2类的特点，它既允许多路复用，又能在网络复位后恢复运行。另外，它还采用了流量控制。3类协议是针对B类网络，但可以复用的情况定义的。

4类协议是针对C类网络而定义的。为此，4类传输协议必须处理分组的丢失、重复、误码、错序、重复位等错误，因此采用了重传、丢失、计算校验和数据编号的措施。

3.6.6 建立、维持、拆除连接

1. 建立连接

当网络是可靠的A类网时，建立连接比较简单，如图3-47所示。

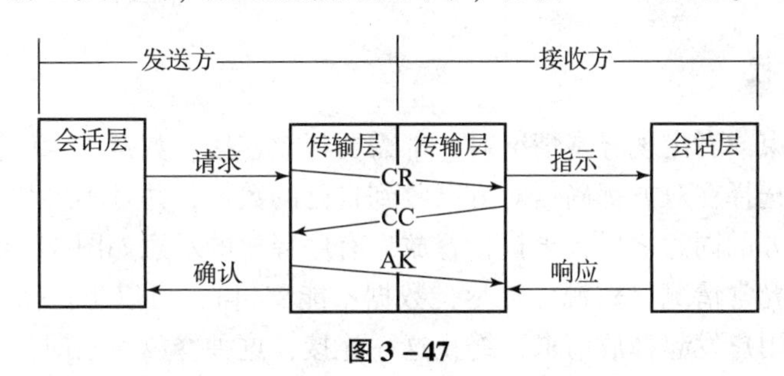

图3-47

发送方的传输层用户向传输层实体发出连接请求T-CONNECT-Req，发送方的传输层实体就向接收方对等层实体发出连接请求数据单元CR-TPDU，接收方对等实体收到此CR-TPDU后即向发送方的传输层用户发出T-CONNECT-Ind。若传输层用户准备接收这一连接请求，则发出T-CONNECT-Resp给接收方传输层实体，接收方传输层实体向发送方传输层实体传送CC-TPDU，传输层实体收到CC-TPDU后，向传输层用户发出T-CONNECT-Conf，至此，整个连接建立过程即告完成。

当网络是不可靠的C类网络时，由于网络服务不可靠，所以在收到了确认CR-TPDU的CC-TPDU后，还必须再发送一个AK-TPDU加以确认。这种情况称为三次握手，连接建立完成后，即可进入数据传输。

2. 数据传输过程

在数据传输阶段，双方传输实体之间交换的数据单元有两类：一类是普通数据DT和加速数据ET，另一类是对普通数据和加速数据的确认。

普通数据和加速数据分别用 DT－TPDU 和 ED－TPDU 传输。它们传输的都是用户数据。不过，同时存在待传的 DT－TPDU 和 ED－TPDU－TPDU 时，传输实体总是首先传输 ED－TPDU，直到 ED－TPDU 队列传完以后，再传输 DT－TPDU 队列。在正常情况下，上层用户的数据被分成很多个 DT－TPDU 进行传送（分段），每个 DT－TPDU 都必须进行编号，这样，当这些独立传送的 DT－TPDU 被传送到时，由传送实体根据编号重新将它组合成完整的数据（重组），同时，数据编号也是进行流量控制、错误检测的措施。

传输实体收到有序的 DT－TPDU 时，必须在规定的时间范围内发出相应的 AK－TPDU，如果收到 ED－TPDU，就用 EA－TPDU 进行确认。如果传输实体在规定的时间内未收到数据确认，就重传未确认的数据，允许重传的次数由 N 规定。图 3－48 给出了一个常规数据传输时 TPDU 的交互情况。

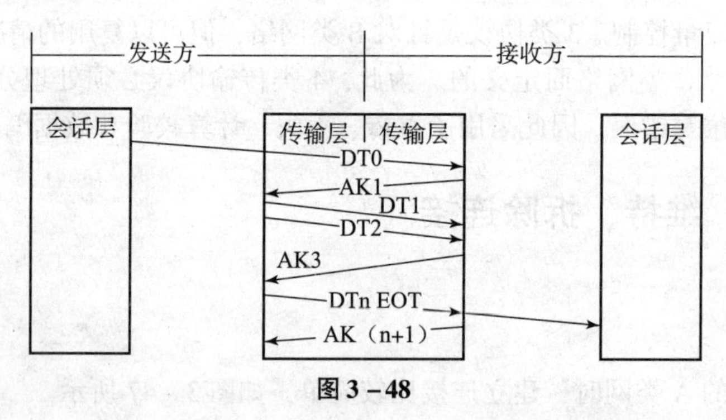

图 3－48

3. 连接释放过程

当数据传输结束或者出现异常情况时，都需要释放连接。数据正常传输结束的释放为有序释放，有序释放选择在双方都确信对方已收到自己的数据，并且不再和对方进行数据通信时进行，即征得双方的同意之后，再执行释放。有序释放的示意如图 3－49 所示。在数据传输阶段，如果出现异常情况（资源已耗尽，数据不能交付），可以由任何一方的传输服务提供者或者传输服务用户发起释放请求，终止这一连接，这种释放为立即释放。

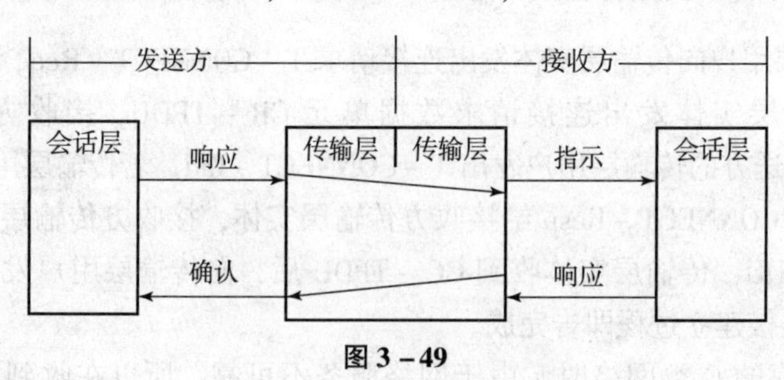

图 3－49

3.6.7 传输层协议

传输层的典型协议为 TCP 和 UDP。其中 TCP 是一个面向连接的传输协议，UDP 是无连接的传输协议。TCP 和 UDP 都是独立的通用协议，广泛用于各种网络主机间的通信。

TCP 提供的是端到端的通信，它对网络层提供的服务进行完善和补充。不论网络层提供的是可靠的还是不可靠的服务，TCP 协议都能为高层提供可靠的、有序的传输服务。

TCP 对其高层协议的数据结构无任何要求，它是一种面向数据流的协议，也就是在 TCP 用户之间交换一种连续的数据流。要传送的数据先放在缓冲区中，由 TCP 将它分成若干段发送出去。TCP 对分段没有多少限制，一般长度适中即可，一个段即是一个传送协议数据单元。TCP 向高层提供虚电路服务。数据单元（TPDU）发送出去以后，必须等待对方的应答信号，以确认是否被对方正确接收，然后将该 TPDU 从缓冲区中清除。若超时仍未收到应答信号，则需重新发送该 TPDU。接收站收到对方发来的 TPDU 后，经检查无错、无重复后，才送到高层。

TCP 提供了使用接收“窗口”控制发送数据量的办法，在每个数据确认 ACK 中带回一个“窗口”大小的数值，说明在正确接收完上一个数据段之后尚可接收多少字节数据。由于确认的“窗口”大小是变化的，每次均可能不同。

UDP 是一个无连接协议，传输数据之前源主机与目的主机间不建立连接，当 UDP 想传送时，就简单地去抓取来自应用程序的数据，并尽可能快地把它扔到网络上。在发送方，UDP 传送数据的速度仅仅受应用程序生成数据的速度、计算机的能力和传输带宽的限制。

UDP 是面向报文的。对应用程序交下来的报文，在添加首部后，UDP 就向下交付给 IP 层。既不拆分，也不合并，而是保留这些报文的边界，因此，应用程序需要选择合适的报文大小。

虽然 UDP 是一个不可靠的协议，但它是分发短小信息的一个理想协议。例如，电子邮件信息等。

3.7 会话层、表示层、应用层

3.7.1 会话层

网络中把两个应用进程彼此进行的通信称为会话，会话层利用传输层端到端的服务，向表示层或会话用户提供会话服务。会话层负责通信双方主机的进程到进程的会话，为用户之间的会话和活动提供组织及同步传输所必需的手段，以便对数据的传输进行控制和管理。

会话层建立在传输层提供的服务的基础上。传输层及以下各层已经使数据可靠、透明地传输，会话实体对下面是如何完成通信的、用什么样的网络进行通信完全等，不必考虑。换言之，会话层是面向应用的，而会话层以下的各层是面向通信的，会话层在这两者之间起到了中间连接作用。

由于网络中主机间可以有多个进程进行通信，它们的通信需要通过控制从而有序地进行，即每一个进程的通信应该在前一个进程通信结束后开始。会话层负责会话的管理，并解决会话中各进程该谁传输、该谁听、该谁开始、该谁结束的问题。

当建立一个会话连接时，意味着该会话开始；当该会话结束时，需要拆除该会话连接。在半双工情况下，会话管理通过令牌机制来实现该谁传输、该谁听的管理的问题，只有拥有令牌的用户才可以发送数据。

会话层还提供会话同步服务。若两台机器进程间要进行较长时间、较大文件传输，往往由于通信子网的质量问题而发生差错。这种情况下，采取全部重新传送显然是浪费线路的，是不合理的。为解决这样的问题，会话层的同步服务提供了在数据流中插入同步点的机制，长的会话（例如传输一个长文件）需要插入同步点对传输数据进行分界，一段一段地进行传输，有一段传错了，这段可以回到分界的地方重新传输。这就是所谓对话的同步。

会话层提供活动管理。会话层之间的通信可以划分为不同的逻辑单位，每一个逻辑单位为一个活动，每个活动具有相对的完整性和独立性（例如传输一个文件为一次活动）。在任意时刻，一个会话连接一般只能被一个活动所使用，但允许某个活动跨越多个会话连接，或者多个活动顺序使用一个会话连接。

在多个文件传输时，要进行活动管理。如多个文件下载，哪个文件下载完毕，哪个文件还在传输，需要通过会话层提供的活动管理来进行管理。

所以，会话层需要提供建立会话（会话连接）、结束会话（释放连接）、数据传输、令牌管理、会话控制、会话同步、活动管理、异常处理等服务。

3.7.2 表示层

表示层位位于 OSI 参考模型的第六层。在会话层服务的基础上，表示层为上层用户提供需要的数据或信息语法表示，解决网上不兼容的主机间传送数据的问题，保证数据传输到对方后，对方能够读懂传输来的数据的语义。由于不兼容的主机的信息表示标准不同，当两个数据标准不一样的系统进行数据传输时，尽管物理层到会话层解决了发送、接收信息的准确、可靠的问题，但是由于信息表示存在差异，这些正确传送的信息仍然无法使对方读懂。例如，一幅图片可以表示为 JPEG 格式，也可表示为 BMP 格式，如果对方不识别本方的表示方法，就无法正确显示这幅图片。

为了解决不兼容的主机之间的信息传送问题，除了由通信底层解决数据从源主机可靠地传输到目的主机的问题，还需要解决在源主机与目的主机之间完成数据格式的相应转换的问题，才能使这些数据表示标准不一样的主机间能进行信息交互。

不兼容的主机之间完成数据格式的相应转换，各自将传输来的数据转换成自己系统能识别的数据格式，这在计算机网络中称为语法转换。

语法转换可以一对一地完成，既可以在源主机端进行，也可以在目的主机端进行。在源主机端进行时，源主机将源端语法表示转换成对方的语法表示后，再传输到对方；在目的主机端进行时，源主机将自己的语法表示信息传输到目的主机后，由目的主机转换成自己的语法表示。也可以定义一种标准语法，发送方将自己语法表示转换成标准语法后进行传输，达到目的端后，目的端再将标准语法转换成目的端语法。这种方式在网络中存在多种语法时特别有效。按照这种方式，所有的传输双方，都只需解决在源端将自己的语法表示转换成统一的标准语法，在目的端将标准语法转换成自己的语法的问题即可。

每个表示层主要解决数据表示问题，涉及数据编码、解码等关键技术，为此，需要一种足够灵活且能够适应各种类型应用的标准数据描述方法。OSI 中提出了一种称为抽象语法标记 1（Abstract Syntax Notation Number One，ASN 1）的标记语法。

ASN 1 在传输数据结构时，可以将该数据结构和与其对应的 ASN 1 标识一起传输给表示层。表示层按照 ASN 1 标识定义，便知道该数据结构的域的类型及大小，从而对它们进行编码并传输。达到目的端后，目的端应用层查看此数据结构的 ASN 1 标识，便知道该数据结构的域的类型和大小。由此，表示层就可以实现外部数据格式到内部数据格式的转换，实现不同数据格式的主机间的信息交互。

除了数据格式转换问题，网络中为了节省网络带宽，对传输的数据往往采取数据压缩技术，发送方对数据先进行压缩，再进行传输，达到对端后，再进行数据恢复。同样，网络在远程数据传输时，往往借助公用的数据通信网进行数据传输。这存在极大的安全隐患。考虑到数据的安全性，网络在远程数据传输时，往往采取加密措施，对拟传输的数据先进行加密再传输，传输到目的端后，再解密恢复数据。数据压缩和数据加密也是数据表示问题，也属于表示层的功能范畴。

3.7.3 应用层

应用层是 OSI 模型的最高层，这一层的协议直接为端用户提供应用服务。网络的其他层都是为支持这一层的功能而存在的。

应用层由若干应用进程（应用程序）组成，建立计算机网络的目的就是通过这些应用程序来提供网络服务。常用的应用程序包括文件传输、网站访问、域名解析、电子邮件、目录服务等。由于各种应用程序都要使用一些相同的基本操作，如与对等的应用实体建立联系等，为了避免各种应用重复开发这些基本操作，OSI 在应用层将实现这些公用的基本功能的模块做成一些可供使用的基本单元，称为应用服务元素（Application Service Element，ASE）。应用服务元素由若干个特定的应用访问服务元素（Special Application Service Element，SASE）和多个公用访问服务元素（Communal Application Service Element，CASE）组成。这些应用服务元素组成应用层的应用实体。

所以，应用层的作用不是把各种应用进程（应用程序）标准化，而是把一些应用进程经常要用到的应用层服务、功能及实现这些功能所要求的协议进行标准化。应用层直接为用户的应用进程提供服务。

CASE 提供应用层中最基本的服务，其核心元素是联合控制服务元素（ACSE）。应用实体之间要协调工作，首先要建立应用联系。ACSE 的功能就是提供应用联系的建立和释放。

CASE 提供的服务元素还有提交、并发和恢复（CCR）元素。在应用层中，许多任务往往需要网络上的多台机器共同完成，这种情况下，如果某台机器的操作任务没有完成，会造成不可接受的错误发生。CCR 元素可以防止这种情况发生。CCR 元素提供了这样一种机制：要么用户所希望的操作完全成功，否则就恢复到执行操作前的状态，从而避免了由于某台机器的操作任务没有完成，而造成不可接受的错误发生。

特定的应用访问服务元素提供一些网络环境下特定的应用服务。例如，提供网络环境下不同主机间的文件传输、访问和管理（FTAM）；网络环境下的电子邮件的处理（E - mail）、网站的访问（WWW）、域名的解析（DNS）、方便不同类型终端和不同类型主机间通过网络交互访问的虚终端协议（VTP）等。

FTAM 用于在两个系统（客户机、服务器）之间进行文件传输、访问和管理服务。系统间的文件传输首先要建立一个面向连接的会话，一旦会话建立起来，就可以开始传输文件，文件传输结束再释放连接。文件访问对某个远程文件中的指定部分进行读写或删除，文件管理用来对远程文件或文件库进行管理。在开放式网络系统中，文件系统在网络中进行交互，FTAM 引入了虚拟文件的概念。它使得应用程序可以对不同类型的文件进行操作，而不必了解某个远程文件系统的细节，即用户即使不了解所使用的文件系统的细节，也可以对该文件系统进行操作。

电子邮件在过去也被称为基于计算机的文电处理系统（Message Handing System, MHS），它是允许终端用户在计算机上编辑电文，并通过网络进行传输的一种网络服务功能。电子邮件分为单系统电子邮件和网络电子邮件。

单电子邮件系统允许一个共享计算机系统上的所有用户交换电文，每个用户在系统上登记，并有唯一的标识符、姓名，与每个用户相联系的是一个邮箱。邮箱实际上是由文件管理系统维护的一个文件目录。每个邮箱有一个用户与之相连。任何用户输入的信件只是简单地作为文件存放在用户邮箱的目录下，用户可以取出并阅读电文。

单电子邮件系统如图 3-50 所示。在单电子邮件系统中，电文只能在特定的系统用户间交换，如果希望通过网络系统在更广的范围内交换电文，就需要 OSI 模型的 1~6 层的服务，并在应用层制定一个标准化的电文传输协议，这就是网络电子邮件。

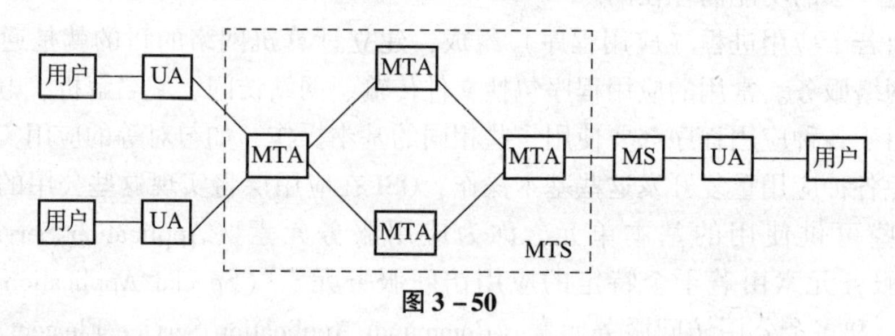

图 3-50

网络电子邮件系统由用户代理（User Agent，UA）、邮件传输代理（Mail Transfer Agent, MTA）、简单邮件传输协议（Simple Mail Transfer Protocol，SMTP）及存储系统（Memory System，MS）组成。网络电子邮件的发送、接收过程如下：

①用户通过 UA 使用邮件系统（登录邮件服务器），编写邮件交给本地 MTA；

②本地 MTA 通过查询收件方域名，获得对方邮件服务器的 IP；

③本地 MTA 与收件方邮件服务器的 MTA 建立 TCP 连接，使用 SMTP 协议传输邮件；

④收件方邮件服务器 MTA 将邮件放入 MS 中。

网络电子邮件系统的运作方式与其他的网络应用有着本质上的不同。在其他绝大多数网络应用中，网络协议直接负责将数据发送到目的地。而在电子邮件系统中，发送者并不等待接收方收取邮件的工作完成，而仅仅将要发送的内容发送出去。例如，文件传输协议（FTP）就像打电话一样，实时地接通对话双方，如果一方暂时没有应答，则通话就会失败。而电子邮件系统则不同，其将要发送的内容通过自己的电子邮局将信件发给的电子邮局。如果的电子邮局暂时繁忙，那么自己的电子邮局就会暂存信件，直到可以发送。而当接收用户未上网时，用户的电子邮局就暂存信件，直到接收用户上网时收取。可以说，网络电子邮件系统在 Internet 上实现了传统邮局的功能。

4.1　局域网概述

按地理覆盖范围，计算机网络分为局域网（Local Area Network，LAN）和广域网（Wide Area Network，WAN）两类。LAN 是一种局限在较小范围的计算机网络，通常覆盖一栋大楼或一组建筑群，往往为一个单位或部门所有，为所在单位的网络通信、信息管理、资源共享等提供服务。例如，一个计算机教室中的计算机组成的网络属于一个局域网，一个单位办公大楼内的计算机组成的网络和一个学校多栋大楼组成的网络属于一个有一定规模的局域网。

广义上讲，LAN 以外的网络都可以归为 WAN 的范畴。网络有的定义在 LAN 和 WAN 之间引入了校园网、企业网和城域网的概念，校园网、企业网指覆盖大学校园、企业园区分散建筑群的网络；城域网指以同一城市、同一行业范围内建设的专用网络，覆盖范围为数十千米。从本质上讲，校园网、企业园区网也是局域网范畴，属于规模较大的局域网，涉及的技术也是以局域网技术为主；而城域网跨度大，需要采取远程通信技术，即广域网技术，实际上是广域网和局域网技术的结合。

4.1.1　局域网的特点及技术

局域网由于通信距离局限在一定的范围，其具有与城域网、广域网完全不同的技术和特点。局域网的主要特点如下：

①地理范围有限，涉及范围一般只有几千米，覆盖范围可以是办公室、机房、建筑物、公司和学校等。

局域网的速率取决于传输介质和网络设备，数据传输速率较高，一般为 100 Mb/s、1 000 Mb/s、10 Gb/s，目前已出现速率高达 100 Gb/s 的局域网。

②可采用多种通信介质，例如，双绞线、同轴电缆或光纤等。

③可靠性高，误码率通常为 10^{-11} ~ 10^{-8} 以下。

④有特定的拓扑结构。

相对广域网，局域网具有自己特有的技术。局域网根据自己特有的特性采取了特有的网络拓扑结构及数据传输方式，另外，由于局域网的数据传送具有突发性的特点，采用了符合突发特征的共享介质的访问技术。

局域网一般采用三种典型的拓扑结构：总线型、环形和星形，如图 4－1 所示。

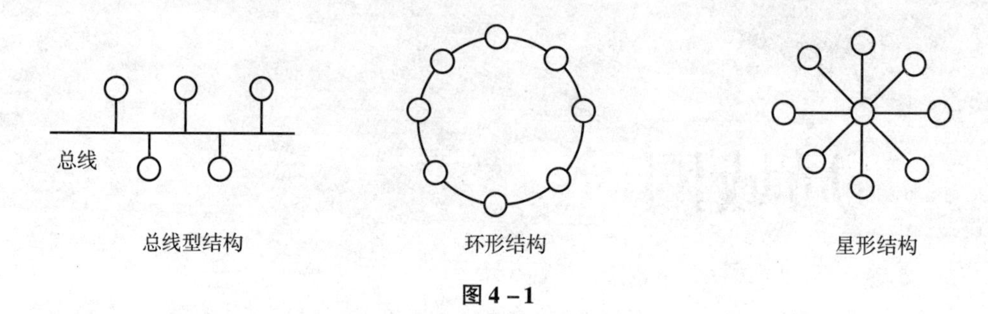

图 4－1

总线型拓扑是局域网中采用最多的一种拓扑结构，其优点是结构简单、组网容易、建网成本低、扩充方便，是组网技术中最普遍使用的一种网络拓扑结构。

总线型拓扑结构的网络通过总线进行数据传输，当一个站有数据帧发送时，该数据帧传输到总线上，所有连接在总线上的工作站都能接收到该数据帧，每个站根据数据帧中的地址决定是否接收（拷贝）该数据帧，地址相符则接收该数据帧，对于地址不相符的站，则丢弃该帧。通过这种方式，实现了网络上任意两个站之间的数据通信，从而实现了网络数据传输功能。显然，总线型网络的数据传输方式属于广播式传输方式。

环形拓扑结构组网的各个站连接到传输介质组成的环上，数据传输时信息在网中按固定方向单向传输，传输的数据帧通过环组成的传输链路从前一个站到下一个站不断地转发，使得任意一个站发出的数据帧能够传输到网络上的任意一个站。同样，每个站在收到环上传输来的数据帧时，将数据帧中的地址与自己的地址进行核对。与自己的地址相符，说明自己就是目的站，进行接收（复制）；若与自己的地址不相符，说明自己不是目的站，则不接收该帧，同时将该帧继续向后继站转发。以此种方式传输时，环上的每一个站都能收到该帧，所以环形网的数据传输方式仍然是广播式传输方式。

环形拓扑结构的网络组网时，需要将各个站连入环路，并明确前向站、后继站关系，在网络需要扩充，加入新的工作站时，环形网需要进行断环，将新的工作站接入环路上，还需重新对所有的站明确前向站、后继站关系。所以，相对总线型拓扑结构的网络，环形拓扑结构的网络组网复杂、扩充性不好，但环形结构的网络控制简便，公平性好。

星形拓扑结构的网络是各工作站以星形方式连接起来的。在这种结构的网络系统中，任意两站间的通信只要经过中心节点的转发即可达到，所以传输速度快，网络构形简单，建网容易，便于控制和管理。但这种网络拓扑可靠性较低，一旦中心节点出现故障，将会导致全网瘫痪。

星形拓扑结构网络的组网实际上是一组工作站通过一台交换机互连起来的组网情况，此时交换机是中心节点，各个工作站以星形方式连接在交换机上，通过交换机的交换实现数据转接，所以星形网络本质上还是总线网络。

在局域网的拓扑结构中，它们都有一个共同的特点，即它们的网络都仅由一条物理传输介质连接所有的设备，局域网上的各节点以分时共享传输介质方式进行数据发送，当一个站在发送数据时，只能由该站占用传输介质，其他站都不能发送数据。所以，局域网面对的是多个源站的传输，在传输数据之前首先要解决由哪个源站发送数据的问题，也即由哪个源节点占用该传输介质的问题。确定由哪个源节点占用传输介质的方法在网络技术中称为介质访问控制方法，局域网技术的一个重要方面就是介质访问控制技术，不同的局域网采用了不同的介质访问控制方法，具有不同的技术特性。

局域网的介质访问控制方法和拓扑结构密切相关，一定的拓扑结构对应着一定的介质访问控制方法。例如总线结构，采用载波侦听多路访问/冲突检测（CSMA/CD）的介质访问控制方法；环形结构，采用令牌（Token）控制的介质访问控制方法。拓扑结构、介质访问控制方法和介质种类一旦确定，则在很大程度上决定了网络的响应时间、吞吐率和利用率等各种网络技术特性。

局域网使用基带传输方式，即将数字信号直接送到介质上进行传输。局域网一般使用的传输介质有双绞线、基带同轴电缆和光缆等。早期的局域网一般采用 50 Ω 基带同轴电缆传输，现在的局域网一般采用光缆和双绞线进行传输。例如，园区局域网在一个园区内各楼宇间采用光缆进行传输，在楼宇内部则采用双绞线进行传输。

在局域网的发展过程中，以太网由于其特有的优越性，受到市场的青睐，最近几年来，其成为局域网中的“一枝独秀”，占据了局域网市场份额的 90%。最近 10 年来，以太网速度不断提升，网络速率也从原来的 10 Mb/s，发展到 1 00 Mb/s、1 000 Mb/s、10 Gb/s。以太网的应用也得到不断的延伸，从传统的局域网应用，开始渗透到广域网领域，以太网技术成为网络技术中重要的网络技术。

4.1.2 局域网的体系结构

局域网由于拓扑结构比较简单，所有网上的主机都是直接连接的，而且采用广播式发送，当同属于一个局域网中的主机发送数据帧时，其他所有主机都能收到该数据帧，目的主机可以通过核对帧的目的地址确认该帧是否是发给自己的，然后完成该帧的接收。也就是说，在不考虑局域网之间的互联时，局域网不存在路由问题，一个单独的局域网通过数据链路层和物理层就可以实现网络数据通信功能，所以，理论上单独的局域网体系结构中只有数据链路层和物理层。

局域网除了解决网络的通信功能，还要解决局域网络与主机交互的问题，即解决与高层交互的问题。按照 OSI 模型，完整的网络系统由低层和高层两个部分组成。低层负责通信控制，对应网络部分；高层负责数据处理，对应主机部分。主机处于高层，主机连入网络，通过网络实现主机间的通信。局域网在数据链路层与高层的界面设置了服务访问点 LSAP，局域网与高层（主机）的交互通过 LSAP 实现。

在实际的组网过程中，仅有物理层和数据链路层实现的网络只能实现简单的网络，实际网络一般都比较复杂，或者是若干个简单局域网互联，或者将一个规模较大的网络分成若干小的子网再互联起来，所以实际网络仍然存在简单的网络之间互联的问题，即网际间的互联问题。

局域网的体系结构仍然按照 OSI 参考模型的原则进行架构，并定义了局域网的物理层和数据链路层的功能，以及与网际互联有关的网络层接口服务功能。局域网的体系结构参考模型由 IEEE 制定，IEEE 802 参考模型与 ISO/OSI 参考模型等对应关系如图 4－2 所示。

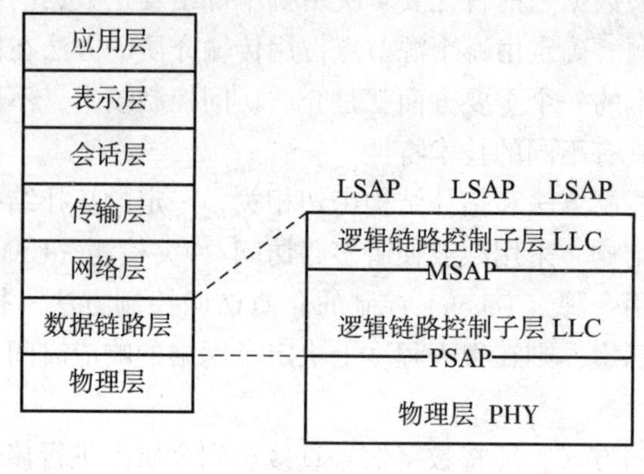

图 4－2

由于局域网的数据具有突发性的特点，所以局域网一般采用共享同一传输介质的信道方式。在这种方式中，各个站点的突发数据通过介质访问控制机制的控制被组织成传输介质上持续的数据流，使得传输线路得到有效的利用。

局域网中，不同的局域网采用了不同的介质访问方式，为了区别，在局域网的参考模型中，将介质访问控制的问题独立出来，形成一个单独的介质访问控制子层 MAC，通过它描述不同局域网不同的介质访问控制方式。所以，局域网参考模型的数据链路层被进一步细分为逻辑链路控制子层（LLC）和介质访问控制子层（MAC）。

数据链路层被进一步细为 LLC 子层和 MAC 子层的好处在于，不同局域网采用的不同的介质访问控制方式可以单独地表示出来，使得 LLC 子层与介质及介质访问控制方式无关，无论 MAC 层采用什么样的介质访问控制方式，都可以采用统一的 LLC 子层实现逻辑链路层功能，同时，LLC 子层在高层与 MAC 子层之间起到了隔离作用，使得对高层屏蔽了底层的实现细节。

通过这样的分层，局域网的参考模型变成由逻辑链路控制子层 LLC 层、介质访问控制子层 MAC 层和物理层 PHY 三个部分构成。在这三个部分中，数据链路子层功能与 OSI 定义的数据链路层的功能基本是一样的，而且所有局域网都使用同一个数据链路层。也就是说，不同局域网的 LLC 层是相同的，不同局域网的 LLC 层具有同样的结构、采用同样的协议和实现同样的功能，它们在规范标准中统一以逻辑链路控制子层 LLC 来表达，各种局域网的差别主要是介质访问控制方式和物理层，在局网的规范标准中，它们被独立地表示出来。

前面谈到，局域网与主机的交互通过数据链路层上面的服务访问点 SAP 实现。在计算机网络的一个主机上，可能同时存在多个进程与另外一个或多个主机的不同进程进行通信。为了解决不同进程之间的通信问题，在 LLC 子层的上边界处设置多个链路层服务访问点 LSAP，例如，用户使用一台主机通过网络进行网页访问，同时还在收发电子邮件，此时该主机具有两个 LSAP，其中一个 LSAP 实现网页访问，另一个 LSAP 实现收发电子邮件。该主机还同时与远端的网站服务器及邮件服务器通信。

此外，在 MAC 层的上边界设置了单个介质访问控制服务访问点 MSAP，MAC 层实体通过 MSAP 向 LLC 实体提供访问服务；在物理层上边界处设置了单个物理服务访问点 PSAP，物理层实体通过 PSAP 向 MAC 实体提供访问服务。各层的 SAP 示意如图 4-2 所示。

4.1.3 IEEE 802 参考模型

局域网的发展，一开始就注重标准化的工作。1980 年 2 月，美国电气与电子工程师协会 IEEE 成立了局域网标准化委员会（简称 IEEE 802 委员会），专门从事局域网协议标准的制定，形成了一系列标准，称为 IEEE 802 标准（即 1980 年 2 月推出的标准），IEEE 802 标准被国际标准化组织（ISO）采纳，作为局域网的国际标准系列，称为 ISO 8802 标准。

局域网由物理层、逻辑链路控制子层、介质访问控制子层构成，同时，局域网还涉及局域网之间及局域网与其他网络的互联问题，以及网络的寻址问题、管理问题，所以，IEEE 802 标准体系由实现网络互联、网络寻址、网络管理等功能的 802.1 标准和逻辑链路控制子层 802.2 标准及介质访问控制子层、物理层标准构成。

在局域网标准中，由于网际互联层、逻辑链路控制子层都是统一的标准，不同局域网的差别主要体现在采用了不同的介质访问控制方式、传输介质、传输编码和网络接口，所以，在局域网标准中，网际互联层和逻辑链路控制子层是统一定义的，介质访问控制子层和物理层标准对不同局域网是分别定义的。IEEE 802 标准的参考模型如图 4-3 所示。

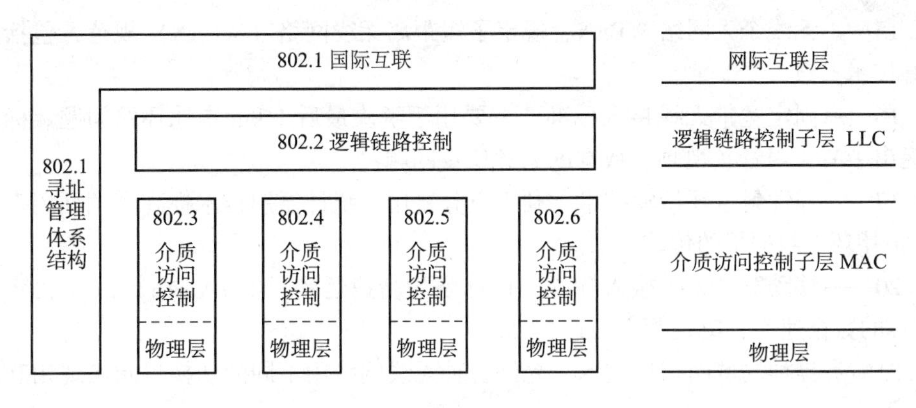

图 4-3

1980 年 2 月 IEEE 802 标准推出后，局域网得到了快速的发展，新的技术不断出现，使得 IEEE 802 标准需要不断地推出新标准。自从 1980 年 2 月 IEEE 802 委员会成立以来，最初有 6 个分委员会，分别制定 802.1 ~ 802.6 标准，现在已经增加到 20 多个分委员会，分别研究和制定相关标准。目前 IEEE 802 主要标准如下：

802.1——LAN 概述、体系结构和网络互联、网络寻址、网络管理等。

802.2——逻辑链路控制子层 LLC，定义了数据链路子层的规范及与高层协议和与 MAC 子层的接口。事实上，LLC 子层是高层协议与任何一种 MAC 子层之间的标准接口。

802.3——CSMA/CD 共享总线的以太网，定义共享总线网的介质接入控制和物理层的相关规范及设备的互操作方式。802.3 是最早的 10 Mb/s 以太网的标准，而后随着以太网的发展，速率不断提升，IEEE 802.3 不断推出了 100 Mb/s、1 Gb/s 及 10 Gb/s 以太网的 IEEE 802.3u、IEEE 802.3z、IEEE 802.3ab 标准，以及 IEEE 802.3ae 系列标准。目前，局域网络中应用最广泛的就是基于 IEEE 802.3 标准的各类以太网。

802.4——令牌总线网，定义了令牌传递总线网的介质接入控制和物理层的相关规范。

802.5——令牌环形网，定义了令牌传递环形网的介质接入控制和物理层的相关规范。

802.6——城域网，定义了城域网的介质接入控制和物理层的相关规范（分布式队列双总线 DQDB）。

802.7——宽带局域网技术标准。

802.8——光纤网络技术标准（FDDI）。

802.9——综合语音数据局域网，定义了 LAN - ISDN 接口。

802.10——可互操作的局域网的安全标准（SILS），以 802.10a（安全体系结构）和 802.10c（密匙管理）的形式提出了一些数据安全标准。

802.11——无线局域网标准，定义了无线局域网介质访问控制子层与物理层相关规范，主要包括 5 个标准，即 IEEE 802.11a、IEEE 802.11b、IEEE 802.11g、IEEE 802.11n、IEEE 802.11ac。

802.12——需求优先级局域网协议（100 VG—AnyLAN），为 100 Mb/s 需求优先 MAC 的开发提供了两种物理层和中继规范。

802.13——100BASE—X 以太网。

802.14——交互式电视网（包括 CableModem），定义了有线电视和有线调制解调器的物理与介质访问控制层的规范。

802.15——无线个人网络 WPAN，规定了短距离无线网络（WPAN）规范，包括蓝牙技术的所有技术参数。

802.16——固定宽带无线接入标准，主要用于解决最后 1 km 本地环路问题。标准从一开始就提出了有关声音、视频、数据的服务质量问题。

802.17——弹性封包环传输技术，利用空分复用、统计复用技术提高带宽利用率，优化在 MAN 拓扑环上数据报的传输。

802.20——移动宽带无线接入标准，目标是为高速运动（250 km/h）的车载终端提供 1 ~4 Mb/s的数据速率，覆盖距离可达 24 km。

802.21——异种局域网切换技术，允许各种无线网络用不同的切换机制实现相互之间的切换。

802.22——无线区域网，感知无线广域接入网络技术，是在 VHF/UHF 频段内，不干扰授权用户的情况下，灵活、自适应地合理配置频谱。

其中，802.15 ~802.22 分委员会的活动仍然很活跃，相关标准有待进一步明朗。

4.1.4 逻辑链路控制子层

逻辑链路控制子层完成向高层提供多个服务访问点，为高层提供复用功能，即为多个应用提供服务，并提供帧发送、帧接收中的顺序控制、差错控制和流量控制等功能。

1. SAP 的功能

如果不考虑互联问题，局域网只有两层，即数据链路层和物理层，数据链路层和物理层之上就是高层，即应用系统。局域网中数据通信的问题由数据链路层和物理层实现，而数据处理的问题由高层实现。

逻辑链路控制子层LLC处于高层与MAC子层之间，向上通过IEEE 802.2规范向高层提供服务，向下使用MAC子层提供的服务，通过本层的实体实现本层功能。LLC子层通过逻辑链路控制子层上边界处设置的服务访问点SAP与主机的应用进程建立联系。层间的关系示意如图4－4所示。

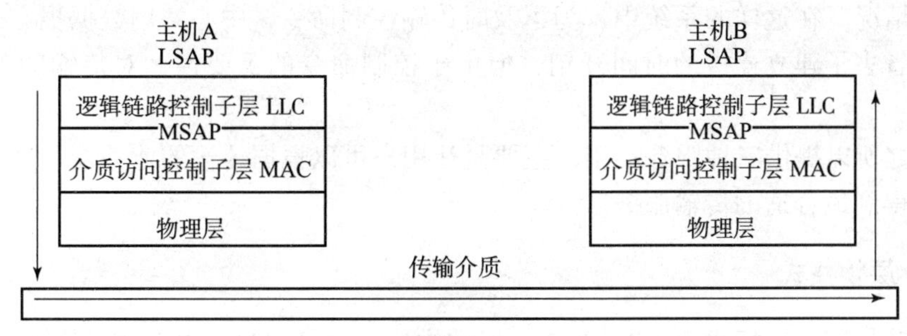

图4－4

假设主机A向主机B发送一个报文，这时主机A就会利用LLC层的一个服务访问点LSAP向主机B的一个服务访问点LSAP发出一个连接请求。该连接请求中不但包含发出请求的主机A的源MAC地址，而且还有对方主机B的MAC地址，另外，还包含进程在主机中的访问控制点的LSAP地址。

也就是说，主机通过局域网进行通信涉及两个地址：一个是MAC地址，一个是LSAP地址。局域网使用MAC地址找到主机，通过LSAP地址找到主机的应用进程，实现通信双方的进程通信。

LLC子层与高层应用的寻址通过LSAP来实现。LLC子层通过逻辑链路控制子层上边界处设置的服务访问点LSAP与主机的应用进程建立联系，通过不同的LSAP实现同一主机中的不同进程建立通信。LSAP的设置实现了网络与主机应用进程的通信。

一台主机可以设置多个LSAP，多个LSAP的设置使得在同一台主机上可以并行运行多个应用任务，可以在发送电子邮件的同时还在浏览Web页面，甚至同时还在下载FTP文档，这时每个进程都在使用同样的MAC地址，但每个进程对应一个LSAP地址，这种通信方式在网络中称为复用。

2. LLC层提供的服务

从局域网的体系结构可以看出，LLC层主要涉及三部分：第一是LLC层与高层的界面，主要是向高层提供服务；第二是与MAC的界面，指明LLC要求MAC层提供的服务；第三是LLC本身的功能。

在LLC层与高层的界面服务中，LLC子层向高层提供了三种操作类型的服务，即无确认无连接的服务、有确认面向连接的服务及有确认无连接的服务。这三种服务类型分别对应LLC1（类型1）、LLC2（类型2）和LLC3（类型3）三种操作类型。

类型1的操作是一种数据报服务，信息帧在LLC实体间交换，无须在同等层实体间事先建立逻辑链路（建立连接）。类型1的操作对传输的LLC帧既不确认，也无任何流量控制或差错恢复。

局域网中，类型1一般用于点对点、点对多点和广播传输的情况。由于局域网具有较低的误码率，可靠性高，所以这种方式仍然适用于局域网的通信。

类型 2 操作是有确认面向连接的服务，类型 2 操作提供服务访问点之间的虚电路服务。在任何信息帧交换前，在一对 LLC 实体间必须建立逻辑链路（建立连接）。在数据传送过程中，信息帧依次发送，并提供差错恢复和流量控制功能，传输结束后，还需拆除连接。

类型 3 提供有确认的数据报服务，但不建立连接。类型 3 主要用于类似自动控制系统的过程控制的情况。在这样的系统中，为了及时传输控制命令，中心站用数据报方式发送各种控制命令，省去了建立连接的时间开销，但由于控制命令的重要性，对传输的 LLC 帧需要进行确认。

LLC 层之所以提供三种服务类型，主要是让用户可以根据传输的业务情况选择相应的操作类型，以得到最合适的传输服务。

3. LLC 层帧格式

逻辑链路控制子层标准由 IEEE 802.2 标准描述，IEEE 802.2 标准与高级数据链路传输控制协议——HDLC 是兼容的，即 IEEE 802.2 采用了 HDLC 协议标准，但使用的帧格式有所不同。由于在局域网体系结构中，数据链路层被细分为 LLC 子层和 MAC 子层，所以局域网中将数据链路层功能的一部分分到 LLC 子层实现，另一部分分到 MAC 子层实现，二者共同实现了数据链路层的整体功能。在 IEEE 802.2 标准中，同步功能被放到 MAC 子层实现，LLC 帧没有了 HDLC 的同步标志，也不采用位填充技术；帧校验 FCS 也放到 MAC 层去实现，所以 LLC 帧也没有帧的校验字段。

IEEE 802 标准中所采用的 LLC 层帧格式如图 4-5 所示。逻辑链路控制子层帧结构中的各字段如下：

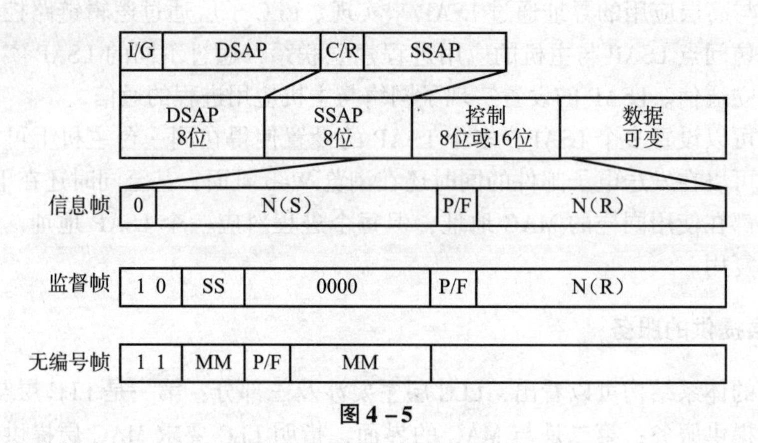

图 4-5

LLC 帧中的地址段是 LLC 层的服务访问点地址，即 SAP 地址。其中 DSAP 为目的地址，SSAP 为源地址。

DSAP——目的地址。DSAP 地址字段包含 1 字节，其中 7 位为 DSAP 的实际值。I/G 位为地址类型标志，I/G=0，表示单个 DSAP；当 I/G=1 时，表示数据发往某一个特定站的一组 SAP，一般用于无确认无连接服务。另外，当 DSAP 全为 1 时，表示所有的 DSAP，即广播地址。

SSAP——源地址。SSAP 字段也包含 1 字节，其中 7 位为 DSAP 的实际值。在源地址中，C/R 位为命令/响应标志位，用于指示命令帧和响应帧，C/R=0 为命令帧，C/R=1 为响应帧。命令帧和响应帧用于数据传输的两个站工作在主从站关系时。在这种方式中，从站不能主动发起数据传输，只有当主站给它命令（C/R = 0）时，从站才可以响应方式（C/R = 1）向主站发送数据。

控制字段占8位或16位，当LLC帧为无编号帧时，控制字段为8位；当LLC帧为信息帧或监督帧时，控制字段为16位。其中，信息帧和监督帧的控制字段与HDLC的扩展字段的格式一样，无编号帧也与HDLC一样。

LLC采用HDLC的异步平衡方式工作，不支持HDLC的其他操作。异步平衡方式是指传输数据的两个站工作在准平衡方式下。在这种方式中，主站、从站都可以主动发起数据传输，但是，链路管理只能由主站进行。控制帧字段主要实现传输控制，存在三种帧，分别是信息帧I帧、监视帧S帧、无编号帧U帧。

①信息帧：信息帧用来完成信息传送，以控制字段首位为0进行标识。信息帧通过N(S)、N(R）实现顺序控制，N(S）表示发送站发送帧的序号，N(R）表示发送站已经正确接收了对方发来的N(R）帧，期望继续接收N(R + 1）帧，显然，N(R）具有应答的功能，采用的是捎带应答方式。

P/F是探寻、终止位。意义与HDLC一样，在主站发出的命令帧中将P/F置为1，表示要求从站立即发送响应帧。从站在响应主站命令时，在发出数据的响应帧中也将P/F置为1，即P/F = 1，表示数据已经发送，传输结束。

②监督帧：监督帧用于链路的差错控制和流量控制，监督帧以控制字段首部的两位为10进行标识。监督帧有四种形式，分别用SS = 00、SS = 01、SS = 10、SS = 11来标识，如图4 – 6所示。

帧类型	SS	N(R）意义	帧功能
RR	00	N(R）前各帧收妥	接收准备就绪
RNR	10	N(R）前各帧未收妥	接收准备未就绪
REJ	01	重发N(R）开始的各帧	N(R）帧出错
SREJ	11	重发N(R）帧	N(R）帧出错

图4 – 6

RR和RNR为流量控制帧，当返回RNR帧时，表示队列已满，不能再接收新的帧，要求对方暂停发送；当队列已空，可以继续接收新的帧时，返回RR帧，通知可以继续发送。

REJ和SREJ为差错控制帧。当返回REJ帧时，REJ帧中的N(R)表示发来序号为N(R)的帧出错，希望重新发送从N(R)开始的各帧（GO – BACK – N）；当返回SREJ帧时，SREJ帧中的N(R)表示发来序号为N(R)的帧出错，希望重新发送序号为N(R)的这一帧（选择重发）。

③无编号帧：无编号帧用来实现链路管理功能。无编号帧以控制字段首部的两位为11进行标识。无编号帧主要用于设置链路操作方式、建立数据链路等管理。无编号帧使用控制字段的第3、4位及第6、7、8位，共5位组成32种不同的编码，实现不同的链路管理功能。有关更详细的描述可参阅IEEE 802.2文本。

由于局域网的数据链路层被细分为逻辑链路控制子层LLC和介质访问控制子层MAC两个部分，所以，局域网在数据链路层存在两种协议数据单元PDU，即LLC帧和MAC帧。

数据链路层的主要功能之一就是封装和标识上层数据，数据传输时，LLC层把高层用户数据包封装成LLC帧，即把高层用户数据作为LLC帧的数据段，加上LLC层的DSAP、SSAP及控制字段（帧头），构成LLC协议数据单元PDU，即LLC帧，如图4－7所示。

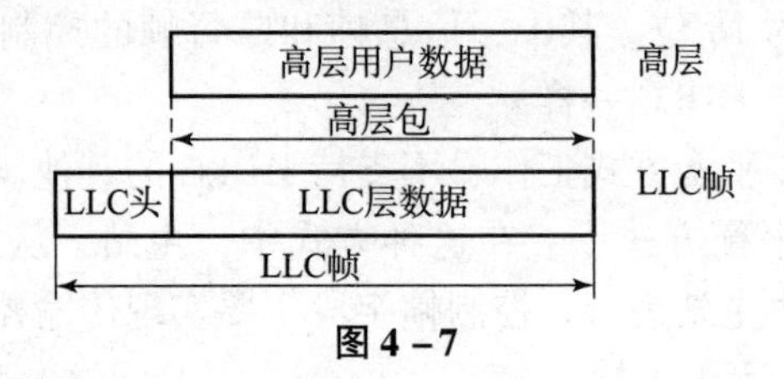

图4－7

4.1.5 介质访问控制子层

MAC子层完成介质访问控制功能，根据不同的局域网，提供不同的介质访问控制方式。MAC子层通过MSAP为LLC子层提供服务，MAC子层完成介质访问控制、帧发送时的封装及帧接收时的解封，并实现帧的同步和寻址。

1. MAC子层的介质访问控制

在局域网中，所有站点数据传输都采用共享同一传输介质的信道方式，需要解决有效的分配传输介质的使用权，各种局域网分配传输介质使用权的问题为局域网的介质访问控制问题。局域网中的介质访问控制主要采用竞争式、循环式、预约式等几种方式。

（1）竞争式

竞争式一般用于总线型网络拓扑，所有工作站连接在总线上，共享传输总线，从而实现数据传输。竞争式采用谁先发送成功，谁获得传输介质使用权的控制方式。竞争式的主要优点是在小负载下效率很高，即发送成功率很高；当负载较大时，效率下降，即发送成功率下降。

以太网属于总线网，就是采用这种方式实现介质访问控制的。以太网中的任何站在发送前，先侦听线路上是否空闲，空闲就发送数据，不空闲就不发送数据。侦听到空闲，并发送数据成功的站获得介质的使用权。竞争式介质访问方式的工作原理如图4－8所示。

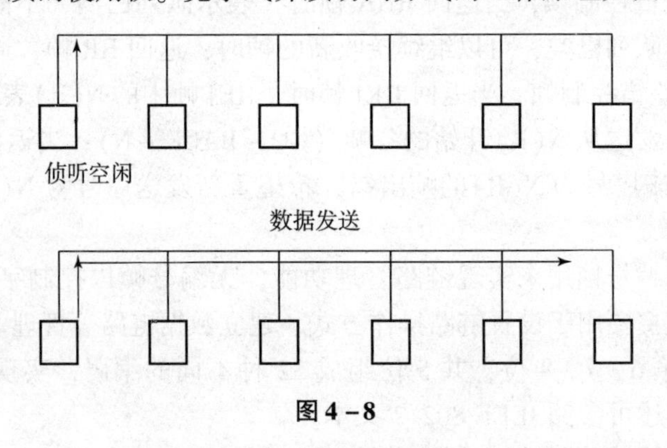

图4－8

（2）循环式

循环式一般用于环形网络拓扑，传输线路构成环，所有工作站连接在环路上，共享环路实现数据传输。循环式让各个站轮流得到发送机会，轮流到某站时，某站获得发送权，需要发送，则进行数据发送；不需要发送，则将发送权利交给下游站，继续轮循。发送站在获得发送权并发送数据后，就一直占着传输介质，直到传输结束，再将发送权交给下游站。

循环式的主要优点是环上若有许多站需要发送数据，则效率较高，而当环上仅有少量的站需要发送数据时，由于必须等发送权轮循到发送站，发送站才能发送数据，使得轮循开销较大，效率不高。同时，环网的一个节点与另外一个节点通信时，网上的每个节点都要为其进行转发，参与传输，同样使得转发时间开销较大。

令牌环网采用这种方式实现介质访问控制，令牌环网使用一个被称为令牌的数据帧实现介质访问控制。令牌是一个仅有 3 字节的短帧，前面 8 位和后面 8 位指示帧的起始与结束，实现同步控制；中间的 8 位为控制段，这 8 位中 3 位为预约优先级 RRR，3 位为当前优先级 PPP，它们完成令牌环网的优先级控制，1 位为令牌标志位 T 位，1 位为监控位 M 位。令牌既无源地址，也无目的地址，在无数据发送时，T = 0，令牌为空令牌；有数据发送时，T = 1，令牌为忙令牌。在网络中没有数据传输时，空令牌沿着环形网不停地循环传递，从一个站传到下一个站点，如图 4 – 9（a）所示。当一个站需要发送数据时，它必须等待空令牌到来，一旦空令牌到达，该站截获空令牌，在令牌帧中加上控制信息、数据信息，形成一个数据帧，并将令牌标志位 T 位置成 T = 1 进行标记，指示当前令牌为忙令牌，传输介质已被占用，其他站不可发送数据，如图 4 – 9（b）所示。发送站形成的数据帧发出以后，数据帧沿着环路传输，经过每一个下游站时，该站核对目的地址，是本站的地址，则接收该帧，不是本站地址的，则将该帧向下游站继续转发，等到该数据帧经过各站，依次传递到达目的站时，目的站接收该数据帧，如图 4 – 9（c）所示。

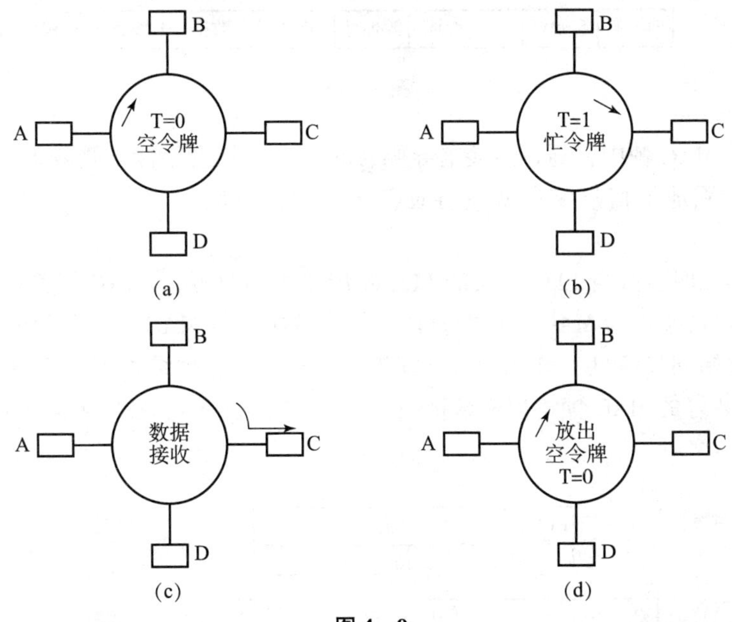

图 4 – 9

目的站接收该数据帧后，将应答信息捎带在数据帧的尾部，然后继续将该帧向前转发，直到该帧达到发送站。发送站收到该帧时，根据捎带返回的应答信息知道该帧已经正确收到，本次数据传输已经成功。此时，由发送站重新将令牌标记位置成 T = 0，放出一个空令牌，此时全部发送过程结束，如图 4 - 9（d）所示。传输结束后，再次放出的空令牌继续在网络中不停地循环传递，再次出现需要发送数据的站时，可以通过截获空令牌获得介质使用权，继续进行数据发送。

在总线拓扑的竞争式的介质访问控制方式中，由于各个站是采用竞争的方式获得总线的使用权的，存在处理性能高的站获得介质使用权的概率更高，而处理性能较低的站获得介质使用权的概率会更低，即存在相对不公平的问题，这是竞争式网络存在的缺点。而循环式的介质访问控制方式中，由于拓扑结构是环网，空令牌将顺着每个站依次传递，各个站得到空令牌的机会是一样的，所以它们获得介质使用权的概率是一样的，对介质访问获取的机会对每个站都是公平的，这正是环网的优点所在。环网通过逐个站依次传递的方式似乎会使速度较慢，但在现在的实际网络中，一般都是由光纤组成光纤环网，传输速度很快。

（3）预约式

预约式的介质访问方式采用事先预约的方法实现介质访问控制。需要发送数据的站向网络的管理者事前申请传输介质，获准后，在获准的时间进行数据传输，而没有申请或申请没有获准的站是不能发送数据的，按照这样的方式也能实现介质的访问控制，使得介质上的传输有序地进行。

2. MAC 子层的 MAC 帧格式

在局域网中，不同的局域网具有不同的 MAC 帧格式。这里以以太网的 MAC 帧进行讨论。以太网的 MAC 帧如图 4 - 10 所示。

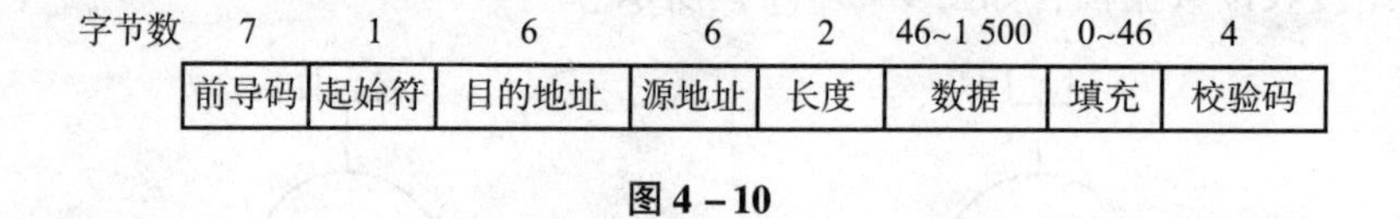

图 4 - 10

在以太网的 MAC 帧中，通过封装前导码、起始符、长度字段实现帧的同步接收；通过封装目的地址、源地址信息字段实现寻址；通过封装校验码字段，对收到的数据帧进行校验。

在数据帧传输时，来自 LLC 子层的 LLC 帧传递给 MAC 层，MAC 层又把 LLC 帧封装成 MAC 帧，即把 LLC 帧作为 MAC 帧的数据段，加上源主机的 MAC 地址和目的主机的 MAC 地址，由此，帧起始同步信息（MAC 头）、帧校验系列 FCS、帧结束同步信息（MAC 尾）构成 MAC 帧，封装好的 MAC 帧将传递给物理层进行比特流传输。各层数据单元的封装关系如图4 - 11所示。

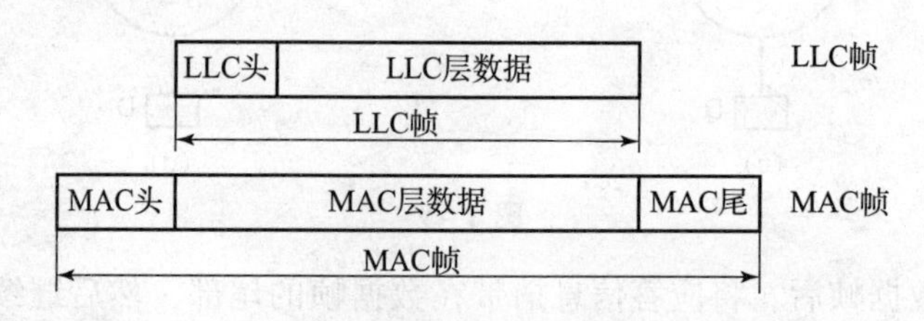

图 4 - 11

通过物理层传递的比特流到达接收方后，接收方物理层完成比特同步，接收数据流，再交给 MAC 层，MAC 层通过前导码、起始符、长度等同步信息，完成 MAC 帧的同步接收和帧校验等处理，经过校验得到接收帧是正确的情况下，去除帧尾，恢复 LLC 帧，将 LLC 帧继续交给 LLC 层；经过校验得到接收帧如果是正确的，则 LLC 层接收到了正确帧，如果经过校验得到的接收帧是出错帧，则通过 MAC 层向 LLC 层报告，然后由 LLC 层按照规范处理出错帧。通过这样的方式，数据帧透明地在数据链路间进行传输。

从前面的讨论可以看出，数据链路子层完成了与高层应用的交互、通过 LASP 实现对不同应用进程的寻址，并完成了链路管理、差错控制、流量控制；介质访问控制子层完成了对主机的物理地址寻址、数据帧的同步、介质访问控制、最小帧处理等；LLC 子层和 MAC 子层共同完成了局域网体系结构中的数据链路层的功能；物理层完成数据编码、码元同步，然后形成比特流，通过网络接口完成发送、接收。局域网通过数据链路控制子层、介质访问控制子层及物理层，实现了局域网的通信功能。

4.1.6 物理层

物理层是局域网体系结构的最底层，涉及的是网络物理设备间的接口关系。物理层的功能是发送方与接收方之间提供比特流的传输，为在物理介质上建立、维持和终止传输数据比特流的物理连接提供机械的、电气的、功能的和规程的手段。

具体地说，在局域网中，为了实现物理层的功能，物理层必须定义比特流传输的比特同步和数据编码方式，定义使用的传输介质、接口类型、传输速率等规范。由于局域网的技术标准往往支持多种传输介质、多种传输速率，不同的技术标准采用了不同的编码方式、不同的网络接口，如以太网有以太网的技术标准、环形网有环形网的技术标准，所以，对局域网的物理层规范将在具体的局域网技术标准中体现，这里不进行详细的讨论。

4.2 以太网

4.2.1 以太网的发展

以太网起源于 20 世纪 70 年代。以太网（Ethernet）指的是由 Xerox 公司创建并由 Xerox、Intel 和 DEC 公司联合开发的基带局域网规范。1982 年 12 月，IEEE 公布了与以太网规范兼容的 IEEE 802.3 标准，它们的出现标志着以太网技术标准的起步，为符合国际标准、具有高度互通性的以太网产品的面世奠定了基础。

由于以太网结构简单、组网容易、建网成本低、扩充方便，一出现就受到业界的普遍欢迎，并迅速发展起来，在很大程度上逐步取代了其他局域网标准。如当时比较流行的令牌环、FDDI 和 ARCNET，都逐渐被以太网淘汰。目前以太网成为局域网技术的主流技术，在局域网市场的占有率超过 90%。

以太网是一种以总线方式连接、广播式传输的网络，所有站点通过共享总线实现数据传输，一个站发出的数据帧，所有站都能收到，这种工作方式带来了冲突问题，需要采用相应的介质访问控制方式解决。以太网采用带有冲突检测的载波侦听多路访问（CSMA/CD）协议实现介质访问控制。在 IEEE 802 标准中，以太网标准为 IEEE 802. 3 标准。

20 世纪 80 年代推出的以太网以 10 Mb/s 的速率在共享介质上传输数据；90 年代，速率能达到 100 Mb/s 的快速以太网出现，使网络速度有了一个较大的提升。之后为了提高网络带宽和改善介质效率，一种能同时提供多条传输路径的以太网技术——交换式以太网出现了，它标志着以太网从共享时代进入了交换时代。交换式以太网利用多端口的以太网交换机将竞争介质的站点和端口减少到 2 个，能为需要传输的多台主机间建立独立的传输通道，同时进行数据传输。交换式以太网的出现，改变了 10 Mb/s 以太网所有站点共享 10 Mb/s 带宽的局面，显著地提高了网络系统的整体带宽。1993 年，交换式以太网在交换技术的基础上又出现了全双工以太网技术，它改变了原来以太网半双工的工作模式，不仅使以太网的传输速度又提高了一倍，而且彻底解决了收发数据的端口信道竞争。

以太网从出现至今 30 多年的时间，其数据传输速率不断提高，从最早的 10 Mb/s 速率，发展到 100 Mb/s、1 000 Mb/s，到今天的 10 Gb/s，其技术标准也在不断地更新，拓扑结构也从早期的总线型发展到现在的层次型，这些技术的进步极大地提高了以太网的服务能力，也使以太网成为高速局域网络组网的主流技术，并进入了城域网和广域网技术领域。各种以太网技术标准及推出的时间如下：

1982 年 2 月，IEEE 推出了 802. 3 规范，这是最早的 10 Mb/s 以太网的标准。

1995 年 3 月，IEEE 通过了 802. 3u 规范，这是一个关于以 100 Mb/s 的速率运行的快速以太网的规范。

1998 年 6 月，IEEE 通过了 802. 3z 规范，使以太网进入了千兆以太网时代，以太网数据传输速率达到了 1 000 Mb/s。

2002 年 7 月，IEEE 通过了 802. 3ae 规范，使以太网进入了万兆以太网时代，以太网数据传输速率达到了 10 000 Mb/s，即 10 Gb/s。

2010 年 6 月，IEEE 通过了 802. 3ba 规范，使以太网进入了十万兆以太网时代，以太网数据传输速率达到了 100 Gb/s。

无论是 10 Mb/s 以太网、100 Mb/s 快速以太网，还是千兆以太网，乃至万兆以太网，都采用 CSMA/CDMAC 层协议和相同的以太网帧结构。相同的协议和帧结构，使得以太网在对网络性能进行升级的同时，保护了原有的投资，受到用户的欢迎。

4. 2. 2　介质访问控制

以太网拓扑结构为总线型局域网，采用共享传输总线方式传输数据信息，即连接在一个以太网上的所有站点使用公共的传输总线收发数据。共享传输介质的网络都存在介质访问控制问题，以太网采用 CSMA/CD 介质访问控制方式。

CSMA/CD（Carrier Sense Multiple Access/Collision Detect，载波侦听多路复用/冲突检测），以争用的方法来决定对介质的访问权。在以太网中，所有的站都是用该总线进行数据传输的，当有两个站或两个以上的站点同时发送数据帧时，将会发生冲突，使得发送不成功。为了实现在共享的传输总线上有序受控地发送数据帧，保证数据帧成功发送，以太网采用了 CSMA/CD 协议实现介质访问控制。

1. 载波侦听多路访问

载波侦听多路访问（CSMA）协议的技术实现是：一个站要发送数据，首先要侦听总线上的状态，也就是测试总线上是否有载波信号，以确定是否有别的站在传输，即总线是否被占用而处于“忙”的状态。如果没有被占用，即介质“空闲”，希望传输的站可以传输；如果总线上有站正在发送，即介质不空闲，处于“忙”状态，则希望发送数据的站将退避一段时间后再重新侦听。

在侦听到总线处于忙状态时，希望发送数据的站可以采取继续侦听，或退避一段时间再去侦听，不同的退避策略有不同的特点。CSMA/CD 存在三种退避算法来实现退避：

（1）非坚持 CSMA

如果总线是空闲的，则可以发送。

如果总线是忙的，则等待延迟一段随机时间，再重复侦听。

非坚持 CSMA 采用随机的延迟时间可以减少冲突的可能性，但非坚持 CSMA 的缺点是很可能在再次侦听之前信道已空闲了，从而产生浪费。为避免介质利用率的损失，可采用 1－坚持协议。

（2）1－坚持

如果总线是空闲的，则可以发送。

如果总线是忙的，则继续侦听，直至侦听到介质空闲为止。

在 1－坚持方式中，侦听到有空闲时，又有两种策略：

一种是一侦听到信道空闲，就立即发送数据。这种策略的出发点是抓紧一切时机发送数据，总线利用率高，其缺点是假如有两个或两个以上的站点有数据要发送，冲突就不可避免，反而不利于吞吐量的提高。于是就有了第二种折中的策略：P－坚持。

（3）P－坚持（图 4－12）

如果总线是空闲的，则可以发送。

如果总线是忙的，继续侦听，直至侦听到介质是空闲的，则以 P 的概率发送，而以(1－P)的概率延迟一个时间单位（时间单位通常等于冲突检测时间），再重新侦听介质。具体地说，就是侦听到信道空闲时，发送站产生一个随机数 d，如果 P > d，该站属于不能马上发送数据帧的站，需要延迟一个时间单位再进行侦听；反之，如果 P < d，该站属于能马上发送数据帧的站，可以进入数据帧发送。

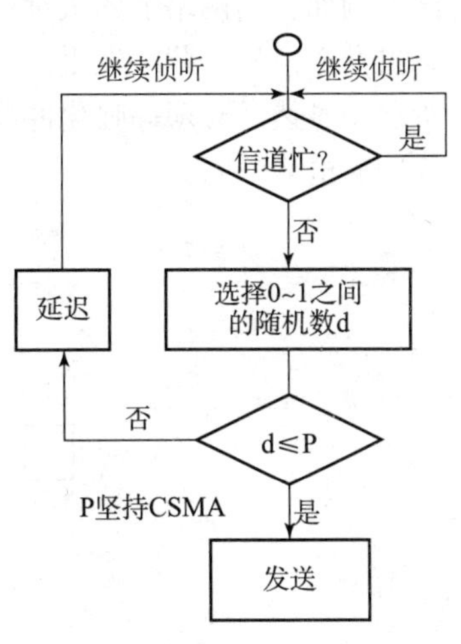

图 4－12

显然 P－坚持的方式使得连接在总线上的站被分为两部分：一部分是侦听到介质就可以发送的，而另一部分则是要延迟一段时间才能发送的。通过这样的方式减小了发生冲突的概率。

问题在于如何选择 P 的有效值。如果 P 选得过大，信道一旦空闲，就会有多个站试图发送，介质利用率相对较高，但仍然发生冲突的可能性也较大。

P 值选得过小，信道一旦空闲，试图发送的站数目减少，发生冲突的可能性也减小，但介质利用率相对降低。

2. 冲突检测（Collision Detect，CD）

两个或两个以上站点同时开始使用总线发送数据，结果导致数据帧在总线上发生“碰撞”，双方的信号都被破坏，这种现象称为“冲突”。

采用“载波侦听”技术，避免了一个站点在正常使用总线时，其他站点再使用总线造成冲突的现象。但是载波侦听只能减少发生冲突的概率，并不能完全避免冲突。

由于网络上的站点是互相独立的，使用总线的时间取决于它们自己侦听总线的结果。当总线上有两个或两个以上的站都需要发送数据，并侦听到空闲，向总线上发送数据时，就会发生冲突。或者一个远端的站点开始发送数据，此时，另外一边远端的站点由于还没有收到载波信号，认为总线空闲，开始发送数据，此时也将发生冲突。

当总线上发生冲突时，数据发送失败，网络需要检测出冲突存在，并通知总线上的所有站，让所有需要发送数据帧的站都停止发送，使总线可以重新投入使用，以太网采用了检测信号电平的技术检测冲突。

由于采用曼彻斯特编码进行传输，使得在正常传输数据帧时，传输总线上的电平会保持在一定的范围，当发生冲突时，总线上的信号电平会明显增大，以太网正是依据这一情况进行冲突检测的。当检测到传输总线上电平超出正常范围时，检测出发生冲突。

采用冲突检测技术后，如果发生上述的“冲突”，则正在发送数据帧的站点会检测到“冲突的发生”。此时该站应立即停止当前数据帧的发送（此时在总线上形成不完整的帧，称为“碎片”），等待下一次发送机会，并发送一个特殊的冲突信号（强化冲突码）到网络上，强化冲突，以保证让总线上所有的站都知道该帧是一个“碎片”帧，让所有的站都知道线路发生了冲突。

发送冲突信号必须保证冲突信号能传输到整个共享总线上，使总线上的所有站点都知道发生了冲突。从数据开始发送到冲突信号在总线上传输给每个站点所花的时间称为冲突检测时间。冲突检测时间的意义在于在网络直径或总线长度一定的情况下，最大冲突检测时间决定了以太网的最小帧长度。

在以太网中，最大冲突检测时间为信号在总线上从网络一端传送到另一端的时间 a 的 2 倍。例如，当网络上的最远端的 A 站发送出信号，该信号传输到另一边的最远端时，正好 B 站也发送信号，此时发生了冲突，B 站检测到发生冲突，并发出强化冲突信号，如图 4－13 所示。显然，必须等强化冲突信号经过网络传输到 A 站，A 站才能检测到冲突，所以最大的冲突检测时间为 2a。

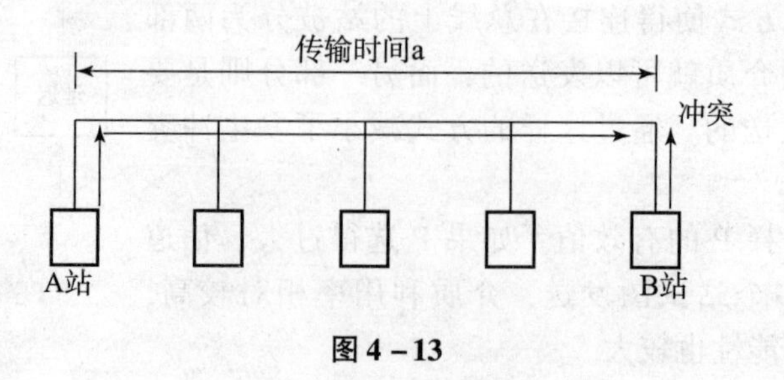

图 4－13

如果 A 站发送的帧较短，在 $T=2a$ 时间内已经发送完毕，进入结束状态，则 A 站在整个发送期内将检测不到冲突。为了避免这种情况，网络中提出了最小帧长度的要求。最小帧长度就是在网络速度一定的情况下，2a 时间内传输的数据位数。

设信号传输速度为 v，段长度为 D，网络速度为 R，则最小帧长度 L 等于网络速度 × 最小帧的传输时间。

$$L = R \times T = R \times 2a = 2RD/v$$

载波侦听减少了发生冲突的概率，使传输介质得到更好的利用；冲突检测让网络上每一个站能检测到发生了冲突，并能发送强化冲突信号通知所有的其他站。

3. 二进制指数退避算法

从前面的讨论可知，当发生冲突后，所有的站需要退避一段时间再重新发送。以太网采用二进制指数退避算法决定需要的退避时间，退避时间与重发次数形成二进制指数关系。

具体算法如下：设基本时间片 $T=2a$，当某个站发送数据帧发生了冲突后，按以下策略进行退避。第一次发生冲突时，退避时间为 $T=2a$，如果再次发送时仍然发生冲突，则第二次发生冲突时的退避时间为 $T=4a$，第三次发生冲突的退避时间为 $T=8a$，即每次发生冲突后的退避时间按二进制指数增加，直到不发生冲突为止。如果连续多次（一般为 10 次）仍然发生冲突，就认为此时不能发送数据帧，网络上出现错误。

由于网上各个站数据帧发生的冲突次数不一样，按照二进制指数退避算法，网上的各个站退避的时间也将不一样，也就是说，将各个站的发送时间分发到了不同的时间，从而可以较好地降低冲突发生的概率。

4. 发送帧的过程

综上所述，可以得到以太网站点发送数据帧的过程如下：

①如果介质空闲，则发送数据帧，并进行冲突检测。

②如果介质忙，则继续侦听，一旦发现介质空闲，就进行发送。

③如果在帧发送过程中检测到冲突，则停止发送数据帧，并随即发送一个强化冲突的信号，以保证让总线上所有的站都知道网络上发生了冲突。

④发送了强化冲突信号后，根据二进制指数退避策略延迟发送，等待一段时间，再重新尝试发送（返回步骤①）。

⑤如果在帧发送过程中一直没有检测到冲突，则发送成功。

以上发送帧的过程如图 4 – 14 所示。

5. 以太网的流量控制

在数据传输过程中，如果发送速率高于接收速率，就会出现帧丢失情况，这时就需要采取流量控制措施。以太网利用冲突来实现流量控制，当来不及处理数据帧时，可以向线路上发一个强化冲突信号，强行制造冲突，使得线路上的各站进入暂时退避状态，不再发送数据帧，达到流量控制的目的。

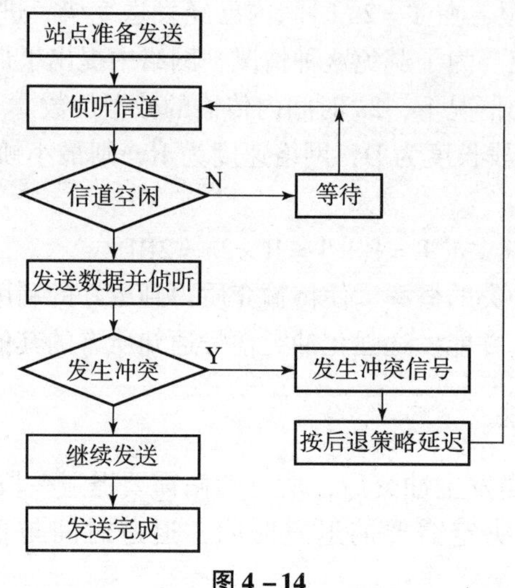

图 4－14

4.2.3　MAC 帧结构

在讨论局域网体系结构时，已经简单介绍了以太网的 MAC 帧，这里将对以太网的 MAC 帧做进一步的讨论。

以太网的局域网标准是 IEEE 802.3，IEEE 802.3 MAC 帧的格式如图 4－15 所示。帧的 8 个字段为：前导码、帧起始定界符、目的地址、源地址、表示数据长度的长度字段、要发送的 LLC 数据、需要进行填充的字段和帧校验序列字段。这 8 个字段除 LLC 数据和填充字段外，长度都是固定的。

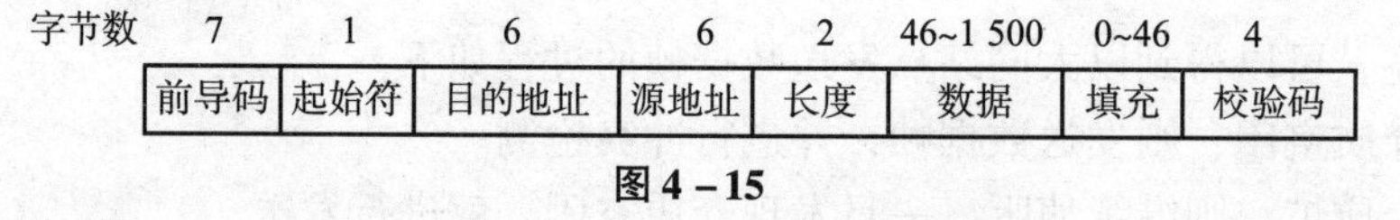

图 4－15

前导码字段包含 7 个字节，其内容由二进制 1 和 0 间隔构成，它使物理层的比特流接收达到稳定同步。

起始定界符（SFD）字段是 10101011 序列，它紧跟在前导码后，指示一个帧的开始。

帧起始定界符结束后，就进入地址字段，地址字段包括目的地址字段和源地址字段。目的地址字段用以标识该帧发往的目的地。该地址是 48 位的 MAC 地址，是网络传输识别每一个站的物理地址。

源地址字段用于标识发送该帧的起始站。MAC 子层有两类地址：单地址和组地址。单地址说明该数据帧仅发给该地址的站，组地址说明该数据帧将发给从属于这一个组的所有站。当地址段全为 1 时，该地址是广播地址，表明该数据帧将发送给网上所有的站。

源地址字段结束就进入长度字段，长度字段是 2 字节，其值表示数据字段中 LLC 数据的字节数量。以太网的数据帧以这种方式实现帧同步，即帧的起始用起始定界符决定，帧的结束则通过固定的帧格式及给出数据长度。

数据字段包含数据序列，需要发送的数据就填装在这部分。填装数据的长度只能按照长度字段指示的长度进行填装。

数据字段后面是填充字段，填充字段（PAD）为0~46字节。在以太网中，由于需要进行冲突检测，规定了最小帧的长度必须大于64字节。当帧长度达不到这个长度时，必须进行填充。PAD就是为了满足CSMA/CD协议的正常操作需要的最小帧长度而设置的。

当帧长度没有达到最小帧长度时，可在LLC数据字段之后的PAD进行填充，使其满足最小帧长度要求，PAD以字节为单位加以填充。

填充字段后面是帧校验序列（FCS）字段。FCS字段是供差错控制使用的校验码系列，该校验码系列由循环冗余校验码（CRC）算法所产生的帧校验系列FCS构成。FCS字段的长度为4字节，即使用32位CRC校验。

802.3标准规定，凡是出现下列情况之一的即是无效帧：

①帧的长度与数据长度字段不一致；

②帧的长度不是整字节数；

③收到的帧的CRC校验出错；

④收到的帧的长度小于规定的最小帧长度。

将以太网收到的无效MAC帧丢弃而不交给LLC子层，但是可以将出现无效帧的情况通知网络管理。

除了IEEE 802.3 MAC帧，以太网历史上还存在DIX以太帧，DIX是Digital、Intel、Xerox三家公司的缩写。以太网的体系从历史的角度看有两个以太网标准。

第一个标准是Digital、Intel、Xerox三家公司开发的DIX（取三家公司名字的第一个字母而组成）的以太网标准，称为Ethernet标准。这个标准有两个版本，分别是在1980年9月发布的1.0版本和1982年11月发布的2.0版本。2.0版本就是Ethernet Ⅱ，Ethernet Ⅱ是DIX的最后一个版本。

第二个标准是1985年IEEE电子及电气工程学会在DIX以太网标准的基础上制定了IEEE 802.3标准，并将其注册为IEEE 802.3 CSMA/CD的介质访问控制方法和物理层的规范。

DIX以太帧结构如图4－16所示，可以看出它与IEEE 802.3MAC帧几乎完全相同，只是IEEE 802.3 MAC帧数据段的前面是长度字段，用于表示数据的长度。接收方根据帧格式及数据段的长度，可以定界帧的结束。而在DIX以太帧中，帧数据段的前面是协议类型字段，用于指出上一层使用的是什么协议，以便把DIX以太帧的数据上交给高层协议。如当上层协议是IP协议时，协议字段为0X08000，指出上层使用的是IP协议。由于DIX以太网不专门设置LLC子层，所以直接使用协议类型取代LSAP与高层交互，实现向上多种应用的复用。而IEEE 802.3需要通过LLC子层的LSAP与高层交互，实现向上多种应用的复用。

字节数	7	1	6	6	2	46~1500	0~46	4
	前导码	起始符	目的地址	源地址	协议类型	数据	填充	校验码

图4－16

DIX与IEEE 802.3的工作机制上是一致的，但实际上，DIX以太网标准与IEEE 802.3还是有一些区别的。DIX是把定义的OSI参考模型中的数据链路层所有功能合并在一起了，所以Ethernet Ⅱ只有一个数据链路控制层帧。而IEEE 802.3把数据链路控制层分成了LLC和MAC两个子层，所以，在IEEE 802.3标准中有LLC帧和MAC帧。这样划分的目的是使LLC帧的传输独立于不同的局域网络，区别于不同的物理介质、网络接口和介质访问控制方法。

4.3　以太网系列标准

以太网起源于20世纪70年代，1982年推出规范标准，正式被市场接受进入使用。由于以太网结构简单，便于部署，价格低廉，受到生产厂家和用户的欢迎。随着网络的不断普及、网络业务的不断增加，以及各研究机构及生产厂家不断的技术进步，以太网数据传输速率得到快速提升，至今30多年的时间，数据传输速率已从10 Mb/s到100 Mb/s，再到1 000 Mb/s和10 Gb/s。

2010年7月，IEEE宣布40/100G以太网标准IEEE 802.3ba，这一标准的正式批准为新一波高速以太网的发展铺平发展之路。之后美国下一代互联网研究组织Internet 2宣布在全美部署一个全新的100G以太网网络，100G以太网网络使用IPv6网络协议。

4.3.1　10M以太网

10M以太网又称为标准以太网，10M以太网只有10 Mb/s的吞吐量，采用曼彻斯特编码，使用的是CSMA/CD的访问控制方法。10M以太网的连接主要采用粗缆、细缆、非屏蔽双绞线UTP、屏蔽双绞线STP、光纤等传输介质。

以太网根据传输介质、连接器的不同可以分成几种不同的类型。IEEE 802.3标准用统一标准表示不同的以太网标准，并定义了相应的命名方法。每个标准以IEEE 802.3X TYPE－Y加以表示。其中，X表示数据传输速率，如10表示10 Mb/s、100表示100 Mb/s等；TYPE表示信号的传输方式，如BASE指基带传输；Y表示网传输介质的特征，如5指粗同轴电缆，2指细同轴电缆，T指双绞线，F指光纤。

例如，IEEE 802.310BASE—T表示：10 Mb/s传输速率、使用基带传输、支持5类双绞线的以太网。

10 Mb/s以太网的标准包括10BASE－2、10BASE－5、10BASE－T、10BASE－F等几种类型。它们分别表示了使用不同传输介质和不同的网络连接器（接口）的10 Mb/s的标准，它们各自的特性见表4－1。

表4－1

以太网标准	传输介质	最大网段数	最大网段长度	连接器
10Base－5	粗同轴电缆	5	500	DB－15
10Base－2	细同轴电缆	5	185	BNC
10Base－T	UTP双绞线	5	100	RJ－45
10Base－F	多模光缆	5	2 000	ST
		802 3		

1. 10BASE－5 以太网

10BASE－5 是使用粗同轴电缆的以太网标准，各站点通过粗电缆进行连接，用粗电缆实现站点与以太网的连接时，要使用外接收发器。图 4－17 所示为粗同轴电缆以太网连接方式。

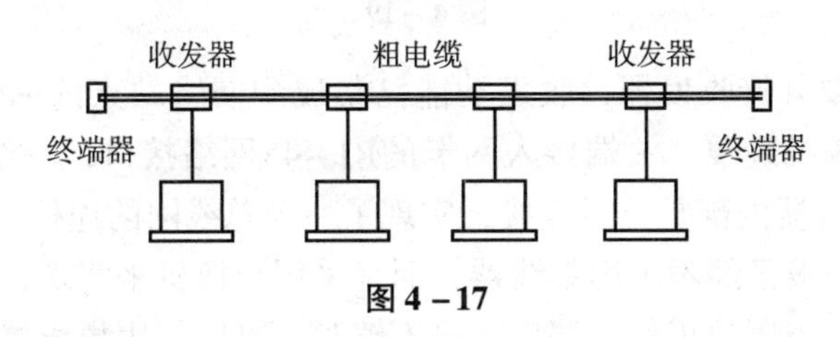

图 4－17

10BASE－5 是最早出现的以太网，由于采用了较粗的电缆和专用的收发器，为网络的组建、安装和维护带来了不便，价格也比较高。20 世纪 80 年代初逐渐出现了一些基于细同轴电缆的以太网技术和产品，1984 年，IEEE 发布了 10BASE－2 以太网的标准。

2. 10BASE－2 以太网

10BASE－2 是使用细同轴电缆的以太网标准。10BASE－2 是在 10BASE－5 的基础上产生的，工作方式与粗电缆的相似，除了每个网段的传输距离较短，其他主要连网特性与粗同轴电缆相同。图 4－18 所示为细同轴电缆以太网连接方式。

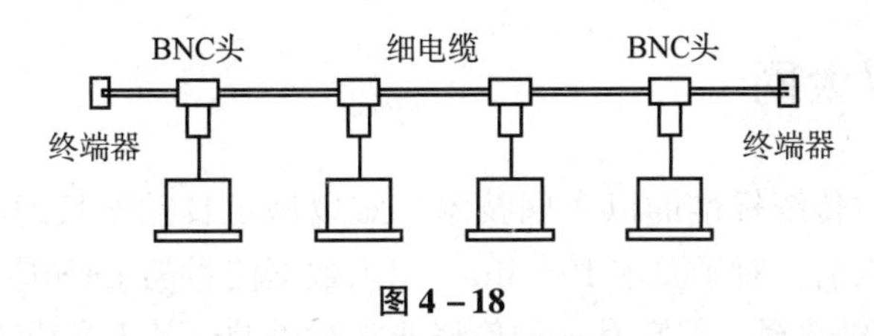

图 4－18

10BASE－2 使用的连接配件为 BNC 头的 T 形连接器。10BASE－2 不需要外接收发器，因为收发功能已集成到网络站点的网卡上了，另外，总线的两端应连接终端器。

10BASE－2 的优点是安装简易，价格低廉，不需要其他外部连接设备。但是这种网络连接的可靠性差，每接入一个站点，就产生两个连接点，一个点上连接不好，就会影响整个网络的稳定和可靠。同时，细同轴电缆的连接方式也不利于布线。1991 年，IEEE 发布了 10BASE－T 以太网的标准。

3. 10BASE－T 双绞线以太网

10BASE－T 通过集线器和双绞线连接站点，构成星形网络，如图 4－19 所示。集线器内部采用广播方式工作，当数据信号达到集线器时，集线器对该信号的幅度和相位进行再生，然后再将再生信号向集线器其他端口广播，因此属于总线式网络。10BASE－T 用 3 类双绞线实现站点与以太网的连接，使用 RJ－45 连接器实现与网络端口的连接，传输速率为 10 Mb/s，从设备端口到信息点的最大传输距离为 100 m。

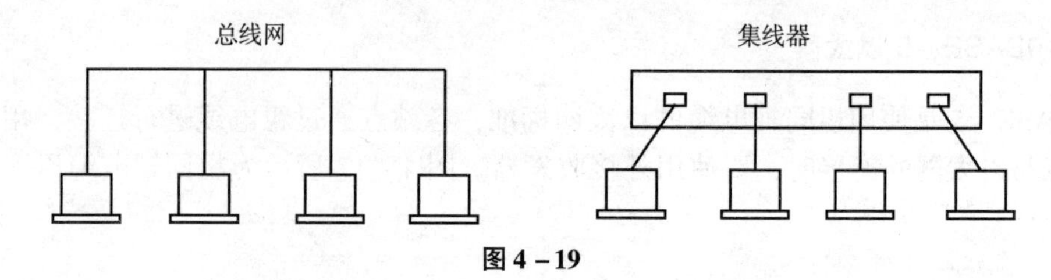

图 4-19

10BASE-T 不需要外接收发器，收发功能已集成到网络站点的网卡上了。每个工作站上插上网卡，使用双绞线跳线，一端接入网卡的RJ-45网络接口，一端接入集线器的 RJ-45 网络端口，由于集线器内部是总线连接，实现了一个总线网的连接。

目前网络的实现一般已经不采用集线器，而是采用交换机来实现，但集线器仍然被用于用户工作区端口扩展。当用户工作区端口数目不够时，可以使用集线器完成端口扩充。

4. 10BASE-F 光纤以太网

10BASE-F 是在 10BASE-T 的基础上，用光纤替代双绞线连接站点和集线器，增加传输距离的一种以太网。光纤的最大传输距离与光纤材料、传输速率有关，当传输速率为 10 Mb/s 时，光纤的最大传输距离一般可以为几百米到几百千米。在 10BASE-F 标准中，传输距离为2 000 m，因此，光纤可以说是局域网传输介质中的佼佼者。由于光纤价格较高，因此 10BASE—F 一般用于需要长距离连接的站点、支持高速率传送的服务器、主干网等场合。

4.3.2 100M 以太网

随着网络的发展，传统标准的以太网技术已难以满足日益增长的网络数据流量速度需求。在 1993 年 10 月以前，对于要求 100 Mb/s 以上数据流量的 LAN 应用，只有光纤分布式数据接口（FDDI）可供选择，但它是一种价格非常高昂的、基于光缆传输的 LAN。

1992 年，Grand Junction 公司成立，开始研制 100 Mb/s 的以太网，并于 1993 年 10 月推出了世界上第一台快速以太网集线器 Fastch 10/100 和网络接口卡 FastNIC 100，快速以太网正式得以应用，随后 Intel、SynOptics、3COM、BayNetworks 等公司也相继推出自己的快速以太网。与此同时，IEEE 802 工程组也对 100 Mb/s 以太网的各种标准进行了研究，提出了快速以太网标准 IEEE 802.3u。1995 年年末，各厂家不断推出新的快速以太网产品，快速以太网达到了鼎盛时代。

快速以太网仍然沿用标准以太网的机制，快速以太网标准为 IEEE 802.3u，根据编码、译码及传输介质的不同，IEEE 802.3u 又分为 100BASE-TX、100BASE-T4 和 100BASE-FX 三种规范。

100BASE-TX：是一种使用 5 类非屏蔽双绞线 UTP 或屏蔽双绞线 STP 的快速以太网。100BASE-TX 在传输中使用 4B/5B 编码，信号频率为 125 MHz，传输速率为 100 Mb/s。100BASE-TX 支持全双工的传输，即使用 2 对双绞线实现传输，其中 1 对用于发送，1 对用于接收数据。100BASE-TX 使用 5 类非屏蔽双绞线作为传输介质，从设备端口到信息点的最大传输距离为 100 m，100BASE-TX 仍然使用与 10BASE-T 相同的 RJ-45

连接器。

100BASE－FX：是一种使用光缆的快速以太网，可使用2束单模和多模光纤实现双工传输。100BASE－FX在传输中使用4B/5B编码方式，信号频率为125 MHz，传输速率为100 Mb/s。采用多模光纤连接的最大传输距离为550 m，采用单模光纤连接的最大传输距离为3 000 m。100BASE－FX使用ST连接器或SC连接器。它的最大网段长度为150 m、412 m、2 000 m或更长至10 km，这与所使用的光纤类型和工作模式有关。100BASE－FX支持全双工的数据传输。100BASE－FX特别适合于有电气干扰的环境、较大距离连接、高保密环境等情况下的使用。

100BASE－T4：是一种可使用3类无屏蔽双绞线或屏蔽双绞线的快速以太网。在传输中使用8B/6T编码，信号频率为25 MHz。100BASE－T4使用4对双绞线，通过复用技术实现100 Mb/s的传输速度。推出100BASE－T4的目的主要是针对那些已经布设了3类线的场所，可以使用100BASE－T4将10M网络提升到100M网络。100BASE－T4仍然使用与10BASE－T相同的RJ－45连接器，从设备端口到信息点的最大传输距离为100 m。IEEE 802.3u标准的技术性能见表4－2。

表4－2

MAC层		
4B/5B编码/译码	4B/5B编码/译码	8B/6T编码/译码
100BASE－TX UTP STP双绞线 5类线（两对）	100BASE－FX 多模光缆MMF 单模光缆SMF	100BASE－TX4 UTP双绞线 3类线（4对） 支持5类线
802.3u		

可以看出，快速以太网采用与10M以太网同样的MAC层标准，100BASE－TX、100BASE－T4和100BASE－FX三种规范的不同主要是物理层的不同。

不同的物理介质采用了不同的编码译码技术。100BASE—TX和100BASE－FX采用4B/5B编码，而100BASE－T4采用了8B/6T编码。

4B/5B是将4比特数码映射为5比特二进制代码，这种编码方式可在传输数据的同时传输同步信号，编码效率为80%。8B/6T编码是将8比特数码映射为6个三进制代码。这是一种数据编/译码方法，即将8比特二进制数据编码成一个6比特传输序列。6比特代码由一个三进制代码表示，包括正电压、零电压和负电压。这种编码方法与4B/5B使用的NRZ（不归零）编码方法不同。100Base－T4是唯一使用8B/6T的标准。

可以看出，802.3u的三种标准100BASE－TX、100BASE－FX和100BASE－TX4的物理层完全不同，分别采用了不同的传输介质、不同的编码方式及不同的连接器，但它们的MAC子层都是同一个标准。所以，在100M以太网中，又将物理层进一步细分为物理编码子层PCS和物理介质相关子层PMA，如图4－20所示。

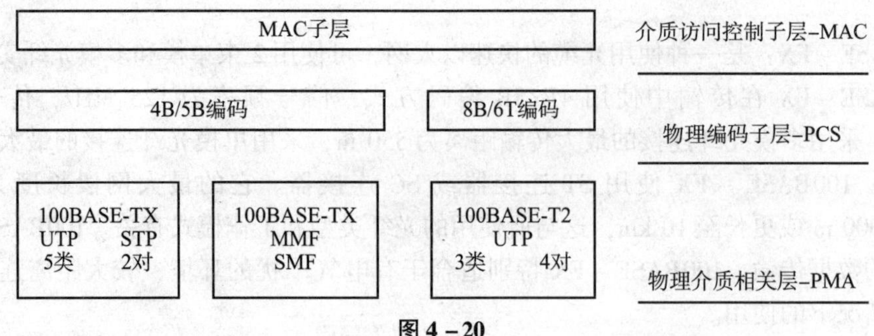

图 4 – 20

快速以太网的数据链路层中，MAC 子层的介质访问控制策略仍然为 CSMA/CD。除了传输速率增大为原来的 10 倍、帧间隙为原来的 1/10 外，它所采用的帧格式、冲突时间（512 位时）、最大传输帧（1 518B）、最小传输帧（64B）、地址长度（6B）等都与 10BASE – T 的帧格式一样。

自 IEEE 802. 3u 标准问世以来，以太网中就存在 10M 网络和 100M 网络，自然也就出现 10M 网络设备与 100M 网络设备相连的问题。由于 10BASE – T 与 100BASE – TX 等在编码方式和信号电平上互不兼容，如果把符合上述标准的站点不加处理地直接互相连接起来，轻者相互之间不能通信，重者会造成设备损坏。当具有不同速率的站点进行互连时，为了达到逻辑上的互通，可以人工配置网络设备的端口，使 10M 网络设备和 100M 网络设备在相同速率下工作。IEEE 802. n 推出了一个能简化 LAN 管理员工作的技术，即 IEEE 自动协商模式（NWAY）。这种技术能自动完成端口的配置。

IEEE802. 3u 标准详细说明了自动协商的功能和操作过程。支持自动协商模式的设备上电后，首先在端口上发送快速链路脉冲（FLP）信号，FLP 信号中包含了描述设备工作模式的信息。如果端口已与对方互连，双方设备就能利用 FLP 立即进行自动协商，并根据协商结果自动配置端口到共同的网络速率，接下来两设备就会在共同的网络速率下交换数据。自动协商完成后 FLP 不再出现。如果设备重新启动，或者介质在工作期间中断后又重新连上，则再次启动自动协商过程。

例如，如果双方都支持 100BASE – TX 和 10BASE – T 两种工作模式，则自动协商后，两端口将在 100BASE – TX 模式下工作。如果双方一个支持 100BASE – TX，另一个仅支持 10BASE – T 工作模式，则自动协商后，两端口将在 10BASE – TX 模式下工作。

快速以太网与原来在 100 Mb/s 带宽下工作的 FDDI 相比具有许多优点，主要的优点是快速以太网可以有效地保障用户在布线上的投资，它支持 3、4、5 类双绞线及光纤的连接，能有效地利用现有的设施。快速以太网的不足其实也是以太网技术的不足，由于快速以太网仍然使用集线器，属于共享总线的工作方式，采用 CSMA/CD 的介质访问控制技术，当网络负载较重时，会造成效率的降低。

快速以太网的这种不足被后来发展起来的交换式以太网克服。交换式以太网利用多端口的以太网交换机将竞争介质的站点和端口减少到 2 个，能同时为需要传输的多台主机间建立独立的传输通道，进行数据传输。交换式以太网的出现，改变了站点共享 100 Mb/s 带宽的局面，显著地提高了网络系统的整体带宽性能。1993 年，交换式以太网在交换技术的基础上又出现了全双工以太网技术，它改变了原来以太网半双工的工作模式，还使以太网的传输速度又提高了一倍，从此以太网进入交换式以太网的时代。

在100M以太网的组网过程中，使用的联网设备可以是共享型集线器，也可以是采用交换技术的交换机。采用集线器组成的网络为共享式以太网络，采用交换机组成的网络为交换式以太网络。如果要将原来使用集线器组建的共享网络升级到交换式以太网络，不需要改变网络中的任何硬件，只需用交换机取代网络中原来的集线器，就可实现从共享网络到交换网络的升级。

4.3.3 1 000M以太网

随着技术的发展，以太网络上出现了很多高带宽需求的应用，如视频会议或多媒体交互的应用、多媒体图像和科学模型应用、数据库和备份应用等。同时，在组网过程中用户对网络主干提出了更高的带宽需求。为此，IEEE提出了数据传输速率达到每秒1 000 Mb/s，即1 Gb/s以太网技术标准。

1996年3月，IEEE成立了802.3z工作组，开始制定1 000M以太网标准。IEEE 802.3工作组建立了802.3z和802.3ab两个千兆位以太网工作组，其任务是开发适应不同需求的千兆位以太网标准。这两个标准分别为IEEE 802.3z和IEEE 802.3ab。其中IEEE 802.3z采用光纤实现千兆速率，而IEEE 802.3ab采用双绞线实现千兆速率。

1. 千兆以太网结构

千兆以太网是建立在10M标准以太网基础上的技术，千兆以太网标准继承了IEEE 802.3标准的体系结构，同样分成MAC子层和物理层两部分，在MAC子层采用了与IEEE 802.3标准相同的帧格式和帧长度，保证了以太网、快速以太网和千兆以太网帧结构之间的向后兼容性。千兆以太网标准支持全双工和半双工传输，但是在半双工方式时，由于冲突域的限制，千兆以太网在共享结构环境下不能很好地工作，只能工作在交换结构环境下。在实际组网应用中，千兆以太网主要应用在核心层到汇聚层、汇聚层到接入层的点到点线路，在这种环境下，网络不再共享带宽，碰撞检测、载波监听和多重访问已不再重要。

千兆以太网支持流量管理技术，它保证在以太网上的服务质量，这些技术包括IEEE 802.1P第二层优先级、第三层优先级的QoS编码位及特别服务和资源预留协议（RSVP）。

由于千兆以太网采用了与传统以太网、快速以太网完全兼容的技术规范，因此千兆以太网除了继承了传统以太局域网的优点外，它还具有1 Gb/s的通信带宽、QoS服务，以及升级平滑、实施容易、性价比高和易管理等优点。

2. 千兆以太网标准

千兆以太网具有IEEE 802.3z和IEEE 802.3ab两个标准，这两个标准采用了同样的MAC子层，但是在物理层采用了不同的编码、译码方式和不同的传输介质，形成了两个不同的物理层标准。

IEEE 802.3z标准中数据编码采用8B/10B。IEEE 802.3z标准主要针对三种类型的传输介质，即单模光纤、多模光缆、150 Ω屏蔽铜缆。IEEE 802.3z的三种千兆以太网物理层标准为：

1000BaseLX：既支持多模也支持单模光纤上的长波激光的千兆以太网标准；

1000BaseSX：支持多模光纤上的短波激光的千兆以太网标准；

1000BaseCX：支持150 Ω屏蔽铜缆的千兆以太网标准。

1000Base－LX的传输介质是单模光纤或多模光纤，采用长波激光作为信号源，激光波长为1 300 nm。1000Base－LX接口使用纤芯62.5 μm和50 μm的多模光纤时，最大传输距离550 μm，使用纤芯为10 μm的单模光纤时，最大传输距离为5 000 m。光纤与设备的连接使用SC型光纤连接器。

1000BASE－SX的传输介质为多模光纤，不支持单模光纤，采用短波激光作为信号源，激光波长为800 nm。1000BASE－SX使用62.5 μm多模光纤时，最大距离为300 m。当使用50 μm多模光纤时，最大距离为550 m。光纤与设备的连接使用SC型光纤连接器。

1000BASE－CX采用150 Ω平衡屏蔽双绞线（STP），最大传输距离为25 m，1000BASE－CX主要用于机房内高速设备间的连接，例如机房内集群网络设备的互连、机房内核心交换机与服务器的连接。

IEEE 802.3ab标准主要针对双绞线传输介质。1000BASE－T的编码采用卷积编码技术，又称为五级脉冲放大调制PAM－5。五级脉冲放大调制在4对线上传输5个电平幅度的信号，即五进制信号，使得它在四对线上可实现5^4共625种可能的编码，大大提高了编码效率。

1000BASE－T采用5类非屏蔽双绞线传输介质，在传输中使用5类非屏蔽双绞线所有的4对双绞线进行传输，并工作在全双工模式下。1000BASE－T在采用PAM－5的同时，还采用了复用技术，使得可以在每个线对上传输250 Mb/s的数据速率，四对线复用后达到1 000 Mb/s的速度。IEEE 802.3z和IEEE 802.3ab两个标准的技术性能见表4－3。

表4－3

<table>
<tr><td colspan="4">MAC层</td></tr>
<tr><td colspan="3">1000BASE－X　　8B/10B编码</td><td>1000BASE－T　PAM－5编码</td></tr>
<tr><td>1000BASE－CX
屏蔽铜缆</td><td>1000BASE－LX
单、多模光缆</td><td>1000BASE－SX
多模光缆</td><td>1000BASE－T
5类（4对）UTPSTP双绞线</td></tr>
<tr><td colspan="3">802.3z</td><td>802.3ab</td></tr>
</table>

在以太网技术中，100BaseT是一个里程碑，确立了以太网技术在桌面的统治地位。千兆以太网及随后出现的万兆以太网标准是两个比较重要的标准，以太网技术通过这两个标准从桌面的局域网技术延伸到校园网、企业网的局域网组建及城域网的汇聚层网络和骨干层网络的组建。

4.3.4　10G以太网

在很长的一段时间中，人们普遍认为以太网带宽太低（10M以及100M快速以太网的时代），千兆以太网链路作为汇聚也是勉强，作为城域数据网骨干更是力所不能及。虽然以太网多链路聚合技术可以将多个千兆链路捆绑使用，提高链路带宽，但是链路捆绑一般只用于短距离应用环境，无法胜任远程通信的城域网、广域网的骨干层网络传输任务，千兆以太网的这些不足成为以太网络进入城域网、广域网的一大障碍。

在使用双绞线传输时，无论是10M、100M还是1 000M以太网，由于信噪比、碰撞检测、可用带宽等原因使其传输距离都是100 m。使用光纤传输时，以太网使用的主从同步机制同样制约了传输距离，一般难以突破数10 km。千兆以太网的这些不足随着万兆以太网技术的出现已经得到解决。

1999年，IEEE成立了IEEE 802.3HSSG小组专门研究10 Gb/s以太网标准。它的目标是进一步完善802.3协议，将以太网应用扩展到城域网、广域网，提供更高的带宽，兼容已有的802.3标准。

2002年6月12日，万兆以太网标准IEEE 802.3ae标准正式发布，这是工业界第一个纯光纤的以太网，数据传输率达到10 Gb/s，再次开创了以太网的新时代。

1. 万兆以太网技术要点

虽然万兆以太网技术建立在传统以太网技术的基础上，但作为“高速”以太网技术，它与原有的以太网技术有共同之处，也有差异之处。

从OSI网络层次模型上看，以太网属于数据链路层、物理层协议。万兆以太网与10M、100M、1 000M等前面几代以太网类似，也使用同一个MAC层，也使用IEEE 802.3以太网MAC（Medium Access Control，介质访问控制）协议和帧格式，这种设计使用户升级后的以太网能和低速的以太网通信，即实现了以太网的向下兼容。

万兆以太网与100M以太网、1 000M以太网的不同主要体现在物理层。由于10G以太网数据传输率非常高，一般不会用于直接与端用户相连，10G以太网主要用于网络骨干。而网络骨干传输主要解决的是更高带宽要求和更远传输距离要求。针对万兆以太网的这些特定的应用和要求，万兆以太网对原来的以太网技术也做了很大的改进，主要表现在如下方面：

（1）传输介质

100M以太网和1 000M以太网可以使用铜双绞线、光缆等多种传输介质，而10G以太网由于具有较高的传输速度，主要采用光纤作为传输介质。

（2）全双工模式

100M以太网和1 000M以太网既可以工作在半双工模式，也可工作在全双工模式，但万兆以太网只工作在全双工模式，因而省略了CSMA/CD带冲突检测的载波侦听多路访问策略。

（3）物理层特点

万兆以太网可以用于组建局域网，也可在广域网中使用。万兆以太网的物理层定义了两种工作模式：一种是用于局域网的模式——LAN模式，一种是用于广域网的模式——WAN模式。LAN模式可以直接采用万兆光纤作为连接的物理传输介质，传输速率为10 Gb/s，而WAN模式的连接需要通过广域网的SDH网络进行连接，所以用于广域网的万兆以太网物理层需要增加一个SONET/SDH子层作为第一层，实现将以太网帧格式转换成SDH帧格式在SDH网络中进行传输。

（4）帧格式

由于以太网最初的设计是面向局域网的，当以太网作为广域网进行长距离高速传输时，由于链路信号频率和相位有较大的抖动，导致在目的端实现同步比较困难。同时，数据帧的帧头是实现传输控制的重要内容，为了保证帧头信息传输的可靠性，需要对帧头信息进行差错控制。因此，以太网对以太网帧中的同步方式进行了修改，以保证接收方的同步接收，在头部字段添加头校验码 HEC 对头部信息进行差错校验，以保证帧头信息传输的可靠性。

（5）速度适配

由于10G 以太网既可以用于 LAN 模式，也可用于 MAN 模式，需要解决两种模式下物理层接口速率匹配问题。10G 局域以太网和广域以太网物理层的端口速率不同，局域网的数据端口率为 10 Gb/s，广域网的数据端口速率为 9.584 64 Gb/s。由于两种速率的物理层共用同一个 MAC 层，而 MAC 层的工作速率为 10 Gb/s，所以万兆以太网在用于广域网工作在 WAN 模式时，必须采取相应的调整策略，将 10 Gpbs 的网络速度降低到 9.584 64 Gb/s，使之与广域网物理层的传输速率 9.584 64 Gb/s 相匹配，适应广域网的使用。

（6）距离支持

万兆以太网既支持局域网应用，也支持广域网应用，需要提供更远传输距离的支持，在接口类型上提供了更为多样化的选择。通过各种标准，适用于不同的应用。万兆以太网可以提供多模光纤长达 300 m 的支持距离，或针对大楼与大楼间/园区网的需要提供单模光纤长达 10 km 的支持距离。在城域网方面，可以提供 1 550 nm 波长单模光纤长达 40 km的支持距离。在广域网方面，更可以提供 OC－192C 广域网，支持长达 70～100 km 的连接。

（7）端到端的保证

传统的万兆以太网是一种“尽力而为”的网络机制，它强调的是用户接入网络所实现的网络资源和信息的共享，而不提供带宽控制和支持实时业务的服务保证，也不能提供故障定位、多用户共享节点和网络计费等。但是，随着在光纤上直接架构千兆和万兆以太网技术的成熟及以太网在城域网和广域网的应用，也采取了多种技术措施来提供“端到端”的网络服务保证。

（8）兼容升级

从速度来看，以太网由最初的不到 10 Mb/s 发展到今天的 10 Gb/s，速度成倍增长。但是无论是100M 以太网、千兆以太网，还是万兆以太网，都仍然是基于以太网技术的，因此，它们能很好地实现向下兼容和速度扩展，是目前唯一能够从 10 Mb/s 速度无缝升级到 10 Gb/s 速率的网络技术。这不仅在以往以太网升级到千兆以太网中得到了体现，同时在未来升级到万兆以太网，甚至四万兆（40G）、十万兆（100G）以太网，都将是明显的优势。

2. 万兆以太网标准

就目前来说，万兆以太网由于既支持远近距离的传输，也支持局域网、广域网的应用，所以标准和规范都比较繁多。在标准方面，有 2002 年的发布的 IEEE 802.3ae，2004 年发布的 IEEE 802.3ak，2006 年发布的 IEEE 802.3an、IEEE 802.3aq 和 2007 年发布的 IEEE 802.3ap 标准。

在这些标准和规范中，可以将它们分为四类：一是基于光纤的局域网万兆以太网规范，二是基于双绞线（或铜线）的局域网万兆以太网规范，三是基于光纤的广域网万兆以太网规范，四是基于刀片服务器的万兆以太网背板应用规范。万兆以太网的主要规范如下：

（1）10GBase－SR

10GBase－SR 是短距离的局域网万兆以太网规范。采用 64B/66B 编码，数据速率为 10.000 Gb/s，时钟速率为 10.3 Gb/s。

10GBase－SR 使用短波（波长为 850 nm）多模光纤（MMF），有效传输距离为 2～300 m，要支持 300 m 传输需要采用经过优化的 50 μm 线径 OM3（Optimized Multimode 3，优化的多模 3）光纤（没有优化的线径 50 μm 光纤称为 OM2 光纤，而线径为62.5 μm 的光纤称为 OM1 光纤）。10GBase－SR 具有最低成本、最低电源消耗和最小的光纤模块等优势。

（2）10GBase－SW

10GBase－SW 是短距离的广域网万兆以太网规范。10GBase－SW 的编码方式、光纤类型、使用波长和有效传输距离与 10GBase－SR 规范完全一样。但 10GBase－SW 是用于广域网的万兆以太网规范，与 SONETOC－192 兼容，其时钟为 9.953 Gb/s，数据速率为 9.585 Gb/s。10GBase－SW 通过广域网接口子层 WIS 把以太网帧封装到 SDH 的帧结构中去，并做了速率匹配，实现了与 SDH 的无缝连接。

（3）10GBase－LR

10GBase－LR 是长距离的局域网万兆以太网规范。10GBase－LR 规范编码方式为 64B/66B，使用长波（1 310 nm）单模光纤（SMF），有效传输距离为 2 m～10 km，事实上最高可达到 25 km。数据速率为 10.000 Gb/s，时钟速率为10.3 Gb/s。

（4）10GBase－LW

10GBase－LW 是用于长距离广域网的以太网规范。10GBase－LW 的编码方式、光纤类型、使用波长和有效传输距离与 10GBase－LR 规范完全一样。但由于要与 SONETOC－192 兼容，其时钟速率为 9.953 Gb/s，数据速率为 9.585 Gb/s。

10GBase－SR、10GBase－SW、10GBase－SW、10GBase－LW 对应万兆以太网的 IEEE 802.3ae 标准。

（5）10GBASE－LX4

10GBase－LX4 采用波分复用技术，通过使用 4 路波长统一为 1 300 nm，工作在 3.125 Gb/s 的分离光源来实现 10 Gb/s 传输。该规范在多模光纤中的有效传输距离为 2～300 m，在单模光纤下的有效传输距离最高可达 10 km。它主要适用于需要在一个光纤模块中同时支持多模和单模光纤的环境。10GBASE－LX4 对应于 IEEE802.3ae 标准。

（6）10GBase－CX4

10GBase－CX4 使用 802.3ae 中定义的 XAUI（万兆附加单元接口）和用于 InfiniBand 中的 4X 连接器，传输介质称为“CX4 铜缆”（其实就是一种屏蔽双绞线）。它的有效传输距离仅 15 m，适用于数据中心交换机与内部服务器之间的连接应用。

10GBase－CX4 规范是利用铜线链路的 4 对线缆传送万兆数据，通过 4 个发送器和 4 个接收器采用复用技术实现传送万兆数据。10GBase－CX4 采用 8B/10B 编码，以每信道 3.125 GHz的波特率传送 2.5 Gb/s 的数据。10GBase－CX4 的主要优势就是低电源消耗、低成本、低响应延时。10GBase－CX4 对应 IEEE 802.3ak 万兆以太网标准。

（7）10GBase－T

10GBase－T可工作在屏蔽或非屏蔽双绞线上，最长传输距离为100 m。这可以说是万兆以太网的一项革命性的进步，因为在此之前，一直认为在双绞线上不可能实现这么高的传输速率，原因就是运行在这么高工作频率（至少为500 MHz）的损耗太大。但标准制定者依靠损耗消除、模拟到数字转换、线缆增强和编码改进4项技术使10GBase－T变为现实。

10GBase－T的电缆结构也可用于1000Base－T规范，以便使用自动协商协议顺利地从1000Base－T升级到10GBase－T网络。10GBase－T相比其他10G规范而言，具有更高的响应延时和消耗。在2008年，有多个厂商推出一种硅元素，可以实现低于6 W的电源消耗，响应延时小于百万分之一秒（也就是1 μs）。在编码方面，不是采用原来1000Base－T的PAM－5，而是采用了PAM－8编码方式，支持833 Mb/s和400 MHz带宽，对布线系统的带宽要求也相应地修改为500 MHz，如果仍采用PAM－5的10GBase－T，对布线带宽的需求是625 MHz。在连接器方面，10GBase－T使用已广泛应用于以太网的650 MHz版本RJ－45连接器。在6类线上最长有效传输距离为55 m，而在6a类双绞线上可以达到100 m。10GBase－T对应IEEE 802.3an标准。

（8）10GBase－KX4和10GBase－KR

10GBase－KX4和10GBase－KR主要用于背板，如刀片服务器、路由器和交换机的集群线路卡，所以又称之为“背板以太网”。

10GBase－KX4和10GBase－KR对应的是2007年发布的IEEE 802.3ap标准。

在10GBase－KR规范中，为了防止信号在较高的频率水平下发生衰减，背板本身的性能需要更高，并且可以在更大的频率范围内保持信号的质量。IEEE 802.3ap标准采用的是并行设计，包括两个连接器的1 m长铜布线印刷电路板。10GBase－KX4使用与10GBase－CX4规范一样的物理层编码，10GBase－KR使用与10GBase－LR/ER/SR三个规范一样的物理层编码。目前，对于具有总体带宽需求或需要解决走线密集过高问题的背板，许多供应商提供的SerDes芯片均采用10GBase－KR解决方案。

10GBASE－SW、10GBASE－LW和10GBASE－EW是应用于广域网的接口类型，其传输速率和OC－192SDH相同，物理层使用了64B/66B的编码，通过WIS把以太网帧封装到SDH的帧结构中去，并做了速率匹配，以便实现和SDH的无缝连接。

万兆以太网各种规范的综合比较见表4－4。

表4－4

万兆以太网规范	使用传输介质	有效距离	应用领域
10GBase－SR	850 nm多模光纤，50 μm的OM3光纤	300 m	局域网（光纤）
10GBase－LR	1 310 nm单模光纤	10 km	
10GBase－LRM	62.5 μm多模光纤，OM3光纤	260 m	
10GBase－ER	1 550 nm单模光纤	40 km	

续表

万兆以太网规范	使用传输介质	有效距离	应用领域
10GBase－ZR	1 550 nm 单模光纤	80 km	局域网（光纤）
10GBase－LX4	1 300 nm 单模或者多模光纤	300 m（多模时），10 km（单模时）	
10GBase－CX4	屏蔽双绞线	15 m	局域网（铜缆）
10GBase－T	6 类、6a 类双绞线	55 m 6 类线，100 m 6a 类线	
10GBase－KX4	铜线（并行接口）	1 m	背板以太网
10GBase－KR	铜线（串行接口）	1 m	
10GBase－SW	850 nm 多模光纤，50 μm 的 OM3 光纤	300 m	SDH/SONET 广域网
10GBase－LW	1 310 nm 单模光纤	10 km	
10GBase－EW	1 550 nm 单模光纤	40 km	
10GBase－ZW	1 550 nm 单模光纤	80 km	

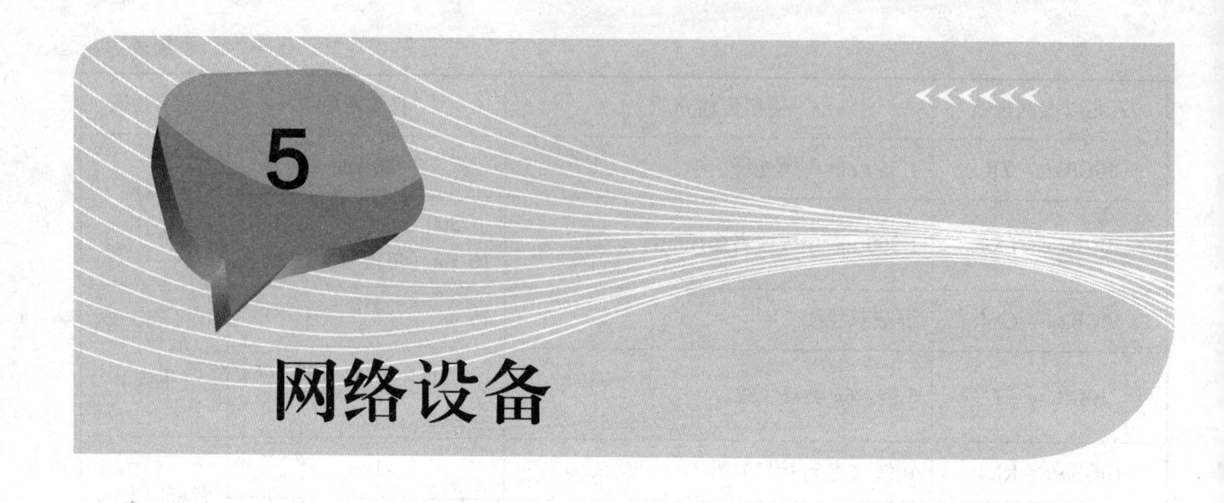

计算机网络由网络设备与通信线路组成。网络设备分为网内连接设备和网间连接设备。网内连接设备主要有网卡、集线器、交换机等，网间连接设备主要有网桥、路由器、网关等。

5.1 网卡、集线器、网桥

5.1.1 网卡

网卡也叫网络适配器，计算机通过网卡与网络实现连接。发送端计算机上的网卡将源端计算机的数据转变为网络线缆上传输的电信号发送出去，接收端计算机上的网卡从网络线缆上接收电信号并把电信号转换成在计算机内传输的数据。

按照 OSI 层次模型，网卡工作在数据链路层、物理层，属于二层设备。网卡的主要功能是完成并行数据和串行信号之间的转换、数据编码、数据帧的装配和拆装，完成数据帧传输的差错校验、流量控制、介质访问控制和数据缓冲等。

由于网络上的数据率和计算机总线上的数据率并不相同，因此在网卡中必须装有对数据进行缓存的存储芯片。早些年使用的网卡的实际产品外形如图 5 - 1 所示，现在多数计算机已将网卡集成在计算机主板上。

每台联网的计算机都安装着一块网卡，网络通过网卡找到通信指定的计算机，即网络通过计算机上的网卡的地址进行物理寻址。每块网卡在厂家生产时，都分配了一个的地址，这个地址在全世界都是唯一的，称为 MAC 地址，网络在数据链路层的寻址通过 MAC 地址实现。

因为 MAC 地址是联网计算机的物理地址，全世界联网的计算机都靠它进行寻址，所以 MAC 地址需要在全球进行统一分配。MAC 地址由 IEEE 进行统一的管理，采用 48 位二进制数表示，共 6 个字节。IEEE 负责向设备商分配前 3 个字节的地址，可以通过它来区别不同的厂家生产的网卡，后面的 3 个字节由厂家对每一块网卡进行具体的地址分配。如某块网卡的 MAC 地址为：000000100110100010100001000100010100001110111111。

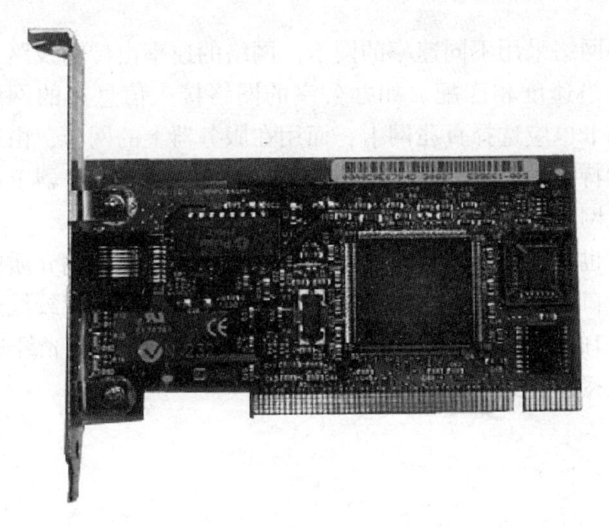

图 5－1

由于 48 位二进制数不容易书写和阅读，故而在网络技术中，采用十六进制数表示 MAC 地址，每四位二进制数用对应一个十六进制数。按照这种方式，以上地址为 0000 0010 0110 1000 1010 0001 0001 0001 0100 0011 1011 1111 的 MAC 地址用十六进制表达为 0268A11143BFH，共用 12 个十六进制数。

MAC 地址第 6 字节的 8 位地址中有 2 位特殊的地址位，分别为 I/G 位和 G/L 位，用于表示组地址位和单地址及全局管理地址和局部管理地址。

组地址表达含有该地址的报文将送给组地址定义为这一组地址的所有计算机，单地址表达含有该地址的报文仅送给该地址的单台计算机。IEEE 规定了 MAC 地址的 6 字节中的第一个字节的最低位为 I/G 位，I/G 位为 0 时，表示该地址为单地址；I/G 位为 1 时，表示该地址为组地址。

同时，IEEE 考虑到某些制造产商可能不会向 IEEE 申请购买地址块，但也需要使用 MAC 地址来组建自己的网络，于是 IEEE 将 MAC 地址的 6 字节中的第一个字节中次低位的一位定为 G/L 位，即全局管理地址位/局部管理地址位。G/L 位为 1 时，表示是全局管理地址，该地址属于向 IEEE 申请购买的地址块，该地址只能按 IEEE 分配的地址范围进行使用；G/L 位为 0 时，表示是局部管理地址，该地址不属于向 IEEE 申请购买的地址块，用户可以任意分配网络上的地址。

综上所述，在 MAC 地址的 48 位中，除去 2 位特殊用途的位，在全局地址中，实际可以使用 70 万亿个地址，如此巨大的地址范围，保证了全球每一个站点的 MAC 地址互不相同。

网卡存在许多类型，要根据不同的使用环境选择适合的类型。

不同类型的网络采用不同的网卡，现在比较流行的网络有以太网、ATM 网、令牌环网、FDDI 网等，所以网卡也相应地有以太网卡、ATM 网卡、令牌网卡、FDDI 网卡等。如计算机要实现与以太网连接，则联网的计算机需要使用以太网卡；同样，如果计算机要实现与 ATM 网连接，则联网的计算机需要使用 ATM 网卡。以太网是当前的主流网络，市场上90%以上的网络都是以太网，市场销售的网卡如不加特别说明，一般都是以太网卡。

不同传输速率的网络采用不同速率的网卡。网络的速率由传输线路、组网设备及网卡决定，选择网卡要与网络速度相匹配。如办公室的网络接入信息点的网络速度为100 Mb/s，则插在计算机上的网卡也应选择百兆网卡；而用在服务器上的网卡，由于访问量较大，一般接入速度都在千兆比特每秒，甚至万兆比特每秒，因此，插在服务器上的网卡往往需要选择千兆网卡，甚至万兆网卡。

不同的传输介质也将选用不同接口的网卡。计算机与网络传输介质的连接是通过插在计算机上的网卡上的接口来实现的。当网卡为双绞线接口时，采用双绞线进行连接，需要使用两头带有RJ-45接口的双绞线跳线；当网卡为光缆接口时，采用光纤进行连接，此时需要使用两头带有光纤连接器的光纤跳线。

5.1.2 集线器

由于传输线路噪声和线路衰减的影响，信号的传输距离受到限制，为了延伸传输距离，需要使用中继器。中继器的主要功能是对接收到的信号进行再生整形放大，以扩大网络的传输距离。

网络中起中继器作用的设备是集线器。集线器的工作原理和中继器的相似，也是对接收到的信号进行再生整形放大，保证信号质量。集线器同时是一个多端口的中继器设备，它把收到的信号经过再生放大后广播到其他所有端口，以保证所有端口都具有同样质量的信号。

集线器工作在总线方式下，任意一台连接在集线器上的计算机发出的数据信息，都能够通过总线传输到集线器上的所有端口，即所有连接在集线器上的计算机都能接收到任何一个计算机发出的数据信号。集线器正是基于这种方式实现了连接在其上的计算机相互通信。按照OSI层次模型，集线器工作在参考模型第一层，即“物理层”。

集线器工作在共享带宽方式下，即总线上连接的所有计算机只能分时共享传输总线的带宽。如果总线带宽为100 Mb/s，集线器上连接了10台计算机，则理论上每个连接端口的最大速率仅为10 Mb/s。

总线连接方式的网络中，常常通过集线器来扩充网络的端口数目。集线器产品根据用户需要设计了不同数目的端口，常见的集线器有4端口、8端口、12端口、16端口、24端口等多种形式。以太网使用集线器进行网络连接时，只要将每一台联网的计算机连接到集线器的一个端口上即可，如图5-2所示。

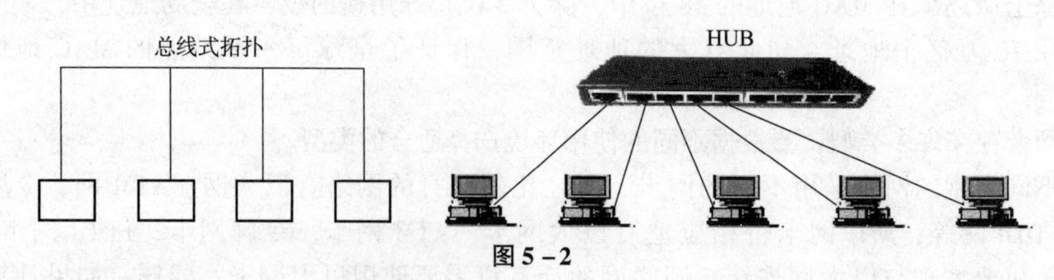

图5-2

总线连接方式的网络存在介质访问控制问题，以太网就是总线连接方式的网络，以太网采用的介质访问控制方式是载波侦听/冲突检测（CSMA/CD）。即网上的站需要发送数据时，先侦听总线上是否有载波，无载波说明线路空闲，可以发送数据；有载波则说明当前有数据发送，线路不空闲，不能发送数据。

通过集线器连接的网络是总线网，总线网存在冲突问题。即当两个或两个以上的站监听到信道空闲，同时发送数据时，将产生信号碰撞，导致传输失败，传输效率下降。网络总线上连接的计算机越多，网络冲突域越大，发生冲突的可能性就越大，网络的传输效率就越低。所以，集线器联网只能用于规模很小的网络。当网络规模较大时，需要采用网桥对网络进行适当的分割，将规模较大的网络分割成若干更小的网络，解决由于网络具有较大的冲突域带来的发生冲突的概率上升而导致传输效率下降的问题。

5.1.3 网桥

网桥(Bridge)将同处于一个总线网段范围内的网络隔离成若干网段，减小它们的冲突域，从而在一定程度上减小了发生冲突的概率，解决由于冲突导致传输效率下降的问题。网桥既实现了网络的隔离，还能将被隔离的不同网段进行互联，实现不同网段间的数据转发，完成网络的数据传输功能。

按照 OSI 层次模型，网桥工作在数据链路层，与集线器一样，也具有若干端口，每一个端口连接一个网段或一个局域网，所以网桥又是一个实现局域网互联的设备。网桥使用 MAC 地址在各网段或局域网间转发数据帧，实现了不同局域网的通信。在实际中，网桥主要用于同一网络的不同网段的互联，完成帧的过滤与转发。

1. 网桥的工作原理

网桥工作在数据链路层，其基本工作是接收、存储、转发帧到与其连接的局域网网段上。连接在两个网段或局域网的网桥接收到帧时，先进行存储，然后对收到的帧中的目的 MAC 地址进行分析，决定帧的过滤或转发。

当一个帧到达网桥时，网桥根据帧内地址字段所带的目的地址判断源主机与目的主机是否处于同一网段来决定过滤或转发。如果源主机与目的主机处于同一网段，说明目的主机已经能够直接收到该帧，不必由网桥转发，网桥丢弃该帧（过滤）。

如果源主机与目的主机处于不同的网段，说明目的主机不能直接收到该帧，需要由网桥转发。网桥把从连接端口送入的帧转发到与目的网段连接的端口，使得该帧达到目的网段。图 5－3 所示的是一个使用网桥实现两个网段的网络互联的示意图。

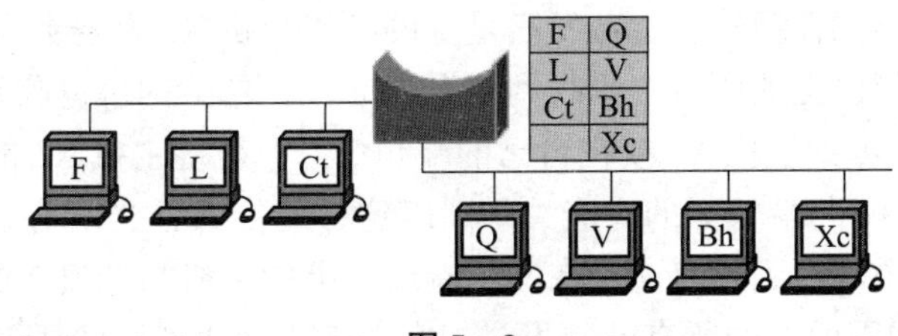

图 5－3

在图 5－3 所示例子中，当 Xc 主机发送数据给 V 主机时，由于目的主机与源主机处于同一端口所连接的网段，能直接收到，网桥不必转发。当 Xc 主机发送数据给 L 主机时，由于目的主机与源主机不是处于同一端口所连接的网段，不能直接收到，必须经过网桥转发。

可以看出，网桥具有将一个网段内互相传送的数据不转发到其他网段的功能，正是这种功能使它起到隔离网段的作用，实现了将一个较大的网络隔离成若干网段的功能。

一个连接着较多主机的以太网，如果采用网桥将其隔离成若干网段，则将使整个网络的冲突域大大减小，发生冲突的可能性进一步减小，整个网络的传输效率将大大提高。同时，不同网段的数据帧可以通过网桥进行转发，网桥的加入并不影响通信的正常进行。

网桥的这种隔离作用除了减小冲突域外，还可以缓解网络通信的负担。当一个网络负载很大时，可以用网桥将其分成两个网段或更多的网段，起到缓解网络通信的繁忙程度的作用。图 5 -4 所示的网络通过 3 个网桥进行连接，将网络分成 4 个网段。

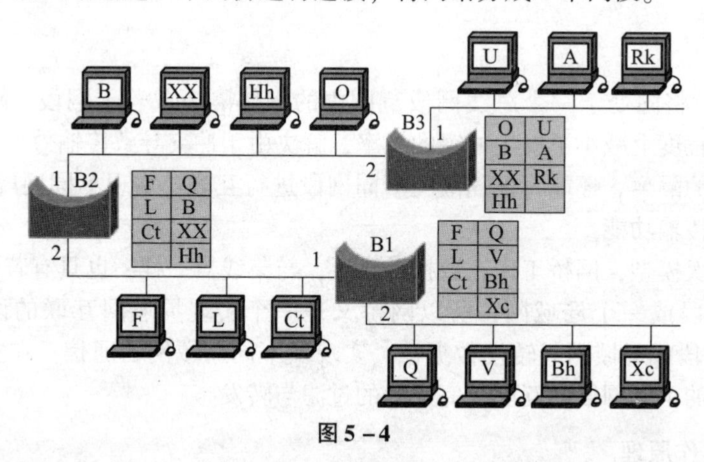

图 5 -4

2. 转发表的建立

网桥的主要功能是对数据帧进行转发。网桥通过内部的转发表实现以上转发功能，而内部的转发表是网桥设备加电后通过学习自动建立起来的。

转发表描述了网桥各端口所连接的网段上有哪些主机与之相连，即建立了每个网段所连主机的 MAC 地址与对应的端口关系，连接在同一端口上的主机属于同一网段，连接在不同端口上的主机属于不同网段。

网桥通过学习自动建立转发表。为了说明网桥的学习、建立转发表的工作原理，采用图 5 -4 所示的网络连接图例。在该图例中，采用了三个网桥实现四个网段的连接，或者说一个较大的总线局域网通过三个网桥被分割成四个网段。当网络连接完毕加电时，网桥开始启动，此时网桥还没学习到任何信息，转发表是空的。当主机 Xc 发送数据帧到站点 Q 时，由于处于同一网段，该网段上的所有主机收到了发送的帧，包括网桥也收到了这个帧，通过读取源地址，网桥 B1 学习到主机 Xc 接在自己的端口 2，于是将主机 Xc 的地址收录到自己的转发表中，并建立了 Xc 与端口 2 的对应关系。以这样的方式，当所有的与端口 2 连接的站都发送过数据时，网桥学习到所有连接在网桥端口 2 上的主机与端口 2 的关系；同样，当连接在网桥 B1 端口 1 的网段上的所有站都发送过数据时，网桥学习到所有连接在网桥端口 1 上的主机与端口的关系。通过这样的学习，网桥建立了转发表。建好转发表后，网上有数据帧发送时，网桥按照转发表中的信息对收到的帧进行地址分析，决定是转发还是不转发。

在特殊情况下，当一个帧到达网桥时，网桥的转发表地址栏中没有该帧目的地址段的地址，此时网桥无法用以上方式确认如何转发，这时网桥采用广播的方式，将该帧向所有网段转发，使该帧能够到达目的主机。同时，在该目的主机返回应答帧时，网桥又学习到该主机的地址与网段所连端口的关系，更新原来的地址转发表。通过这样的学习，网桥始终能够收集到连接在自己各个端口上的所有主机的地址信息，建立起完备的地址转发表。

3. 网桥类型

按照网桥的工作方式，网桥又可细分为透明网桥（transparent bridge）和源路由网桥（source route）两种类型。

按照以上学习方式建立转发表的网桥为透明网桥。透明网桥通过自学习建立转发地址表，以后的传输按地址表进行。当地址表建立完成后，各个工作站不必关心网络内部情况，也不必了解帧是如何传输到目的站的。该帧发送出去以后，一定能到达目的站，从这个意义上来说，网络上一个站传输到另外一个站是没有障碍的，即是透明的，所以称为透明网桥。

源路由网桥在发送帧时将详细的路由信息放在帧的首部，该帧按照首部的路由信息进行转发。路由信息的获取在网络初始化时完成，由源站以广播方式向欲通信的目的站发送一个发现帧，每个发现帧都记录所经过的路由。发现帧到达目的站时，就沿各自的路由返回源站。源站在得知这些路由后，从所有可能的路由中选择出一个最佳路由，该路由将作为后续发送使用的路由信息。在源路由网桥中，由源端进行传输路径选择，即源路由网桥的路由信息是由源端站自己建立的，凡是从该源站向该目的站发送的帧的首部，都必须携带源站所确定的这一路由信息。传送帧上携带的路由信息是由源端给出的，所以该网桥称为源路由网桥。源路由网桥的这种方式目前已经很少使用。

网桥将一个较大的网络隔离成若干网段，网段划分越小，冲突域就越小，网络的传输效率越高。如果将集线器的每一个端口隔离成一个网桥，则冲突域最小，能较彻底地解决冲突问题。这种情况就相当于今天的交换机，以太网交换机就是这样的技术，其较好地解决了冲突问题。

5.2 交换机

5.2.1 工作原理

交换技术有电路交换、报文交换和分组交换技术。网络中主要采用分组交换技术，分组交换技术将通过网络中的交换节点的数据分组，不断地向目的端转发（交换），使其最终到达目的端。交换技术就是按照通信两端传输信息的需要，把需要传输的信息从输入端送到输出端的技术，网络中各节点实现交换的设备是交换机。

网络中主流的网络是以太网，所以最常见的交换机是以太网交换机，在网络工程中使用的交换机如果不加特别说明，就是指以太网交换机，本节讨论的交换机是以太网交换机。

为了说明以太网交换机的工作原理，将它与集线器进行比较。图 5－5 给出了集线器与交换机的工作示意图。从图 5 –5 可以看出，集线器共享一条传输总线，当任何一对站需要传输时，它们占用总线，此时其他站不能再使用总线传输，否则将产生冲突。

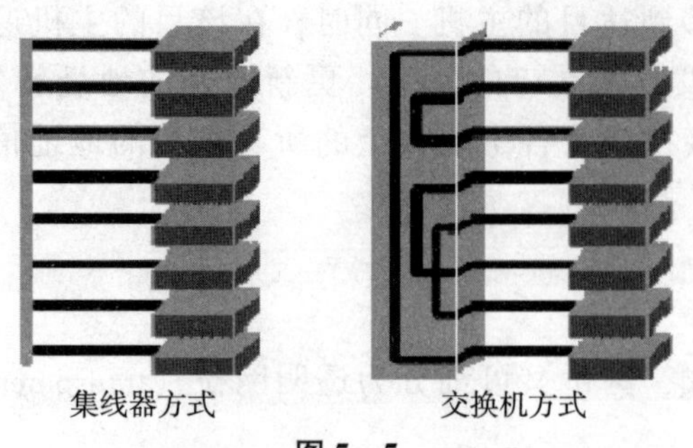

图 5 –5

而交换机的工作方式完全不同于集线器的工作方式。交换机的工作方式是通过交换连通需要传输的一对端口，即在需要传输的一对端口间建立起独立的传输通路，使得传输的数据帧可以从入端端口送入交换机，从出端端口送出，完成交换。交换机在交换时，不需要传输的端口间不连通，即不建立传输通路。

交换机在需要传输的一对端口间建立起传输通路是通过交换矩阵来实现的。交换矩阵的工作原理示意如图 5 –6 所示。当 E1 端口与 E11 端口要建立通路时，交换矩阵将 A 节点连通，使得 E1 端口和 E11 端口间构成连接通路。同样，当 E2 端口与 E7 端口要建立通路时，交换矩阵将 B 节点连通，使得 E2 端口和 E7 端口间构成了连接通路。当 E4 端口与 E9 端口要建立通路时，交换矩阵将 C 节点连通。

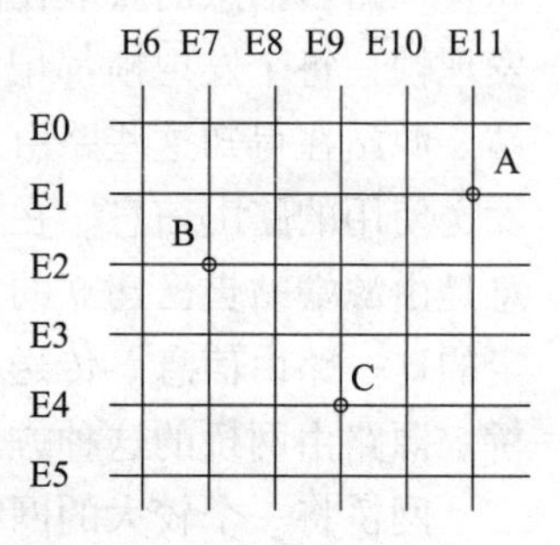

图 5 –6

交换机可以同时为多对需要传输的端口之间建立通路，当两个以上的站需要发送时，只要目的站点不同，就可以同时进行。由于使用互不相干的通道，它们的传输相互不会发生冲突。在如图 5 –6 所示的交换矩阵中，E1 端口和 E11 端口、E2 端口和 E7 端口、E4 端口和 E9 端口由于互不相干，它们可以同时接通，同时为这三对端口完成交换。

交换机和集线器的工作方式的差别在于：当网络中有一个端口的数据帧要发给另外一个端口时，如果通过集线器传输，则接入集线器的所有端口都会收到这个数据帧；如果通过交换机传输，则只有需要传输的这两个端口建立了独立的传输通道，完成交换，而其他任何端口与这一对端口都不连通，即其他端口收不到发送方送来的数据帧。也就是说，在交换机的这种工作方式下，由于该数据帧不会传输到其他网段，不会对其他网段的带宽产生影响，更不会与其他端口的发送发生冲突，从而彻底地解决了冲突问题。

在交换机工作方式下，由于是独享总线带宽，两个端口建立了独立的传输通道，使得 100 Mb/s 的交换机的每个端口的速率就是 100 Mb/s，与连接在交换机上的计算机的数量无关。所以，集线器是共享带宽工作方式，而交换机是独享带宽工作方式，这是它们的差别。

以上讨论了交换机的工作原理，下面讨论交换机的类别。按照交换机工作在 OSI 模型的层次的不同，分成如下三类。工作在数据链路层和物理层的交换机为二层交换机，工作在网络层、数据链路层和物理层的交换机为三层交换机，而工作在传输层、网络层、数据链路层和物理层的交换机为四层交换机。

5.2.2 二层交换机

二层交换机工作在 OSI 模型的数据链路层和物理层。数据链路层传输的是数据帧，使用的地址是 MAC 地址，根据 MAC 地址完成数据帧的交换。二层交换机的外部结构与集线器一样，有许多端口，连网的计算机连接到各个端口，实现网络的连接。图 5－7 给出了二层交换机转发数据帧的原理示意，图中 4 台主机分别连接到交换机的 4 个端口 E1、E2、E3、E4，实现网络连接。

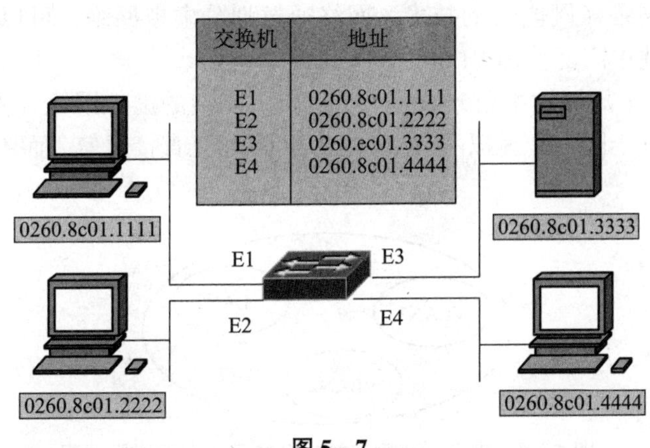

图 5－7

二层交换机使用 MAC 地址转发表完成交换，当两台主机需要通信时，发送端主机发出的数据帧传输到交换机，交换机根据送入数据帧的目的地址，查找 MAC 地址表，找到通往目的主机的端口，通过交换机为它们建立传输通道，该帧从通往目的计算机的端口送出，到达目的主机，完成交换。

例如，当 MAC 地址为 0260. 8c01. 1111 的主机要发送数据帧给 MAC 地址为 0260. 8c01. 3333 的主机时，该数据帧从端口 E1 进入交换机，交换机通过查找内部建立的 MAC 地址转发表，得知地址为 0260. 8c01. 3333 的主机连接在交换机的端口 E3，交换机在端口 E1 和端口 E3 之间建立传输通道，然后将由从 E1 端口进入交换机的数据帧从 E3 端口转发出去，完成交换。

可以看出，二层交换主要依据 MAC 地址表建立的转发信息，MAC 地址转发表记录了所有连在交换机各个端口的主机的 MAC 地址与端口的对应关系，交换机的交换根据 MAC 地址转发表实现。

二层交换机在需要传输数据的端口间建立了独立的通道，这种工作方式较好地解决了冲突的问题，克服了冲突域的问题，但二层交换机还存在广播域的问题。在交换机中，当一个广播帧发出后，它将被广播到所有端口，在网络技术中，将这种情况称为同一台交换机的所有端口连接的网络是同一广播域。当网络是由若干台交换机连接，具有一定规模时，网络中的一台交换机发出的广播帧向该交换机的所有端口发送，从这些端口又继续传输到其他交换机，其他交换机又会继续以广播方式向本交换机的所有端口发送，这种不断广播传输的结果，将使该广播帧在整个网中流动，产生较大的广播流量，这将大大占用网络的带宽，降低了网络中的有效带宽，影响网络性能。特别是当网络中存在环路时，广播帧将在环路中无限复制，从而产生广播风暴，严重时将导致网络不能使用，所以网络中还要解决广播域问题。解决广播域问题的办法是采用 VLAN 技术将一个实际的物理局域网划分成若干虚拟局域网（VLAN），通过 VLAN 隔离广播包，减小网络内的广播域，达到减少广播流量、提升网络的有效带宽、提升网络性能的目的。

5.2.3 VLAN 技术

虚拟局域网—VLAN（Virtual Local Area Network）技术是将一个局域网络划分成一个个逻辑上隔离的虚拟网络（网段）的技术。网络通过划分虚拟网络，可以有效的提高网络带宽利用率，网络组建中广泛使用 VLAN 技术。

VLAN 技术将一个局域网络划分成一个个逻辑上隔离的虚拟网络（网段），在被划分的这些虚拟网络中，处于同一个虚拟网络中的主机可以相互直接通信，而不同虚拟网络中的主机不能直接通信。

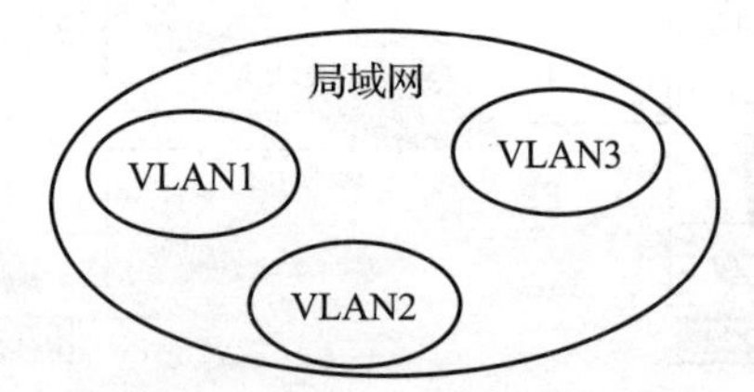

图 5-8　表示一个网络被划分成了 3 个虚拟局域网

在划分了 VLAN 的网络中，由于处于不同虚拟网络中的站点不能直接通信，同一 VLAN 中的各个站点发出的广播帧也只能在自己的 VLAN 中进行广播传送，不会送到其它 VLAN 中，即一个 VLAN 是一个独立的广播域。网络经过 VLAN 划分后，整个网络被划分成若干小的广播域，有效地抑制了广播帧。

网络广播帧的减少，使网络上不必要的广播通信流量大大减小，从而有效提升了整个网络的带宽利用率，解决了交换技术中存在的广播域问题。

当一个网络划分成若干 VLAN 时，由于处于不同 VLAN 的终端不能通信，还带来网络安全性的提高。在不需要直接通信的网段或含有敏感数据的用户组，可以通过 VLAN 划分，起到隔离作用，提高了网络的安全性，这也是在组网中，VLAN 技术得到广泛应用的另一个原因。

VLAN 是为解决以太网的广播域问题和安全性而提出的，VLAN 的具体实现是在以太网帧的基础上增加 VLAN 信息字段 VLAN ID，标识出转发的帧属于哪个 VLAN，交换机将按照划分的 VLAN 对该帧进行控制转发，对于属于同一网段的帧的通信就进行转发，对于不属于同一网段的帧的通信就不进行转发，从而实现了同一 VLAN 可以直接通信，不同 VALN 不可以直接通信。

VLAN 把用户划分为更小的工作组，每个工作组就是一个虚拟局域网，再对转发进行控制，限制同一工作组间的用户可以实现直接通信，而不同工作组间的用户不可以实现直接通信。

在组网的实际工作中，往往将同一部门的用户划分在同一 VLAN 中，而不同部门的用户划分到不同的 VLAN 中，实现部门间的安全控制。例如，一个学校的组网可以将学生处、教务处、财务处的用户分别划分到 VLAN1、VLAN2 和 VLAN3 中，由于这些部门被划分在不同的 VLAN 中，使得这些部门不可以直接通信，从而提高了网络的安全性。

（1）VLAN 的划分方式

在实际中，VLAN 的划分需要在支持 VLAN 协议的交换机上来实现，交换机支持的 VLAN 划分可以有以下几种方式，或者说 VLAN 划分可以分成如下类别：

1）基于端口划分的 VLAN

基于端口划分的 VLAN 通过在交换机上创建 VLAN，定义端口，将交换机的端口划分在不同的 VLAN，划分在同一 VLAN 中的设备接在处于同一 VLAN 的交换机端口中，划分在不同的 VLAN 中的设备接在其它 VALN 的端口中。例如将一台 8 端口交换机的 0－3 端口划分为 VLAN1，4－7 端口划分为 VLAN2。属于 VLAN1 的设备接在 0－3 端口，属于 VLAN2 的设备接在 4－7 端口。如图 5－9 所示。按照这样的划分，接在 0－3 端口的设备就可以直接通信，接在 4－7 端口的设备也可以直接通信，而接在 0－3 端口的设备与接在 4－7 的设备由于不属于同一 VLAN，它们不可以直接进行通信。

早期的交换机在按端口划分的模式下，VLAN 的划分被限制在一台交换机上。第二代 VLAN 技术允许跨越多个交换机划分 VLAN，不同交换机上的若干个端口可以组成同一个 VALN。图 5－10 给出了将两台交换机的不同端口划分在 2 个 VLAN 的示意。

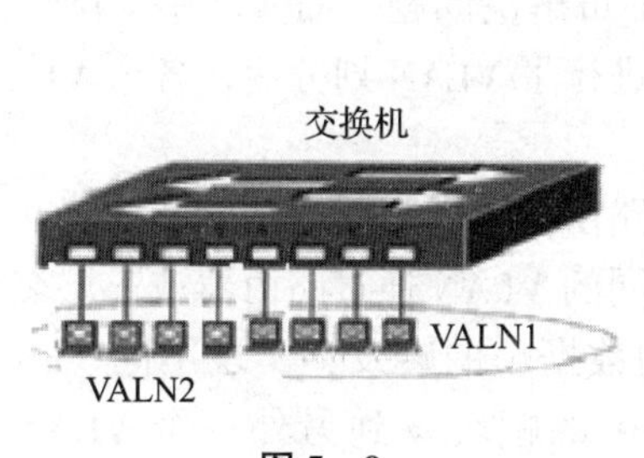

图 5－9

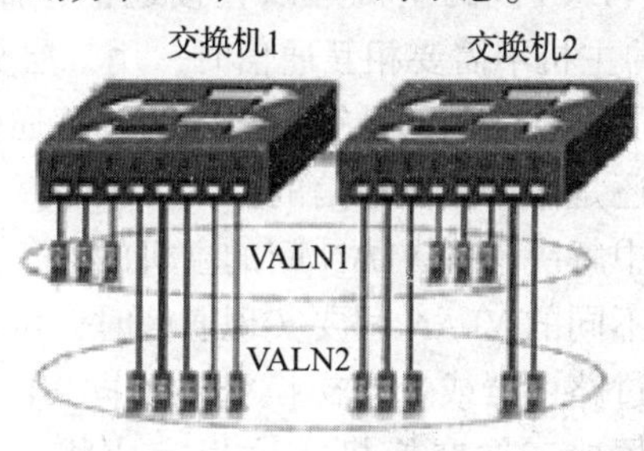

图 5－10

基于端口划分的 VLAN 的优点是定义 VLAN 成员时非常简单，只要交换机上相应的端口指定到对应的 VALN 中就可以了。基于端口划分缺点是如果 VLAN A 的用户离开了原来的端口，接入到了一个新的交换机的某个端口，那么该用户原来的 VALN 关系将被破坏，该用户的 VALN 关系必须重新定义。

2）基于 MAC 地址划分的 VLAN

基于 MAC 地址划分方式通过在交换机上创建 VLAN，定义 MAC 地址，将需要划分在同一 VLAN 中的主机按 MAC 地址将他们定义在同一个 VLAN 中。

例如，交换机上创建了 VALN1、VALN2 两个 VLAN，将 MAC 地址为 0260.8c01.1111，0260.8c01.2222，0260.8c01.3333，的计算机划分在 VALN1，将 MAC 地址为 0260.8c01.5555，0260.8c01.6666，0260.8c01.7777 的计算机划分在 VALN2。按照这样的划分，MAC 地址为 0260.8c01.1111，0260.8c01.2222，0260.8c01.3333，的计算机间可以直接通信，而 MAC 地址为 0260.8c01.5555，0260.8c01.6666，0260.8c01.7777，的计算机不可以与 MAC 地址为 0260.8c01.1111，0260.8c01.2222，0260.8c01.3333，的计算机直接进行通信。

按 MAC 地址划分方式划分 VLAN 的方法的最大优点就是当用户的计算机位置移动时，即用户计算机的接入从一个交换机的端口换到其他的交换机的端口时，用户原来的 VALN 关

系不会被破坏，该用户的 VALN 关系不必重新定义。所以，可以认为这种根据 MAC 地址的划分方法是基于用户的 VLAN，这种方法的缺点是初始化时，所有的用户都必须进行配置，如果网络规模较大时，配置工作量将大大增加。

3）按网络层 IP 地址或协议类型进行划分。

这种划分 VLAN 的方法是根据每个主机的网络层 IP 地址或协议类型（如果支持多协议）划分的。基于协议类型来划分 VLAN 对网络管理者来说很有用处，网络管理者可以根据网络协议对用户访问网络进行控制。此外，这种方法不需要附加的帧标签来识别 VLAN，这样可以减少网络的通信量。

以上划分 VLAN 的方式中，基于端口的 VLAN 端口方式建立在物理层上的；基于 MAC 方式建立在数据链路层上的；而基于 IP 地址或协议类型是建立在网络层上的。目前这三种 VLAN 划分技术中，按端口划分的 VLAN 虽然稍欠灵活，但却比较成熟，在实际应用中效果显著，广受欢迎。按 MAC 地址划分的 VLAN 为移动计算提供了可能性，但同时也潜藏着遭受 MAC 欺诈攻击的隐患，而按协议划分的 VLAN，理论上非常理想，但实际应用还尚不成熟。

（2）不同 VLAN 间的通信

同一 VLAN 间的主机可以直接通信，而不同 VLAN 间的主机不能直接通信。组网时，VLAN 间的主机不需要相互通信时，用二层交换机即可解决问题。而实际中，网络的主要目的就是为了实现联网的计算机之间的相互通信的，进行了 VLAN 划分后，各个 VLAN 之间的主机往往还是需要相互通信的。

网络中解决不同 VLAN 间的主机的通信是通过路由器或者带路由功能的三层交换机来实现的。当不同的 VLAN 间要实现通信时，可以将不同的 VLAN 通过路由器或三层交换机实现互联，通过路由器或三层交换机对不同 VLAN 间的数据帧的转发，实现不同 VLAN 间的通信，路由器或三层交换机在这里完成将一个 VLAN 的帧转发到另外一个 VLAN，实现了 VLAN 之间的通信，不同 VLAN 间通过路由器实现互联的示意图如图 5－11 所示。

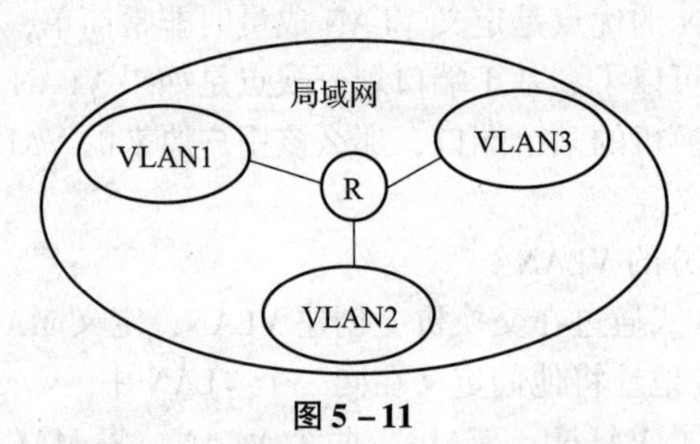

图 5－11

采用路由器或三层交换机互联不同的 VLAN 后，由于路由器或三层交换机对于广播帧是不予转发的，也就是说各个 VLAN 之间的广播帧仍然被隔离了，VLAN 减小广播域的功能仍然存在，所以仍然能够起到减小网络中的广播流量，提高网络带宽利用率的作用。而各 VLAN 之间传送的帧可以通过路由器进行安全控制，准许通过的给与通过，不准许通过的就不予通过，所以网络的安全性仍然得到了提高。显然，采用路由器或三层交换机实现 VLAN 之间的通信，既能减小网络的广播域，又不影响通信，网络的安全性也得到了进一步的提高，所以在二层交换机上划分 VLAN，用三层交换机实现 VALN 之间的通信成为组网中广泛使用的一种技术。

5.2.4 三层交换机

三层交换机是带有路由功能的交换设备。三层交换机工作在网络层，网络层传输的是数据包（分组），使用的地址是 IP 地址，三层交换机根据 IP 地址完成数据分组的交换。三层交换机在构造上既要考虑完成路由选择的任务，还要保持二层交换所具有的快速交换，所以三层交换机的构造是在二层网络交换机基础上引入第三层路由模块实现三层路由功能。

三层交换机的工作原理：三层交换机采用一次路由（三层实现）、多次转发（二层实现）的技术实现转发。当收到需要路由的一个数据包时，三层交换机先进行路由功能，根据数据分组的 IP 地址，为该数据包找到目的网络的对应端口，转发出去，而后续具有同样源地址和目的地址的数据包到达时，三层交换机直接采取二层的转发方式进行快速转发，从而大大提高了数据转发速度。

这种直接从二层通过而不是再次路由的方式，消除了路由器进行路由选择而造成的网络延迟，提高了数据包转发的速度和效率。三层交换的目标非常明确，即只需在源地址和目的地址之间建立一条快捷的二层通道，而不必经过路由器来转发同一信息源的每一个数据包。

三层交换机的路由主要用于局域网中 VLAN 网段划分之后，VLAN 网段之间的通信。它的二层交换功能解决了数据的高速问题。三层交换机既能实现 VLAN 的路由功能，也能实现高速数据转发，使之成为组网的主要设备。

在实际组网中，二层交换机和三层交换机是配合使用的，在二层交换机上划分 VLAN，用三层交换机实现 VALN 之间的通信是组网中广泛使用的一种技术。

在图 5－12 所示的网络中，在二层交换机上划分了 VLAN1、VLAN2、VLAN3、VLAN4，属于同一 VALN 主机间的通信，可以通过二层交换机实现。而不同 VLAN 间的通信则需要连接在上层的三层交换机为其转发。例如，同属于 VALN1 的主机 1、主机 3 之间的通信通过二层交换机 SW1 进行交换，而 VLAN2 的主机 4 与 VLAN3 的主机 9 之间的通信则需要通过三层交换机 SW3 为其转发。VLAN1 上的主机 1－2－3 与 VLAN2 上的主机 4－5－6 之间的通信，尽管它们连接在一台交换机上，但是由于它们属于不同的 VLAN，在二层交换机上它们是不能直接通信的，它们间的主机的通信仍然需要三层交换机 SW3 为其进行转发。

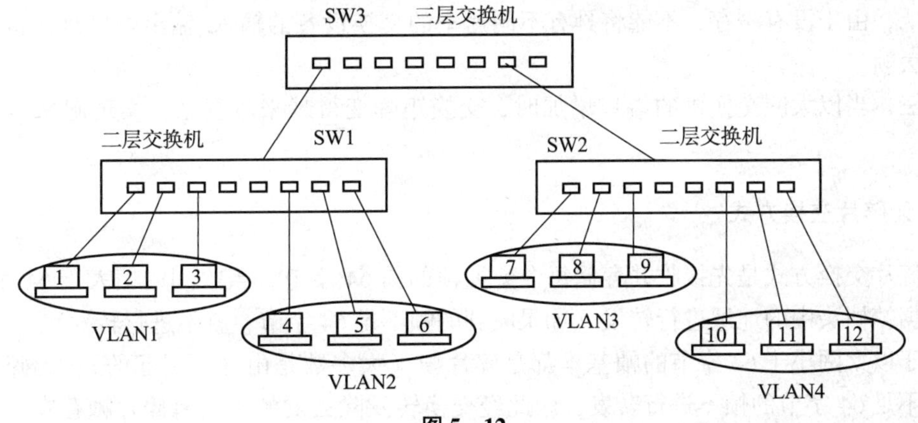

图 5－12

从以上讨论可以看出，二层交换机存在广播域的问题，广播域的问题可以通过划分VLAN解决，而VLAN划分后，不同VLAN间的主机通信又通过三层交换机解决。二层交换、三层交换、VALN技术较好地解决了网络中的广播域问题。

5.2.5 三种交换方式

交换机通过交换将数据帧从一个端口转发到另外一个端口，不同结构的交换机内部在交换源端口和目的端口的数据帧时有不同的交换方式。目前交换机采用的交换技术通常有存储转发、直通交换和无碎片交换（碎片隔离）三种。

1. 存储转发方式

存储转发方式是计算机网络领域的主流技术。其将交换机端口接收到的数据帧先存储在该端口的高速缓存中，在完整地接收到一个数据帧后，进行差错验证。完成差错验证后，如果数据帧没有出错，则进行转发。根据数据帧中的地址查找交换机的转发地址表，找到对应的转发端口后，从该端口转发出去。如果出错，则不进行转发，而是通知发送端重新发送。

存储转发方式由于要将整个数据帧完整地接收再进行转发，延时较大，这是它的不足。但是存储转发通过对整个数据帧进行差错校验，提高了传输的可靠性，同时，可支持不同速率的输入、输出端口的交换，这些优势使得存储转发方式在网络中得到了广泛的使用。

2. 直通交换方式

采用直通交换方式的以太网交换机可以理解为在各端口间是纵横相交的线路矩阵。它在输入端口检测到一个数据帧时，在包头到达读出目的地址时就开始转发，使得转发处理时延较小，获得较高的交换速度。

在这种交换方式中，数据帧从输入端口进入后，直接通过交换机从输出端口送出，所以称为直通交换方式。直通交换方式的优点是交换速度快，但也存在以下三个方面的不足：

第一，因为数据帧内容并没有被以太网交换机保存下来，所以无法检查所传送的数据包是否有误，不能提供错误检测能力。

第二，由于没有缓存，不能将具有不同速率的交换设备的输入/输出端口直接接通，并且容易丢帧。

第三，当以太网交换机的端口增加时，交换矩阵变得越来越复杂，实现起来也越来越困难。

3. 无碎片交换方式

无碎片交换方式是先接收并存储每个数据帧的前64字节，当收到的帧大于64字节时，根据数据帧帧头中的地址进行转发（如果收到的帧不足64字节，就不进行转发）。

由于以太网小于64字节的帧基本都是碎片帧（大多数是由冲突引起的），无碎片交换方式对不足64字节的帧不进行转发，因此经交换转发除去的帧不会有碎片帧存在。这也是这种转发方式被命名为无碎片交换方式的原因。

与直通方式相比较，无碎片交换方式可以大大降低转发碎片帧和错误帧的可能性，避免对残帧的转发；与存储转发交换相比，无碎片交换方式可以减少帧的转发时间，数据处理速度比存储转发方式的快。所以无碎片交换方式也被广泛应用于交换机中。

5.3 路由器

路由器工作在 OSI 模型的网络层，用于互联通信子网内逻辑上分开的网络，为互联的各个网络间传输的数据分组进行路由选择和数据转发。

5.3.1 工作原理

路由器通过内部路由转发表实现路由选择。内部路由转发表建立了路由器上各端口与其所连接网络的对应关系，数据包到达路由器时，路由器根据数据包中的目的地址查找路由表，为数据包找到到达目的网络的转发端口，然后将数据包从该端口转发出去，完成路由选择和数据转发。

图 5-13 所示为三个逻辑上分开的网络通过路由器 R 实现了互联。其中，网络 1 连接在路由器 R 的 E0 端口，网络 2 连接在路由器 R 的 E1 端口，网络 3 连接在路由器 R 的 E2 端口。对于以上的网络连接，路由器的路由选择和数据转发如下：

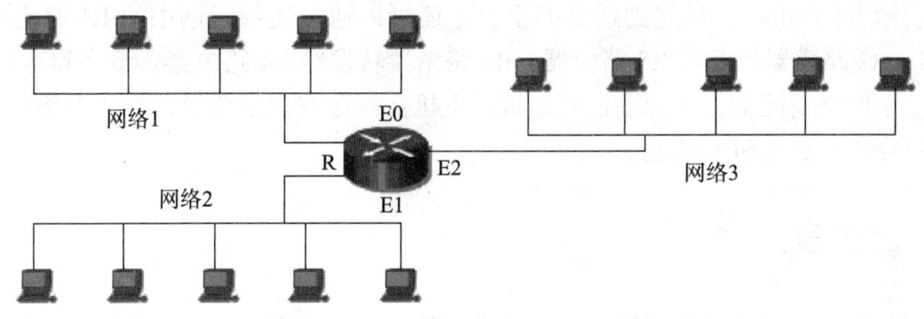

图 5-13

当网络 1 上的主机需要传送数据到网络 2 时，网络 1 上的主机发出的数据包从路由器 E0 端口到达路由器 R，R 根据内部路由表得知网络 2 接在 E1 端口上，选择 E1 端口作为该数据包的传输路径，于是将该数据包转发到 E1 端口，该数据包从 E1 端口送出，到达网络 2。

同样，当网络 1 的主机需要传送数据包给网络 3 的主机时，网络 1 上主机发出的数据包从路由器 E0 端口到达路由器 R，R 根据内部路由表得知网络 3 接在 E2 端口上，选择 E2 端口作为传输路径，于是将该数据包转发到 E2 端口，该数据包从 E2 端口送出，到达网络 3。

以上例子是目的网络与路由器直接相连的情况，在实际网络中，更多的情况是更为复杂的网络，如图 5-14 所示。数据传输的两个主机通过若干个路由器进行互连，源主机所在网络与目的主机所在网络没有直接相连，并且源主机与目的主机之间有多条路径可达。

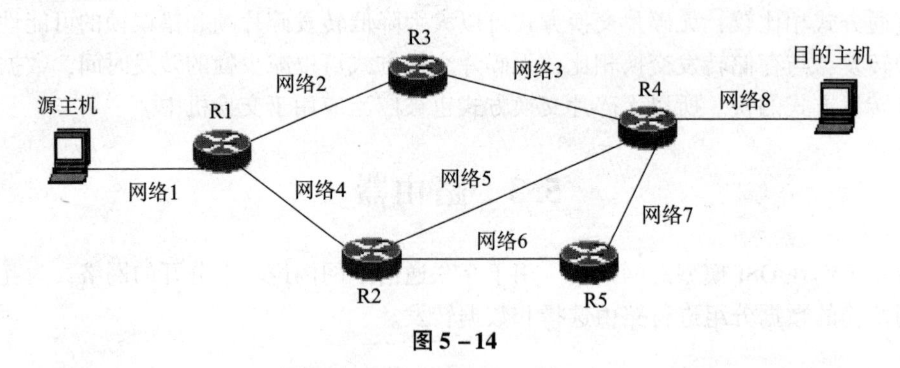

图 5-14

在复杂网络情况下，源主机发出的数据包需要通信子网中的各路由器不断地为其选择路由，进行逐节点的转发，经过通向目的网络的各节点路由器的不断的路由选择和数据转发，数据包最终才能到达目的网络，被目的主机接收。

例如，图 5-14 中，源主机向目的主机发送数据包，它们的通信过程如下：处于网络 1 的源主机发出的数据包通过通信子网中的 R1 路由器转发到网络 2，经网络 2 传输到达 R3 路由器。同样，R3 路由器将数据包转发到网络 3，经网络 3 传输到达 R4 路由器，R4 路由器将数据包转发到网络 8，经网络 8 传输到达目的主机。即源主机发出的数据包经 R1 路由器转发给 R3 路由器、R3 路由器转发给 R4 路由器，最终到达目的主机。

同样，源主机发出的数据包也可以通过通信子网中的 R1 路由器转发给 R2 路由器、R2 路由器转发给 R4 路由器，最终到达目的主机。还可以通过通信子网中的 R1 路由器转发给 R2 路由器、R2 路由器转发给 R5 路由器、R5 路由器转发给 R4 路由器，最终到达目的主机。所以，在复杂网络情况下，从源主机到达目的主机往往存在多条路径，将在多条路径中选择一条最优路径进行数据包的传输。

5.3.2 路由表

路由器依据内部路由表实现路由选择和数据转发，路由表中记录了连接的网络与路由器端口的关系，为传输的数据包指出从路由器的哪个端口进行转发，从而能使数据包到达目的网络。

路由器对数据包的转发有直接交付和间接交付两种情况。当数据包已经到达与目的网络相连的路由器时，经过该路由器的转发就可到达目的网络，这种情况称为直接交付，即已经可以直接交付给目的网络。当数据包还没有转发到与目的网络相连的路由器时，还要经过该路由器继续转发到下一个路由器，这种情况称为间接交付。

在图 5-15 所示的网络中，网络较为复杂，数据包需要经过多个路由器的不断转发才能到达目的网络。这种情况下，数据包的转发需要经过多次间接交付，才能到达与目的网络相连的路由器，最后通过直接交付，送到目的网络，传输到目的主机。

路由器转发数据包的依据是路由表，每个路由器都保存着一张路由表，路由表由一条条路由表项组成，每条路由表项指出到达的目的网络所应选择的输出端口、下一跳地址及到达目的网络所需的跳数等信息。图 5-15 所示网络的 R1 路由器的路由表项见表 5-1。

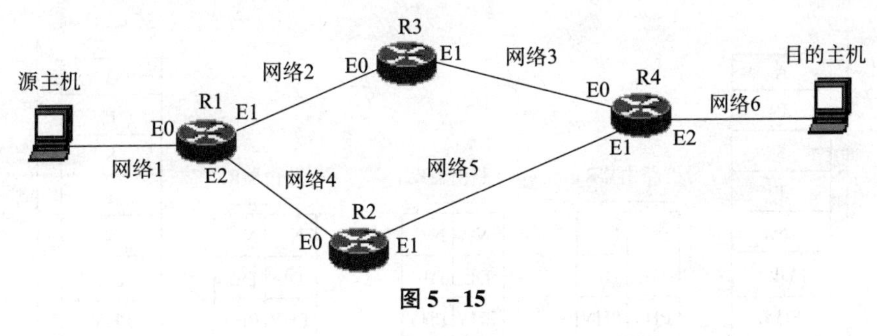

图 5－15

表 5－1

目的网络	下一跳地址	转发接口	跳数
网络 1	直接交付	E0	0
网络 2	直接交付	E1	0
网络 3	R3－E0 地址	E1	1
网络 4	直接交付	E2	0
网络 5	R2－E0 地址	E1	1
网络 6	R2－E0 地址	E1	2

路由器在进行数据包转发时，使用数据包的目的网络地址作为索引去查找路由表，从匹配的表项得到转发的端口及下一个路由器的入口端口地址，然后将数据包从对应的端口转发出去，使其经过与路由器相连的网络传输到下一个路由器的入口端口。

在数据包转发过程中，每个节点路由器只负责转发到下一跳，经过每个路由器不断地转发，数据包最终到达目的网络，传输给目的主机。这种工作模式称为路由的逐跳性，即每个路由器只负责本路由器的转发行为，不影响其他路由器的转发行为，路由器的转发是相互独立的。

5.3.3 包转发

按照 OSI 七层模型，端主机工作在网络的 1～7 层，而路由器仅工作在下面的三层（网络层、数据链路层、物理层）。源主机进行数据传输时，数据包从源主机与通信子网相连的节点（路由器 R1）送入通信子网，进入通信子网后，要经过若干个路由器的转发，最终到达目的主机与通信子网相连的节点（路由器 R3），然后将该数据包送出通信子网，交给目的主机。可以看出，只有在源主机到网络 1 的传输过程中和网络 6 到目的主机的传输过程中会涉及上面的四层，而在各路由器（R2、R4）中间转发的过程中，传输仅涉及下面的三层。即数据包在通信子网的传输过程中，仅在网络层、数据链路层、物理层进行传输，直到到达通信子网的对端，然后交给目的主机，如图 5－16 所示。

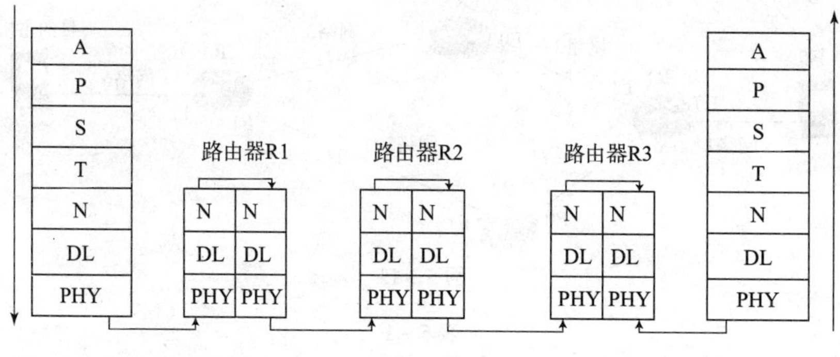

图 5－16

源主机将数据分组交给通信子网转发的过程中，通信子网节点路由器 R1 在接收数据分组的过程中，从物理层接收该数据包的比特流，然后以帧的形式交给数据链路层，数据链路层完成处理后，以数据分组的形式再交给网络层。在这个过程中，节点路由器 R1 需要完成不断解包的过程。

经解包的数据分组到达 R1 路由器的网络层后，网络层为该数据分组进行路由选择，找到出口，再从该出口转发出去。在此转发过程中，网络层的数据包被封装成帧交给数据链路层，数据链路层处理完毕后，再以比特流形式交给物理层，并从选择的端口发送出去，在这个过程中，该数据包存在不断封装包的过程。在后续各节点路由器的不断转发过程中，每个路由器在接收数据包时都存在不断解包的过程，发送数据包时都存在不断打包的过程。

5.3.4 静态路由、动态路由

路由选择是根据路由表进行的。路由表是由路由器在网络组网完成后，根据网络拓扑情况通过自学习建立起来的。路由表的建立除了由路由器自学习建立起来，还可以由网管人员根据网络连接情况人为设置建立起来，这两种方式分别对应于动态路由和静态路由。

1. 静态路由

静态路由由网管人员根据网络连接情况人为配置路由规则，以及人为配置路由表的表项信息。在静态路由方式中，数据转发按照网管人员指定的（固定的）路径或规则进行。

在静态路由方式中，当网络的拓扑结构或链路的状态发生变化时，网络管理员需要手工去修改路由表中相关的路由信息。静态路由一般适用于比较简单的网络环境，在这样的环境中，网络管理员易于清楚地了解网络的拓扑结构，便于设置正确的路由信息。

静态路由方式中经常用到默认路由。如果在路由表的表项信息中没有找到匹配的路由，此时路由器将所有在路由表中没有匹配的数据包都送到事前指定的端口（默认路由）。在没有设置默认路由的情况下，该数据包将被丢弃。

2. 动态路由

动态路由用于复杂的网络环境。动态路由方式能自动采集网络中各种影响传输速度的状态信息，对采集到的网络状态信息按照路由算法计算最优转发路径，为转发的数据包提供最优路由选择。

网络中影响传输速度的因素很多，如网络拓扑发生了变化（原来的网络又接入了新的子网或链路），或网络的某个路由器需要处理的数据分组太多，引起较大的传输延迟。

网络中这些状态信息往往是不断变化的，不同时间采集到的网络状态信息可能是不一样的，所以提供的最优路径也可能是不一样的，即不同时刻路由器提供的最优路径是动态变化的，这种路由方式称为动态路由方式。

动态路由需要网络中的路由器与其他路由器交换网络状态信息，通过这种信息交换，每个路由器可以获取完整的网络拓扑信息和影响网络传输速度的其他网络状态信息。

由于网络的各种状态信息往往是不断变化的，为了保证路由器提供的路由始终是当前网络的最优路由，路由器还需按照一定的时间周期与其他路由器交换网络状态信息，从而获得最新的网络状态信息，根据最新的网络状态信息来决定最优路径。路由器的这种定期收集网络的最新状态信息，重新计算路由表的工作机制称为路由表的更新。

对于实际的网络，即使在网络拓扑固定、路由器个数不变的情况下，由于网络上个链路的流量、队列等网络状态信息不断在变化，每次定期收集到的信息可能是不一样的，因此每次计算出来的最佳路径也可能是不一样的，所以动态路由可能存在同样一对主机在不同时刻可能选择了不同的传输路径的情况。

5.3.5 路由器协议

路由器根据当前网络拓扑及收集到的当前网络状态信息，按照一定的算法生成路由表，根据路由表进行路由选择和转发数据。网络的状态信息包含了网络拓扑结构、网络链路的流量、各路由器缓存中等待转发的数据包的队列等。网络中存在不同的路由协议，不同的路由协议收集不同的网络状态信息，采用不同的路由算法确定路由。

1. 自治域

由于互联网规模很大，连接着数量巨大的路由器，让互联网上的每个路由器建立整个互联网网络的路由表是不可能的。在实际的网络中，采用了分层次进行路由的办法。即将整个互联网划分成许多自治域（AS），将一个自治域中的网络又划分成若干子网。每个自治域定义有相应的自治域地址，每个子网定义有相应的子网地址。在整个互联网网内进行路由选择时，根据自治域地址在若干自治域中找到目的网络所在的自治域，再根据子网地址从该自治域内找到该子网。

一个自治域就是处于一个管理机构控制之下的路由器和网络群组，这些网络群组可以是一个行政单位的局域网划分的若干子网，也可以是一个互联网服务提供商（ISP）的骨干网互连的多个局域网。一个自治域中的所有路由器必须相互连接，运行相同的路由协议。每个自治域都有唯一的自治域编号来区分不同的自治域系统，自治域的编号范围是1 ~65 535。

如一个地区存在若干所大学，一个大学是一个行政单位，一个大学的网络可以定义为一个自治域（AS），该大学中的网络又被划分成若干子网。这些大学的网络互联在一起形成若干个自治域网络的互联。每一个大学自治域中又存在若干子网的互联。当A大学中的某个子网上的计算机要访问B大学中某个子网的计算机时，路由根据自治域地址查找到B大学的自治域的路径，然后将数据包转发到B大学所在的自治域，该自治域中的路由器再根据子网地址查找到要访问子网的路径，然后将数据包转发到该子网，完成数据包的路由选择。

2. 内部网关协议

一个自治域内部的网络一般同属于一个行政单位或企业或互联网服务提供商（Internet Service Provider，ISP），每个自治域内部的路由器只需收集自己自治域内部的网络状态信息，计算最佳路由，并在自己的自治域内部完成路由表更新。在一个自治域内部使用的路由协议称为内部网关协议（Interior Gateway Protocol，IGP）。按照路由算法的不同，内部网关协议存在距离向量路由协议和链路状态路由协议两种。

距离向量路由协议在确定路由时，将网络中影响网络传输速率的因素——网络中链路的距离、经过的跳数、节点的延迟、链路的带宽等参数中的一个因素作为路由选择的依据（度量（Metric）），按照距离最短、跳数最少、延迟最小、带宽最宽等确定路由。

链路状态路由协议在确定路由时，将影响网络传输速率的链路的距离、经过的跳数、节点的延迟、链路的带宽等各种多种因素综合起来作为路由选择的依据，将以上影响传输速度的各种因素都折算成一个链路权值，再根据最小的链路权值确定最佳路由。

目前正在使用的内部网关路由协议主要有RIP－1、RIP－2、IGRP、EIGRP、IS－IS和OSPF等，其中RIP－1、RIP－2、IGRP、EIGRP属于距离向量路由协议，IS－IS和OSPF属于链路状态路由协议。

3. 外部网关协议

在不同自治域之间使用的路由协议称为外部网关协议（Exterior Gateway Protocol，EGP），又称为边界网关路由协议。常用的外部网关协议是BGP。

通过内部网关协议和外部网关协议的协同工作，使得全世界互联的计算机都可以从一个自治域访问另一个自治域，从一个网络访问另外一个网络，实现了全世界范围的网络互联、主机互访。

5.4 网关

网关（Gateway）用于不同体系结构的网络之间的互联。不同体系结构的网络主要是协议不同，需要通过网关实现协议转换，所以网关又称为协议转换器。

根据情况的不同，网关可以在不同的层次进行协议转换，网关的协议转换一般是一对一的协议转换。如不同的通信子网互联，网关在网络层实现通信协议的转换；两个需要互联的网络在传输层使用了不同的传输协议，则需要在传输层实现传输协议的转换；在应用层的应用系统使用了不同的数据格式，则使用网关完成数据格式的转换。

网关根据应用任务可以分为如下几类：

①协议网关：主要用于使用不同通信协议的网络之间实现协议转换。

②应用网关：主要用于使用不同数据格式的应用系统间的数据格式转换。

③安全网关：主要用于网络安全控制。安全网关是各种技术的融合，是一个较为复杂的设备。

6 互联网 TCP/IP

6.1　TCP/IP 网络

6.1.1　TCP/IP 网络概述

TCP/IP（Transmission Control Protocol/Internet Protocol，传输控制协议/因特网互联协议），是网络互联技术经过多年的发展形成的互联网协议。在互联网体系结构标准中，有OSI/RM 和 TCP/IP 体系结构，OSI/RM 在一定程度上可认为是一种理论模型，真正实现网络互联的标准是 TCP/IP。

TCP/IP 起源于1969 年美国高级国防研究局的 APAR 网研究计划，APAR 网主要研究分组交换网络。1970 年，APAR 网将加州大学洛杉矶分校、加州大学圣巴巴拉分校、斯坦福大学、犹他州大学 4 所大学的 4 台不同型号、不同操作系统、不同数据格式、不同终端的计算机采用帧交换协议实现了互联。1973 年，英国和挪威的网络与 APAR 网互联成功，APAR 网络实现了国际互联。1974 年，著名的 TCP/IP 协议研究成功，彻底解决了不同的计算机系统之间的互联和通信问题。1978 年，美国国防部决定以 TCP/IP 协议的第四版作为数据通信网络的标准，通信协议标准化的实施极大地推动了因特网的发展。1982 年，美国国防通信局与高级研究项目署确立了 TCP/IP 协议，TCP/IP 被加入 UNIX 内核中，美国国防通信局将APAR 网各站点的通信协议全部改为 TCP/IP，这表明因特网从一个实验网向实用网转变，这是全球因特网正式诞生的标志，也确立了 TCP/IP 在因特网互联协议中的地位，从此 TCP/IP 成为互联网事实上的标准。目前全球的网络都是通过 TCP/IP 实现互联的，因此现在的互联网络也称为 TCP/IP 网络，或简称为 IP 网络。

6.1.2　TCP/IP 体系结构

TCP/IP 网络体系结构规定了 TCP/IP 网络的架构、互联的方法、网络的寻址、路由的选择等通信的细节，采用 TCP/IP 互联的网络可以实现在该网络的集合中进行通信。

TCP/IP 网络由四个层次构成，分别是应用层、传输层、网络层（又称为网际层）、网络接入层（又称为网络接口层），如图 6－1 所示。

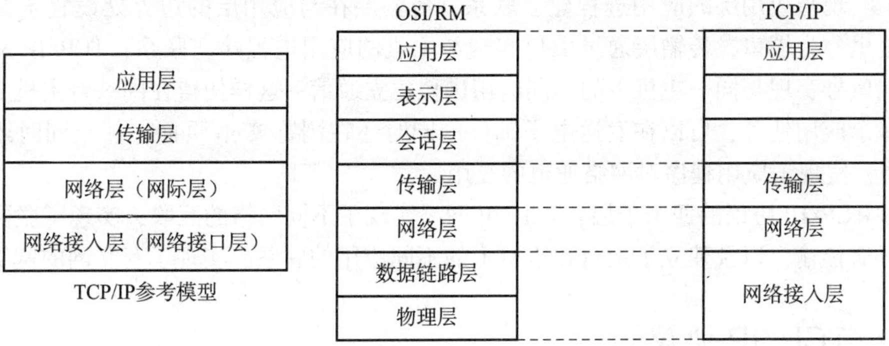

TCP/IP参考模型
应用层
传输层
网络层（网际层）
网络接入层（网络接口层）

OSI/RM	TCP/IP
应用层	应用层
表示层	
会话层	
传输层	传输层
网络层	网络层
数据链路层	网络接入层
物理层	

图 6－1

TCP/IP 网络体系结构并不完全符合 OSI 的七层参考模型。在开放式系统互联模型 OSI/RM 体系结中，网络被分为七层，分别是应用层、表示层、会话层、传输层、网络层、数据链路层、物理层。TCP/IP 网络体系结构采用了 4 层的层次结构，分别是应用层、传输层、网络层、网络接入层。OSI/RM 与 TCP/IP 两种体系结构者在层次上的对应关系如下：

①两种体系结构都有应用层；在 TCP/IP 网络中，没有 OSI/RM 中的表示层、会话层，其功能融合在应用层中。

②两种体系结构都设置了网络层、传输层。TCP/IP 的网络层、传输层与 OSI/RM 的网络层、传输层的功能类似。

③TCP/IP 将 OSI 的数据链路层、物理层都包含到网络接入层。

TCP/IP 体系结构简化为四层，采用的是网络级的互联技术。网络级的互联技术将底层的通信和上层的应用分开，网络级的互联技术认为只要解决了网络级的通信，网络互联的问题就完成了，至于原来的会话层、表示层、应用层的功能都可以交给主机去完成，所以，在 TCP/IP 体系结构中将 OSI 的应用层、表示层、会话层的功能都包含到了应用层。

在 TCP/IP 结构中，网络层与 OSI 的网络层功能是类似的，仍然是完成网际（通信子网）互联有关的网络层的功能，即负责将源主机传输层交来的数据段封装成 IP 包，通过 TCP/IP 网络发送到目的主机，然后解包送给传输层。网络层需要给传输的 IP 包进行路由选择、数据转发，并完成网络层次的连接管理、差错处理、流量控制等功能，实现在通信子网的传输控制。

在 TCP/IP 结构中，网络接入层实现将不同的物理网络接入 TCP/IP 网。TCP/IP 本质上是构造一个标准的逻辑网络，不同的物理网络通过接入逻辑网络实现网络互联。按照这种互联模式，任何两个异构的网络，只要将自己的网络接入 TCP/IP 网络，在接入边界将自己的网络协议转换成 TCP/IP 网络协议，就可以在 TCP/IP 网络内传输，到达对端接入网络的边界后，再完成从 TCP/IP 网络协议到自己网络的协议转换，就可实现通信。

由于各种物理网络一般对应于数据链路层与物理层，所以 TCP/IP 体系结构将数据链路层、物理层合并为一层，称为网络接入层，其功能是实现将不同的物理网络接入 TCP/IP 网络。TCP/IP 网络并没有对数据链路层、物理层重新定义，它支持现有的各种局域网络的数据链路层、物理层网络技术和标准。

在 TCP/IP 结构中，传输层之上就是高层，即应用层。在 TCP/IP 网络中，数据通信的问题由传输层、网络层、网络接入层实现，而数据处理的问题由高层实现。

为了实现与应用层的应用进程建立联系，传输层在与应用层的边界处设置了服务访问点，在这里称为端口，传输层通过端口实现与主机的应用进程建立联系，TCP/IP 网络通过不同的端口号实现与同一主机中的不同应用进程建立通信，这样使得在同一台主机上可以并行运行多个应用任务，可以在发送电子邮件的同时还在浏览 Web 页面，甚至同时还在下载 FTP 文档，实现了应用程序对网络通道的复用。

通过 TCP/IP 协议的四个子层，TCP/IP 网络实现了不同网络的互联，实现了联网主机间的数据可靠传输，以及建立了运行在主机上的不同应用的联系，实现了互联网的网络功能。

6.1.3 TCP/IP 协议簇

按照网络体系架构，网络由若干层组成，各层完成相应的功能，并为上层提供服务，各层的功能是通过协议来体现的。TCP/IP 网络也是层次架构的，并通过各层协议实现网络功能，网络技术中将 TCP/IP 网络的协议统称为 TCP/IP 协议。TCP/IP 协议不是单一的一个协议，而是一组对应四层结构中的各层协议的协议簇。TCP/IP 协议的各层协议如下。

应用层协议：应用层把网络通信常用的应用服务、功能进行标准化，直接为用户的应用进程提供服务。应用层的主要协议如下：超文本传输协议（HTTP）、简单邮件服务传输协议（SMTP）、文件传输协议（FTP）、远程登录协议（TELNET）、域名解析协议（DNS）、简单网络管理协议（SNMP）等。

传输层协议：传输层完成端主机到端主机的传输控制及主机到主机间的进程通信。TCP/IP 传输层协议包含传输控制协议（TCP）和数据报传输协议（UDP）。

网络层协议：网络层的主要功能是使互联的网络间能够进行通信。包含因特网协议（IP）、地址解析协议（ARP）、反向地址解析协议（RARP）、因特网控制报文传输协议（ICMP）、路由协议 OSPF 及边界网关协议（BGP）等。

网络接入层协议：网络接入层协议包含各种实际的物理网络协议，如局域网 802.3、802.5，公用数据网 X.25，帧中继网（FR），异步传输模式（ATM）等实际网络协议。

TCP/IP 协议的各层协议如图 6-2 所示。

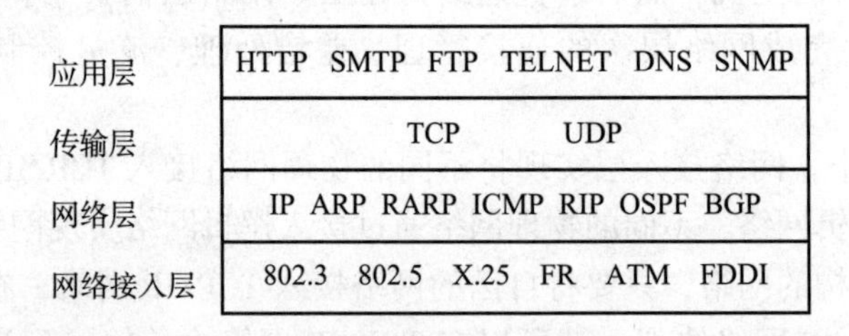

层次	协议
应用层	HTTP SMTP FTP TELNET DNS SNMP
传输层	TCP UDP
网络层	IP ARP RARP ICMP RIP OSPF BGP
网络接入层	802.3 802.5 X.25 FR ATM FDDI

图 6-2

1. 传输层协议

传输层是 TCP/IP 协议中重要的一层。传输层提供了面向连接的服务和无连接的服务，分别对应 TCP 和 UDP 两个协议。

TCP是一个面向连接传输协议，提供面向连接的传输服务。TCP针对传输质量较差的网络而设计，协议较为复杂，有较多的功能时间开销，实时性较差，但传输可靠性较高。TCP适用于网络质量较差的网络传输，适用于可靠性要求高、数据量大、实时性要求不高的传输。

UDP是一个无连接传输协议，提供无连接的传输服务。UDP协议简单，功能时间开销较少，从而传输效率高，实时性较好，但传输可靠性相对较差。UDP协议适用于网络质量较高的网络传输，适用于可靠性要求不高、数据量少、实时性要求较高的传输。

TCP/IP网络之所以设置传输层，主要是由于通信子网往往是由营运商负责建设、维护并对外提供服务的，用户无法对通信子网进行控制。不同的通信子网在架构和服务质量方面存在很大的差异，为了对高层提供统一的通信服务质量，用户只有通过自己能控制的传输层对不同通信子网的服务质量加以弥补和加强。

由于不同的业务对网络的传输要求往往是不一样的，有的业务强调传输的可靠性，有的业务强调实时性，面对不同业务的不同要求，传输层提供了TCP和UDP两种不同类型的服务，对于强调传输的可靠性的业务，可以选用TCP协议，对于强调实时性的业务，可以选用UDP协议。

需要说明的是，在现代通信技术中，由于光纤网的出现，通信子网的通信质量越来越高，在这种背景下，TCP、UDP的选择已经不再遵循以上准则，更多的通信业务采用UDP协议。

2. 网络层协议

网络层的主要功能是使互联的计算机网络能够相互通信，完成在互联的网络间进行路由选择和数据转发。网络层涉及的主要设备是路由器，主要的协议为IP、ICMP、ARP、RARP、RIP、OSPF、BGP等。

IP协议主要完成将源端传输层送来的报文段封装成IP数据分组，送到通信网络。在通信网络中为传输的数据分组选择路由，按照选择的路由将分组转发出去，通过在通信网络中的不断转发，使分组最终到达目的网络，交给目的端的传输层。

ICMP协议主要处理网络层发生的传输差错、流量拥塞等问题，提供差错报告、拥塞控制、路径控制及路由器和主机报告差错等服务。

ARP、RARP协议主要完成地址解析。TCP/IP网络中的任何一台设备同时存在两个地址，即IP地址和MAC地址，在网络层使用IP地址寻址、在数据链路层使用MAC地址寻址，ARP、RARP协议实现在这两种地址间建立映射关系和相互的地址解析。

RIP、OSPF是路由协议，在通信网内为传输的分组实现路由选择。RIP适用于小规模、较为简单的网络，OSPF适用于大规模、较为复杂的网络。

BGP协议是边界网关路由协议，用于在不同自治域之间的路由实现。

在这些协议中，IP协议横跨整个网络层，所有上层交来的数据都必须通过网络层的IP协议进行传输，所有下层协议收到的信息都必须交到网络层通过IP协议进行处理，判断是转发、接收还是丢弃，所以IP协议在网际层TCP/IP协议簇中处于核心地位。

6.2 IP 地址

IP 地址又称互联网地址，是互联网的一个重要概念。不同的物理网可能存在不同的物理地址，IP 地址在网络层实现了网络地址的统一。为全网的每一个网络和每一台主机都分配一个 IP 地址，使得互联网在网络层的地址具有全局的唯一性和一致性。IP 地址标识了一个主机所属网络的位置，是网络层进行网络寻址和路由选择的依据。

由于 TCP/IP 互联网是一个逻辑网络，IP 网络的数据传输最终还是要在物理网络上进行，而数据在物理网络上传输使用的仍然是物理地址。因此，TCP/IP 网络使用 IP 地址的同时，仍然要使用数据链路层的物理地址，即 MAC 地址。这样网络上的每一台设备就同时存在两个地址，即 IP 地址和 MAC 地址，网络使用地址解析协议完成两个地址的映射和解析。

这两个地址具有这样的差别：IP 地址是逻辑地址、软件地址、三层地址，MAC 地址是物理地址、硬件地址、二层地址。

6.2.1 IP 地址和分类

1. IP 地址

IP 地址用 32 位二进制数来表达，习惯上将每 8 位组成一个段，32 位共 4 段，例如地址 11001010. 11001011. 11010000. 00100001。显然，地址用二进制表示不容易记忆和书写，所以 IP 地址一般用十进制书写。以上 IP 地址用十进制书写为 202. 203. 208. 33。

TCP/IP 网络中的寻址采用的是层次寻址的方式，即网络寻址时，先找到主机所在的网络，再从该网络找到对应的主机。所以，IP 地址被分为网络地址与主机地址两个部分，如图 6-3 所示。网络地址描述了互联网中的不同网络，主机地址描述了同一个网络内部的不同主机。

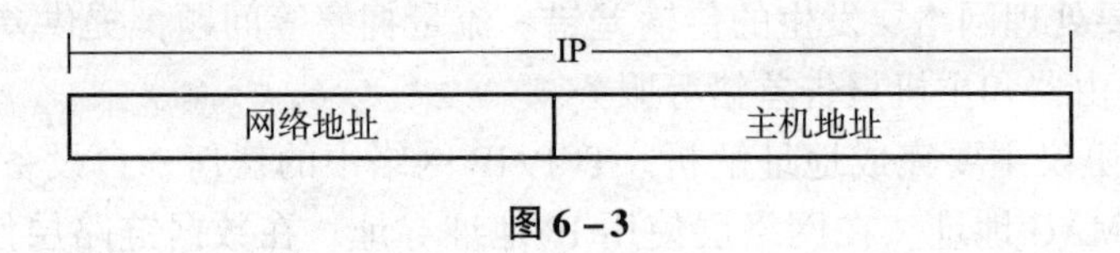

图 6-3

TCP/IP 网络中的 IP 地址采用全局通用的地址格式，为全球互联网的每一个网络都分配一个网络地址，为全网的每一台主机都分配一个主机地址。

IP 地址既然是全球互联网的全局通用地址，就必须有专门的组织进行地址分配，该组织就是互联网名称与数字地址分配机构（The Internet Corporation for Assigned Names and Numbers，ICANN）。

ICANN 成立于 1998 年 10 月，是一个集合了全球网络界商业、技术及学术各领域专家的非营利性国际组织，负责互联网协议（IP）地址的空间分配、协议标识符的指派、通用顶级域名（GTLD）及国家和地区顶级域名（ccTLD）系统的管理、根服务器系统的管理。

根据ICANN的规定，ICANN将部分IP地址分配给地区级的Internet注册机构RIR（Regional Internet Registry），然后由这些RIR负责该地区的登记注册服务。现在，全球一共有4个RIR，分别是ARIN、RIPE、APNIC、LACNIC。

其中美国互联网号码注册管理机构ARIN（American Registry of Internet Numbers）负责北美地区互联网IP地址的分配；

欧洲网络信息中心RIPE（Reseaux IP Europeans）负责欧洲和非洲地区互联网IP地址的分配；

亚太互联网络信息中心APNIC（Asia Pacific Network Information Center）负责亚洲地区的互联网IP地址的分配；

拉丁美洲、加勒比地区网络信息中心LACNIC（Latin America and Caribbean Network Information Centre）负责拉丁美洲、加勒比地区互联网IP地址的分配。

中国的互联网IP地址通过中国互联网络信息中心CNNIC（China Internet Network Information Center）向APNIC申请获得，并由以CNNIC为召集单位的IP地址分配联盟来负责向各网络单位分配IP地址。

2. IP地址的分类

网络中存在单播、组播、广播等不同需求，存在不同规模大小的网络，为了适应不同的需求，IP地址被分为五个类：A类、B类、C类、D类、E类。

A类、B类、C类三个是单播（单目的地址）地址，带有这个地址的数据分组只传输给一台主机。

D类是组播地址（多目的地址），带有这个地址的数据分组将传输给一组主机（如视频广播业务）。

E类保留，今后用于其他用途。

五类地址以首段的首几位的不同来表示：

A类：首段首位为0，首段地址范围为0～127；

B类：首段首1、2位为10，首段地址范围为128～191；

C类：首段首1、2、3位为110，首段地址范围为192～223；

D类：首段首1、2、3、4位为1110，首段地址范围为224～239；

E类：首段首1、2、3、4位为1111，首段地址范围为240～255。

A类地址规定了首段首位为0，所以它的首段的其他位还有7位，这7位的编码变化可以从0000000到1111111，写成十进制就是从0到127。

B类地址规定了首段1、2位为10，所以它的首段的其他位还有6位，这6位的编码变化可以从000000到111111，写成十进制就是从0到63。由于首段1、2位为10，数值为128，故B类地址的首段范围为128+0到128+63，即128～191。

当看到一个IP地址时，通过首段的地址就可识别出该地址属于哪一类地址。如某IP地址为202.203.208.36，由于首段地址为202，在192～223范围，则该地址属于C类地址。又如，某IP地址为176.168.22.156，由于首段地址为176，在128～191范围，则该地址属于B类地址。

依此类推，可以得到，凡是首段范围为192～223的地址，为C类地址；凡是首段范围为224～239的地址，为D类地址；凡是首段范围为240～255的地址，为E类地址。

互联网中存在的网络有大型网络，也有较小型的网络，IP地址之所以定义不同类别的地址，就是为了适应各种规模的网络情况。如前所述，32位的IP地址由网络地址和主机地址两部分组成，网络地址所占位数决定了整个网络中能包含多少个网络，主机地址所占位数决定了每个网络能容纳、标识多少台主机。在TCP/IP网络中，A类、B类、C类地址的网络地址和主机地址所占位数是不一样的。

A类地址的网络地址仅是8位，主机地址为24位；B类地址的网络地址为16位，主机地址也是16位；C类地址的网络地址为24位，主机地址仅为8位。A类、B类、C类地址表示如图6－4所示。

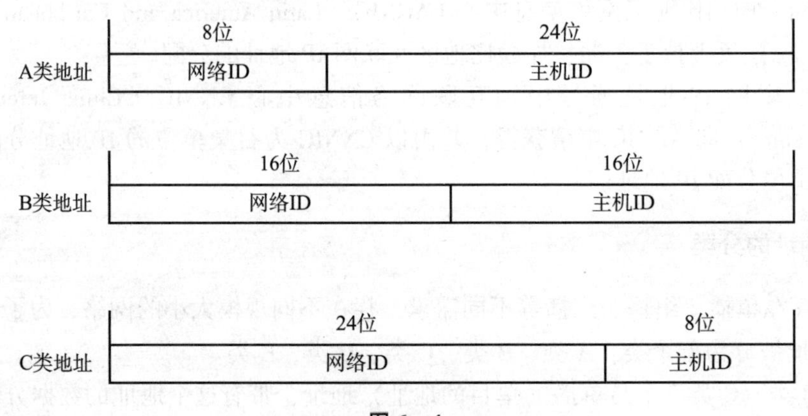

图6－4

A类地址主机地址为24位，在一个网络内可以容纳、标识更多的主机，故A类地址适合用分配到较大规模的网络使用；B类地址主机地址为16位，它适合分配到规模中等的网络使用；C类地址主机地址为8位，可以容纳、标识的主机数较少，它适合分配到较小规模的网络使用。

三类IP地址具体能够标识的网络数和主机数如下：

A类地址：前8位中，第1位为0，该位已经被用来标识该地址属于A类地址。故能有效表示不同网络的位数是7位，这7位一共能标识128（2^7）个A类网络，即IP地址中一共有128个A类网络。A类地址的后24位用于标识主机地址，每个A类网络可以标识2^{24}个主机IP地址（1 677 216台主机）。

B类地址：前16位中，第1、2位为10，该二位已经被用来标识该地址属于B类地址。故能有效表示不同网络的位数是14位，这14位一共能标识65 536个B类网络（2^{16}），即IP地址中一共有65 536个B类网络。B类地址的后16位用于标识主机地址，每个B类网络可以有65 536个（2^{16}）个主机IP地址。

C类地址：前24位中，第1、2、3位为110，该三位已经被用来标识该地址属于C类地址。故能有效表示不同网络的位数是21位，这21位一共能标识2^{21}个C类网络，即IP地址中一共有2^{21}个C类网络。C类地址的后8位用于标识主机地址，每个C类网络可以有256（2^8）个主机IP地址。

在以下IP地址中，对应的网络地址见表6－1。

表 6-1

IP 地址	二进制表达	地址类别	网络地址
10.192.208.33	00001010.11000000.11010000.00100001	A 类	10.0.0.0
192.168.102.32	11000000.10101010.01100110.00100000	B 类	192.168.0.0
202.192.208.33	11001010.11000000.11010000.00100001	C 类	202.192.208.0

D 类地址：用于组播，因此 D 类地址又称为组播地址。D 类地址不能分配给主机，所以 D 类地址不分网络地址和主机地址。它的第 1 个字节的前四位固定为 1110，第一个字节中，后面 4 位可以从 0000 到 1111，后面的 3 个字节的地址范围为 0.0.0～255.255.255，故 D 类地址范围为 224.0.0.0～239.255.255.255。每个 D 类地址对应一个组，发往某一个组的数据将被该组中的所有成员接收。

D 类地址又分为三种类型：专用地址、公用地址和私用地址。其中专用地址（224.0.0.0 ～ 224.0.0.255）用于网络协议组的广播，公用地址（224.0.1.0 ～ 238.255.255.255）用于其他组播，私用地址（239.0.0.0～239.255.255.255）用于测试。

有些 D 类地址已经被分配用于特殊用途，如 244.0.0.1，是指本网的所有系统，244.0.0.2 是指本网中的所有路由器等。

6.2.2 特殊 IP 地址

在 IP 地址中，有些地址具有特殊意义，这样的地址为特殊 IP 地址。特殊 IP 地址有广播地址和私有地址两种。

1. 广播地址

广播是指向某个网络内的所有主机发送报文。当一个 IP 分组带有广播地址时，该分组将被送给网内的所有主机。在 IP 地址中，主机地址段全部为 1 的 IP 地址是广播地址。由于 A、B、C 三类地址的主机位数不一样，所以它们的广播地址表示也不一样。

A 类地址的广播地址：后 24 位全为 1，如 10.255.255.255。

B 类地址的广播地址：后 16 位全为 1，如 132.64.255.255。

C 类地址的广播地址：后 8 位全为 1，如 232.186.65.255。

2. 私有地址

网络地址中有一些地址没有被分配，留作其他用途，称为私有地址。使用私有地址的主机不能直接访问互联网，这类地址一般是提供给那些没有必要与互联网连接，只是内部使用的网络，这种网络一般称为私有网络。

为了使私有地址也能适应于不同规模的私有网络，TCP/IP 将 A 类、B 类、C 类中的地址都保留一部分没有分配，专门用于私有地址，也就是说，A 类、B 类、C 类地址范围中都定义了一些私有地址，实际上是将 A 类、B 类、C 类地址中的一部分地址保留作为私有地址使用。A 类、B 类、C 类私有地址如下。

A 类的私有地址范围：10.0.0.0～10.255.255.255（将 1 个 A 类网络的地址保留作为私有地址）；

B 类的私有地址范围：172.16.0.0～172.31.255.255（将 16 个 B 类网络的地址保留作为私有地址）；

C 类的私有地址范围：192.168.0.0～192.168.255.255（将 256 个 C 类网络的地址保留作为私有地址）。

由于私有地址一般用于没有与互联网连接的私有网络，这些私有网络相互也不连接，所以这些地址是可以重复使用的。例如，有两个学校需要使用私有地址规划自己内部的网络，它们都选用了 192.168.0.0～192.168.10.255 这个地址段，由于它们自己不与互联网连接，这两个网络也不相互连接，所以它们共同都使用了这段地址来规划网络是没有问题的，是不会发生地址冲突的。

按照这样的方式，TCP/IP 定义的私有地址可为所有不与互联网连接的单位使用，相当于地址空间有了一个无限的扩大，这对于资源宝贵的 IP 地址是有很大意义的。

3. 使用私有地址的网络访问互联网的办法

前面谈到，私有地址一般用于没有与互联网连接的内部网络，这似乎意味着，使用私有地址进行网络地址分配的网络就不能访问互联网。当使用私有地址进行网络地址分配的网络需要访问互联网时，可以采用地址转换的办法，即采用地址转换技术（NAT），把私有地址转换为对外的公有地址 IP 地址就可实现对互联网的访问。

6.2.3 子网及掩码

在实际组建网络的设计中，往往需要将基于 A、B、C 分类的 IP 网络进一步分成更小的子网络，划分子网的主要原因如下：

①由于 A 类、B 类、C 类网络地址的地址空间都很大，按照这种地址分配情况规划网络，很容易造成地址空间的浪费。例如，组建一个 60 台计算机的机房网络，即使是使用主机数目最小的 C 类网络地址，也将造成 3/4 的地址将被浪费。

②地址空间太大将使每个网络的广播域范围也很大，使得网络很难得到有效的利用。将网络划分成若干子网后，广播包被局限在子网中，网络带宽可以得到有效的应用。子网划分后，各子网间的通信通过路由器实现，通信不会受到影响。

③按照工作性质，将同一部门的用户划分在同一子网，使得同一部门的业务可以在子网内完成交换，不必交换到骨干网，有利于减轻网络骨干的负担，从而有效地提高整个网络的传输性能。

④出于网络安全考虑，将网络划分成若干子网，各子网间相对隔离，也便于进行安全控制，可以提高整网的安全性。

按照网络层次寻址的工作方式，当基于 A、B、C 类的网络被进一步分成更小的子网络时，IP 地址将被进一步划分成网络地址、子网地址、主机地址。网络的寻址将变成先通过 IP 地址中的网络地址找到该网络，再通过 IP 地址中子网地址找到该网络中的某个子网，最后通过 IP 地址中的主机地址找到主机。经过子网划分后的地址描述如图 6－5 所示。

网络地址	子网地址	主机地址

图 6－5

在划分了子网的 IP 地址表示中，子网地址的定义是将原来基于 A、B、C 类网络的 IP 地址中的主机地址段保留一部分做子网地址。即将 IP 地址的主机地址部分分作两部分：一部分标识子网地址，另一部分仍然标识主机地址。划分子网的个数与保留的主机地址的位数存在一定的关系：

1 位二进制数可以有 0、1 两个不同数值，可以用于区别 2 个不同子网，即划 2 个子网需要保留 1 位主机地址位；同理，划 4 个子网需要保留 2 位主机地址位；划分 8 个子网需要保留 3 位主机地址位。如图 6－6 所示。

网络地址			子网地址	主机地址
202	203	128	**	

图 6－6

如要将 1 个 C 类地址的网络 202.203.128.0～202.203.128.255 划分成两个子网，需要保留 1 位主机地址位，即该位为 0，标识出第一子网，该位为 1，标识出第二子网。按照这样的划分，两个子网的地址分别为 202.203.128.0、202.203.128.128。两个子网对应的地址范围分别为：202.203.128.0～202.203.128.127，202.203.128.128～202.203.128.255。

同样，如要将 C 类地址 202.203.128.0～255 分成四个子网，需要保留 2 位主机地址位，即首 2 位为 00，标识第一子网，首 2 位为 01，标识出第二子网，首 2 位为 10，标识出第三子网，首 2 位为 11，标识出第四子网。按照以上划分，得到的四个子网的网络地址及地址范围分别为：

对应的第一子网地址为 202.203.128.0，对应第一子网的地址范围为 202.203.128.0～202.203.128.63。

对应的第二子网地址为 202. 203. 128. 64，对应第二子网的地址范围为 202.203.128.64～202.203.128.127。

对应的第三子网地址为 202.203.128.128，对应第三子网的地址范围为 202.203.128.128～202.203.128.191。

对应的第四子网地址为 202.203.128.192，对应第四子网的地址范围为 202.203.128.192～202.203.128.255。

在划分了子网的网络中，路由器将按照子网地址进行路由。路由器需要从数据包的 IP 地址中获得子网地址，即从 IP 地址中分离出子网地址。网络中使用掩码（Mask）实现从 IP 地址中分离出子网地址。

所谓掩码，是将 IP 地址中网络地址中的对应部分全为 1、主机地址对应部分全为 0 所得的编码。掩码之所以称为掩码，是因为当一个网络被划分子网后，通过掩码，子网被隐藏起来，使得从外部看网络没有变化。

对于以上将一个 C 类地址 202.203.128.0～202.203.128.255 划分成四个子网的情况，由于已经将主机地址中的 2 位保留用于划分子网，所以当网络地址和子网地址位全为 1 时，得到其掩码为 255.255.255.192，如图 6－7 所示。

网络地址			子网地址	主机地址
202	203	128	**	
11111111	11111111	11111111	11	000000

图 6－7

网络中路由器得到一个 IP 地址后，获取子网地址的办法是将对应该 IP 地址的掩码和 IP 地址相与掩码进行与运算即可得到子网地址。掩码告诉路由器，IP 地址的哪些位对应网络地址，哪些位对应主机地址。

如以上例子中，一个 C 类地址 202. 203. 128. 0 ~ 202. 203. 128. 255 被分成 4 个子网，其掩码为 202. 203. 128. 192。如某数据包的目的 IP 地址 202. 203. 128. 106，到达路由器后，路由器进行掩码计算，分离出子网为 202. 203. 128. 64，说明目的主机属于第二个子网，路由器查找第二个子网的路径端口，将数据包送往第二个子网。该例的示意如图 6－8 所示。

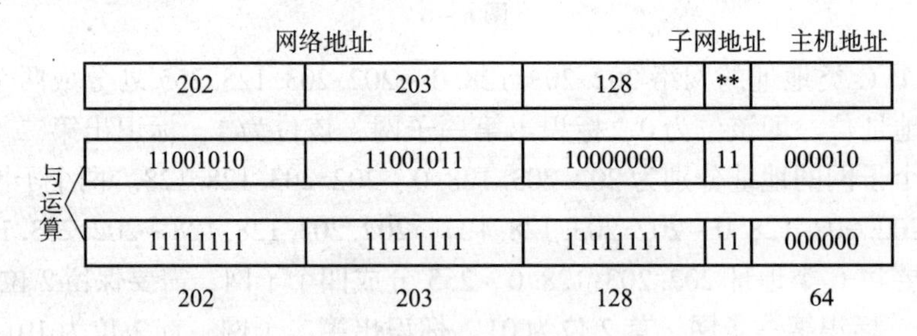

图 6－8

在划分了以上子网后，子网的广播地址仍然是主机地址段全部为 1 的地址是广播地址。在以上例子中，第二子网的广播地址为 202. 203. 128. 127。

在子网划分中，划分子网的个数与保留的主机地址位及能使用的主机地址存在一定的关系：

保留 1 个主机位可以划分 2 个子网，每个子网有 128 个主机地址；

保留 2 个主机位可以划分 4 个子网，每个子网有 64 个主机地址；

保留 3 个主机位可以划分 8 个子网，每个子网有 32 个主机地址。

但在实际的子网划分中，由于广播地址和网络地址会占用两个地址，使得以上说法不准确。在实际的网络地址中，当主机地址段全为 1 时，已经被广播地址占用，不能再分配使用，同样，当主机地址全为 0 时，已经被网络地址占用，也不能再分配使用。例如，在以上 C 类地址的子网划分例子中，主机位保留 2 位分配子网，还有 6 位主机地址，可以有 64 个主机地址，但实际可以使用的主机地址应该为 64 －2 =62 （个）。

同样，以上 C 类地址的子网划分例子中，保留 2 位划分子网，可以分出四个子网，该两位分别为 00、01、10、11，但 00、11 也不能用，因为当该 2 位为 00 和 11 时，它们已经被 202. 203. 128. 0 ~ 202. 203. 128. 255 C 类地址的网络地址和广播地址占用，所以实际划分出的子网只能用该 2 位为 01、10 的两个子网，即网络地址为 202. 203. 128. 6 和 202. 203. 128. 128 的这两个子网。也就是说，实际能分配使用的子网数目是 $2^N - 2$。

综上所述，IP 地址分配应遵守以下原则：

①同一网络上的所有主机应采用相同的网络地址；

②一个网络中的主机地址必须是唯一的；

③主机地址不能全为0（全为0为网络地址）；

④主机地址不能全为1（全为1为广播地址）；

⑤划分出的子网个数与拿出的主机地址位存在 2^N-2 的关系。

例如：某单位分配到一个B类地址155.168.0.0，组网需要划分成50个子网，每个子网支持600台计算机设备。具体地址划分如下：

155.168.0.0 = 10011011.10101000.00000000.00000000

保留6位主机地址来划分子网：10011011.10101000. ******00.00000000；

第1子网地址：155.168.0.0，10011011.10101000.00000000.00000000；

第2子网地址：155.168.4.0，10011011.10101000.00000100.00000000；

第3子网地址：155.168.8.0，10011011.10101000.00001000.00000000；

第4子网地址：155.168.12.0，10011011.10101000.00001100.00000000；

第5子网地址：155.168.16.0；

第6子网地址：155.168.20.0；

第7子网地址：155.168.24.0；

第50子网地址：155.168.196.0；

第51子网地址：155.168.200.0；

第52子网地址：155.168.204.0；

第61个子网地址：155.168.240.0，010011011.10101000.11110000.00000000；

第62个子网地址：155.168.244.0，010011011.10101000.11110100.00000000；

第63个子网地址：155.168.248.0，010011011.10101000.11111000.00000000；

第64个子网地址：155.168.252.0，010011011.10101000.11111100.00000000。

第1个子网地址和第64个子网地址不能使用，实际可以使用的为62个子网地址，组网需要的50个子网地址可以采用这62个子网地址的任意50个子网地址进行使用。按照这样划分后，原来的主机地址位的16位保留6位后，还剩10位用于标识每个子网内的主机（155.168.001100**. ********），10位二进制数可以标识1 024台主机，组网要求每个子网内支持600台主机，完全可以满足要求。

按照以上划分，可以得出子网掩码为255.255.252.0（11111111.11111111.11111100.00000000）。

6.2.4 VLSM和CIDR

前面讨论的子网划分基于固定长度子网掩码技术，这种划分方式有一个基本的限制，即整个网络只能有一个子网掩码。不论选择哪个子网掩码，都意味着各个子网内具有的主机地址数目完全相等。但是，在实际网络组建中，子网划分往往对应着不同的下属单位或部门，不同的下属单位或部门规模大小不一样，也就是说，对子网大小的要求不一样。按照以上子网划分方法，对于规模较小的单位，必然存在一些IP地址没有使用，造成IP地址的浪费。

例如，某单位分配得到一个B类网络地址空间，网络地址为172.16.0.0，如果将它的主机位中的6位拿出划分子网，则整个网络可以划分出64个子网，每个子网的主机地址数目可以达到1 024 - 2 = 1 022（个）。大多数情况下，一个单位很少会有所有的部门都拥有这么大的计算机数目，可能只会有少数部门具有这样大的计算机数目，而大多数部门可能只有一两百台计算机，少则甚至只有十多台计算机。按照固定长度掩码子网技术划分子网，必然带来许多 IP 地址的浪费。

针对这个问题，多个子网掩码划分子网的技术被提出，并被 IEFT 确定为子网划分的一种技术标准（RFC 1009）。该技术标准规定，同一 IP 网络可以划分为多个子网，并且每个子网可以有不同的大小。相对原来固定长度子网掩码技术，该技术称为可变长子网掩码（Variable Length Subnet Mask，VLSM）。

1. 可变长子网掩码（VLSM）

VLSM 技术允许使用不同大小的子网掩码对 IP 地址空间进行灵活的划分。对于主机数目较大的下属单位或部门，可以取更多的主机位数来划分较大的子网，满足主机数目较大的需求，对于主机数目较少的下属单位或部门，可以取更少的主机位数来划分较小的子网，满足主机数目较少的需求，而不造成较大的地址浪费。

一个采用 VLSM 的子网划分实例如下：

某城市电子政务网络中心从省电子政务网管中心分配得到一段 B 类 IP 地址：172. 24. 0 ~ 172. 24. 15，该地址首段为 172，属于 B 类地址，主机地址为 16 位。地址范围 172. 24. 0 ~ 172. 24. 15，共 16 个网段。

子网划分需求：建设的网络将互联市电子政务网管中心，市委、市政府、人大、政协等市级各个单位，以及下属的各个单位，所以将分别为它们分配网络地址。

地址分配设计：

1）将 172. 24. 0 ~ 172. 24. 4 这 5 个地址网段分配给市电子政务网络中心、市委、市人大、市政府、市政协使用，具体分配如下：

172. 24. 0 市电子政务网络中心使用；

172. 24. 1 市委使用；

172. 24. 2 市人大使用；

172. 24. 3 市政府使用；

172. 24. 4 市政协使用。

以上每网段可提供 253 个主机地址。

2）将 172. 24. 5 ~ 172. 24. 15 共 11 个地址网段分配给市级各下属接入单位使用。

市级各下属接入单位组网用户接入的计算机数近 2 000 台，分成 4 个层次（每个地址段划分成 4 个子网（主机地址用去 2 位），00 和 11 不用——00 本地址网段的原地址，11 本地址网段的广播地址，故实际每个地址网段只有 2 个有用子网地址）：

①接入计算机数在 31 ~ 61 之间（最多 61 台）；

②接入计算机数在 15 ~ 29 之间（最多 29 台）；

③接入计算机数在 7 ~ 13 之间（最多 13 台）；

④接入计算机数在 6 台以内（最多 6 台）。

其中，将 172. 24. 5 ~ 172. 24. 10 这 6 个地址网段划分为 12 个子网。各子网地址如下：172. 24. 5. 00，172. 24. 5. 01，172. 24. 5. 10，172. 24. 5. 11，…，172. 24. 10. 00，172. 24. 10. 01，172. 24. 10. 10，172. 24. 10. 11。

32 地址的最后一段（后8位）作为主机地址使用，划分子网用去2位，每个子网还有6位主机地址62（64－2）个，划分出的这12个子网提供给12个计算机数量处于第一层次的市级单位使用（市发改委、市教育局、人事局等）。

3）将172.24.11～172.24.13这三个网段划分为18个子网：

每个网段划分成8个子网（主机地址用去3位），000和111不用——000本网段的原地址，111本网段的广播地址，故实际每个网段只有6个有用子网地址。

3个网段的18个子网分别为172.24.11.000，172.24.11.001，172.24.11.010，172.24.11.011，172.24.11.100，172.24.11.101，172.24.11.110，172.24.11.111，…，172.24.13.000，172.24.13.001，172.24.13.010，172.24.13.011，172.24.13.100，172.24.13.101，172.24.13.110，172.24.13.111。

32 地址的最后一段（后8位）作为主机地址使用，划分子网用去3位，每个子网还有5位主机地址30（32－2）个，划分出的这18个子网提供给计算机数为第二层次的市级单位使用（市纪委、市组织）。

4）将172.24.14划分为14个子网（该网段划分成16个子网，0000和1111不用——0000本网段的原地址，1111本网段的广播地址，故实际每个网段只有14个有用子网地址），该网段的14个子网，每个子网有14（16－2）个地址，提供给计算机数为第三层次的市级使用（市妇联、市扶贫办等）。

5）将172.24.15划分为30个子网（该网段划分成32个子网，00000和11111不用——00000本网段的原地址，11111本网段的广播地址，故实际每个网段只有30个有用子网地址），该网段的30个子网，每个子网有6（8－2）个地址，提供给计算机数为第四层次市级单位使用（市老干局、市工会等）。

通过以上划分，共划分出78个子网，最多可支持2 612台计算机接入。

通过VLSM技术，在一定程度上解决了IP地址的浪费问题，但是随着网络的迅速发展和普及，网络地址的需求日益增加，20世纪90年代中期，出现了Internet主干路由表条数急剧增长，致使查找路由时间加长，影响路由速度的问题，同时，随着大量地址的被使用，网络IP地址开始出现分配紧张，地址面临即将耗尽的问题。

为此，IETF很快研究出新的无分类编址CIDR（Classless inter—Domain Routing）技术，并发布为Internet的技术标准（RFC 1517、RFC 1518、RFC 1519、RFC 1520）。CIDR消除了传统网络地址的自然分类和子网划分界限，能有效利用IPv4地址空间，减少路由条目数，在IPv6使用之前能较好地应对Internet的规模增长。

2. 无分类编址CIDR

CIDR不再使用“子网地址”或“网络地址”概念，而是使用“网络前缀”（Network Prefix）这个概念。与只使用8位、16位、24位长度的自然分类网络号不同，网络前缀可以有各种长度，由其相应的掩码进行标识。

CIDR前缀既可以是一个自然分类的网络地址，也可以是一个子网地址，还可以是多个自然分类网络聚合而成的“超网”地址。所谓超网，就是利用较短的网络前缀将多个较长网络前缀的小网络聚合成一个或多个较大的网络。将几个小网扩大成一个大网，形成超网；将一个大网划分成若干小网，形成子网。

CIDR 可以将相同网络前缀的 IP 地址组成 CIDR 地址块。一个 CIDR 地址块使用地址块的起始地址作为前缀和起始地址的长度（掩码）来定义这个子网。

例如，某单位分配了 2 个 C 类地址：200. 1. 2. 0 和 200. 1. 3. 0，而该单位要在一个网络内部署 500 台计算机主机，那么可以通过 CIDR 构成超网来满足这种要求。

在 200. 1. 2. 0(10001000. 00000001. 00000010. 00000000)和 200. 1. 3. 0(10001000. 00000001. 00000011. 00000000)这两个地址中，它们相同的前缀为 10001000. 00000001. 0000001，即它们的起始地址 200. 1. 2. 0，起始地址的长度为 23 位，所以此时超网的前缀为 200. 1. 2. 0，掩码为 255. 255. 254. 0（11111111. 11111111. 11111110. 00000000）。

在这个超网中，可以容纳的主机地址空间为 9 位编码，可以实现 512 – 2 的地址空间，能满足部署 500 台主机数目的要求。

同样，如果某单位分配的 256 个 C 类地址：200. 1. 0. 0 ~ 200. 1. 255. 0，那么可以将这些地址合并为一个 B 类大小的 CIDR 地址块。由于它们的起始地址为 200. 1. 0. 0，起始地址的长度为 16 位，所以它们组成的 CIDR 地址块的前缀为 200. 1. 0. 0，掩码为 255. 255. 0. 0。

由于一个 CIDR 地址块可以表示多个网络地址，所以支持 CIDR 的路由器可以利用 CIDR 地址块来查找网络，这种地址的聚合称为强化地址汇聚，它使得 Internet 的路由条目数大大减少，路由聚合减少了路由器之间路由选择信息的交互量，从而提高了整个 Internet 的性能。

6. 3　网络层协议

6. 3. 1　IP 协议

IP 协议是用来完成许多网络互联起来进行通信的协议，是 TCP/IP 网络的核心协议。IP 协议具有以下特点：

IP 协议的主要功能是完成数据传输，它不关心传输的数据的实际内容，主要是完成 IP 数据包在互联的网络中传输。

IP 协议提供的是一种无连接的数据传输服务，各个数据包带上完整的地址信息独立地在通信子网中传输，各节点根据数据包携带的地址信息逐节点向目的节点转发，最终到达目的地。可能存在不按顺序达到，需要排序处理的问题。

IP 协议提供尽力传输的服务。它只负责将 IP 数据包传输出去，不对数据包进行差错校验（但要进行头部校验）。IP 层协议将数据包的验证任务交给传输层去解决，即传输的可靠性通过上层的 TCP 协议来保证。

IP 协议处于物理网络和上层主机之间，向下可以面对不同的物理网络，向上则提供统一的数据传输服务。通过建立 IP 地址和 MAC 地址的映射，以统一的 IP 地址面向传输层，实现了网络地址的向上统一。

IP 协议将底层物理网的数据帧封装成 IP 包进行传输，以统一的 IP 数据包面向传输层，实现了数据包的向上统一。IP 协议地址的向上统一和数据包的向上统一达到了向上层屏蔽底层网络差异的目的。

由于采取尽力的传输思想，使得传输效率非常高，实现起来也简单，随着底层通信网传输质量的不断提高，IP 协议的尽力传输的好处也更加体现出来。

1. IP 数据包的格式

IP 数据包格式如图 6－9 所示。IP 数据包由头部和数据两部分组成，头部又分为定长部分和变长部分，定长部分由 20 字节组成，变长部分由 IP 选项组成。IP 数据包各字段意义如下。

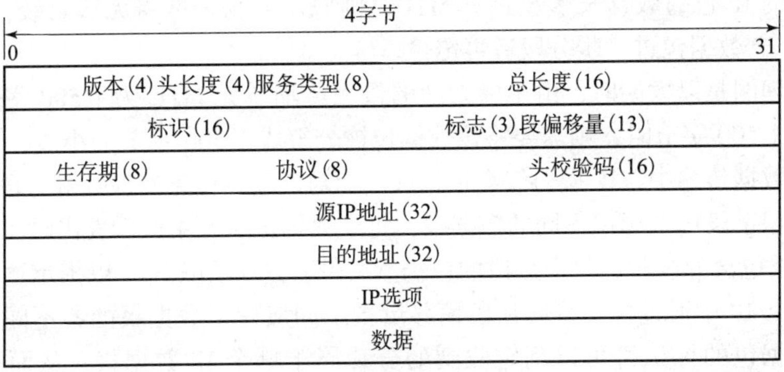

4字节

0 31

版本(4)头长度(4)服务类型(8)	总长度(16)
标识(16)	标志(3)段偏移量(13)
生存期(8) 协议(8)	头校验码(16)
源IP地址(32)	
目的地址(32)	
IP选项	
数据	

图 6－9

版本号：指示当前传输的数据包是 IPv4 包还是 IPv6 包。版本号占 4 比特。在网络中，通信双方使用的 IP 协议版本必须一致，IPv4 的包只能在 IPv4 网中传输，如果要在 IPv6 网中传输，需要进行 IP 转换。IP 软件在处理 IP 数据包时需要检查版本号字段，根据版本号字段决定对 IP 数据包的处理。

头长度：指出 IP 包头的长度，从而确定包头和数据的界面，指示出什么时候包头结束，数据开始。头长度以 4 个字节为一个基本单位，不带 IP 选项部分的包头占 20 字节，即 5 个 4 字节单位的长度。头长度字段占 4 比特，最大可表达到 15，头长度的最大单位为 15 个 4 字节，所以 IP 选项部分不能超过 10 个 4 字节单位长度。

服务类型：使用 8 比特来表示服务质量和优先级。前 3 比特优先级从 0～7 分为 8 个级别，0 为最低优先级，7 为最高优先级。当网络出现拥塞时，路由器可以根据数据包设置的优先级别决定首先丢弃哪些数据包。

服务类型的后 4 比特用于指示服务质量，分别用 D、T、R 和 C 表示。D 代表传输最小延迟、T 代表传输最大吞吐率、R 代表传输最大可靠性、C 代表最低传输成本。D、T、R 和 C 每次只能设置一个，也就是说，路由设备中只能考虑一个指标，不能多个指标同时设定，多个参数的设定只会使路由器无所适从，没有意义。

对于数据量大的业务（FTP），需要选择高吞吐率；对于数据量少的业务（Telnet），需要选择低延迟；对于路由和网络管理业务（IGP、SNMP），需要选择高可靠性。最后 1 个比特是保留比特，目前没有定义。

总长度：总长度字段占 16 比特，总长度指示出整个数据包的长度，从而指示包的结束，实现包发送接收的同步。总长度以字节为单位，由于总长度字段占 16 比特，IP 数据包的最大长度可达 2^{16}，即 65 535 个字节。从总长度可以知道整个包的长度，减去包的头部长度就可得到实际数据长度。

数据包的总长度在传输时是非常重要的参数。由于 IP 网络数据传输是以帧的形式通过底层物理网进行传输的，IP 数据包要封装成帧来传输，但是不同物理网络的最大帧的长度是不一样的，底层物理网能够封装的最大数据长度称为该网络的最大传输单元 MTU，各种物理网中存在的 MTU 如下：

以太网——1 500 字节；

令牌网——4 500 字节；

FDDI 网——4 770 字节。

如果当前的 IP 包的数据长度超过了 MTU，则底层的物理网将无法封装，这种情况下，IP 层必须将该 IP 数据包进一步分段后再传输。

例如，物理网是以太网时，由于以太网的最大传输单元 MTU 为 1 500 字节，当单个数据包长度大于 1 500 字节时，则需要将该数据包被分解成 1 500 字节的小段，然后封装成 IP 包进行传输。数据传输中，IP 层协议会根据底层面对的物理网络对应计算分段的大小。

标识：标识字段用来标识不同的数据报，每个数据报从源主机端发出时，在标识字段自动加 1，当数据包被分段时，每个分段的包仍然要带着这个标识符，以指示这些分段同属一个数据报。TCP/IP 中通过标识符和片段偏移量指示同属一个数据报的各不同分段。目的端根据收到的数据包的标识符可以判定收到的分片属于哪个 IP 数据报，从而完成数据报的重组。

标志：表示该数据包是否被分段。分段时，还进一步表示是否是最后一个分段。

段偏移量：段偏移量占 13 比特。段偏移量指示出在分段中，该包在原始数据区的偏移量。段偏移量以 8 字节（64 比特）为一个单位计算。每个分段的长度一定是 8 字节的整数倍。段偏移量为目的端的主机进行各分段的重组装配提供顺序依据。

生存时间 TTL：生存时间字段为 8 比特，指示该数据包的生存时间。由于数据包的转发是经过路由器实现的，当路由器上的路由表出问题时，数据包就可能存在不能正确传往目的主机的问题，这样的数据包将在网中不断传输，始终不能到达目的主机，白白消耗网络带宽资源。为了避免这样的情况发生，每个主机在发出数据包时，给每个数据包设置一个生存时间，数据包每经过一个路由器，减去 1，当生存时间等于 0 时，数据包仍然没有到达目的端，则视为无法达到数据包，做删除处理。

协议类型：协议类型字段为 8 比特，协议类型字段指出当前数据包封装的协议，TCP = 6、UDP = 17、ICMP = 1、OSPF = 89 等。发送方主机的 IP 协议根据被封装的协议设置协议类型值，目的主机的 IP 协议根据数据包中的协议类型标识将该数据包分发到传输层相应的协议去处理。例如，协议类型字段指示为 TCP，则传输层用 TCP 协议处理该包；协议类型字段指示为 UDP，则传输层用 UDP 协议处理该包。

头校验码：为了提高传输效率，IP 协议不对数据包进行差错校验，IP 层协议将数据包差错校验的任务交给传输层去解决，但 IP 协议对包头部分（不包含源 IP 地址和目的 IP 地址）设置了差错校验。

包头的差错校验通过头校验码字段实现。头校验字段为 16 比特，在数据包发送时，将包头按照算法形成 16 比特的校验码，填到校验码字段，然后按照路由转发表转发给下一跳路由器，下一跳路由器收到该数据包后，通过校验码进行头部的差错校验。当验证收到的数据包头部是正确的，则该路由器进入路由选择、数据转发。

由于 IP 协议属于网络层的协议，它实现了一个路由器到下一跳路由器的数据转发处理，在这个过程中发生的差错不可能交到负责端到端的传输层去处理。另外，IP 头部字段在点对点的传输过程中是不断变化的（生存期值、标志和分段偏移量等），只能在各发送路由器节点形成校验数据，在接收路由器节点完成校验，即在相邻节点间进行校验，所以，对包头的校验必须在网络层完成。

源 IP 地址：源 IP 地址字段为 32 位，指示发送方主机的 IP 地址。

目的 IP 地址：目的 IP 地址字段为 32 位，指示目的主机的 IP 地址。在 IP 包的转发过程中，转发路由器会对底层物理网送来的帧进行解封装和再封装，物理地址也会相应地不断发生变化，但 IP 数据包的源 IP 地址和目的 IP 地址却是始终保持不变的。

选项：选项字段为可变字段，是在进行传输数据包的同时可选的附带功能，用于控制数据在网络中的传输路径、记录数据包经过的路由器、获取数据包在传输途中经过的路由器的时间戳及测试业务等。

填充：选项部分所占字节数不到 4 个字节的整数倍时，通过填充扩充到 4 字节的整数倍。

2. IP 数据包的传输

IP 数据包传输在由路由器转发时要经过几个方面的处理：校验、路由选择、数据分段及数据转发。

IP 协议为了提高传输效率，不对数据进行差错校验，从而减小时间开销，提高传输效率，但 IP 协议对传输来的 IP 包进行了包头的差错校验。

计算头部校验码的过程如下：将头部的数据按顺序分成多个 16 比特的小数据块，头部校验码字段初始值设为 0，用 1 的补码对 16 比特的小数据块进行求和，最后再对结果进行补码，便得到头部的校验码。

当该数据包转发到下一跳路由器时，下一跳路由器将收到的数据包的头部再分作多个 16 比特的数据块，用 1 的补码算法对 16 比特的数据块进行求和，最后再对结果求补码，若得到的结果为 0，就说明收到的头部是正确的。

接收路由器收到数据包并经过校验其头部是正确的后，将该数据包交去进行路由处理，即查找路由表为该数据包找到对应前向网络的输出端口，将该数据包从该输出端口进行转发。

IP 协议按照底层物理子网最合适的数据包大小进行数据传输，当该数据包转发的前向网络是 MTU 较小的网络时，IP 协议将数据包分成较小的数据片进行传输，在后面的传输过程中，如果继续碰到同样的问题，还要进一步分段。所以，数据包在从源端到目的端的传输过程中，可能会多次分段。数据包的分段过程如图 6 – 10 所示。

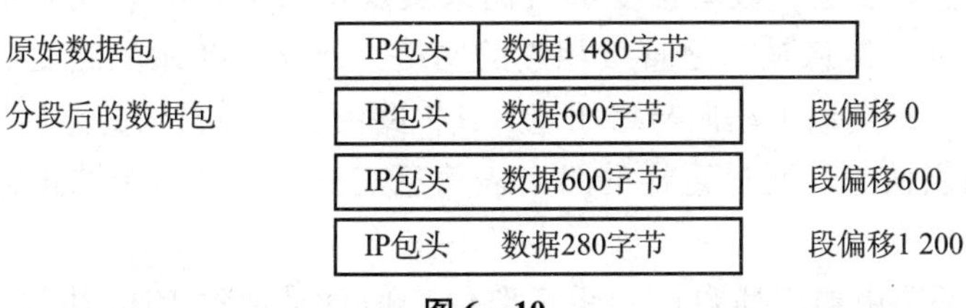

图 6 – 10

当数据包被分段时，每个分段都带有头部，分段头部的其他内容与原数据包是一样的，

只是标识字段、标志字段及段偏移量有相应的变化。

标识字段指示出这些数据包是否同属于一个数据报；标志字段指示出当前的分段是不是最后一个分段，即指示出最后一个分段到来；段偏移量指示被分成段的各个小包在大的报文中的位置，偏移量指示出各分段的序号，段偏移量是目的主机组装报文的顺序依据。

例如，一个数据包数据段长度为 1 480 字节，进入 MTU 为 600 字节的物理网时需要分段，各分段数据包中的标志段 M 位为：

第一个分段的偏移量为 0，标志段的 M 位 =1，指示出该段不是最后一片；

第二个分段的偏移量为 600，标志段的 M 位 =1，指示出该段仍然不是最后一片；

第三个分段的偏移量为 1 200，标志段的 M 位 =0，指示出该段为最后一片。

报文一旦被分段，是作为单独的数据单元进行传输的，如果在传输过程中某个单元发生差错，则目标主机将丢弃整个数据包，重新组织传输。

在网络存在多条路径可达目的主机的情况下，分组传输使得所有的分段分组可以选择不同路径传输，具有并行传输和负载分担的优点。从前面讨论可知，分段可以在发送主机和传输路径上的任何一台路由器上进行，而数据包分段后的重组只能是在目标主机上完成。之所以这样做，是因为各分段在传输过程中可能会沿不同路径传输，因此不可能在某个路由器收齐同一数据包的各个分段，所以路由器无法完成重组，数据包分段后的重组只能是在目标主机上完成。另外，将重组的任务交到主机，可以减少路由器负担，提高通信子网的传输效率。

数据包分段后的重组根据数据包头部中的标识、标志和分段的偏移量来实现。同一标识的数据包属于同一数据报文，通过标志知道最后一个数据包到来，然后将收到数据包按照分段的偏移量进行排序组装，形成完整的数据报文。

6.3.2 RIP 路由协议

RIP（Routing Information Protocol）是一个基于距离向量的路由协议，RIP 协议规定的"距离向量"为达到网络目的地所经过的路由器数目，即跳数（Hopcount），RIP 协议以经过的跳数最少为路由选择依据。

RIP 协议规定，路由器到与它直接相连网络的跳数为 0，通过与其直接相连的路由器到达下一个紧邻的网络的跳数为 1，其余的依此类推，每多经过一个路由器，跳数加 1。RIP 协议允许的最大跳数为 15，当跳数达到 16 时，即认为距离为无穷远，不可达。由此可见，RIP 适用于较小规模的网络。

RIP 协议采用主动发送，被动接受的机制来实现路由信息的建立和更新。在网络启动时，路由器拥有的唯一信息是与之直接相连的网络，建立起初始的路由表。在随后的工作中，每个路由器将会周期地主动向与之相连的其他路由器广播自己的路由表信息，各个相邻路由器接收该路由表信息，通过这样的路由表信息交换，最终每个路由器都可获得整网的信息。

RIP 协议向相邻路由器广播自己的距离路由表信息是通过 UDP 协议实现的。RIP 每隔 30 s 定期向所有邻近的路由器广播自己的路由表信息，各相邻路由器收到这个路由表信息时，使用算法计算出当前的最优路由，更新自己的路由表项，最终每个路由器都建立了完整的路由表。

当数据包到来时，路由器按照建立的路由表为数据包进行路由选择，完成数据转发。定期的路由更新还使得当网络拓扑发生变化时，路由器会及时更新路由表的路由信息，使路由器按照最新的路由表信息进行路由选择，实现自动适应网络的拓扑变化。

设一个网络采用了 RIP 路由协议，连接如图 6－11 所示。网络 1（192. 168. 11. 0）、网络 2（192. 168. 12. 0）、网络 3（192. 168. 20. 0）直接连接在 R1 路由器上，而网络 3（192. 168. 20. 0）、网络 4（192. 168. 21. 0）、网络 5（192. 168. 22. 0）直接连接在 R2 路由器上。网络 3 既连接在 R1 路由器，也连接在 R2 路由器上，网络 1 与网络 2 和网络 4 与网络 5 通过网络 3 实现了远程的互联。该网络路由表的建立和路由情况如下。

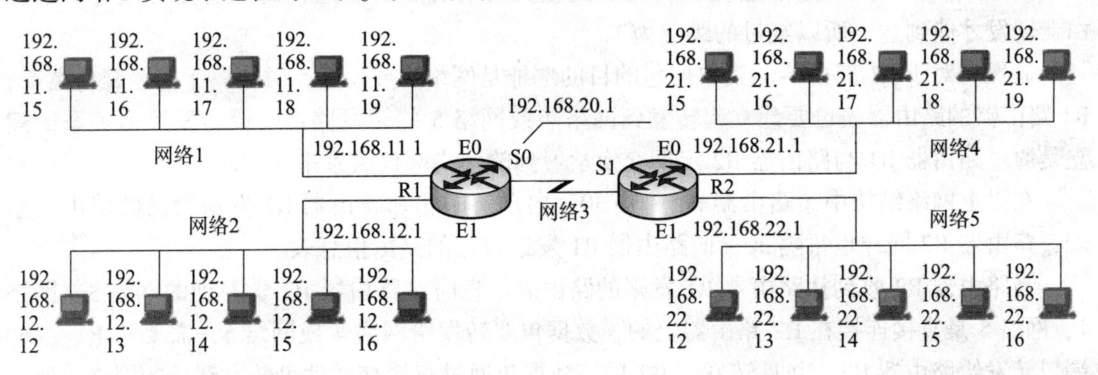

R1路由表

交付情况	目的网络地址	端口	跳数
直接交付	192.168.11.0	E0	0
直接交付	192.168.12.0	E1	0
直接交付	192.168.20.0	S0	0
间接交付	192.168.21.0	S0	1
间接交付	192.169.22.0	S0	1

R2路由表

交付情况	目的网络地址	端口	跳数
直接交付	192.168.21.0	E0	0
直接交付	192.168.22.0	E1	0
直接交付	192.168.20.0	S1	0
间接交付	192.168.11.0	S1	1
间接交付	192.169.12.0	S1	1

图 6－11

1. 直接交付路由关系的建立

在初始情况下，当网络 1 有数据包发送时，该数据包必然到达路由器 R1 的 E0 端口。路由器 R1 从数据包地址段的源地址学习到网络 1 发出的包是从端口 E0 进来的，所以网络 1 是连接在 E0 端口的，故路由器 R1 建立了转发的目的网络地址是网络 1（192. 168. 11. 0）时，从 E0 端口转发，跳数为 0，交付情况为直接交付的信息表项。

同样，由于网络 2 接在路由器 R1 的 E1 端口，当网络 2 有数据包发送时，该数据包必然到达路由器 R1 的 E1 端口。路由器 R2 从数据包地址段的源地址学习到网络 2 发出的包是从端口 E1 进来的，所以网络 2 是连接在 E1 端口的，路由器 R1 建立了转发的目的网络地址是网络 2（192. 168. 12. 0）时，从 E1 端口转发，跳数为 0，交付情况为直接交付的信息表项。

依此类推，由于网络3接在路由器R1的S0端口，路由器R1建立了转发的目的网络地址是网络3（192.168.20.0）时，从S0端口转发，跳数为0，交付情况为直接交付的信息表项。

所以，在初始阶段，通过自学习，路由器R1可以建立起与之直接连接的网络1、网络2和网络3的路由表的表项信息。

2. 间接交付路由关系的建立

从图6－11中可以看出，当有数据包要从网络1（192.168.11.0）传给网络4（192.168.21.0）时，该数据包需要从R1路由器S0端口转发到R2路由器，再从R2路由器E0端口转发到网络4，显然这种转发属于间接交付情况。由于这种转发需要再经过一个路由器转发才能到达，所以经过的跳数为1。

显然，对于R1路由器，当数据包的目的地址是网络4或网络5时，属于间接交付情况，R1路由器的路由器表也要建立起转发到网络4或网络5的转发路由。该转发路由关系的建立是通过路由器R1与路由器R2定期交换学习到的网络端口关系来实现的。

在以上网络结构中，路由器R1每隔30 s向自己的相邻路由器R2发送自己的路由信息表，路由器R2同样也每隔30 s向路由器R1发送自己的路由信息表。

当路由器R2收到从路由器R1发来的路由表信息时，路由器R2学习到的网络3、网络4、网络5是直接连接在R2路由器上的，数据包要转发给网络4或网络5，需要从R1的S0端口转发给路由器R2，并且转发到R2后该数据包通过直接交付就可转发到目的网络。所以R1路由表中将建立起数据包要传给网络4或网络5属于间接交付，经过的跳数为1，转发选择的端口应该是R1的S0端口的路由表信息表项。

同样，当路由器R1将学习到的网络1、网络2、网络3是直接连接在R1路由器上的网络端口关系交换给R2路由器时，R2路由器学习到，数据包要转发给网络1或网络2，需要从R2的S1端口转发给路由器R1，并且转发到R1后该数据包通过直接交付就可转发到目的网络。所以，R2路由表中将建立起数据包要传给网络1、网络2属于间接交付，经过的跳数为1，转发选择的端口应该是R1的S0端口的路由表信息表项。路由器R1、路由器R2建立起的完整的路由转发表如图6－11所示。

可以看出，经过定期与相邻路由器交换路由信息，网络上的每一个路由器都最终获得了整网的路由信息，建立起反映整网情况的路由转发表。显然，即使是在网络使用的过程中有网络的接入，使网络拓扑发生了变化，由于路由器的定时更新信息，路由器也能够动态地建立起相应的路由表。

3. 路由器的路由选择与数据转发

在完整的路由表建立起来后，当有数据包要从网络1传给网络2时，网络1的数据包从R1路由器的E0端口送入路由器，R1路由器根据该数据包的目的地址查找路由表，得知网络2连接在R1的E1端口，属于直接交付情况，R1路由器将该数据包从E1端口转发出去，该数据包到达网络2，到达了目的网络。

当有数据包要从网络1传给网络4时，网络1的数据包从R1路由器的E0端口送入路由器，R1路由器根据路由表查得应选择S0端口转发路由，于是该数据包从S0端口转发出去，到达网络3，再从网络3连接在R2路由器的S1端口进入R2路由器。然后从R2路由器的路由表查得目的地址是网络 4 的数据包应该从 E0 端口转发出去，该数据包到达网络 4，到达了目的网络。

同样，当网络 4 有数据包要发给网络 1 时，R2 路由器将该数据包通过 S1 端口转发到网络 3，再从网络 3 连接在 R1 路由器的 S0 端口进入 R1 路由器，再从 R1 路由器的路由表查得目的地址是网络 1 的数据包应该从 E0 端口转发出去，于是该数据包从 R1 的 E0 端口转发出去，到达网络 4，到达了目的网络。

6.3.3 OSPF 路由协议

开放最短路由优先协议 OSPF 是由 IETF（Internet Engineering Task Force）工程任务组开发的基于链路状态的路由协议。“开放”是指 OSPF 协议是公开发表的协议标准，任何厂家都可以使用，“最短路由优先”是因为使用了荷兰科学家 Dijkstra 提出的最短路由算法 SPF（Shortest Path First）而得名。

1. OSPF 工作原理

链路状态路由协议是根据距离、链路带宽、时延等链路状态信息综合进行路由选择的路由协议。链路状态路由协议将以上影响因素都折算成一个权值（cost），再根据权值确定最佳路由。

这里的权值指出了从一台路由器经链路传输到另外一台路由器所需要的时间开销，一条路由的时间开销指沿着这条路由到达目的网络的路径上所需要的所有时间开销，OSPF 路由选择算法的依据是时间开销最小的路径为最优路径。

OSPF 协议采用最短路径优先算法，以自身为根节点计算出一棵最短路径树，在这棵树上，由根节点到各节点的累计开销最小，即由根节点到各节点的路径在整个网络中都是最优的，这样也就获得了由根节点去各个节点的最优路由。

在如图 6－12 所示的网络中，从 R2 到 R4 存在路径 1 和路径 2 两条路径，但是路径 1 的累计 COST 开销小于路径 2 的累计 COST 开销，路径 1 为最优路径。

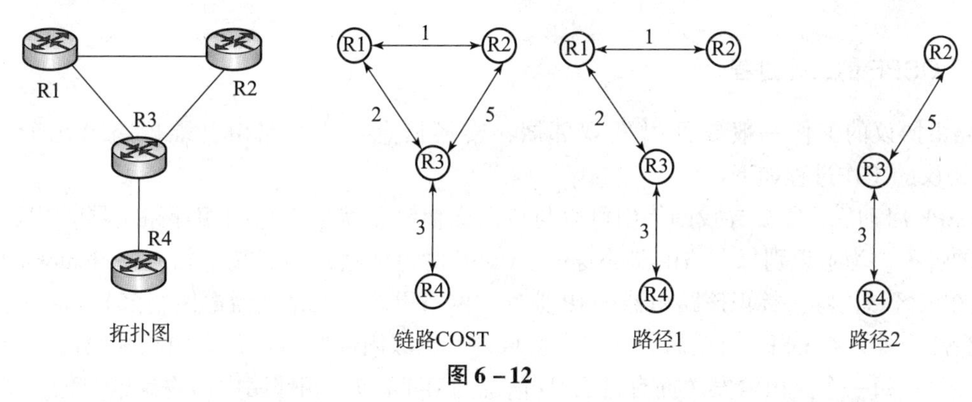

图 6－12

OSPF 路由协议的最优路径选择是通过查找路由器中的路由表完成的。路由表的建立需要通过收集每一个路由器的链路状态信息，建立起一个链路状态数据库，然后根据最短路由算法，计算出每个路由器到目的网络的最短路由，从而建立起路由表。

当路由器初始化或当网络结构发生变化（例如增减路由器、链路状态发生变化等）时，路由器会产生链路状态广播数据包（Link - State Advertisement，LSA），该数据包里包含本路由器与哪些路由器相邻，以及各端口链路的 COST 信息，也即路由器的链路状态信息。通过各路由器与相邻路由器之间交换 LSA，各路由器获得了完整的链路状态信息，建立起了自己的链路状态数据库（Link State Database，LSDB）。

完成 LSDB 的建立后，各路由器根据建立起的 LSDB，运行 SPF 算法，计算出以自己为根的最短路径，从而建立起自己的路由表。当数据包达到路由器时，路由器根据建立的路由表对到达的数据包进行路由选择。

路由器在建立路由表的过程中，需要与相邻路由器交换链路状态信息。为了减小网络内部的信息交换量，减小路由器计算路由信息的复杂度，提高路由器的处理能力，OSPF 采用两层结构的区域信息交换方式，即将一个自治域系统的网络再分成若干子区域，每个子区域内部路由器仅与自己区域内部路由器交换信息，获得本区域网络的链路状态信息，然后各个区域的边界路由器之间再进行链路状态信息交换，从而获得全网的信息。这种两层结构的息交换方式，由于每个区域内的路由器只与自己区域内的路由器进行交换，大大减少了网络的信息交换量，提高了路由收敛速度。图 6 - 13 所示为分区示意图。经过分区，区域内部的路由器建立的链路状态数据库也成为相对较小的数据库，这些数据库分别在自己的区域内部进行维护，从而降低了路由器内存和 CPU 的消耗，提高了路由器的处理性能，有利于网络资源的利用。

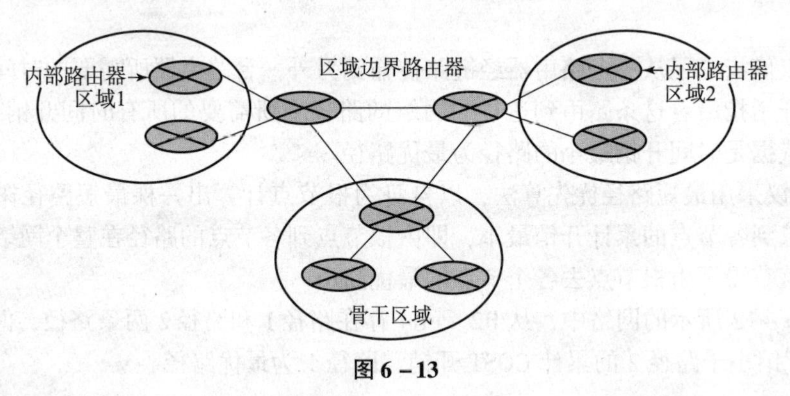

图 6 - 13

2. OSPF 的工作过程

路由协议的工作一般要经过发现邻居、交换信息、计算路由、维护路由几个过程。OSPF协议的工作过程如下：

OSPF 启动后，需要寻找网络中可以与自己交换链路状态信息的相邻路由器，这是发现邻居的过程。为了识别每个路由器的身份，OSPF 对每个路由器定义了相应的 Router ID，该 ID 是在该区域内唯一标识该路由器的 IP 地址。网络里的其他路由器都使用该 Router ID 来标识这台路由器。在 OSPF 启动后，在单个区域内，区域内部路由器首先向相邻路由器交换各自的信息，每一个路由器发送拥有自己 ID 信息的 Hello 包，相邻路由器收到这个包，就将这个包内的 ID 信息加入自己的 Hello 包，向相邻路由器发送，如果某路由器收到含有自己 ID 信息的 Hello 帧，说明发来该 Hello 包的路由器是自己的相邻路由器，则根据接收到的端口，建立邻接关系。

建立好邻接关系后，路由器进入交换信息阶段，区域内部路由器和其邻接路由器之间相互交换 LSA。OSPF 协议通过泛洪（Flooding）的方法来交换链路状态数据，泛洪是指路由器将其 LSA 传送给本区域内的所有与其相邻的 OSPF 路由器，相邻路由器根据其接收到的链路状态信息更新自己的数据库，并将该链路状态信息转送给与其相邻的路由器，直至稳定的一个过程。

当网络重新稳定下来，也可以说 OSPF 路由协议收敛过程完成后，每个区域的路由器都获得了完整的网络状态信息，并建立起拥有整个网络的链路状态数据库 LSDB。

当一个 OSPF 路由器建立起 LSDB 后，OSPF 路由器依据链路状态数据库内容，通过 SPF 算法，计算出每一个目的网络的路径，并将路径存入路由表中，从而完成了路由计算，建立起路由表。

当网络建立起路由表后，路由器就能进行正常的路由选择和数据包转发，但是当网络由于网络扩充或者网络故障使网络链路状态发生变化时，路由器还需进行路由维护，即及时更新路由表信息。

OSPF 的路由信息更新过程为：在网络运行过程中，当网络链路状态发生变化时，路由器及时将这种变化通过泛洪方式传递给区域内的所有路由器，各路由器收到该信息时，完成信息更新，重新计算路由，建立起新的路由表。

为了保证链路状态数据库始终与全网的状态保持一致，OSPF 还采取定期更新的办法进行路由信息更新，每个路由器每隔 30 min 重新收集链路状态信息，重新刷新链路状态数据库，重新计算路由，以保证当前路由是最优路由。关于 OSPF 协议的实际应用，将在后面的章节中继续讨论。

6.3.4 ARP、RARP 协议

在 TCP/IP 网络中，数据包通过通信子网中的路由器实现数据转发，每个路由器为到达的数据包选择路由，找到前往目的网络的对应的端口，然后进行数据包的转发。按照网络的层次体系，发送数据时，发送端的数据包从网络层交给数据链路层封装成数据帧，然后交到物理层完成数据编码发送出去，同样，到达接收端后，物理层完成数据编码的接收，恢复成数据，以数据帧的形式交给数据链路层，数据链路层完成帧的接收后，将数据帧解封，恢复成 IP 数据包交给网络层。

在发送、接收过程中，由于网络层的数据包使用 IP 地址寻址、数据链路层的数据帧使用 MAC 地址寻址，TCP/IP 网络必须在这两种地址间建立映射关系，以便相应的层次完成数据协议单元的地址封装。

在网络中，IP 地址与 MAC 地址的映射关系并不是一成不变的。当主机从一个物理位置移动到另外一个物理位置时，它的 IP 地址就会发生变化，但它的 MAC 地址没有发生变化。同样，当主机被更换网卡时，它的 IP 地址没有发生变化，但它的 MAC 地址发生了变化。

当这种变化发生时，IP 地址与 MAC 地址的映射关系也要相应发生变化，通过人为配置来跟踪这种变化，维护这种映射关系对于日益庞大的网络来说是不现实的，所以 TCP/IP 网络采用专门的协议自动完成建立和维护这种映射关系。

在 TCP/IP 网络中，IP 地址与 MAC 地址之间的映射称为地址解析，TCP/IP 协议专门提供了 ARP、RARP 两个协议实现这种地址解析。ARP 称为地址解析协议，完成从 IP 地址到

MAC 地址的映射，即完成在已知 IP 地址的情况下，获取对应的 MAC 地址；RARP 称为反向地址解析协议，完成从 MAC 地址到 IP 地址的映射，即完成在已知 MAC 地址的情况下，获取对应的 IP 地址。

1. 地址解析协议 ARP

当源主机要向同一子网的目的主机发送数据包时，源主机的 IP 层需要将 IP 数据包传给数据链路层进行帧的封装，封装时就需要给出目的主机的 MAC 地址。如果源主机还不知道目的主机的 MAC 地址，就需要通过地址解析协议 ARP 获得目的主机的 MAC 地址。

获取目的主机 MAC 地址的工作过程如下：源主机通过广播方式发送 ARP 请求包，该请求包送到网络中的所有主机，目的主机收到 ARP 请求包，发现包中的目的 IP 地址和自己的地址相符，则发送响应，应答 ARP 请求，并以单播方式将自己的 MAC 地址通知源主机，从而使源主机获得目的主机的 MAC 地址，完成从 IP 地址到 MAC 地址的解析。其他主机发现包中的目的 IP 与自己的 IP 地址不符，则丢弃该包。

源主机在得到目的主机 MAC 地址的情况下，发送数据包时，使用 IP 地址和 MAC 地址完成 IP 包和数据链路层帧的封装，通过物理层进行数据发送。

在图 6－14 所示例子中，目的主机与源主机在同一子网中，源主机提出 ARP 请求是以广播方式发送的。当目的主机与源主机不在同一子网时，由于路由器不会对广播包进行转发，目的主机就收不到该 ARP 请求，因而不能用 ARP 确定远端网络中的目的主机 MAC 地址。

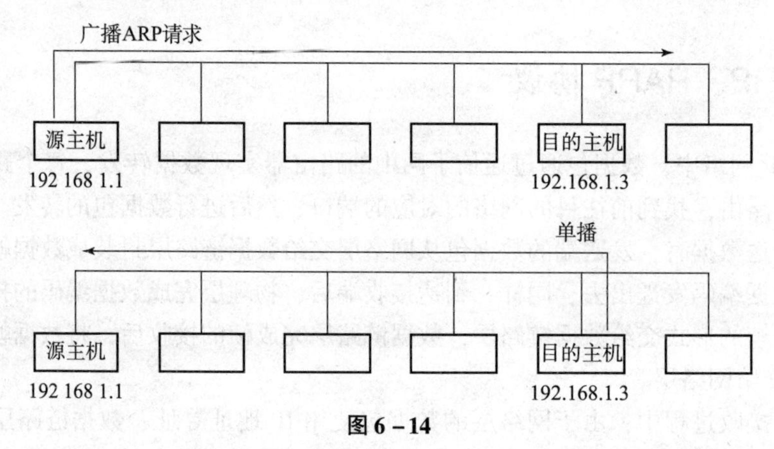

图 6－14

当目的主机与源主机不在同一子网，源主机的数据包是经过路由器进行转发的，此时源主机提出的 ARP 请求也相应地由相邻路由器来响应，相邻的路由器将自己对应的端口 MAC 地址返回给源主机，源主机使用相邻路由器返回的 MAC 地址进行帧的封装。在这种情况下，虽然源主机没有直接得到目的主机的 MAC 地址，但由于后续路由器都一直以这样方式不断向前转发，当数据包到达了目的子网时，与目的子网连接的路由器解析出了目的主机的 MAC 地址，使数据包最终交付给目的主机，源主机向目的主机发送数据包的工作同样得到了实现。

显然，如果源主机每次进行数据发送时都要重复以上过程，势必带来较大的处理开销。为了减小解析的时间开销，网络采用了 ARP 高速缓存来解决这个问题。让网络中的每台主机都维持着一个 ARP 高速缓存，存放着从网络上解析得到的 IP 地址与 MAC 地址的映射关系，即主机第一次发送数据包时，将解析获得的 IP 地址与 MAC 地址的影射关系表存放在自己的 ARP 缓存中，当主机再次发送数据包，需要 IP 地址与 MAC 地址映射关系时，先在 ARP 缓存查找，有则直接获得，没有才再发 ARP 请求，解析获取相应的映射关系。

由于存放在 ARP 高速缓存中的映射关系可能会因为主机物理位置发生变化或更换网卡导致过时，使用这样的映射关系将发生错误。解决这个问题的办法是给 ARP 高速缓存中的每一个表项设置一个超时值，如果在给定的超时值下，该表项都没有被使用过，就重新发送 ARP 请求建立新的映射关系。

2. ARP 实例

当源主机与目的主机在同一子网中时，ARP 过程如下：

①检查本地 ARP 高速缓存，如果本地 ARP 高速缓存已经建立该 IP 地址到 MAC 地址的映射，则不需要广播 ARP 请求，直接使用 ARP 高速缓存中的表项给出的 MAC 地址进行数据链路层帧的封装，封装后从物理层发送出去。如果本地 ARP 高速缓存没有建立该 IP 地址到 MAC 地址的映射，则需要广播 ARP 请求，源主机发出广播 ARP 请求包，该 ARP 请求包中含了源主机 IP 地址和 MAC 地址，同时还包含目的主机的 IP 地址。

②目的主机收到该广播包，以单播方式应答源主机，将目的主机的 MAC 地址封装在 ARP 应答数据包中送往源主机。源主机收到应答后，建立起目的主机 IP 地址与 MAC 地址的映射关系，并将获得的 IP 地址与 MAC 地址的影射关系表存放在 ARP 缓存中，即更新 ARP 高速缓存。

当源主机与目的主机位于不同的子网中时，如图 6－15 所示，ARP 过程如下：

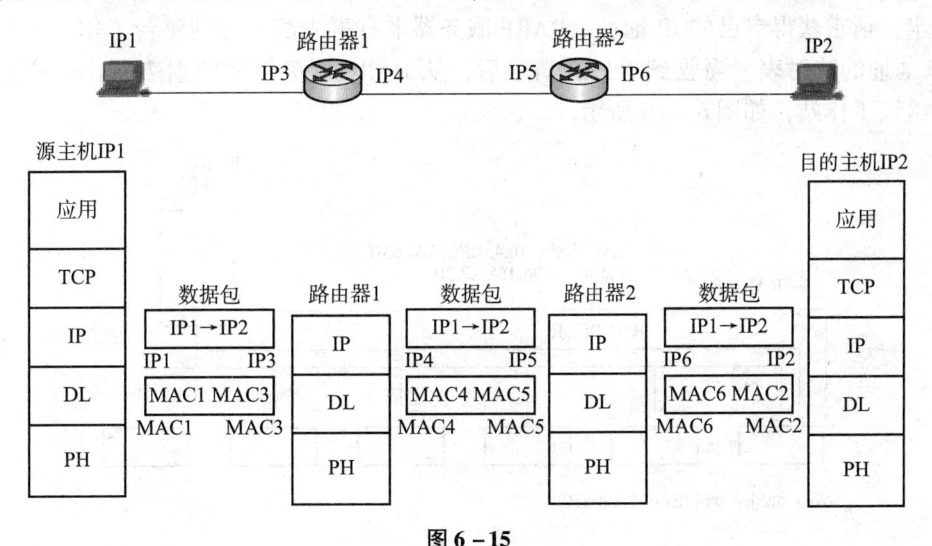

图 6－15

①根据源主机 IP 地址、目的主机 IP 地址及掩码可以判断出源主机与目的主机位于不同的子网中，源主机根据其路由表得到去目的主机的下一跳为路由器 R1 的端口地址（IP3），源主机通过 ARP 解析得到路由器 R1 对应在该子网端口数据链路层的 MAC（MAC3）地址，然后将要传送给目的主机的数据包用 MAC1 地址作为源 MAC 地址、MAC3 地址作为目的 MAC 地址进行数据帧的封装后送给路由器 R1。

②路由器 R1 收到该 IP 数据包后，根据目的主机 IP 地址及自己的路由表确定去往目的主机的下一跳为路由器 R2 的端口地址（IP5），路由器 R1 的转发端口地址为 IP4，相应的 MAC 地址为 MAC4，路由器 R1 通过 ARP 解析得地址为 IP5 的端口的数据链路层地址为 MAC5，然后将要传送给目的主机的数据包用该 MAC4 作为源 MAC 地址、MAC5 作为目的 MAC 地址进行数据帧的封装后送给路由器 R2。

③当路由器 2 收到此数据包后，根据目的主机 IP 地址及自己的路由表确定目的主机所在子网已经是直接连接在端口 IP6 上的网络，数据包经过直接交付就可以到达目的主机。此时路由器 R2 将 MAC6 作为源 MAC 地址，通过解析得到目的主机的 MAC2 地址，将该数据包以 MAC6 作为源 MAC 地址，以 MAC2 作为目的地址进行封装后发送给目的主机。

可以看出，在从源主机 IP1 发送数据包到达目的主机 IP2 的过程中，由于要经过中间若干路由器的转发，每个路由器的数据包中的源 IP 地址和目的 IP 地址是不变化的，发送路由器和接收路由器的 MAC 地址却是不断在变化的。

3. 反向地址解析协议 RARP

反向地址解析协议完成从 MAC 地址到 IP 地址的映射，即在已知 MAC 地址的情况下，获取对应的 IP 地址。

反向地址解析协议被无盘工作站用来获取 IP 地址。通常主机的 IP 地址保存在本地硬盘中，操作系统在启动时会从本地硬盘找到它，但是当网络工作在无盘工作站时，由于没有硬盘，一旦关机，就会丢掉它的 IP 地址。

无盘工作站此时各工作站从局域网中的一个主机（RARP 服务器）获得自己的 IP 地址。无盘机启动时，向 RARP 服务器申报自己的 MAC 地址，同时向 RARP 服务器发出逆向地址解析请求，请求获得自己的 IP 地址。RARP 服务器上有事先配置好的每台工作站的 MAC 地址与 IP 地址的映射表。当收到 RARP 请求后，从 RARP 服务器的映射表找出对应的 IP 地址，发给该工作站，如图 6－16 所示。

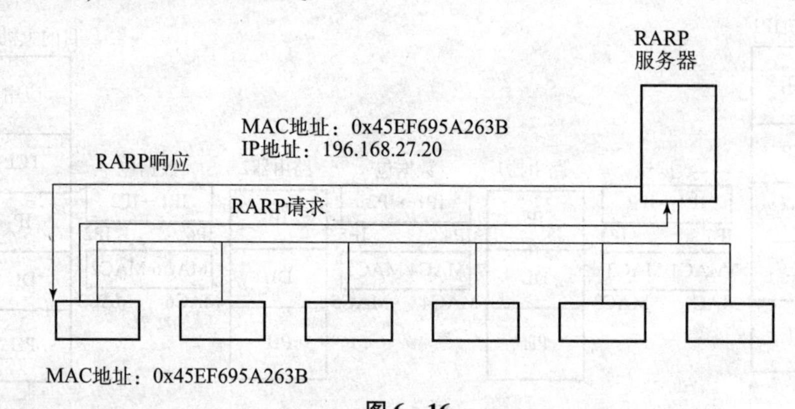

图 6－16

4. 地址解析报文格式

ARP 和 RARP 都是通过请求和应答报文来完成解析的，TCP/IP 中 ARP 和 RARP 的请求、应答报文都采用了相同格式的报文，通过操作类型字段来加以区分。地址解析报文格式如图 6－17 所示。

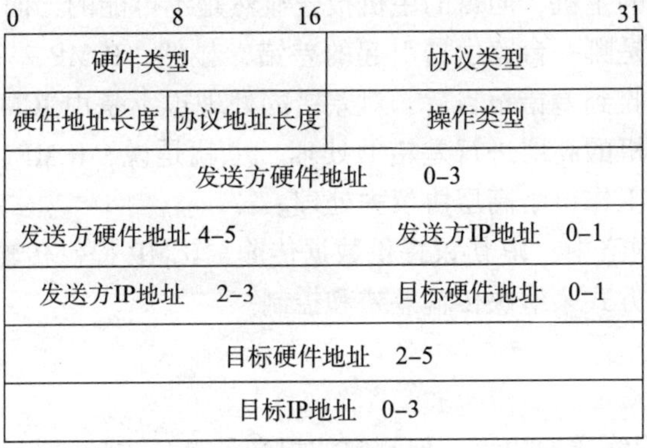

<table>
<tr><td>0</td><td>8</td><td>16　　　　　　31</td></tr>
<tr><td colspan="2">硬件类型</td><td>协议类型</td></tr>
<tr><td>硬件地址长度</td><td>协议地址长度</td><td>操作类型</td></tr>
<tr><td colspan="3">发送方硬件地址　0–3</td></tr>
<tr><td colspan="2">发送方硬件地址 4–5</td><td>发送方IP地址　0–1</td></tr>
<tr><td colspan="2">发送方IP地址　2–3</td><td>目标硬件地址　0–1</td></tr>
<tr><td colspan="3">目标硬件地址　2–5</td></tr>
<tr><td colspan="3">目标IP地址　0–3</td></tr>
</table>

图 6－17

报文格式中各字段表示如下：

硬件类型：16 比特，指出物理网络类型（以太网＝1、令牌网＝3）。

协议类型：16 比特，指出采用 ARP 和 RARP 的协议类型，例如 IPv4 的协议类型号为 0800。

硬件地址长度：8 比特，指出物理地址的长度，以字节为单位，以太网的物理地址为 6。

协议地址长度：8 比特，指出协议地址的长度，以字节为单位，IPv4 的协议地址长度为 4 字节。

操作类型：指出当前操作是 ARP 请求还是 RAR 响应，以及是 RARP 请求还是 RARP 响应的操作（操作类型＝1，为 ARP 请求；操作＝2，为 ARP 响应；操作＝3，为 RARP 请求；操作＝4，为 RARP 响应）。

发送方硬件地址和目标硬件地址：硬件地址就是 MAC 地址，共 48 位。

发送方 IP 地址和目标 IP 地址：IP 地址，共 32 位。

当前操作是 ARP 请求时，发送主机在发送方硬件地址和发送方 IP 地址段填入自己的 MAC 地址和 IP 地址，并给出目的主机的 IP 地址，目的 MAC 地址段没有填入。ARP 请求以广播方式发送；当返回应答时，目的主机变成发送方，目的主机将自己的 MAC 地址和 IP 地址放到发送方硬件地址和发送方 IP 地址字段，将源主机的 MAC 地址和 IP 地址放到目标硬件地址和目标 IP 地址字段。ARP 响应以单播方式发送。

6.3.5　ICMP 协议

前面谈到，IP 层不提供数据的可靠传输控制，TCP/IP 在 IP 层的数据可靠性问题是由传输层的端到端协议来解决的，而数据传输以外的其他传输差错和控制问题是由因特网控制报文协议（Internet Control Message Protocol，ICMP）来解决的。

ICMP 实现的差错和控制主要是目的主机不可达、路由不可达、协议不可达、数据包传输超时和系统拥塞等问题。这类问题都发生在数据包还未到达目的主机时，对于这类问题，传输层是无法解决的，必须由 IP 层来解决，而处于 IP 层的 IP 协议本身并没有一种内在的机制对这类问题进行处理，ICMP 协议正是为解决这一类问题而设计的。

ICMP 协议解决这一类差错的方法是向源主机报告发生差错，并由源主机的高层进行差错的处理。当发生目的主机不可达、路由不可达、协议不可达、数据包传输超时等差错时，由于数据包没有到达目的主机，向目的主机报告显然是不可能的，向中间路由器报告也是不现实的，因为并不清楚是哪一台路由器引起的差错，显然，ICMP 差错报告只有向源主机报告才是可能的。源主机收到差错报告后，对差错的处理也不是由 ICMP 协议进行，而是通过向源主机报告，由源主机的高层进行差错的处理。也就是说，ICMP 只报告差错，但不负责纠正错误，纠正错误的工作留给高层协议去处理。

所以，在 TCP/IP 网络中，IP 协议提供数据传输，ICMP 提供传输差错控制和拥塞控制，并通过向源主机报告的方式来解决传输差错和控制。

1. ICMP 报文格式

ICMP 本身是一个网络层的协议，但是它的报文不是独立地进行传输，ICMP 报文是封装在 IP 数据包中进行传输的，即 ICMP 报文被封装在 IP 包的数据段部分。

封装的 ICMP 报文由 IP 头部、ICMP 头部和 ICMP 报文三部帧成，报文格式如图 6－18 所示。在 IP 数据包的包头中，有一协议类型字段，该字段指出当前数据包封装的协议为何协议，值为 1 就说明当前数据包封装的协议是一个 ICMP 报文。

IP 头部 20字节		
类型8位	代码8位	校验和16位
与类型、代码相关的内容		

图 6－18

ICMP 头部由类型字段、代码字段和校验和字段组成。

类型字段由 8 位组成，用于指示 256 种不同类型的 ICMP 报文。如类型字段为 3 表示“目标不可达”的 ICMP 报文，类型字段为 11 表示报告“数据报超时”的 ICMP 报文。

代码字段由 8 位组成，用于提供该报文类型的进一步信息。

校验和字段由 16 位组成，用于提供整个 IP 报头的差错校验，与类型、代码相关内容的数据都在 ICMP 头部后面。

ICMP 报文有很多类型，用于不同的目的，但总体可以分为三大类别，即差错报告、控制报文、请求应答报文。

差错报告只负责向源主机报告目标不可达，数据包超时和数据包参数错等错误。

控制报文总是引起源主机进行相应的处理，如引起源主机进行拥塞控制、重新定向传输路径。

请求应答报文是成对使用的，使得请求方能够从对应的路由器或其他主机获取信息。

2. ICMP 报告的主要差错例子

ICMP 向源主机报告目标不可达、路由不可达、数据包传输超时和系统拥塞等差错问题。

（1）类型＝3，代码＝0，代表网络不可达

如果某路由器收到一个数据包，在转发表中找不到前向路由，则向主机报告网络不可达。如由于某个路由器没有学习到某个网络的转发路径，该路由器收到目的地址是该网络地址的数据包时，该路由器查不到转发路由，此时，该路由器将向源主机发出网络不可达报告，该报告指出数据包中带的网络地址指向的网络不可到达。

（2）类型 =3，代码 =1，代表主机不可达

在路由器找到转发的网络，向该网络转发后，在该网络的主机收到该数据包时，应返回一个相应信息到路由器，如果路由器没有收到相应的应答信息，则向源主机发送主机不可达报告。例如，在主机（服务器）发生故障时，就会发生主机不可达情况，此时路由器就会使用类型 =3、代码 =1 的 ICMP 报文返回给源主机，报告主机不可达。

（3）类型 =3，代码 =2，代表协议不可达

当数据包到达了目的主机（服务器），但主机（服务器）上没有 TCP 协议时，就会发生协议不可达情况，此时目的主机就会使用类型 =3、代码 =2 的 ICMP 报文返回给源主机，报告协议不可达。

（4）类型 =3，代码 =3，代表端口不可达

在数据包到达了主机（服务器），通过传输层将数据报提交给应用进程的过程中，如由于主机（服务器）上相应的应用软件没有运行式，无法找到对应端口，则发生端口不可达情况，此时主机就会使用类型 =3、代码 =3 的 ICMP 报文返回给源主机，报告端口不可达。

数据报超时用类型字段 11 来表示，此时代码 =0，代表 TTL 超时。

在数据包的传输过程中，用 IP 报头的 TTL 值指示生存时间，在规定的生存时间内，如数据包还不能达到目的端，则认为无法达到。网络中，当路由器收到 TTL =0 的数据包时，将丢弃当前的数据包，产生一个 ICMP 数据超时报告，并向源主机发送该超时报告。

（5）类型 =4，代码 =0，拥塞报文

当大量数据包进入路由器或目的主机，超出路由器和目的主机缓冲区的处理能力时，会发生缓冲区溢出，出现拥塞。此时，发现缓冲区溢出的路由器或目的主机将产生一个拥塞报文向源主机报告，源主机在收到该拥塞报文时，按一定的规则降低发往该路由器或目的主机的数据包流量。

（6）类型 =5，代码 =0，对网络重定向

如果主机向非本地子网传送数据时，TCP/IP 会将数据包转发给它的默认网关（默认路由器），但是如果网络中还存在另一个更好的本地路由器时，ICMP 重定向功能会通过 ICMP 网络重定向报文通知主机改变默认网关，今后将这些数据发送给更好的路由器。

（7）类型 =15，代码 =0，信息请求；类型 =16，代码 =0，信息应答

随着 ICMP 的发展，ICMP 突破了只向源主机报告出错信息的模式，开始使用 ICMP 请求与应答报文进行主机与路由器间或路由器与路由器间的交互。ICMP 请求与应答报的出现，使得 TCP/IP 网络上任何主机或路由器都可以向其他主机或路由器发送请求并获得应答。通过 ICMP 的请求、应答报文，网络管理人员或应用程序可以对网络进行检测，对网络进行故障诊断和控制。

3. ICMP 应用实例

（1）Ping 命令

Ping 命令是 ICMP 的典型应用，在 Windows 操作系统中，用 Ping 命令发送 ICMP 请求报文并接收 ICMP 应答报文检测网络的连通性。Ping 命令产生的数据报文是 IP 网络中能够生成和寻址的最小报文。工作原理为，在发送的 ICMP 请求报文中存放当前时间，接收方收到 ICMP 请求报文时，它返回一个 ICMP 报文给源主机；源主机收到 ICMP 的回应报文后，将回

应报文到达的时间减去请求报文的发送时间，就得到往返时间，从而可测出网络是否可达（连通性）及网络速度情况。

（2）Tracert 命令

使用 Ping 命令能测试网络的连通性，但却不能测试数据包的传输路径。在网络不通时，也不能了解问题发生在哪个位置，使用 Tracert 命令可以追踪数据包的传输路径，探测到发生问题的设备。

Tracert 命令利用 IP 协议包中的生存期 TTL 实现探测网络传输路径。在使用 Tracert 命令时，源主机的 Tracert 程序将发送一系列数据包，并且第一个数据包中的 TTL 值设为 1，第二个数据包中的 TTL 值设为 2，第三个数据包的 TTL 值设为 3 等，当第一个数据包到达第一个路由器时，TTL 值被减 1，此时 TTL = 0，数据包被视为无法到达，由 ICMP 向主机发出一条错误类型为超时的消息。该消息到达主机时，Tracert 程序根据发出该消息的路由器的 IP 地址，得到了传输所经第一个路由器。同样，第二个数据包发出后，也能返回一条 ICMP 消息，Tracert 程序获得传输所经的第二个路由器，以这样的方式，主机可以获得传输所经过的所有路由器的地址，探测到所有的传输路径。

6.4 传输层协议

传输层是 TCP/IP 协议中重要的一层，在 TCP/IP 网络中，网络层解决通信子网的传输问题，传输层位于通信子网以外的主机中，解决端主机到端主机的传输问题及向应用层提供主机到主机间的进程通信服务。

传输层在进行数据传输时，还需要完成数据报文的分段和组装。数据分段和分段数据组装过程是主机将应用层的数据报文交给传输层，传输层将该数据报文分解成若干数据段后，经封装交给网络层传输，到达对端后，解封数据分段组装成数据报文后交给应用层。

传输层在进行数据传输时，还要通过连接管理、差错控制、流量控制和拥塞控制等措施来保证应用层交来的报文端到端的可靠传输。

在网络的应用业务中，会有不同的网络业务需求，有的网络业务需要较高的实时性，有的网络业务需要较高的可靠性。为了适应不同的通信子网和不同的应用要求，传输层提供了面向连接的传输控制协议 TCP 和无连接的传输控制协议 UDP。

TCP 提供面向连接的服务，即在数据传输前必须进行建立连接，数据传输后要拆除连接。TCP 通过连接管理、差错控制、流量控制提升传输可靠性，适用于可靠性相对较低的通信子网。但由于 TCP 协议的连接管理、差错控制、流量控制都需要一定的时间开销，所以，TCP 协议的实时性传输不太好，一般用于实时性要求不高，传输数据量较大的网络应用业务。

UDP 协议是无连接的传输，传输时没有建立连接与拆除连接的过程，也不提供差错控制、流量控制机制，所以传输可靠性相对不高，适用于可靠性相对较高的通信子网。但由于没有连接管理、差错控制和流量控制的时间开销，所以 UDP 协议的实时性传输较好，一般用于实时性要求高，数据传输量较少的网络应用业务。

由于 TCP、UDP 协议分别对应两类不同性质的服务，上层的应用进程可以根据可靠性要求或传输实时性要求等决定是使用 TCP 协议还是 UDP 协议进行传输层数据传输。如 HTTP、

Telnet、FTP 等网络应用业务一般使用 TCP 协议传输，而如 DNS、DHCP、SNMP 等应用业务一般使用 UDP 协议传输。

6.4.1 端口号概念及功能

传输层实现端到端的传输控制，传输层的端到端传输，不仅是源主机到目的主机的端到端传输，还包括了源程序（进程）到目的程序（进程）的端到端通信。

即传输层除了实现主机到主机的端到端通信，还要通过传输层建立应用程序间的端到端连接，为主机应用程序提供进程通信服务。建立应用程序源端到目的端的连接就是为两个各应用传输实体建立一条端到端的逻辑通道，或者说是建立了进程间的通信逻辑通道。

网络中通过 IP 地址来区别不同的主机，通过 IP 地址将数据包送到了目的主机。但一个主机上可能同时运行了多个网络应用程序，传输层必须通过某种方法来区别不同应用程序产生的数据包。

传输层对不同的应用分配不同的端口号，通过端口号来区别不同应用程序产生的数据包。当一台主机同时运行多个网络应用时，每个应用都会产生自己的数据流（报文），传输层通过端口号来区分不同应用程序产生的数据流。

在发送方，源主机以源端口号指示出发送该数据报文的应用程序的端口号，以目的端口号指示出接收该 TCP 报文的应用程序的端口号，传输层以这样的方式实现了区别不同应用程序产生的数据流。

传输层端口的使用也实现了进程通信的复用和分用。进程通信的复用指在数据发送时，传输层将不同的应用产生的不同报文以不同的端口号表示，并统一交给网络层的 IP 通道进行传输，即多个业务的数据包都通过一个 IP 通道进行传输，实现了多个进程通信的复用传输。同样，当不同应用的响应数据包返回时，也由传输层根据不同的端口号分发到不同的应用程序，实现了多个进程通信的分用。

在 OSI 模型中，端口号相当于传输层的 TSAP，是传输层与高层交互的服务访问点，是高层区别于不同应用程序（进程）的通信端口。应用进程通过系统调用与端口建立联系后，传输层传给该端口的数据都会被相应的应用进程所接收，即将报文提交给不同的应用进程。

TCP/IP 设计了一套有效的端口分配和管理办法，端口号采用 16 比特进行表示，取值范围是 0 ~4 095。端口号按照使用情况被分为两大类：保留端口和自由端口。保留端口由国际标准化组织统一分配并公之于众，保留端口的端口号从 1 ~1023，其中：

1 ~255 的端口用于网络基本服务的公共应用（Web、FTP、SMTP、DNS 等），网络基本服务由 TCP/IP 统一分配了相应的端口号。表 6 –2 所示给出了常见的协议及相应的端口号。

表 6 –2

协议	端口号	协议	端口号
FTP	21	SMTP	25
HTTP	80	Telnet	23
DMS	53	SMMP	161

255～1023 的端口是特定供应商应用程序的注册端口号。高于 1023 的端口号是自由端口，未作规定，通信发生时，由系统分配使用。在 Windows 系统中，可以打开命令窗口，使用 netstat 命令查看到所有使用的端口号信息。

由于端口号就是应用程序的寻址号，所以主机在发送应用程序的数据之前，都必须确认端口号，存在静态分配与动态分配两种分配端口号的方法。

1. 静态分配的端口号

对于以上 HTTP、FTP、DNS、DHCP 等特定的应用，它们的端口号是事先统一分配的，是不能改变的，这些端口号属于静态分配。

2. 动态分配（绑定）的端口号

如果用户应用不是以上特定的应用，没有特定分配的端口号，则系统将在高于 1023 的端口中为该用户的应用分配一个当前没有用过的端口号。

3. 端口号放在 TCP、UDP 报文的报头中

端口号是应用进程的通信地址，传输层在进行数据报文传输时，将端口号填入报头中的端口号字段随报文传输。端口号分源端口号和目的端口号。源端口号指示出发送该数据报文应用程序的端口号，目的端口号指示出接收该 TCP 报文的应用程序的端口号。

由于 TCP、UDP 是完全独立的两个软件模块，它们的端口号可以互相独立使用。即同一端口号既可以在 TCP 协议中使用，也可以在 UDP 协议中使用。

4. 端口使用的例子

例 1：在图 6－19 中，主机 A 要 Telnet 到主机 B，Telnet 的端口号为 23，主机在发起连接时，主机 A 向 TCP 请求一个端口号，TCP 分配给的端口号为 1088，主机 A 将此端口号作为源端口号，将 23 作为目的端口号，封装成传输层报文后，由主机 A 向主机 B 发送。该报文达到主机 B 后，主机 B 看到主机 A 发过来的目的端口号为 23，知道这是一个 Telnet 应用进程，将它提交给上层的 Telnet 应用，为该次通信建立了 Telnet 会话。

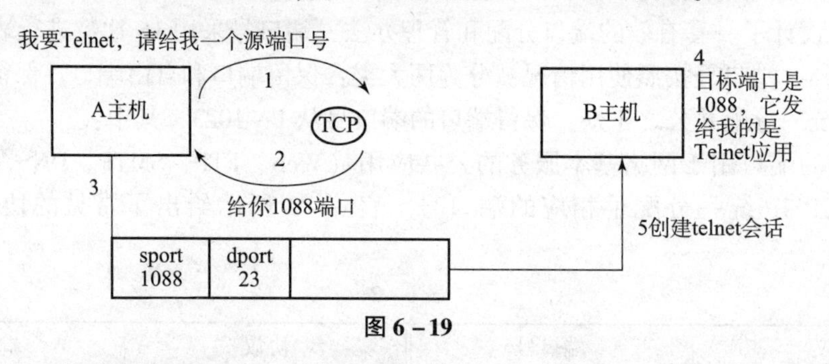

图 6－19

例 2：主机 A 有两个用户，同时向主机 B 提出 Telnet 请求，此时 A 主机的 TCP 在第一个用户发出请求时，已经分配了一个端口号 1088，在第二个用户向 TCP 发出请求时，A 主机的 TCP 将为其分配另外一个端口号 1089 给第二个用户，主机 A 通过不同的端口分配实现对不同用户的鉴别。

5. 套接字的概念及作用

在 TCP、IP 网络中，当出现两台以上的主机都有用户在完成同样的应用时，它们可能使用了相同的端口号去访问相同的应用程序，此时单用端口号已经不能区别是哪台主机的应用进程，在这种情况下，需要用套接字来解决。套接字将端口号和 IP 地址结合起来实现相同应用、相同端口号访问的鉴别。

例 3：在图 6－20 中，主机 A 和主机 B 都有用户在收发电子邮件，主机 A 为其用户分配的端口号是 1088，而主机 B 为其用户分配的端口号也是 1088，此时对于邮件服务器，单用端口号已经不能区别是哪台主机的应用进程。而采用套接字后，主机 A 的套接字为 172.16.1.29:1088；主机 B 的套接字为 128.193.80.99:1088，显然，虽然主机 A 和主机 B 的源端口号完全相同，但由于不同主机具有不同的 IP 地址，所以可以清晰地区分是不同主机发出的邮件服务请求。

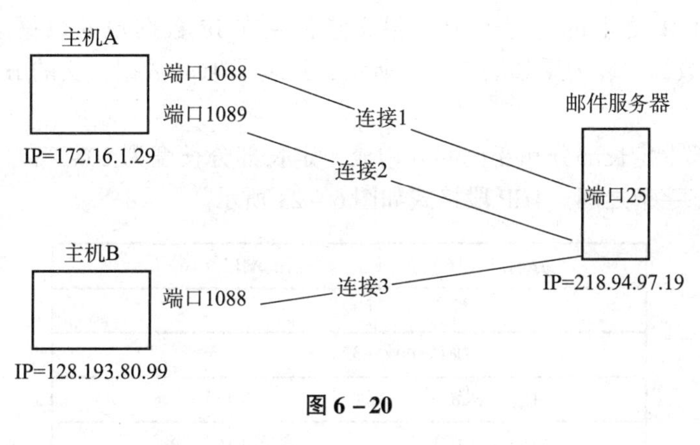

图 6－20

6.4.2 TCP 协议

TCP 协议是面向连接的传输协议，具有传输可靠性高的优点。面向连接的传输在数据传输前需要建立连接，数据传输结束需要拆除连接。TCP 的建立连接是在应用进程间建立传输连接，它是在两个传输用户之间建立起一种逻辑联系，使得双方都确认对方存在，确认传输连接点，并为本次传输协商参数，分配资源，为本次传输建立起一条逻辑通道，TCP 报文就在这个逻辑通道中进行传输。进程逻辑通道的建立示意如图 6－21 所示。当主机端有多个进程需要通信时，它们需要建立多个逻辑通道，即需要建立多个 TCP 连接。

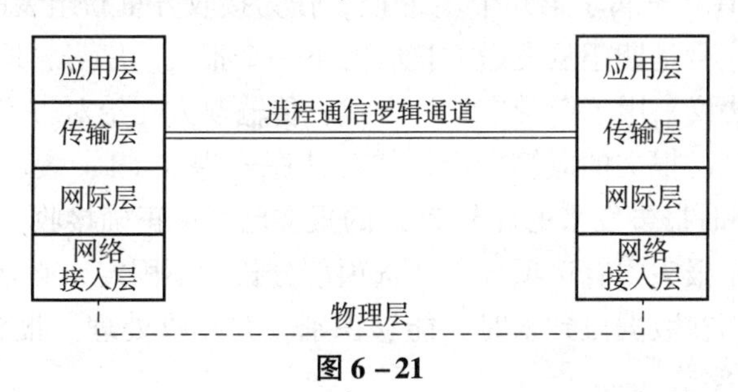

图 6－21

在传输层，TCP 协议传输的报文通过应答确认和超时重传等差错控措施保证源端数据成功地传递到目的端、通过流量控制和拥塞控制机制等措施保证发送流量不超过处理能力和通信子网的吞吐能力、为传输报文设置 QoS 等，通过这些措施来进一步提高传输可靠性。

1. TCP 报文格式

传输层收到应用层提交的数据后，由 TCP 协议将数据进行分段，然后将数据段封装成 TCP 报文进行传输。TCP 报文由报文首部和数据部分构成，TCP 报文的数据就是分段后的数据块，在数据块前面加上 TCP 头部就形成了 TCP 数据报文，如图 6－22 所示。

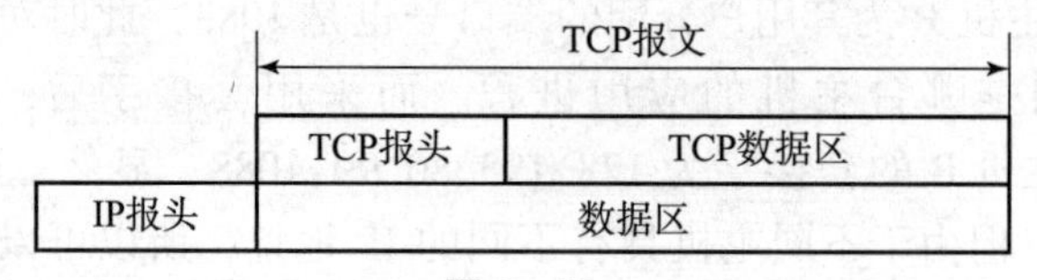

图 6－22

TCP 是建立在 IP 之上的，每个 TCP 报文是封装在 IP 数据包的数据区中进行传输的，TCP 报文及 IP 包数据封装关系如图 6－22 所示，封装了 TCP 数据报文的 IP 包协议类型字段为 6。

TCP 报文头部由定长部分和变长部分构成，定长部分长度为 20 字节，变长部分是可选项，长度在 0～40 字节之间。TCP 段格式如图 6－23 所示。

源端口（16）			目的端口（16）
发送序号（32）			
确认序号（32）			
头长度4	保留6	编码6	窗口16
校验和（16）			紧急（16）
可选项			
数据			

图 6－23

报文格式中各个部分的含义和作用如下：

端口号：最前面是源端口号和目的端口号，各使用 16 比特。源端口号指示出发送该数据报文应用程序的端口号，目的端口号指示出接收该 TCP 报文的应用程序的端口号。

发送序号：发送序号为 32 比特，指示出当前发送报文中的第一个数据字节的序号。通过序号指示出目前的 TCP 段属于第几个 TCP 段，作为接收方重新组装的依据。

确认序号：确认序号是期望从发送方接收的下一个报文的序号，同时应答了前一个报文已经正确接收。TCP 协议采用了捎带应答的方式，传输双方在给对方发送数据报文时，通过确认序号，将自己收到的报文的应答带回。如确认序号为 X＋1，表示期望从发送方接收序号为 X＋1 的报文，同时报告发来的序号为 X 的报文已经被正确接收。

头长度字段：由于报头中有选项部分，选项部分长度不固定，必须通过头长度字段指示出当前报头长度，从而在数据段到来时，能够识别，并接收处理。报头在无选项时为 20 字节，有选项时可达 60 字节。

保留字段：保留字段目前没用，置位 0。

编码字段：编码字段用于TCP的流量控制、连接管理（建立、拆除）和数据的传输方式设置等。这6位从左到右分别为：

紧急指针有效位——URG，URG=1表示该报文要尽快传输，而不必按原排队次序发送，即使是发送窗口为零，也要将该数据报文进行传输。

应答确认有效位——ACK，ACK位是与确认序号配合使用的字段，当ACK=1时，表示该TCP段的确认序号有效。

推送数据有效位——PSH，一收到PSH=1的TCP段时，就立即将其提交给应用程序，而不必放在缓冲区中排队。

连接复位（用于连接故障后的恢复）——RST，当RST=1，说明已经发生严重错误，必须释放连接。

同步标志位——SYN，SYN=1表示请求建立连接。同步标志位标识该包为建立连接的请求包。

终止连接标志位——FIN，FIN=1表示数据发送完毕。终止连接标志位标识该包为拆除连接指示包。

窗口：窗口大小为16比特。窗口用于流量控制，在建立连接阶段，根据自己缓存空间的大小确定自己的接收窗口大小，同时使用16比特的窗口字段告诉它期望的发送窗口的大小。

校验和：校验和的长度为16比特。校验和的范围包括段首部、数据，用来对头部信息和数据信息进行差错校验。在TCP/IP协议栈中，TCP校验是数据段差错校验的唯一手段。

紧急指针：紧急指针为16比特，只有在编码段的URG=1时才使用紧急指针字段。URG=1指出该报文是紧急报文，要尽快传输，此时将要发送的数据的最后一个字节填入紧急指针字段中，表明该字节之前的数据是紧急数据。

可选项：在默认头部中没有此项，当使用此项时，用于设定TCP报文能够接受的最大数据长度（Maximum Segment Size，MSS）。当TCP报文的MSS设置得太大时，在IP层可能将被分解为更多的数据分组，这将增大传输开销。在建立连接阶段，收发双方都可将自己的MSS写入选项字段，在数据传输阶段，MSS取双方的较小值。在没有设置MSS时，TCP报文数据段的数据长度默认为536字节，因此，TCP/IP网络上的主机都能接受报文长度为556字节的TCP报文（加上20字节的报头）。

数据段：填装上层需要传输的数据，数据段必须是16比特的整数倍。

2. TCP的连接管理——三次握手机制

TCP采用面向连接的传输方式，面向连接的传输方式在数据传输前要有建立连接的过程，传输完毕要有拆除的过程。建立连接的过程是确认对方的存在，协商（设置）一些参数（MSS值、最大窗口、服务质量等），并对传输中会使用的资源进行分配（缓存大小、连接表项空间等），使传输实体双方准备好传送和接收数据。

由于通信子网的多样性和复杂性，为了防止请求连接数据包通过通信子网发生丢失而引起源主机端无限制的等待，TCP在发送方发出请求连接后就启动一个计时器，发送方在计时器到达设定时间仍然没有得到接收方的响应时，会再次发出请求连接。

一般来说，建立传输连接只需一个请求、一个响应就可以了，但是由于经过通信子网传输时，请求连接的数据包可能会丢失，丢失后需要重新建立连接。但如果建立连接的请求包没有发生丢失，仅仅是传输延迟导致建立连接的请求包较迟到达，在这种情况下，系统就会发生重复连接。发生重复连接时，将会浪费系统资源，还会产生不必要的时间开销，所以TCP 协议需要解决重复连接问题。

解决重复连接的办法是采用三次握手机制实现连接管理。该办法在源主机收到目的主机的确认信息后，还要向目的主机发出一个确认响应包，让目的主机确认源主机已经收到确认响应包。三次握手的具体过程如图 6－24 所示。

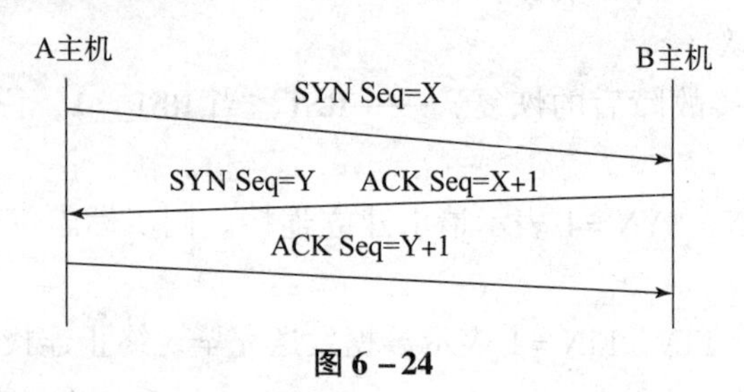

图 6－24

①A 主机发出请求连接数据包，在数据包中的发送序号字段中填入主机当前还没有使用的最小序号 x，此时发送 SYN seq = x。

②B 主机收到该请求连接数据包，需要应答发送方，接收方同样在数据包中的发送序号中填入当前没有使用的最小序号 y，此时 SYN seq = y，同时，在应答确认序号中填入x + 1，即 ACK seq = x + 1，该应答报文表示发来的序号为 x 的请求连接报文已经收到，现期望接收 SYN seq = x + 1 的报文。

③A 主机端收到该应答报文时，再发出一个收到应答报文的确认报文给 B 主机，此时，源主机填入的应答确认序号为 ACK seq = y + 1，该确认应答报文表示 B 主机发来的序号为 y 的应答报文已经收到。

三次握手保证了源 A 机和 B 主机都知道对方已收到自己发出的报文，确保对方已经跟自己建立了连接，双方都已经做好了数据传输的准备，本次传输是可靠的传输。

采用三次握手方式时，当由于延迟产生的重复连接报文到来时，由于目的主机已经明确收到来自源主机的应答，目的主机可以知道这是一个不正常的连接，不会对该请求再次建立连接，避免了重复连接带来的系统资源浪费。

3. TCP 的数据传输

建立连接完成以后，双方就进入数据传输阶段，在数据传输阶段，由于 TCP 建立的是全双工的逻辑通道，发送方和接收方双方都可以同时进行数据传输。在发送的数据包中，将当前发送的数据的第一个字节的序号填入发送序号字段，对方收到后，在给源端发送数据的数据包中的确认序号字段捎带上已经正确接收到源端发来的数据包的应答信息。

图 6－25 是一个数据传输时的例子。设 A 主机要向 B 主机发送 1 800 字节的数据，B 主机要向 A 主机发送 1 500 字节的数据。设本例中主机 A 正好取 8001 为第一个字节的编号，由于数据长度为 1 800，所以字节编号为 8001 ~ 9801，同理，主机 B 的字节编号设为16001 ~ 17500。本例中，A 主机发往 B 主机的数据被分为两段进行发送，第一段数据为 8001 ~ 9000，第二段数据为 9001 ~ 9800。此种情况下，A 主机发送第一段数据时，填入的发送序号为 8001，A 主机发送第二段数据时，填入的发送序号为 9001。B 主机发往 A 主机的数据正好以 1 500 字节为一个

报文段，所以B主机给A主机发送数据时，正好放在一个报文段中，该报文段的序号为16001。B主机给A主机发送报文段时，填入的发送序号为16001。

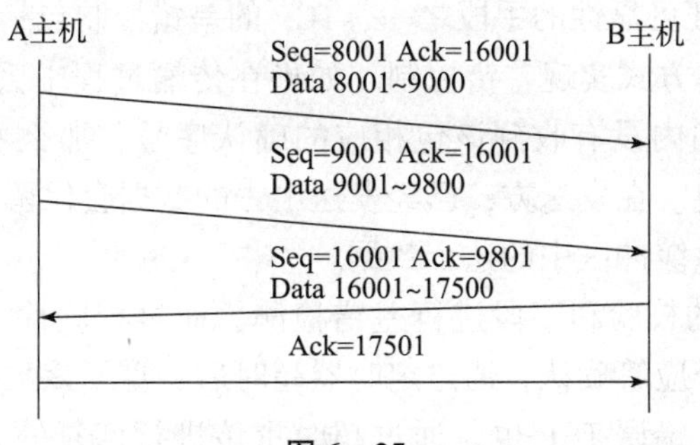

图6-25

TCP采用连续发送方式进行数据发送，当发送方按照发送窗口规定的大小发送完若干个数据包时，就不能再发送，而是等待接收方的应答到来。而接收方采用捎带的方式进行应答，即接收方在给对方发送数据包的时候，将应答信息装在向对方发送的数据包中捎带到对方。这种捎带应答的方式可以减少网络中数据包流量，可以有效地利用网络带宽，提高数据传输速度。

在TCP协议中，数据包的确认并不是对每一个包都确认，而是只对最后收到的数据包进行确认，以应答包中的确认序号表示，该应答包表示该确认序号以前的各个数据包都已经正确接收。在以上例子中，假设发送窗口为2，则B主机在收到两个报文段后，就进行应答，应答填写的确认序号为9801，说明8001~9000报文段和9001~9800报文段都已正确收到。

4. 拆除连接

数据传输完毕，需要拆除连接，以收回本次传输占用的各种资源。拆除连接的过程，如图6-26所示。

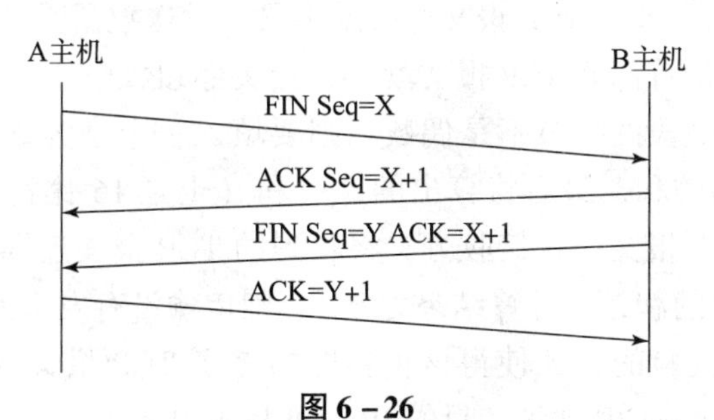

图6-26

A主机的应用程序通知TCP数据传输已经结束时，A主机的TCP向B主机发送一个拆除连接的报文，通知对方传输结束，B主机收到这个报文后，先发一个确认报文给A主机，表示已经收到拆除连接请求，同时，通知B主机相应程序，源端要求结束传输。B主机的应用程序收到该通知后，确认自己可以结束传输，通过TCP发出一个结束传输的报文给A主机，A主机收到该报文时，再发出一个确认应答报文给B主机，确认传输结束，至此，整个拆除连接的过程结束。

5. TCP 的差错控制

差错控制是 TCP 保证可靠性的手段之一，TCP 的差错控制包括检错和纠错。

TCP 采用超时重传的方式实现差错控制。如果在传输过程中丢失了某个序号的数据包，导致发送方在给定的时间内没有收到该包相应的确认序号，那么发送方将视该数据包为丢失，将重新发送该数据包。在发送方，已经发送出去的数据会保留在发送方缓冲区中，直到发送方收到确认才会清除缓冲区中的这个数据。

数据通过 TCP 段中的校验和字段进行差错检测，通过校验检测出差错发生后，丢弃出错的数据包，并且不给予应答确认，通过定时器超时后，重发该数据包使错误得到恢复。

同样，数据包的丢失错误 TCP 也是通过超时重传进行恢复的。数据包发生丢失时，将导致到达定时时间还没有应答确认回来，此时采用超时重传进行数据包发送恢复。如果在发送方启动超时重发后，接收方又收到该数据包，此时也没关系，重复发送的数据包将会被接收方鉴别出来，并被丢弃。

数据报文失序指数据包没有按顺序到达。由于网络层的 IP 协议是无连接的数据报协议，不能保证数据包按顺序到达。TCP 对提前到达的数据包暂不确认，直到前面的数据包到达后再一起确认。对于由于失序导致超时后仍然未收到确认应答的，将重复发送该数据包。这种处理可能会收到重复的数据包，只要丢弃该重复的数据包即可。

影响超时重传的关键是重传定时器定时时间的大小，由于因特网中传输延迟变化范围很大，因此，从发出数据到收到确认所需额度往返时间也是动态调整的。TCP 通过在建立连接时获得连接的往返时间，对重传时间进行设定。TCP 通过校验和字段进行差错校验，校验的范围包括对头部信息和数据信息进行差错校验。在 TCP/IP 协议栈中，TCP 校验是数据段差错校验的唯一手段。校验和的计算方法如下：

在计算校验和时，需要使用 12 个字节的伪首部，这 12 个字节分别为：4 个字节为源 IP 地址，4 个字节的目的 IP 地址，1 个字节的全 0 字段，1 个字节的版本号字段（IPv4 网填写 4，IPv6 网填写 6），2 个字节的 TCP 报文段长度字段。发送数据时，发送端先将校验和字段的 16 位置为全 0，再将伪首部和 TCP 报文段（包括头部和数据）看成是若干个 16 比特的字串接起来，如果 TCP 报文段的字节不是偶数，则要填入一个全为 0 的字节，然后按二进制反码计算这些 16 比特串的和，最后将算出的这个和（也是 16 比特）的二进制反码填入校验和字段，并发送该 TCP 报文。在接收方，将收到的 TCP 报文连同伪首部一起，按照二进制反码求这些 16 比特串的和，若计算结果为全 1，则传输没有发生差错，否则为发生差错。

将伪首部一起加入校验的方式使得该检错既检查了 TCP 报文的头部信息和数据部分，同时还检查了 IP 数据包的源 IP 地址和目的 IP 地址是否出错。

6. TCP 的流量控制、拥塞控制

流量控制是由于不能及时处理数据而引发的控制机制。拥塞控制是由于通信子网中流量过多，导致通信子网中的路由器超载引起严重的延迟现象。通过滑动窗口机制限制发送的数据段的数量，达到 TCP 流量控制和拥塞控制的目的。发送窗口机制的窗口大小决定了在收到确认信息之前一次可以发送的数据段的最大数目。如发送窗口为 5，则连续发送 5 个数据段后，就必须等待对方的应答，在接收到确认信息后才可以再发送下面的数据段。

TCP 的流量控制采用的是逐渐加大发送窗口的办法进行窗口大小控制。在建立连接阶段，设初始窗口为1，当收到这个段的应答后，将窗口增加至2，再次收到应答后，窗口增加至4，依此类推。当窗口达到门限值（拥塞发生时的窗口值的一半），进入拥塞避免阶段，此时每收到一个应答，窗口只增加1，减缓窗口的增加速度，但窗口仍然在增长，最终导致拥塞。拥塞将导致发送方定时器超时，进入拥塞解决阶段。在组织重传的同时，将门限值调整为拥塞窗口的一半，并将发送窗口恢复成1，然后进入新一轮循环。

可以看出，TCP 协议通过发送窗口来实现流量控制，当不能及时处理数据时，通过减小窗口，减少发出数据来缓减压力。TCP 协议通过门限值设定来处理拥塞问题，当网络中出现由于流量拥挤而发生数据段丢失时，通过调整门限值，系统自动将发送窗口减小一半。

6.4.3 UDP 协议

UDP 属于无连接传输方式，相对可靠性不高，一般用于可靠性较好的通信子网的数据传输。由于 UDP 是无连接的传输服务，协议简单，没有建立连接、拆除连接阶段，仅提供简单的差错控制，不提供流量控制，从而减小了传输时间开销，传输效率高，一般用于实时性要求较高的业务，或者用于一次传输的数据量较少的业务情况。数据传输时，UDP 将应用层的数据封装成数据报进行传输，UDP 发送出去的每一个数据报都是独立的，不同的数据报之间是没有联系的，UDP 不需要编号，对收到的数据报也不发送确认，发起数据传输时也不需要建立连接的过程，数据发送完毕也没有拆除连接的过程，相对 TCP 协议，UDP 协议简化了很多。

UDP 收到应用层的数据后，在数据前封装一个 UDP 报头形成 UPD 报文。应用层的用户数据与 UDP 报文及 IP 包数据封装关系如图 6－27 所示。

		用户数据
	UDP报头	UDP数据区
IP报头	IP数据区	

图 6－27

由于 UDP 不是将一个大的报文分割成多个相互关联的数据报文后再进行传输，而是直接将应用层的数据封装后进行传输，所以 UDP 报文中没有数据顺序的序号等字段，在接收方也不存在排序组装等问题，UDP 一般用于数据量较少的报文传输。

UDP 又称为用户数据报，整个 UDP 数据报是封装在 IP 数据包的数据区中进行传输的，封装了 UDP 数据报文的 IP 包协议类型字段为 17，UDP 报文格式如图 6－28 所示。

2字节	2字节
源端口	目的端口
报文长度	校验和
数据	

图 6－28

可以看出 UPD 的报文格式也比较简单，仅有源端口、目的端口、报文长度、校验和及数据字段。各个字段意义如下：

源端口：源端口字段为16位，表示发送方UDP端口号。

目的端口：目的端口字段为16位，表示UDP端口号。

报文长度：报文长度字段为16位，报文长度用于指示整个UDP数据报的总长度，以字节为单位，最小值为8（即无数据段时）。

校验和：检验和字段为16比特，完成头部信息的校验。

与TCP报文格式相比较，它们头部的第一个字段都是端口号，后面部分UDP的很简单，只有报文长度和对头部信息进行校验的校验和，数据部分就是高层应用程序交来的数据。

UDP协议由于简单，协议时间开销小，也带来实现简单、占用资源少、传输延迟小，容易运行在处理能力低的节点上，适用于通信网络质量高、传输业务实时性要求高的业务，如RIP、DNS、DHCP、SNMP等。

6.4.4 TCP与UDP的对比

表6－3所示为TCP与UDP传输协议的特点及使用情况的对比。

表6－3

功能	TCP	UDP
服务类型	面向连接	无连接
数据封装	对应用层数据分段和封装	对应用层数据直接封装为数据报
端口号	用端口号标识应用程序	用端口号标识应用程序
数据传输	通过序列号和应答机制确保可靠传输	不确保可靠传输
流量控制	使用滑动窗口机制实现流控	无流量控制

6.5 应用层及其协议

TCP/IP的应用层是体系结构的最高层，应用层为用户提供服务，应用层由若干应用协议构成，每一种应用协议为用户提供一种特定的网络应用服务。

应用层的主要应用协议包括：HTTP超文本传输协议，FTP文件传输协议，Telnet远程登录Telnet，SMTP简单邮件传输协议，SNMP网络管理（简单网络管理协议），DNS域名解析等。

6.5.1 万维网WWW

万维网WWW（World Wide Web），又称全球资讯网，简称Web，是一个大规模的、联网的信息资源空间，这个信息资源空间由一个全域“统一资源定位符”（Uniform Resource Locator，URL）进行标识，如 http://www. baidu. com/china/index. htm。实际上URL就是网站地址，俗称“网址”。用户就是通过网站地址找到信息资源所在的Web服务器，通过访问Web服务器获取网站信息资源。

用户访问信息资源时，通过超文本传输协议（Hypertext Transfer Protocol，HTTP）将信息从Web服务器送给使用者，而使用者通过点击链接来获得这些信息资源。Web服务使用的主要协议就是超文本传输协议——HTTP协议。

HTTP以客户/服务器方式（Client/Server，C/S）工作，客户就是运行在用户主机上的客户软件，在进行通信时成为客户。服务器就是运行在Web服务器上的提供Web服务的软件，它可以同时处理多个远地客户的请求。

提供Web服务的服务器软件（服务器）安装在提供Web服务的硬件服务器上，计算机上的浏览器是客户软件，用户通过浏览器通过HTTP向Web服务器发出访问请求，Web服务器上的服务器软件响应客户的请求，通过HTTP从Web服务器传输超文本到客户浏览器上提供用户信息浏览。

Web使用HTML语言进行Web页面排版标记，使得用户取到的信息完全按照原来设计好的页面格式进行显示。浏览器通过HTTP将Web服务器上的网页代码提取出来，并翻译HTML语言在显示器上显示成网页。

WWW服务于1989年由日内瓦的欧洲原子核研究委员会设计，1993年2月，访问网络的客户端程序浏览器，名为Mosaic的第一个浏览器开发成功，1995年，Netscape Navigator浏览器投入使用，目前在Windows平台上应用最为广泛的浏览器是Microsoft公司的Internet Explorer。

1. 统一资源定位符URL

统一资源定位符URL实现Web访问时的资源定位，URL规定了某一特定信息资源在Web中存放地点的统一格式。例如，http://www. baidu. com/china/index. htm，它的含义如下：

①http://：代表超文本传输协议，通知baidu. com服务器显示Web页，通常不用输入；

②www：代表一个Web（万维网）服务器；

③baidu. com/：这是装有网页的服务器的域名或站点服务器的名称；

④China/：为该服务器上的子目录，就好像文件夹一样；

⑤Index. htm：是文件夹中的一个HTML文件（网页）。

URL的完整格式：协议+://+主机名（IP地址）+端口号+目录路径+文件名，端口号表示访问不同的应用，可以省略。

Web通过URL（Uniform Resource Locator）统一资源定位，URL就是网址。用户访问Web网站时，在浏览器的地址栏输入网站地址。网站地址指出资源位置，实现资源定位，使得www文档具有唯一的标识。

当在浏览器的地址框中输入一个URL，浏览器通过URL确定了要浏览的网站地址。此时，浏览器发起TCP连接，向DNS发出解析域名请求，NDS系统解析出相应的IP地址，浏览器通过IP地址找到Web服务器，与Web服务器建立起连接。

完成了建立连接后，浏览器以HTTP报文形式向Web服务器发送HTTP请求，该请求达到服务器端后，服务器以HTTP响应报文形式，返回HTTP响应，将Web页面发送给浏览器。浏览器收到返回的Web页面信息后，显示网页，本次访问结束，拆除本次连接。

2. HTTP 报文

HTTP有两类报文：从客户到服务器的请求报文和从服务器到客户的响应报文。这两种报文的一般结构如图6-29所示。

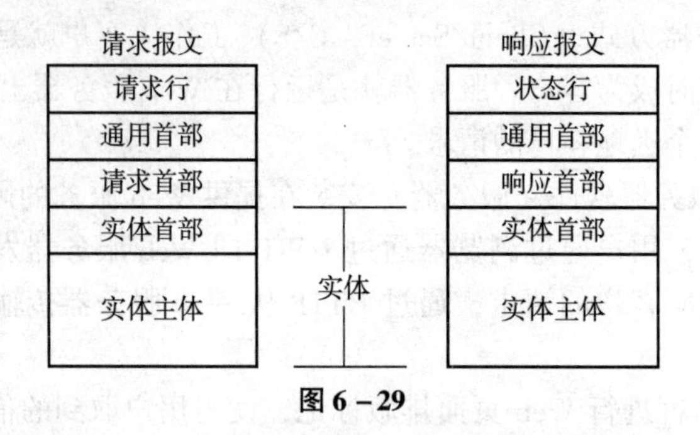

图6-29

请求报文由请求行、通用首部、请求首部、实体首部及实体主体组成，响应报文由状态行、通用首部、响应首部、实体首部及实体主体组成。

请求行：请求行指出请求方要求的操作、URL地址及HTTP的版本。

通用首部：请求报文和响应报文都有同样的通用首部，主要用于表述TCP连接端点、活动状态等信息。

请求首部：请求首部主要指出浏览器的一些信息，如浏览器类型、服务器应响应的媒体类型（文本、图像）等。

响应首部：响应首部指出请求端的地址、请求端使用的软件产品和版本号等内容。

实体首部：实体首部指出URL标识的资源支持哪些命令、实体的信息长度、有无使用压缩技术、媒体类型等信息。

报文实体：报文实体存放报文首部定义的信息内容。

3. HTTP 的访问实现

HTTP协议以请求/应答方式实现访问，客户请求Web服务器上的某一页，则Web服务器就以某一页来应答。当Web服务器应答了客户请求后便拆除连接，直到下一个请求发出。

Web的访问方式可以是在浏览器的地址栏输入一个地址，或者是在Web页面上点击一个链接，Web使用链接的方式可以从Internet上的一个站点访问另外一个站点，从而按需获得丰富的信息。

图6-30给出了从一台Web服务器通过链接指向另外一台Web服务器和从一台Web服务器指向另外一台FTP服务的示例。Web服务器使用80号端口，一个Web服务器可以通过超文本链接指向另外一台Web服务器，同时超文本链接也可以指向其他类型的服务器（如FTP服务器）。

HTTP协议常用的Web服务器软件有3个，分别是ApacheWeb服务器、网景公司的企业服务器、微软公司的因特网信息服务器Netscape Enterprise Server和IIS。服务器、网景公司的企业服务器可以在大多数系统平台上运行，而微软公司的IIS仅在Windows平台上运行。

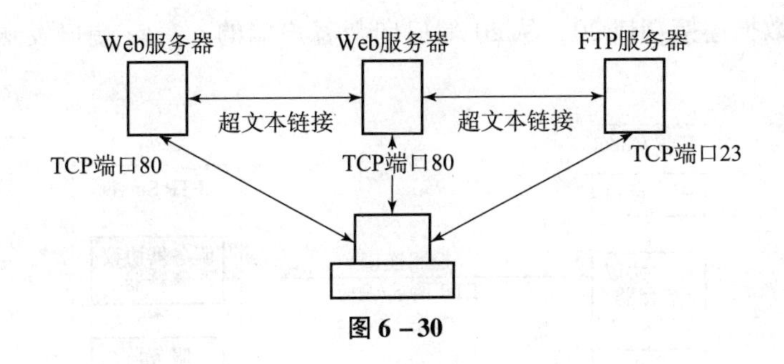

图 6－30

6.5.2 文件传输协议 FTP

文件传输用于远端服务器和本地主机之间传输文件，即将文件从远端服务器复制到本地主机（下载）或从本地主机复制到远端服务器（上传）。FTP 的主要作用，就是让用户连接上一个远程 FTP 服务器，察看 FTP 服务器有哪些文件，然后将文件从 FTP 服务器下载到本地计算机，或把本地计算机的文件上传到远程 FTP 服务器去。

FTP 协议的工作也是基于客户机/服务器（C/S）模式的，FTP 使用两个程序完成文件传输，一个是本地机上的 FTP 客户软件（FTP Client），它向 FTP 服务器提出拷贝文件的请求，接收 FTP 服务器返回的应答。另一个是在 FTP 服务器上的 FTP 服务器软件（FTP Server），它响应客户的请求把客户指定的文件从 FTP 服务器传送到请求的计算机中。早期 FTP 的客户程序是专门的客户软件，现在的客户软件都使用计算机上的浏览器来完成，构成所谓 B/S 模式。

在 FTP 协议中，客户进程与服务器进程之间使用 TCP 进行数据传输，但 FTP 使用两个 TCP 连接完成文件传输：一个 TCP 连接用于传输客户和服务器之间的命令和应答，该连接被称为控制连接；另一个 TCP 连接用于在客户和服务器之间的数据传输，称为数据连接。

FTP 是一个交互式会话系统，客户每次调用 FTP 就与 FTP 服务器建立了一个会话，会话由控制连接维持，控制连接在整个会话期间一直是打开的，FTP 客户端发出的传送请求通过控制连接发送给服务器端的控制进程，但控制连接不用来传送文件，传输文件使用数据连接。

当客户端发起文件传输时，客户端向服务器提出控制连接请求，服务器端响应该请求后，完成控制连接的建立。FTP 控制连接过程如下：在 FTP 服务器启动后，打开 21 端口，等待客户的连接请求。当客户端要访问 FTP 服务时，客户在客户端主机上为自己选择一个端口号，并用这个端口号向 FTP 服务器的 21 号端口发起并建立连接。

在完成控制连接后，服务器的控制进程创建数据传送进程并建立数据连接，数据连接建立完成后，服务器与客户端进行数据传输，数据传输完毕后，数据连接立即撤销，但控制连接仍然存在，用户可以继续发出命令，直到所有数据传输完毕，然后用户退出 FTP，拆除控制连接。图 6－31 给出了一个 FTP 协议的工作模型。

FTP 的数据连接存在主动模式和被动模式两种情况。主动模式是从服务器端到客户端发起的连接，被动模式是从客户端到服务器端发起的连接。

当 FTP 被设置为主动模式时，数据连接过程如下：客户在客户端主机上选择一个临时端口号（××××）作为数据连接端口号，并打开此端口，客户端向服务器的 21 端口发送数据连接请求，并将选择的端口号通过控制连接告知服务器，服务器在收到客户端口号通知后，打开本地的数据连接端口20，从20端口向与客户端的××××端口发送数据连接请求，建立起数据连接。

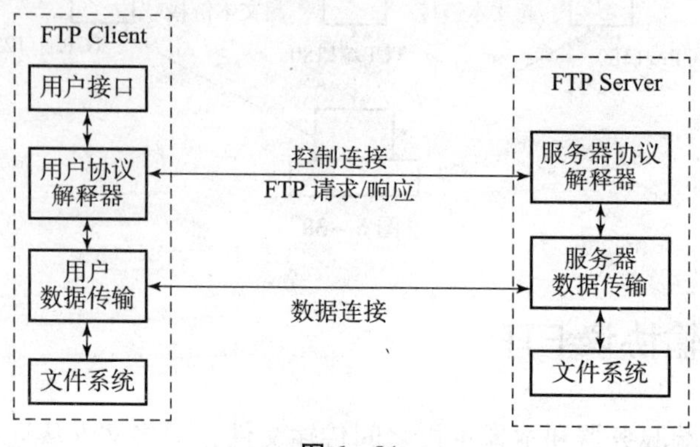

图6－31

当FTP被设置为被动模式时，数据连接过程如下：服务器在服务器端选择一个临时端口号（××××）作为数据连接端口号，并打开此端口，服务器向客户端发送数据连接请求，并将选择的端口号（使用Pasv命令）通过控制连接告知客户端，客户端在收到服务器端的端口号通知后，从自己的端口号向服务器端××××端口号发送数据连接请求，建立起数据连接。主动模式和被动模式的示意如图6－32所示。

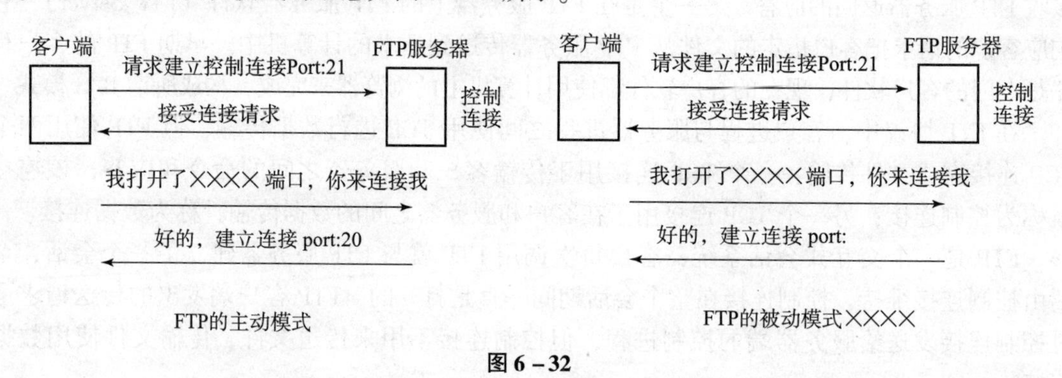

图6－32

6.5.3 简单邮件传输协议（SMTP）

简单邮件传输协议（Simple Mail Transfer Protocol，SMTP）是ARPANET制定的电子邮件标准，现在已经成为因特网的正式电子邮件标准，目前全世界都广泛使用该电子邮件标准。

通常情况下，发送一封电子邮件需要客户代理（邮件客户端程序）、客户端邮件服务器和服务器端邮件服务器三个部分参与，并使用电子邮件协议（SMTP）和邮局协议（Post Office Protocol，POP）来完成邮件的发送、传输与接收。电子邮件系统工作模型如图6－33所示。

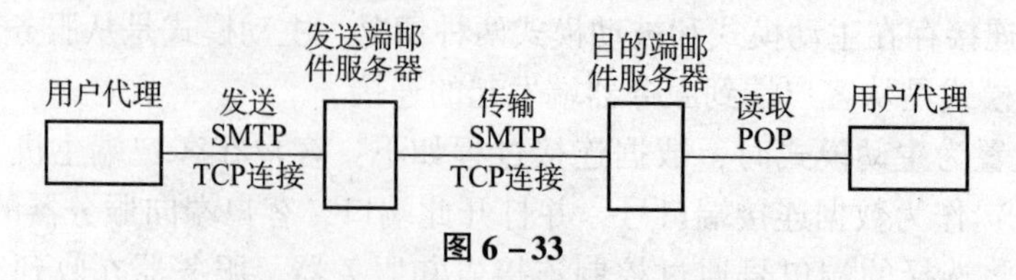

图6－33

客户代理是用户与电子邮件系统的接口，是一个运行在客户主机中的邮件客户端程序，其功能是提供用户完成邮件的编写、显示、存盘、删除、排序等处理，并完成将用户邮件从客户主机发送到邮件服务器及从邮件服务器取回用户邮件的功能。常见的客户代理有 Outlook Express 等邮件程序。

邮件服务器是电子邮件系统的核心，负责将该电子邮件通过 SMTP 协议传到目的邮件服务器。即邮件服务器的功能是发送和接收邮件。除此之外，邮件服务器同时还要向发送人报告邮件传送的情况，以及指示收件人有邮件到达。邮件服务器默认侦听 25 号端口，当用户有发送邮件的请求时，完成用户的邮件发送。

SMTP 实现邮件服务器之间的邮件传输。SMTP 采用客户机/服务器的工作方式，当邮件在两个邮件服务器之间传输邮件时，负责发送邮件的进程为客户端，负责接收邮件的进程为服务器端，它们在传输层使用 TCP 协议进行传输。SMTP 规定了两个相互通信的 SMTP 进程之间交换信息的方式，共定义了 14 条命令和 3 类应答信息，每条命令由 4 个字母组成。这些命令完成发送身份标识、识别邮件发起者、识别邮件接收者、传送报文文本等操作，应答信息完成对接收邮件的肯定、暂时否定、永久否定。

POP 协议负责邮件的下载。POP 协议使用客户机/服务器工作方式，在接收邮件的用户主机中运行 POP 客户程序，而在用户连接的邮件服务器中运行服务器程序。POP 服务器具有身份鉴别功能，用户只有在输入的鉴别信息通过验证后才允许对邮件服务器上的邮件进行读取，并可以对邮件进行删除、备份等操作。

当用户发送一封电子邮件时，他不能直接将邮件发送到对方邮件地址指定的服务器上，而是通过客户代理编辑邮件，客户代理使用 SMTP 协议先将邮件发送到自己的客户邮件服务器上，客户邮件服务器得到该邮件后，根据邮件的目的地址（zhaocun@ pk. edu. cn），通过 DNS 解析出这个邮件目的地址的邮件服务器的 IP 地址，然后通过 SMTP 协议进行邮件的传送，将邮件传送到给目的邮件服务器，存放在目的邮件服务器上。接收邮件的用户通过目的端的用户代理登录目的端邮件服务器，目的端的客户代理使用 POP 协议取回用户的邮件。

一封电子邮件由信封和内容两部分组成。信封上主要是邮件地址，TCP 规定电子邮件地址的格式为：收信人邮箱名@ 邮件服务器的主机域名。例如，对于 zhaocun@ pk. edu. cn 的邮件地址，pk. edu. cn 是邮件服务器的主机域名，表达了该邮件服务器是北京大学的邮件服务器；zhaocun 是收信人邮箱名，表达了该收信人的用户名为 zhaocun。邮件的内容就是发信人编写的信件内容。

SMTP 在进行邮件传送时，需要经过建立连接、邮件传输、拆除连接三个阶段。

客户代理将邮件传送给发送方邮件服务器后，发送方邮件服务器将邮件存入邮件服务器的缓冲队列中等待发送，发送邮件服务器的 SMTP 客户进程发现队列中有待发送邮件时，就向接收方邮件服务器的 SMTP 进程发起 TCP 连接请求，当 TCP 连接请求完成，建立起 TCP 连接后，运行在发送方的 SMTP 客户进程就向目的端的 SMTP 服务器进程发送邮件，发送完毕后，SMTP 拆除该 TCP 连接。

6.5.4 域名系统 DNS

在 TCP/IP 网络中，每台主机都被分配一个 IP 地址，网络中的各主机间的通信通过 IP

地址进行寻址，源主机通过目的主机的 IP 地址找到目的主机，目的主机根据源主机的 IP 地址向源主机返回信息。

在 Internet 中，大量的网络服务器提供各种网络应用业务，用户通过访问这些网络服务器获取网络服务，如访问网站获取网络资讯，访问邮件服务器收发电子邮件。但是由于 IP 地址采用 32 位二进制数表示，难以记忆，也难以理解，当用户要访问一个网站或一台邮件服务器时，要用户记住这台网站服务器或邮件服务器的 IP 地址，是极其困难的事情。

为了向用户提供更为直观的主机标识，因特网的网络信息中心（Internet Network Information Center，InterNIC）设计了一套域名系统（Domain Name System，DNS）。在域名系统中，主机使用主机域名进行标识，主机域名通过容易记忆和理解的名字进行表示，同时 DNS 建立了主机域名与 IP 地址间的对应关系，用户访问服务主机时，不需要记忆服务主机的 IP 地址，只需记忆主机域名，由域名系统解析主机域名自动获取 IP 地址，实现对服务主机的访问，解决了 IP 地址难以记忆，也难以理解，不方便使用的问题，使用户能够更方便地访问互联网。

例如，在域名系统中，大家熟知的百度网站的主机域名为 www. baidu. com，其服务主机的 IP 地址为 119. 75. 220. 12，用 32 位二进制数表达为 01110111. 01001011. 11011100. 00001100。显然，采用主机域名便于记忆，容易理解，使用方便，而用二进制表达的百度网站的 IP 地址是难以记忆和理解的。

1. 域名的分配

域名按统一的国际标准进行命名，由于美国在互联网的主导地位，全世界域名的标准以及分配由美国互联网名称与数字地址分配机构（Internet Corporation for Assigned Names and Numbers，ICANN）进行制定和分配。

域名的命名采取层次结构形式，由根域、顶级域、二级域、子域、主机几个层次构成。其结构组成一个倒转的树，称为域名树。树的顶端为根域，根域的下一级称为顶级域，顶级域可以进一步划分为若干子域，如二级域、三级域等，最下面的叶节点就是主机。

顶级域分为 3 种类别：

反向解析域 arpa：反向解析域用于进行从 IP 地址到域名的解析（从域名到 IP 地址的解析称为正向解析）。

普通域：普通域包含 7 个 3 字符长的域，即 gov、mil、edu、int、com、net、org。其中 gov、mil 仅限于美国，edu 限于教育机构，int 限于国际组织，com 限于商业类，net 限于网络营运商，org 限于非营利性组织。

国家域：包含所有 2 字符长的域，例如，cn 表示中国，jp 表示日本，uk 表示英国，各级域的关系如图 6 - 34 所示。

域名的每个子域代表着一定的意义，按照域名的分配规则，域名就非常容易记忆和理解。如清华大学的主页域名为：www. tsinghua. edu. cn，其中的 cn 表示中国，edu 表示教育系统，tsinghua 表示清华大学，www 表示 Web 服务，所以，www. tsinghua. edu. cn 表示的就是中国教育系统的清华大学的 Web 服务器（网站）域名。同理，www. pku. edu. cn 表示的是中国教育系统的北京大学的 Web 服务器（网站）域名。

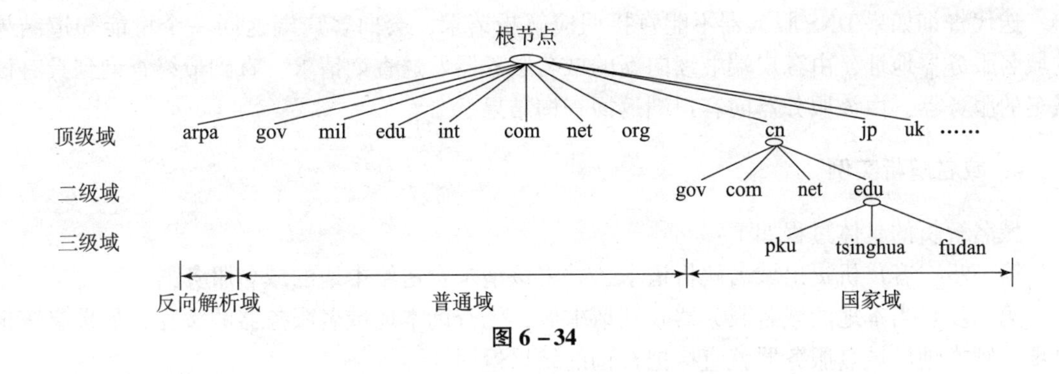

图 6－34

2. 地址解析过程

DNS 的功能是完成域名解析，DNS 服务器通过建立主机域名和 IP 地址的关系数据库来实现域名解析。当 NDS 客户需要 NDS 服务时，客户端提出域名解析请求，并将该请求转发给 DNS 服务器，DNS 服务器收到该请求后，到自己的数据库中去查找，查找到该域名对应的 IP 地址后，DNS 服务器将查询的结果返回给客户端。

以上解析实现的前提是该 DNS 服务器中存有该域名和对应 IP 地址的记录，如果该 DNS 服务器中没有该域名和对应 IP 地址的记录，则解析不能实现。而在因特网中，提供各种网络服务的服务器成千上万，不可能将因特网上的所有主机域名与 IP 地址的映射记录都存在一台 DNS 服务器上，所以因特网上的 DNS 是按照域名层次关系由许多台 DNS 服务器组成 Internet 的域名系统，按照层次结构进行解析。即所有的 DNS 服务器是按照类别、级别分布在网络上，根据 DNS 的层次结构进行域名解析。

按照 DNS 域名层次结构，域名服务器有三种类型：本地域名服务器、区域域名服务器和根域名服务器，在 DNS 系统中，上一级域名授权机构具有对下一级域名授权机构的管理权限。

本地域名服务器是用户所在网络所配置的域名服务器，负责完成本网络内主机域名的解析，例如公司、大学都可以在公司网络或校园网内拥有一台或多台自行管理的本地域名服务器，负责解析本公司或学校内部各应用服务器的域名解析。

区域域名服务器是完成一个或多个区域域名解析工作的域名服务器，是本地域名服务器的上一级的域名服务器，负责该管辖区的所有本地域，为解析的域名找到本地域名服务器。区域域名服务器可以有多级，各级服从上下级关系。

根域名服务器是域名的最高一级，根域名服务器负责管理顶级域，本身并不对域名进行解析，但它知道相关域名服务器的地址，根域服务器负责为解析的域名找到相关域名服务器。

3. 递归和迭代查询

DNS 的域名解析具有递归和迭代查询两种方式。递归查询时，如果 DNS 服务器不能直接回应解析请求，它将代替客户端向上一级 DNS 服务器请求解析，直到查询到该主机的解析结果，返回给客户端。即本地域名服务器在接受了客户端的请求后，本地域名服务器将代替客户端来找到解析结果，而在本地域名服务器查找的过程中，客户端只是等待，直到本地域名服务器将最终查询结果返回给客户端。

迭代查询如果 DNS 服务器不能直接回应解析请求，会向客户端返回一个可能知道结果的域名服务器地址，由客户端继续向新的域名服务器发送查询请求，直到最终查询到具有该域名的服务器，由该服务器向客户端返回查询结果。

4. 域名解析实例

域名解析的具体过程如下：

第一步：客户机提出域名解析请求，并将该请求发送给本地的域名服务器。

第二步：当本地的域名服务器收到请求后，先查询本地域名服务器的缓存，如果有该记录项，则本地的域名服务器就直接把查询的结果返回。

第三步：如果本地的缓存中没有该记录，则本地域名服务器就直接把请求发给根域名服务器，根 DNS 服务器收到请求后会判断这个域名是谁来授权管理，并返回一个负责该域名子域的 DNS 服务器地址给本地域名服务器。

第四步：本地服务器使用返回的域名服务器地址向该域名服务器再发送解析请求，接受请求的域名服务器查询自己的缓存，如果没有该记录，则返回相关的下级域名服务器的地址。

第五步：重复第四步，直到找到正确的记录。

第六步：本地域名服务器把返回的结果保存到缓存，以备下一次使用，同时还将结果返回给客户机。

下面举例说明一个域名解析的具体过程。假设客户机想要访问站点：www. 163. com，该域名解析的过程如图 6－35 所示。

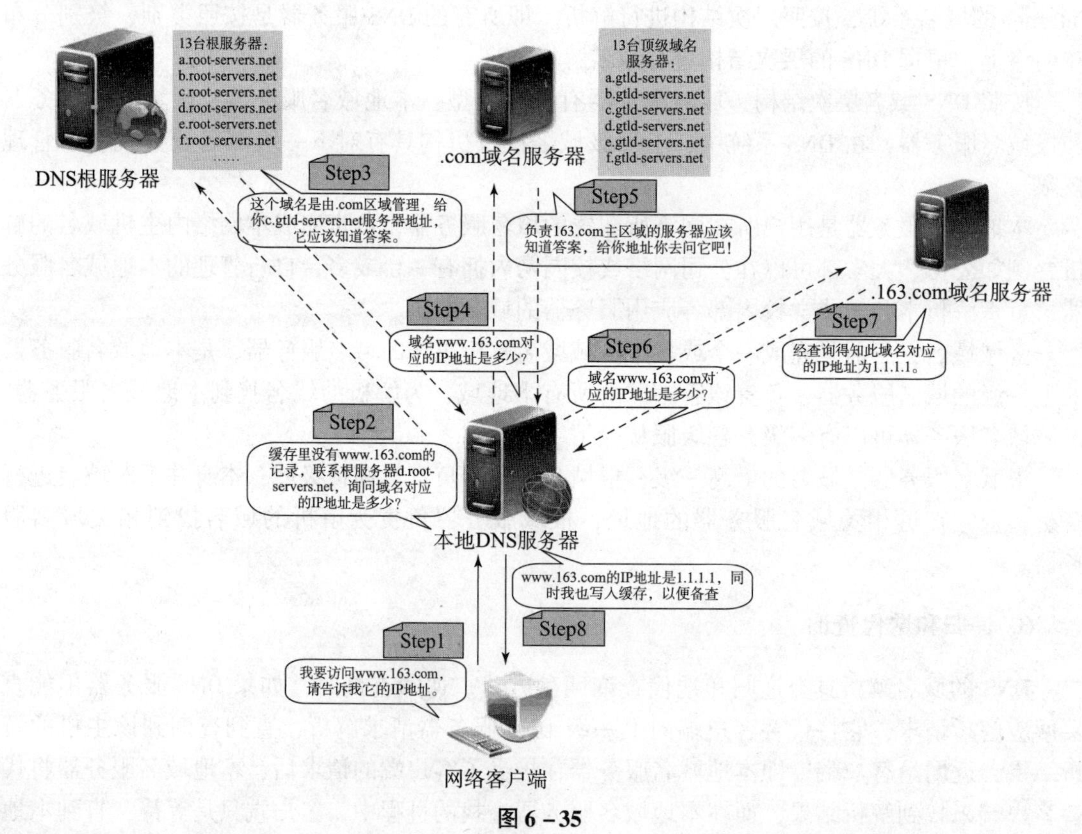

图 6－35

第一步：客户端提出域名解析请求，并将该请求发送给本地域名服务器。

第二步：本地域名服务器收到请求后就去查询自己的数据库，如果有该域名的记录，则会将查询的结果返回给客户端。如果本地域名服务器在本地没有搜索到相应的记录，则把请求转发到根域名服务器。

第三步：根域名服务器收到该请求后，通过查询根域名服务器得到该域名属于 . com 域名，应该由 . com 域名服务器进行解析，将 . com 域名服务器地址返回本地域名服务器。

第四步：本地域名服务器向 . com 域名服务器提出请求，负责 163. com 域名解析的域名服务器收到此请求后，发现自己的数据库中没有该域名的记录，自己仍然不能完成解析，但是 . com 域名服务器知道能够解析该域名的 163. com 的域名服务器的地址，于是将 163. com 的域名服务器地址返给本地域名服务器（本例中，下一级 DNS 服务器地址就是负责管理 163. com 的 DNS）。

第五步：当本地域名服务器收到这个地址后，本地域名服务器向负责管理 163. com 的域名服务器发出请求，负责管理 163. com 的域名服务器从自己的缓冲区中查询到 www. 163. com 的 IP 地址是 1. 1. 1. 1，将该地址返回给本地域名服务器，本地服务器将该地址送给客户主机，同时将这条记录写入自己的数据库，以备后用。

在客户主机提出 DNS 解析请求后，在整个解析过程中，客户端一直处理等待状态，它不需要做任何事，直到解析结果返回。为了减少查询的时间开销，客户主机都建立一个高速缓存，存放最近使用过的域名和对应的 IP 地址，当主机有一个解析请求时，主机先到自己的高速缓存中进行查询，只有在自己的高速缓存找不到该域名时，才向本地域名服务器发出解析请求报文。

5. 反向查询

在 DNS 查询中，由域名查询 IP 地址为正向查询，大部分情况下的 DNS 查询都是正向查询。与正向查询相对应的是反向查询，它允许客户端根据已知的 IP 地址查询对应的域名。为了实现反向查询，DNS 定义了反向解析域 arpa。在反向查询中，其实也是将 IP 地址作为一种特殊的域名对待完成查询的。

6. 5. 5 远程登录协议 Telnet

远程登录是因特网最早提供的基本服务之一，远程登录实现从一台本地主机登录到远程的另外一台主机，使用远程主机的软硬件资源。

Telnet 采用客户机/服务器工作方式，用户使用 Telnet 协议，通过 TCP/IP 协议的 23 端口提供服务。Telnet 将用户的键盘命令送到远程计算机上，要求远程主机执行命令，将远程主机输出的信息显示送到远端客户机上。Telnet 服务器要求客户提供用户名和密码，以合法身份登录远程的主机系统。

登录过程分为以下三步：

①本地主机上的 Telnet 客户程序使用 TCP 协议与远端的主机建立 TCP 连接。

②客户程序从用户终端接收键盘输入，并将其通过 TCP 连接传送给远端主机。

③客户程序接收远端主机的返回内容，将内容显示在本地终端显示器上。

Telnet 在与远端的主机进行通信时，把自己仿真成远程主机的终端去访问远端的主机。由于网络上存在多种结构的计算机终端，为了使不同结构的计算机终端都能实现 Telnet 服务，Telnet 协议采取了虚拟终端（Network Virtual Terminal，NVT）的方式实现 Telnet 服务。

虚拟终端方式将各种不同的计算机终端都转换为一个标准的终端，即将各种不同计算机终端键盘输入的内容都转换为一种标准的虚拟终端字符集格式——NVT ASCII 格式，通过网络进行传输，到达对方后，再从 NTV 格式转换成对方的格式，使远程主机能够识别、处理和实现。采用虚拟终端的 Telnet 工作原理示意如图 6－36 所示。

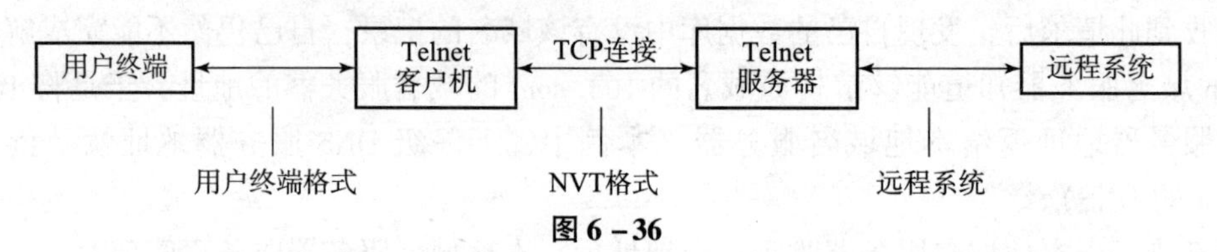

图 6－36

Telnet 客户端向远程主机发起通信时的工作过程分为四个步骤：

①本地主机与远程主机建立连接，这个连接实际上是建立一个 TCP 连接。

②客户端截获本地主机上输入的命令或字符，以 NVT ASCII 格式传送到远端主机。该过程实际上是从本地主机向远端主机发送一个 IP 数据报。

③将远程主机输出的 NVT ASCII 格式的数据转化为本地所接受的格式送回本地主机，包括输入命令回显和执行结果。

④本地主机对远程主机进行连接释放、拆除建立的连接的操作。同样，该拆除连接是拆除 TCP 连接。

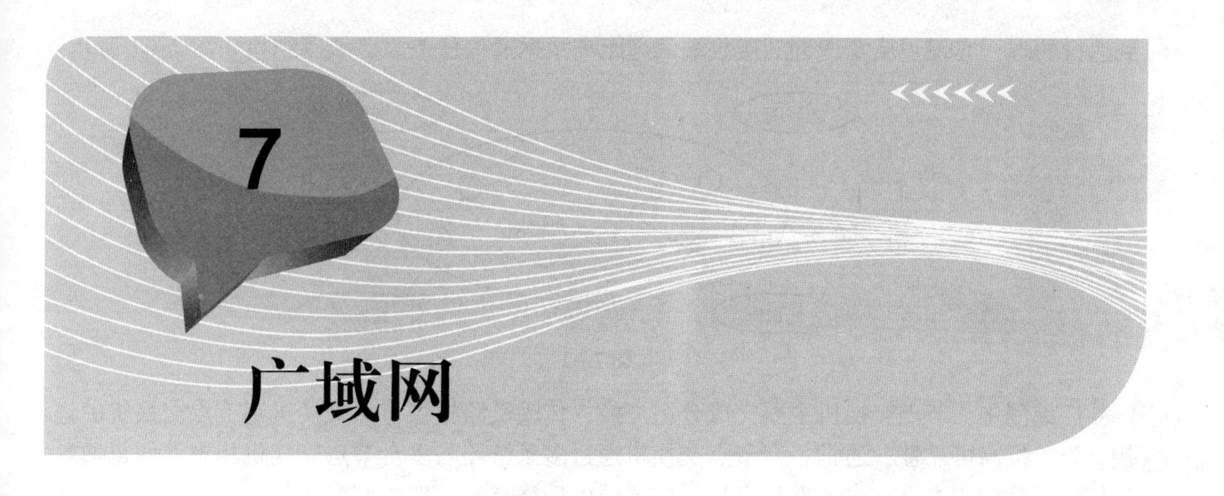

7.1 广域网概述

广域网（Wide Area Network，WAN）是一种跨地区的数据通信网络，也称为远程通信网，通常跨接很大的地理范围，覆盖范围从几十千米到几千千米，它能连接多个城市或国家，甚至横跨几个洲，形成国际性的远程通信网络。

广域网为用户提供远距离的信息传输，远距离的用户终端可以通过广域网实现通信，远距离的局域网间可以通过广域网实现互联，互联网的主干网络主要由广域网组成。

一般来说，广域网的数据传输速率比局域网的低，而信号的传播延迟比局域网的大。传统的广域网典型速率为 56 kb/s ~ 155 Mb/s，现代广域网速率已经发展到 622 Mb/s、2.5 Gb/s、10 Gb/s，传播延迟也不断在减小。

广域网有公共传输网和专用传输网之分。公共传输网一般是由电信运营商进行建设，并负责运行、维护和管理，向全社会有偿提供的远程通信网。公用电话网是一个公共传输网，为全社会提供电话通信服务；公用数据网也是一个公共传输网，为全社会提供数据通信服务，用户可以利用公用数据网，将分布在不同地区的局域网或计算机系统互联起来，达到数据通信和资源共享的目的。专用传输网是由一个组织或团体自己建立、使用，并自己负责运行、维护的远程通信网络，如中国教育科研计算机网、电子政务网、税务网、公安网等就是教育、政府、税务、公安系统使用的专用传输网。

7.1.1 广域网的内部结构

按照资源子网和通信子网的划分，广域网主要实现通信任务，对应在通信子网的层次。按照 OSI 参考模型，广域网主要涉及七层模型的下面三层，即网络层、数据链路层、物理层。

广域网的内部结构主要是交换节点和传输链路。广域网内部的交换节点使用交换机，传输链路是由各种传输介质组成的物理链路，节点交换机通过物理链路来实现互联，从而构成远程通信网络。数据传输时，数据从源端出发，通过通信子网内部节点交换机的不断转发，到达目的端，实现了从发送端到接收端的远距离数据通信任务。广域网结构如图 7 - 1 所示。

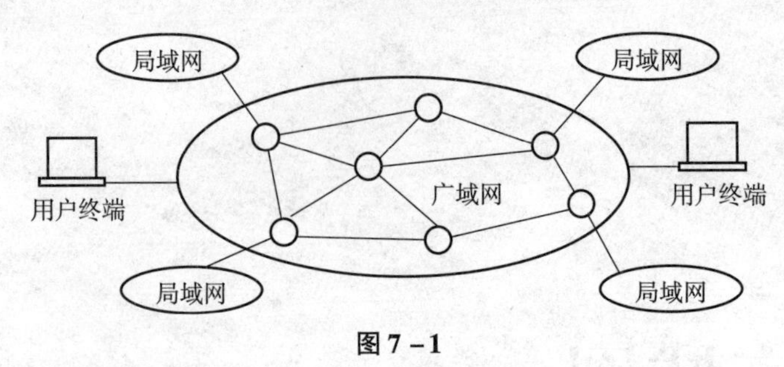

图 7 - 1

广域网中，节点交换机主要完成分组交换，传输链路提供节点交换机到节点交换机的连接。为了提高可靠性，通常一台节点交换机通过多条链路与多台节点交换机相连，使得通过广域网通信的双方具有多条路径可达。广域网的网络拓扑一般为网状拓扑。

现代广域网中的传输链路一般是长距离的光缆，由这些光缆组成高速传输链路。在无线交换网中，通信链路可以通过卫星链路、微波链路及其他无线信道实现传输。

广域网中之所以使用节点交换机，而不是使用路由器来构建网络，主要原因是广域网是在同一种网络中进行传输，它们使用同一种协议进行通信，通过中间节点的不断转发，实现远距离传输通信。

广域网使用交换机来获得更高的转发速率，而互联网通过路由器将不同的网络互联起来，不同的网络使用了不同的协议，由互联的路由器实现不同网络之间的协议转换，最终实现了数据跨越不同网络的通信。

广域网的主要应用是远距离的局域网通过广域网实现互联，在此种情况下，局域网需要设置边界路由器，通过边界路由器实现与广域网的互联。在这里，边界路由器将完成局域网、广域网两个不同网络的互联。局域网通过广域网互联示意如图 7 - 2 所示。

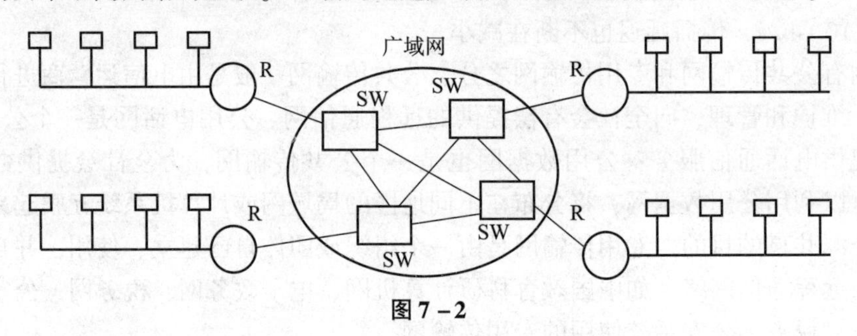

图 7 - 2

7.1.2 广域网的交换技术

广域网的交换技术主要有电路交换和分组交换。

1. 电路交换

电路交换是广域网早期使用的一种交换方式。需要通信的双方可以通过营运商的电路交换网络为每一次通信过程建立、维持和终止一条专用的物理电路。电路交换可以提供数据报和数据流两种传送方式，电路交换在电信运营商的网络中被广泛使用，其操作过程与普通的电话拨叫过程非常相似。公共交换电话网络（Public Switched Telephone Network，PSTN）、综合业务数字网（Integrated Service Digital Network，ISDN）是采用电路交换技术的广域网。局域网通过电话网进行互联的示意如图 7－3 所示。

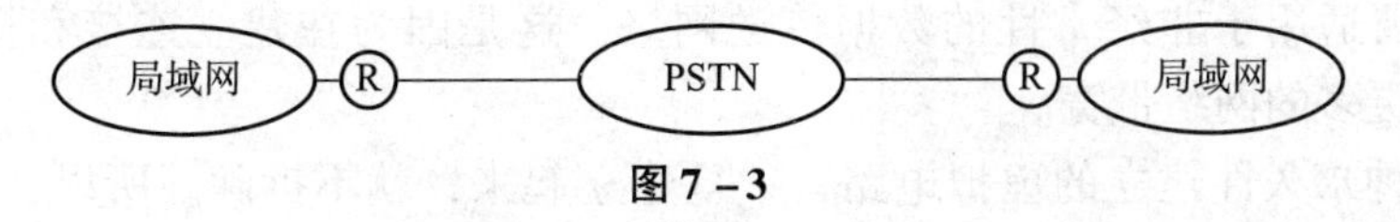

图 7－3

2. 分组交换

分组交换是广域网普遍使用的交换技术。分组交换属于存储交换方式，传输的文件被分为若干分组送入分组交换网，每个分组到达一个节点交换机时，先存储下来，通过路由表找到前向节点交换机连接端口，再从该端口转发出去，通过逐节点的转发传输，最终到达目的端。X. 25、FR、ATM 等都是采用分组交换技术的广域网，局域网通过分组交换网进行互联的示意如图 7－4 所示。

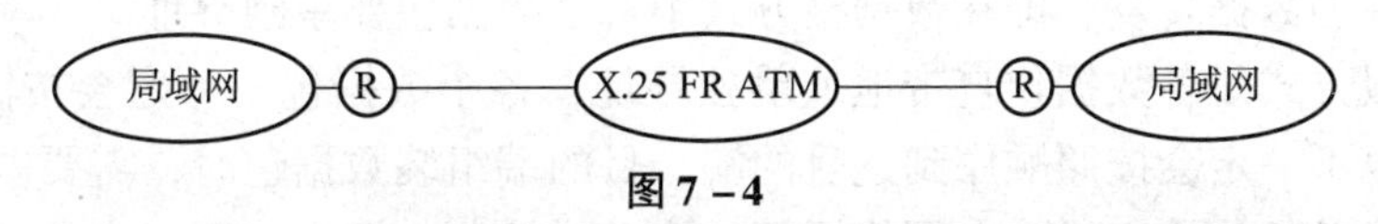

图 7－4

分组传输可以采用虚电路和数据报两种方式，所以广域网的传输也分为虚电路方式和数据报方式。虚电路方式提供面向连接的传输服务，而数据报方式提供无连接的传输服务。

（1）虚电路方式

对于采用虚电路方式的广域网，源节点与目的节点进行通信之前，需要通过建立连接，为本次传输选择一条传输路径，即建立一条从源节点到目的节点的虚电路 VCi，通过该虚电路进行数据传送。当数据传输结束时，释放该虚电路（拆除连接）。公用数据网建立虚电路的示意如图 7－5 所示。

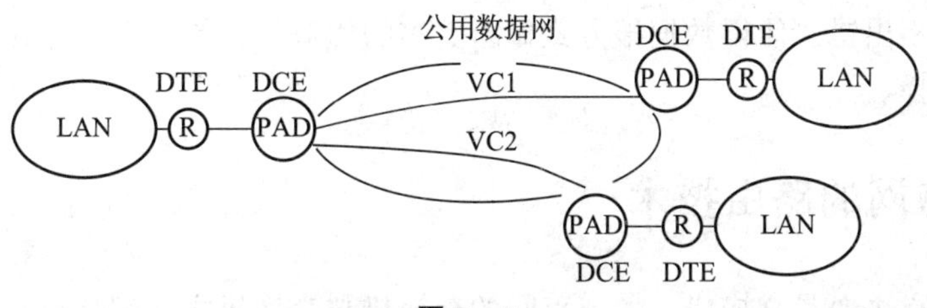

图 7－5

在虚电路方式中，当虚电路建立起来并进行数据传输时，所有的分组都通过该虚电路进行数据传送，即按照建立连接时选择的这条固定路径传输，所以，所有分组将按顺序到达目的端，目的端组装报文时不需要做排序处理，可以直接组装。

在虚电路方式中，每个交换机都维持一个虚电路表，用于记录经过该交换机的所有虚电路的情况。每个分组在传输时，仅使用位数较少的虚电路号，并不需要完整的目的地址，可以节省存储空间和减少带宽占用。

一旦源节点与目的节点建立了一条虚电路，就意味着在所有交换机的虚电路表上都登记有该条虚电路的信息。当两台建立了虚电路的机器相互通信时，可以根据数据报文中的虚电路号，通过查找交换机的虚电路表而得到前向节点交换机所连接的输出端口，节点交换机将该数据包从输出端口转发出去，经过这样不断的转发将数据传送到目的端。

虚电路有两种不同形式，分别是临时虚拟电路（SVC）和永久虚拟电路（PVC）。

SVC 是一种按照需求动态建立的虚拟电路，当数据传送结束时，建立的电路将会被自动终止。SVC 主要适用于非经常性的数据传送网络，这是因为在建立连接和拆除连接阶段，SVC 需要占用更多的网络带宽。

PVC 是一种永久性建立的虚拟电路，一旦建立起来，就不拆除。所以，PVC 在数据传输时，不再有建立连接和拆除连接的过程，只有数据传输的过程。PVC 可以应用于数据传送频繁的网络环境，这是因为 PVC 不需要由于建立连接或拆除连接而使用额外的带宽，所以对带宽的利用率更高。不过永久性虚拟电路的成本较高。

（2）数据报

广域网的另一种传输方式是数据报方式，数据报方式提供无连接的传输服务。数据报方式传输时，没有建立连接、维持连接及拆除连接的过程，也不会按照事前选择好的路径传输。数据报方式中，每个数据包要带上完整的地址，在传输的过程中由各节点根据携带的地址进行路由选择和数据转发，即在数据报方式中每个数据包要单独寻址。

由于数据报方式是各数据包自带地址单独寻址，各个数据包不一定会按固定路径传输，所以各数据包也不一定会按照顺序到达目的端，目的端组装数据包时，需要做排序处理。数据报方式采用简单的传输方式，在网络层不采取差错控制、拥塞控制，将差错控制、拥塞控制都交给端主机去处理，所以各节点处理时间开销较短，传输实时性较好。

虚电路、数据报各有自己的特点。虚电路在网络层次较好地解决了差错控制和拥塞控制，提高了可靠性，但带来了较多的时间开销；数据报方式将差错控制、拥塞控制都交给端主机去处理，采用简单的传输方式，相对传输可靠性不如虚电路方式，但减少了传输时间开销，能提高传输速率，获得较好的传输实时性。

在广域网是采用虚电路方式还是数据报方式，需要根据面对的网络通信网络和传输的业务情况综合考虑。随着线路传输技术的不断提高，网络的传输介质误码率越来越低，网络链路上的传输基本不出错，使得数据报方式显出更多的优势，目前数据报方式成为越来越多的网络和业务的选择。

7.1.3 广域网的路由技术

广域网的节点主要是交换机，各节点间的交换机与交换机之间都是点对点的连接，所以广域网的路由也不同于互联网的路由方式。交换机的路由使用层次编址方式，将地址表示为交换机、端口两部分，路由时，首先找到交换机，再通过交换机找到目的网络所连接的端口（或主机）。

广域网中的每台交换机中存有一张路由表，表中存放了到达每个目的网络（或站点）应转发到的交换机号及对应的转发端口号。在图 7－6 所示的网络中，三台节点交换机分别为 SW1、SW2、SW3，站点 11 连接在 SW1 的第 1 端口，站点 14 连接在 SW1 的第 4 端口，站点 21 连接在 SW2 的第 1 端口，站点 24 连接在 SW2 的第 4 端口，站点 31 连接在 SW3 的第 1 端口，站点 34 连接在 SW3 的第 4 端口。

SW2 的路由表如图 7－6 所示。

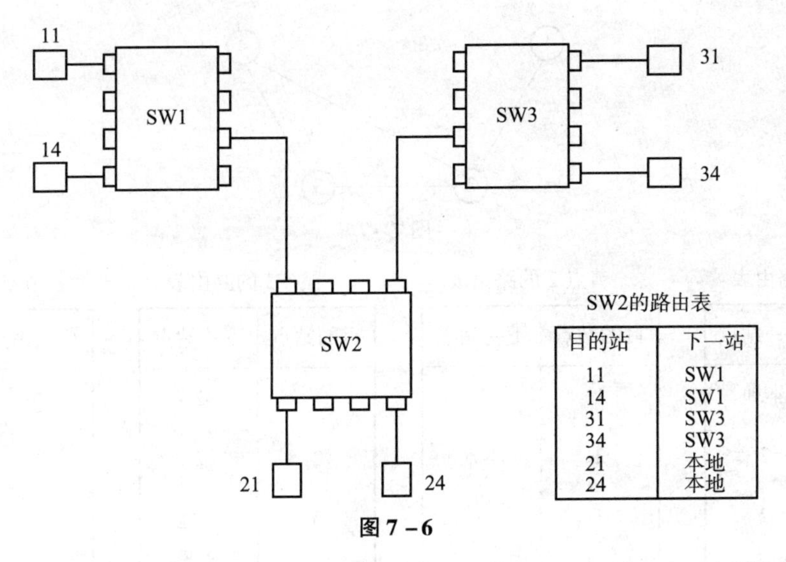

图 7-6

当数据包的目的站是 11 时，说明目的地址是交换机 SW1 上端口 1 所连接的网络，转发时，应从 SW2 与 SW1 连接的端口转发到 SW1 去，再从 SW1 的端口 1 转发出去，到达目的网络。

当数据包的目的站是 14 时，说明目的地址是交换机 SW1 上端口 4 所连接的网络，转发时，应从 SW2 与 SW1 连接的端口转发到 SW1 去，再从 SW1 的端口 4 转发出去，到达目的网络。

当数据包的目的站是 31 时，说明目的地址是交换机 SW3 上端口 1 所连接的网络，转发时，应从 SW2 与 SW3 连接的端口转发到 SW3 去，再从 SW3 的端口 1 转发出去，到达目的网络。

当数据包的目的站是 34 时，说明目的地址是交换机 SW3 上端口 1 所连接的网络，转发时，应从 SW2 与 SW3 连接的端口转发到 SW3 去，再从 SW3 的端口 4 转发出去，到达目的网络。

当数据包的目的站是 21 时，由于本站就连接在 SW2，不需要再向其他交换机转发，只需将数据包直接转发到 SW2 的端口 2 即可。同样，当数据包的目的站是 24 时，不需再向其他交换机转发，只需将数据包直接转发到 SW2 的端口 4 即可。

综合以上情况，可以看出，广域网的路由表示方法对于直接连接的站点或网络，属于直接交付（本地交付），下一跳就是该站点或网络。对于没有直接连接的站点或网络，属于间接交付，下一跳则是前向路径的节点交换机，通过前向节点交换机的不断转接，最终到达目的节点。

从以上例子的路由表可以看出，如果路由表中的目的站点的交换机号相同，则查出的下一跳站点的也必然相同。在图 7-6 所示例子的 SW2 的路由表中，对于目的站是 31 和 34 的情况，下一跳站点都是 SW3。因此，转发中，交换机在确定下一跳时，可以不必根据目的站点的完整地址来确定，只需根据目的站点的交换机号进行确定即可，也就是说，对于两层编址的广域网，可以只根据交换机号进行路由选择，而不必考虑交换机中的端口号是多少，并将交换机号相同的行合并为一行，这样各节点路由表将大大简化。在图 7-7 所示的网络中，各节点交换机的路由表就是简化路由表，如图 7-8 所示。

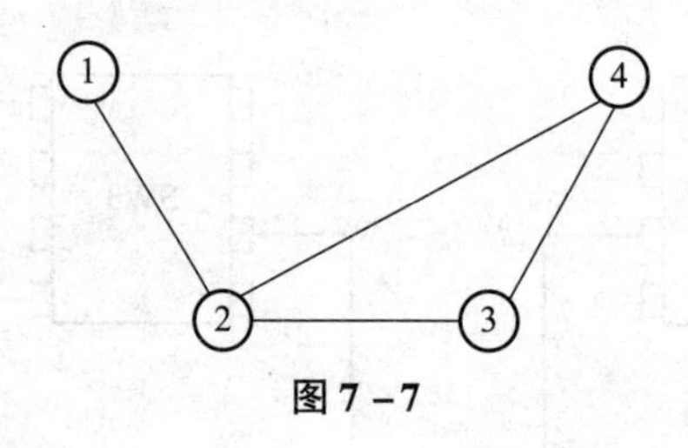

图 7－7

节点 1 的路由表

目的站点	下一站点
1	本地
2	2
3	2
4	2

节点 2 的路由表

目的站点	下一站点
1	1
2	本地
3	3
4	4

节点 3 的路由表

目的站点	下一站点
1	2
2	2
3	本地
4	4

节点 4 的路由表

目的站点	下一站点
1	2
2	2
3	3
4	本地

图 7－8

7.1.4 广域网的类型

广域网可以分为采用电路交换技术的广域网和采用分组交换技术的广域网。采用电路交换技术的广域网主要有公用交换电话网络和综合业务数字网。采用分组交换技术的广域网主要有公用数据网 X. 25、帧中继网、异步传输模式等。除此之外，广域网还有公用数据数字网和光纤同步传输网等。这些广域网一般都是由电信运营商进行建设，并为公众提供数据通信服务的，所以广域网又称为公用数据网，或简称为公网。

1. 公共交换电话网络

公共交换电话网络（Public Switched Telephone Network，PSTN）是为公众提供语音通信的网络系统，也就是我们日常生活中常用的电话网。PSTN 是基于模拟技术的电路交换网络，由于电话历史悠久，覆盖范围广，通信费用低，已经有现成的网络可利用，因此也被用于远距离数据通信。用户使用电话网进行数据通信时，可以使用普通拨号电话线或租用一条电话专线进行数据传输。使用 PSTN 实现计算机之间的数据通信是最廉价的，但由于 PSTN 线路的传输质量较差，并且带宽有限，再加上 PSTN 交换机没有存储功能，不便进行差错控制，因此 PSTN 只能用于对数据通信质量要求不高的场合。

2. 公用数据网

公用数据网 X. 25 是 20 多年前产生的一种为公众提供数据通信的公共网络。X. 25 的设计出发点是在不可靠的线路上建立一种可靠的网络通信机制。X. 25 采用分组交换技术，采用全网状的网络结构、面向连接的虚电路工作方式、差错控制和拥塞控制的控制手段，能在不可靠的网络上实现可靠的数据传输，但 X. 25 为提高可靠性而增加的各种控制措施，增加了处理时间开销，传输速度相对较低，最初的公用数据网一般只能达到几百千比特每秒的速率。

3. 帧中继网

帧中继网（Frame Relay，FR）是由X.25分组交换技术演变而来的。为了提高网络的传输速率，帧中继直接在数据链路层对帧进行转发，并省去了X.25分组交换网中的差错控制和流量控制工作，而把这两项工作留给用户端去完成。由于采用了更简单的通信协议，从而获得了更高的传输速度。FR的平均传输速率可以达到X.25的10倍，基本速率可以达到2.048 Mb/s。

4. 公用数据数字网

公用数据数字网（Digital Data Network，DDN）是一种半永久性连接。DDN采用时分复用技术，以点对点作半永久性的电路连接实现数据传输。由于采用了电路交换的专线传输方式，用户的通信数据可以直接传输，不需要做任何打包、差错控、流量控制的处理，所以可以获得很高的传输速率（2N Mb/s）。但是由于DDN只能进行点对点的通信，组网方式不够灵活，使用受到一定的限制。

5. 综合业务数字网

随着通信技术和计算机技术的发展，通信业务不仅需要传输文字、语音、数据，还要传输图形、图像等多媒体信息，为这些不同业务建设不同的通信网是很不经济的，于是研究一种能同时传输语音、数据、图形、图像等信息的网络成为当时通信网络的发展需求，综合业务数字网（Intergrated Service Digital Network，ISDN）就是在这样的背景下建立的。ISDN能实现将语音、文字、数据、视频等业务都通过一张网进行传输，所以起名为综合业务数字网。ISDN网络上的所有业务都以数字形式进行传输，用户的语音、文字、数据、视频等信息都要在终端设备端转换为数字信号才能进行传输，或者说，ISDN网络对应的终端都是数字终端。ISDN传输网内部采用电路交换、分组交换和时分多路复用技术实现各种业务数字信号的传输和交换。

6. 异步传输模式

异步传输模式（Asynchronous Transfer Mode，ATM）是一种面向连接的虚电路传输模式。ATM将数据分割成53字节固定长度的信元，采用STDM技术传送连续的信元流，通过ATM交换机按照虚连接路径进行交换，将信息从发送方传输到接收方。通过这样的方式，ATM可以支持各种网络业务的传输，是宽带综合业务数字网ISDN（B-ISDN）的技术典范。目前，传统的ATM速率可以达到155 Mb/s，现代的ATM最高的速度可以达到10 Gb/s。ATM具有很好的性能，但也存在信元首部开销太大、技术复杂、价格高昂的缺憾。

7. 光纤同步传输网

随着传输从语音、数据走向语音、数据、视频，网络对传输带宽、传输速度提出了更高的要求，光纤同步传输网（SDH）是顺应这种需要而发展起来的高速传输技术，传输速率可达155 Mb/s、622 Mb/s、2.5 Gb/s、10 Gb/s等。

SDH的中文名称为同步数字体系，是一种将复用、传输、交换技术融为一体，并由统一的网管系统操作的综合信息传输网络。SDH 具有很高的传输速度，能支持各种业传带宽要求，能很好地实现网络管理和维护，随着技术的进步，建设成本还在不断地下降，所以受到业界的普遍欢迎，是当前远程通信网络的主要技术选择。

7.2 公用交换电话网络

公共交换电话网络（PSTN）是提供语音传输的公共电话网，工作在电路交换方式，任何一个用户可以通过公用电话网与另一个用户进行语音通信。PSTN 也可以用于数据传输，用于数据传输时，通过交换在双方用户间连通一条物理通路，用户的通信数据不做任何打包、差错控制、流量控制的处理，直接以数据流方式传输到对方，是一种透明的数据传输方式。

公共交换电话网络主要是为语音通信而建立的，目前已经发展为全球最大的广域网。随着技术的发展，在 20 世纪 60 年代，PSTN 开始被应用于数据传输，目前，虽然各种专用的计算机网络和公用数据网络得到了快速的发展，提供的网络速度、服务质量越来越高，但是，PSTN 凭借着其覆盖范围广、费用低廉、每个家庭和单位都有现成的接入线路等优势，目前仍然被广泛使用。

7.2.1 电话网的基本组成

电话网主要由用户交换机、市话交换机、长话交换机及传输链路构成。市话交换机、长话交换机设在市话局，也称为端局。用户交换机主要用于企事业单位内部电话交换，其基本功能是完成单位或建筑内部分机用户之间的电路交换，实现单位内部用户的相互通话。市话交换机、长话交换机完成与外部的电路交换，实现市局、长途局间的电路交换，从而实现市话局的用户通话或长途局的用户通话。

图 7 - 9 所示是一个简单的电话网，单位 A 和单位 B 的分机用户 A 和分机用户 B 需要通话时，通过拨号连接，分机用户 A 通过本单位的用户交换机转接到本区域市话交换机 A，再通过本区域市话交换机 A 转接到单位 B 所在区域的市话交换机 B，再从市话交换机 B 转接到单位 B 的用户交换机，再通过单位 B 的用户交换机转接到分机用户 B。通过电话网的交换，使得单位 A 和单位 B 的两分机用户之间建立了一条物理通路，这样双方就可进行电话通信了。

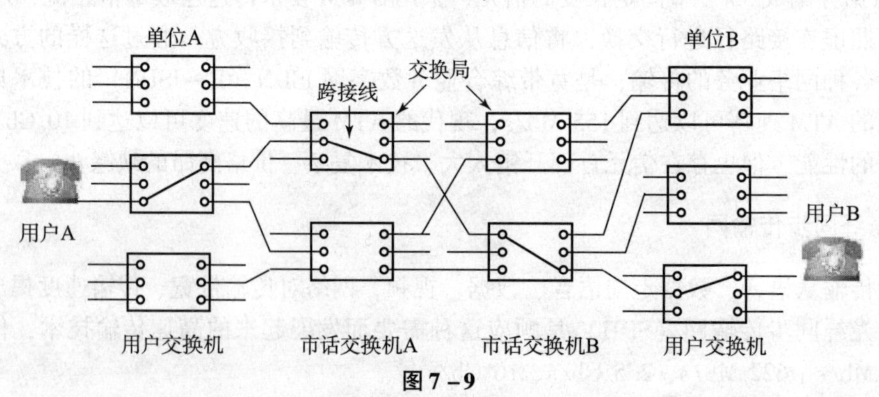

图 7 - 9

当单位内部用户分机间要进行通话时，交换仅在单位内部进行。分机用户通过单位的用户交换机的交换，在两个用户分机间建立了物理通路，然后进行通话。

电话网中使用的交换机是数字程控交换机，数字程控交换机除了实现电路交换，还有其他丰富的电话服务功能：用户交换机的内部呼叫、出局呼叫、市话局用户呼叫用户交换机分机用户、出入局呼叫限制、免打扰服务、转移呼叫、防止盗打、话费计费、专网组网、程控调度及会议电话等，能实现对用户的良好服务。

7.2.2 电话网实现数据业务

电话网络除了实现语音通信，也被用于数据通信。20 世纪 90 年代，家庭计算机用户往往借助电话网实现上网访问。在这种情况下，在用户端需要先使用调制解调器将计算机的数字信号转换成模拟信号，经电话网络传输到对端，对端再使用接入服务器上的调制解调器完成模拟信号到数字信号的转换，并通过接入服务器的代理去访问 Internet，如图 7－10 所示。

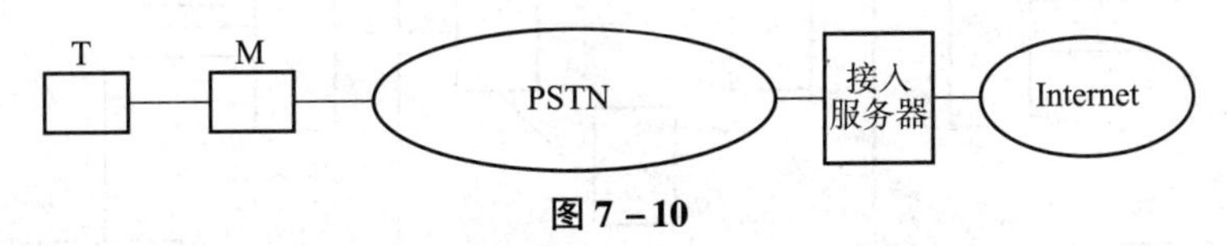

图 7－10

目前，在实际应用中仍然存在大量家庭利用电话线路访问 Internet 的情况，而现在的电话线路上网采用的不是传统的调制解调器技术，而是新一代的有线宽带接入技术——xDSL 技术。新一代电话线路上网 xDSL 技术将在后面章节进行讨论。

7.2.3 电话网的数字中继

公共交换电话网络是一个分级传输的网络，用户通信时，一般要从本地用户传输到本地端局，再经本地端局到端局间的长途局、中继局的不断转接，最终到达远端端局，再从远端端局转接到远端用户，如图 7－11 所示。

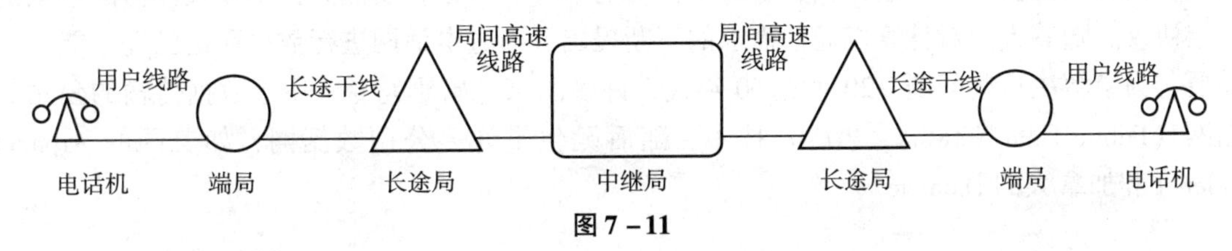

图 7－11

传统的电话网是模拟网络，但是随着网络技术的发展，电话网的整个传输已经不再单纯以模拟信号进行传输，而是采用模拟、数字混合的传输方式。

现代的 PSTN 一般在用户端到本地端局采取模拟信号传输，在端局与端局之间的中继线路采取数字交换方式进行传输，采用时分复用的高速通信网将多路电话信号实时地传输到对端。在传输过程中，用户信号在本地端局完成模拟信号到数字信号的转换，通过高速线路以数字信号形式完成端局间的传输，到达远端端局时，再由远端端局转变为模拟信号，以模拟信号形式传送给远端用户。所以，现代的电话网除了在用户端到本地端局还存在模拟系统外，其他部分已经全部变为数字系统。一个端到端的语音通信分别进行一次 A/D 转换和一次 D/A 的转换。

为了将模拟电话信号通过数字交换网传输，用户的语音信号被转换成数据信号进行传输。用户语音信号转换成数据信号是采用 PCM 技术实现的。按照前面讨论可知，一路用户语音经过数字化后，形成了 64 Kb/s 的数据信号，即一路语音信号需要 64 Kb/s 的速率进行传输。由于交换网络的数据速率一般都很高，在进行语音信号传输时，往往采用时分复用技术，同时传输多路语音信号，如一条 2.048 Mb/s 的线路可以同时传输 32 路语音信号。

图 7－12 所示是服务于计算机相互连接的电话网接入方式。当要通过电话网实现计算机的数据信息传输时，用户计算机需要经过调制解调器将本地计算机的数字信号转换为模拟信号，通过用户端的模拟线路传输到端局，通过端局的解码器转换成数字信号，送到端局之间的高速交换网络进行传输，传输到对端后，交给远端端局，再由远端端局的调制解调器还原成模拟信号，经本地端局模拟线路传送到远端计算机。

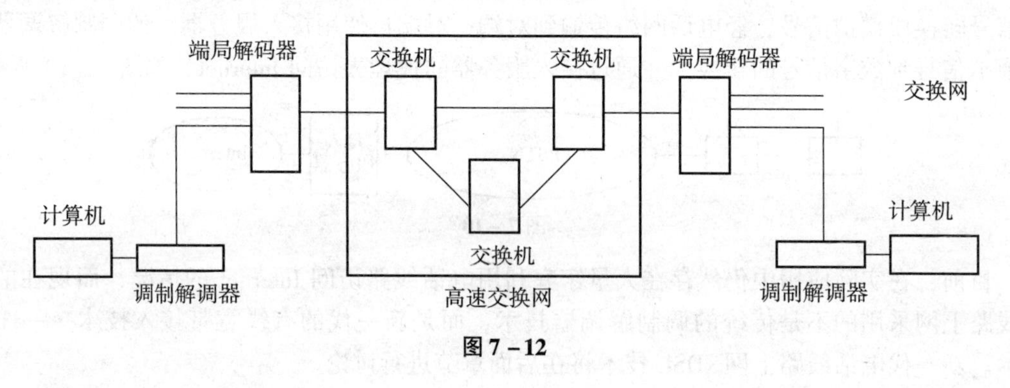

图 7－12

7.3 公用数据网

随着计算机技术的发展，通过电信通信网进行数据通信的要求越来越多。电话网作为最早的电信通信网已经有很多年的历史，但严格地说，电话网不能算作通信网，它只是为通信的计算机之间提供一条传输介质，不提供任何的信号和数据转换能力，不涉及任何的数据链路层协议。随着人们对计算机通信需求的不断提出，通过电话网进行数据通信已经不能满足需要。为了解决这些问题，20 世纪 60 年代，许多国家开始研究专门用于数据传输的公用数据网（Public Data Network，PDN）技术，随后诞生了许多公用数据网，如美国的 Arpanet Telenet 和加拿大的 Datapac。

7.3.1 交换方式

按公用数据网的交换方式，公用数据网有两种类型：电路交换数据网（Circuit Switch Data Network，CSDN）和分组交换数据网（Package Switch Data Network，PSDN）。

1. 电路交换数据网

在两台计算机开始通信之前，电路交换数据网通过呼叫为它们接通一条专用的、物理的数据传输通道。完成一次数据传输，通常需要经过建立连接、数据传输和拆除连接三个阶段。在呼叫建立连接阶段，主叫用户和被叫用户之间建立的物理信道一直保持到数据传输完毕。在数据传输期间，信道一直被两用户独自占用。拆除连接是交换机释放线路、复原的过程。电路交换数据网具有以下特点：

①存在建立连接、拆除连接的时间开销。如遇到被叫用户忙或无空闲中继线时，则要拆除部分已建立起的连接。

②不同速率、不同编码的用户不能交换通信。

③信息时延短，并且固定不变。

④连接时间长。在数据传输之前，必须先通过网络建立连接。

⑤连接信道具有固定的数据速率，所有用户设备必须以该数据速率发送数据和接收数据。

根据电路交换数据网的这些特点，通常将其用于连续的、大批量的数据传输。

2. 分组交换数据网

分组交换数据网采取存储－转发技术，它把要传送的数据分割成固定长度的分组，在分组网中传送。分组交换网整体上可以分为两部分：与用户的接口部分及内部网络部分。与用户接口部分遵循内部网络的接口协议，内部网络部分可以看成黑盒子，由网络厂商和电信部门自行定义，通常包括边界交换节点、内部交换节点和传输主干。

边界节点负责连接用户计算机。内部交换节点负责为到达的分组选择路径，将分组从源边界节点向目标边界节点传送。由于数据在内部交换节点中传送时，使用内部的数据封装格式，所以发送端的边界节点需要将用户数据封装成内部网络数据分组格式，通过内部网络进行传输。同样，到达接收端的边界节点时，再由接收端的边界节点将内部网络数据格式解封，恢复用户数据，再传给用户。传输主干连接各个内部交换节点和边界交换节点，它通常是一个快速的、高质量的数据链路。分组交换公用数据网基本结构如图7－13所示。

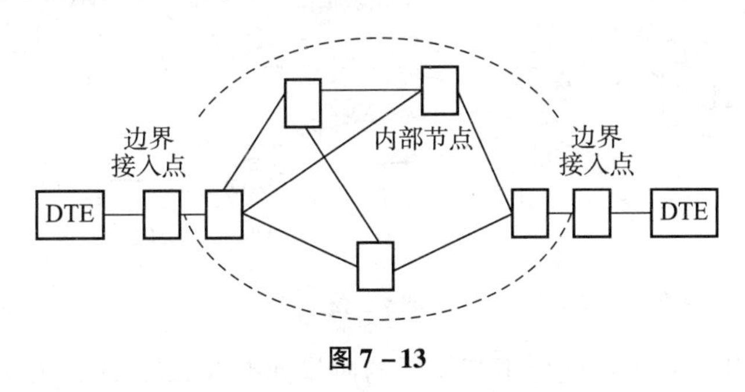

图7－13

分组交换数据网具有以下特点：

①可以采取面向连接的传输，也可采取无连接的传输，用户可以根据业务需要选择不要的传输方式。

②支持不同速率计算机间的通信。分组交换网采取存储－转发机制，用户数据到达各节点时，先存储后转发，因此可采用不同的数据传输速率进行数据传输。

③支持不同规程计算机间的通信。不同规程的用户数据都可以将边界节点转换成内部网络数据格式进行传输，因此分组交换数据网可支持不同规程计算机间的通信。

④具有较高的网络传输质量。分组交换网具有差错控制功能，用户和分组网之间、分组网内各交换节点之间，都对每一个分组进行校验，发生差错时采取措施恢复，提高了传输的

可靠性。分组交换网是网状拓扑结构，任何用户间的传输都有多条路径可达，当网络内部某个节点和链路出故障时，分组数据可以自动通过迂回路由进行传输，不会因单节点和链路故障造成通信的中断。

⑤分组交换数据网内资源利用率高。分组中的链路是被用户断续占用的，一条链路上可同时进行多个用户的数据传输，消除了电路交换中由于用户空闲造成的通信网资源的浪费。但是，分组交换数据网的这些特点是以对数据传输短暂的延迟（存储一转发延迟）为代价换来的。

一般来说，每个分组的传输延迟为数十到数百毫秒，所以分组交换网不适用于实时性要求高的场合。

7.3.2 公用数据网 X. 25

公用数据网是为公众用户提供数据通信服务的网络，是一种基于分组传输的公用数据交换网。X. 25 网络采用了面向连接的虚电路工作方式，同时采用了差错控制和拥塞控制的控制机制，能在不可靠的网络上实现可靠的数据传输。X. 25 网络内部由分组交换机和传输链路构成，用户 DTE 的设备或者局域网可以在 X. 25 网络上的任何边界上接入，实现远距离的通信。

X. 25 网络由分组传输网和分组拆装设备（Packet Assembler Disassembler，PAD）组成，终端用户（计算机、局域网等）的数据报文送到 PAD，拆成分组后送到分组传输网，分组传输网按照建立的虚电路将各分割的分组传输到目的端，再经过目的端的 PAD 组装成原来的数据报文交给目的端的终端用户，如图 7 - 14 所示。

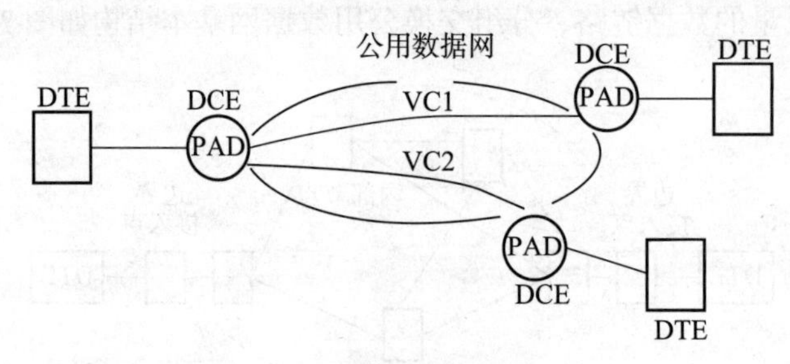

图 7 - 14

CCITT 在 1976 年制定了访问分组交换网的协议标准 X. 25，1980 年和 1984 年又对其进行了补充修正。CCITT 对 X. 25 的定义为：“在公用数据网上以分组方式工作的数据终端设备 DTE 和数据通信设备 DCE 之间的接口。” X. 25 协议标准实际上只涉及公用分组交换网的物理层、数据链路层、网络层接口规范，它并不涉及网络内部应做成什么样子。网络内部的具体情况可以由各公共分组网自己来决定，通信主机独立于公共分组交换网。

主机使用 X. 25 接口及协议，通过分组交换网进行主机间的通信。这一概念如图 7 - 15 所示。图中画的是一个 DTE 同时和两个 DTE 进行通信的情况，其中 DCE 为数据通信设备，是公共数据交换网的一个边界交换节点，也就是图 7 - 14 所示的 PAD 设备。网络中的两条虚线代表两条虚电路，图 7 - 15 中还画出了三个 DTE—DCE 接口。X. 25 规定的正是关于这一接口的标准。

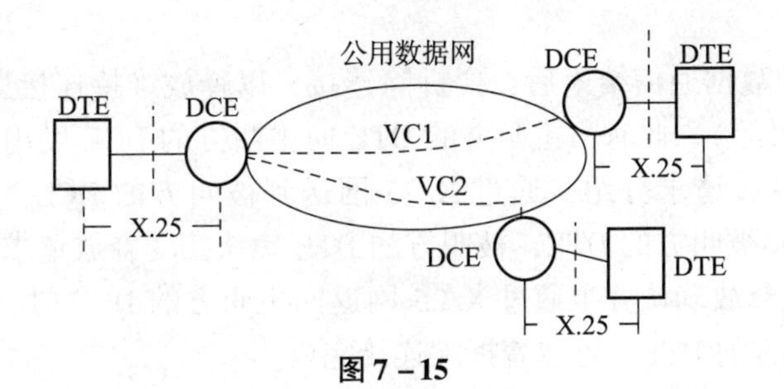

图 7 – 15

从 ISO/OSI 的分层体系结构概念来看，X. 25 实际上是与 OSI 模型的物理层、数据链路层和网络层相对应的，对应关系如图 7 – 16 所示。但在 X. 25 中，第三层不叫作网络层，而是叫作分组层，原因是它没有涉及网络层的路由选择、网际互连等问题。

分组层	X.25
数据链路层	HDLC（LAPB）
物理层	X.21

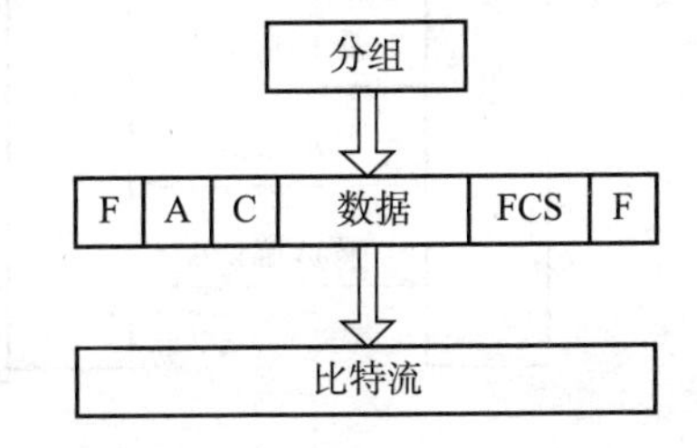

图 7 – 16

X. 25 的物理层和数据链路层没有再定义新的协议标准，而是采用原有的协议标准。在物理层使用 X. 21 协议，它定义了用户终端（主机）DTE 和网络端节点 DCE 之间的物理接口。在数据链路层规定使用 HDLC/LAPB 链路访问控制规程（HDLC/LAPB，LAPB 是 HDLC 中的异步平衡工作方式，它负责在 DTE 和 DCE 的数据链路层实体之间传送 HDLC 信息帧）。分组层是 X. 25 的最高层，提供用户终端 DTE 与分组交换网端节点 DCE 之间的分组传送、呼叫建立、数据交换、差错恢复及流量控制等功能。

7.3.3 虚电路服务

X. 25 的网络层采用虚电路传输方式。DTE 在使用 X. 25 网络传输时，需要在用户端到端间，通过公用数据网建立一条虚电路，一旦该条虚电路建立起来，后续的帧都沿着这条虚电路进行传输。在虚电路传输的整个过程，需要经过建立连接，数据传输、拆除连接三个阶段，这三个阶段的工作过程如下：

（1）建立连接

当两个 DTE 之间有数据传送时，先建立 DTE 之间的连接。主叫方 DTE 通过发送“呼叫请求”分组到主叫方的 DCE，该分组通过 X. 25 网送到被叫方的 DCE，被叫方的 DCE 通过“呼叫指示”分组送到被叫方的 DTE，如果被叫方 DTE 同意呼叫，就回送一个“呼叫接受”的分组到被叫方的 DCE，通过 X. 25 网返回主叫方的 DCE，主叫方的 DCE 通过“呼叫建立”分组送给主叫方的 DTE，主叫方的 DTE 收到该分组，意味着呼叫成功，虚电路连接已经建立。

（2）维持连接（数据传输）

建立连接完成后，开始进行数据通信，此时仍然要维持连接，直到数据通信结束。

（3）拆除连接

当两个 DTE 间的数据通信结束后，要拆除连接，以释放维持连接期间占用的各种资源（存储空间、虚电路号等）。此时，主叫方的 DTE 向主叫方的 DCE 发出“释放请求”分组，主叫方的 DCE 将该释放请求分组，通过 X. 25 网送到被叫方的 DCE，被叫方的 DCE 通过“释放指示”分组送到被叫方的 DTE，被叫方的 DTE 确认接受释放请求，发出“释放确认”到被叫方的 DCE，该释放确认分组通过 X. 25 网返回主叫方的 DCE 时，主叫方的 DCE 送出释放确认分组给主叫方的 DTE，意味着拆除连接完成。

图 7－17 为建立、维持、拆除连接的示意图。

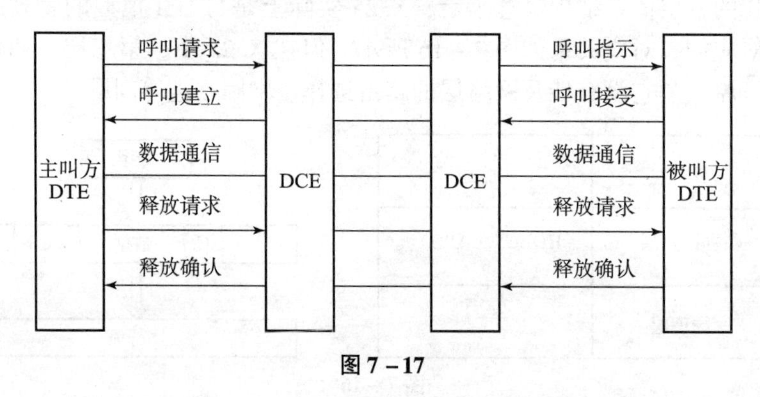

图 7－17

对于如图 7－18 所示的网络，X. 25 虚电路建立的过程如下：

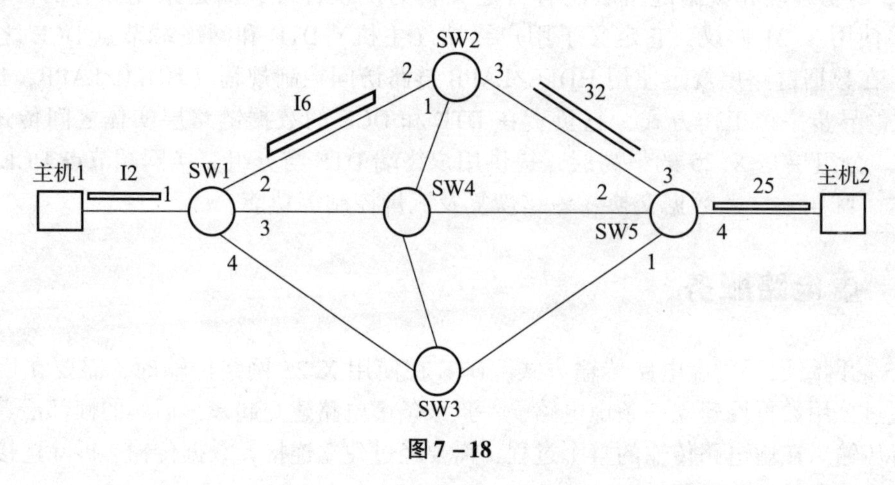

图 7－18

假设主机 1 与主机 2 通过 X. 25 网进行通信，在呼叫请求阶段发出请求分组，该请求分组的报头中有一个地址字段，该地址字段中具有发送方主机的源地址和目的主机的目的地址，该分组由主机 1 发出，经主机 1 到 SW1 之间的链路传送给 SW1，此时在该链路上新建立一条虚电路。如果原来主机 1 与其他主机的通信已经建立了若干条虚电路，此时的新建虚电路要使用还没有被使用的最小虚电路号。假设原来从主机 1 到 SW1 链路上建立的虚电路使用的虚电路号已经用到 11，则当前建立的这条虚电路使用的虚电路号应该为 12。

当该请求分组经 SW1 的端口 1 送到 SW1 后，SW1 为该分组进行路由选择，假设 SW1 为该分组选择的路径为送往 SW2。同样，在使用从 SW1 到 SW2 这条链路传输时，也要在该链路上建立一条虚电路，使用一个虚电路号，假设从 SW1 到 SW2 使用的虚电路号为 16，此时

SW1 要将选择的路径和使用的虚电路号记录在 SW1 的虚电路表中。记录的信息为：来自主机 1 的分组使用了虚电路号 12，从端口 2 转发出去，使用虚电路号为 16。

同样，该分组被转发到 SW2 时，SW2 也要为该分组选择路由，分配虚电路号。假设选择的路由为转发到 SW5，从 SW2 到 SW5 使用的虚电路号为 32，SW2 在虚电路表中记录的信息为：从端口 2 送来的分组，使用的虚电路号为 16，从端口 3 转发出去，使用虚电路号为 32。

同样，该分组被转发到 SW5 时，由于已经到达目的节点，属于本地提交，SW2 也要为从 SW5 到主机 2 的这条链路分配虚电路号。假设从 SW5 到主机 2 使用的虚电路号为 25，SW5 在虚电路表中记录了从端口 3 送来的分组，使用的虚电路号为 32，从端口 4 转发出去，使用的虚电路号为 25。

各交换机建立的虚电路信息如图 7－19 所示。

SW1

in port	in VCi	outport	out VCi
1	12	2	16

SW2

in port	in VCi	outport	out VCi
2	16	3	32

SW5

in port	in VCi	outport	out VCi
3	32	4	25

图 7－19

按照以上方式，本次通信在建立连接期间，X. 25 网络内部为本次传输建立起了一条从 SW1 到 SW2 再到 SW5 的虚电路，同时，在各交换机中为本次传输建立起了虚电路表。

在进入数据传输阶段，每个传输的分组将不再使用源主机地址和目的主机地址，而是通过使用虚电路号进行传输。使用虚电路号使得本次传输的所有分组将按照建立的这条固定的虚电路进行传输。

X. 25 采用自动请求重发方式实现差错控制。为实现差错控制，每个中间节点必须完整地接收每一个分组，并在转发之前进行检错。如果有错误发生，要求重传，直到收到正确的分组。

X. 25 采用滑动窗口机制来避免传输网拥塞。在网络开始传输时，网络层设定了一个发送窗口值，使进入网络而没有收到应答的分组被控制在一定的数量。传输过程中，如果还发生拥塞，X. 25 将自动减小发送窗口值，再度减少发送出去的分组数目，通过减少传输网中的分组数量，缓减传输网的拥塞。

X. 25 采用虚电路方式使其具有较好的扩展性。用户利用 X. 25 组网或者进行网络扩展时，只需增开虚电路，无须申请新的物理电路，既方便，又快捷。

X. 25 是面向连接的传输方式，存在建立连接、拆除连接的时间开销，由于采取了较多的差错控制和流量控制措施，也产生更多的时间开销，所以 X. 25 适用于通信业务量大、要求高可靠性的应用。

当用户需要通过 X. 25 实现两个或多个远距离的局域网互联时，可以向电信运营商申请。图 7－20 所示为局域网通过 X. 25 实现互联的情况。在这种情况下，用户的局域网通过边界路由器与 X. 25 公用数据网的接入设备 PAD 相连。此时，路由器是 DTE 设备，公用数据网的接入设备 PAD 是 DCE 设备，通过 X. 25 标准实现 DTE 与 DEC 的连接及局域网之间的数据通信。

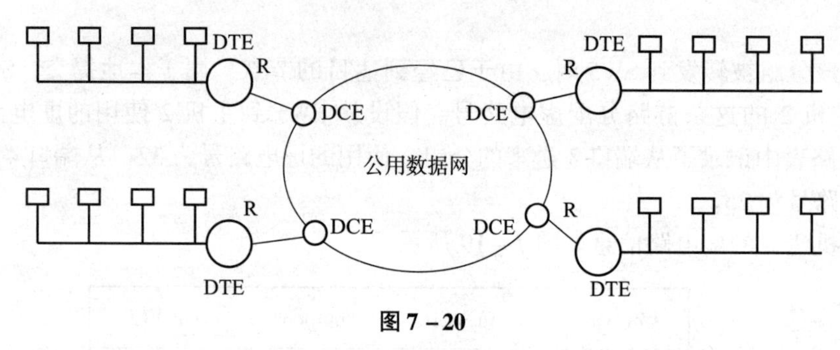

图 7－20

7.4 帧中继

帧中继（Frame Relay，FR）是由 X. 25 分组交换技术演变而来的，是基于分组交换、虚电路传输的工作方式。为了提高网络的传输速率，在传输链路质量不断提高的情况下，帧中继简化了 X. 25 分组交换网中的差错控制和流量控制功能，缩短节点对每个分组的处理时间，直接在二层完成转发传输，获得更高的传输速度、更短的传输时延，传输速率可达 1. 544～2. 048 Mb/s。由于直接在二层进行帧的转发，所以该网络称为帧中继网。

7. 4. 1 帧中继的构成

帧中继由帧中继交换机（Frame Relay Swith，FRS）和传输链路构成，用户局域网通过帧中继访问设备（Frame Relay Access Device，FRAD）接入帧中继网。连接示意如图 7－21 所示。

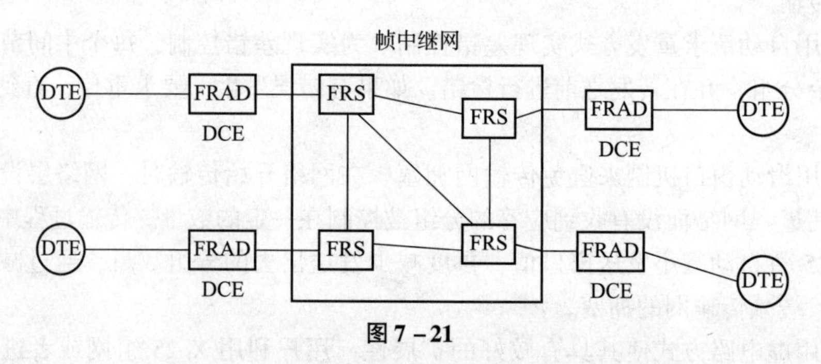

图 7－21

在帧中继网中，网间的交换是由帧中继交换机来完成的，来自多个用户的帧被复用到一条连接到帧中继网上的高速线路进行传输。通过帧中继的传输，这些帧被送到一个或多个目的站。

7.4.2 帧中继的帧格式

帧中继在二层建立虚电路，采用 HDLC 协议的子协议——LAPD 协议。LAPD 协议的帧格式如图 7－22 所示。LAPD 协议的帧格式比 X.25 的 LAPB 协议简单，由于不再进行差错控制、流量控制，它省去了控制字段，仅有帧同步字段、地址字段、信息字段和校验码字段。

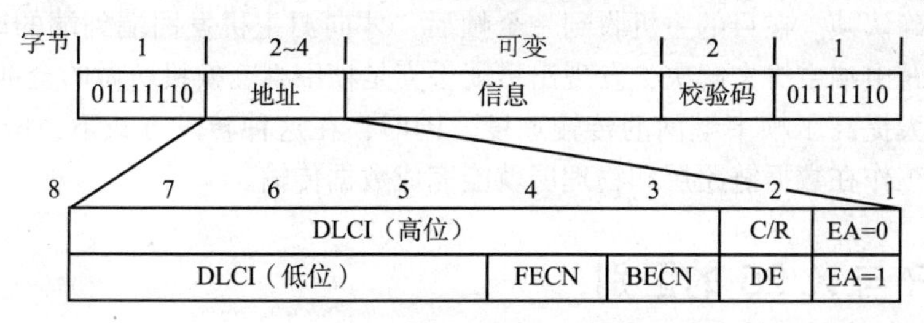

图 7－22

帧末端的两个 01111110 标志域用于帧同步。帧同步字段后面是帧中继地址字段，之后是信息字段和帧检验字段。

帧中继地址字段包含地址和拥塞控制信息。由于 FR 采用虚电路方式进行传输，地址是由数据链路连接标识符（Data Link Connection Identifier，DLCI）来实现的。不同的 DLCI 表示了不同的虚电路通道号，每个中继节点根据 DLCI 进行路由，按照建立连接阶段选择的虚电路路径进行传输。

地址扩展字段（EA）：地址扩展字段设置为 0 时，表示地址向后扩展了一个字节，即后面还有地址信息；设置为 1 时，表示当前已经是最后一个字节，帧头到此结束。

可丢失指示比特（DE）：可丢失指示比特字段用于网络的带宽管理。被标示为 DE 置“1”的帧，在网络发生拥塞时可以优先考虑丢弃；被标示为 DE 置“0”的帧，在网络发生拥塞时不能丢弃。

前向显式拥塞通知（FECN）：如果某节点交换机将转发帧的 FECN 置为 1，即表明在该帧传送的前向通路上可能发生过拥塞而导致了延迟。接收方收到该帧后，接收方可以据此调整发送方的数据速率，避免再一次发生拥塞。

后向显式拥塞通知（BECN）：如果某节点交换机将转发帧的 BECN 置为 1，即表明在该帧传送的相反方向的通路上可能发生过拥塞而导致了延迟。接收方可以据此调整数据速率，避免再一次发生拥塞。

可以看出 FECN 置为 1 时，调整发送方速率；BECN 置位为 1 时，调整接收方速率。通信时，帧中继的两个通信主机间已经建立了一条双向通信的连接，当两个方向都没有拥塞发生时，则双向的 FECN 和 BECN 都设为“0”；当两个方向都发生拥塞时，则双向的 FECN 和 BECN 都设为“1”。

当 A 到 B 拥塞，而 B 到 A 不拥塞时，则 A 到 B 的帧设为 FECN＝1、BECN＝0，同时，B 到 A 的帧设为 FECN＝0、BECN＝1；反之，当 A 到 B 无拥塞，而 B 到 A 拥塞时，则 A 到 B 的帧设为 FECN＝0、BECN＝1，同时，B 到 A 的帧设为 FECN＝1、BECN＝0。

信息字段（Information）：信息字段包含的是用户数据，可以是任意的比特序列，它的长度必须是整个字节。帧中继信息字段长度可变，可达 1 600 字节，适合于封装局域网数据单元。

帧检验序列 FCS 用于帧的 CRC 校验，共占 2 字节，如果帧在传输过程中出现了差错，就被丢弃。

帧格式中同样存在帧校验，但仅用来检查传输中的错误，以检测链路的差错情况。当发现出错帧时，就将它丢弃，而不必通知源主机要求重传。

帧中继的交换节点在转发帧时，只要完整地接收了目的地址，就进行转发，中间节点只转发帧，不发确认帧。在目的主机收到一个帧后，才向源主机发回端到端的确认，帧丢弃、组织重传的问题由端主机去解决，发现出错就丢弃是帧中继交换机所做的全部检错工作，这种处理方式大大提高了帧中继网的传输速度。同时，在这种转发方式下，网络层是不需要的，帧中继只工作在数据链路层和物理层就能完成数据传输。

7.4.3 FR 与 X.25 的区别

帧中继实质上也是采用分组交换的虚电路技术，只不过它将 X.25 分组中交换机之间的恢复差错、防止拥塞的处理过程进行了简化。由于传输技术的发展，通信线路质量不断提升，链路传输误码率大大降低，通信的差错恢复机制显得过于烦琐，帧中继将帧通信的三层协议简化为两层，将差错控制、流量控制及其他各层的功能都交由通信主机完成，大大缩短了处理时间，提高了效率，实现了轻载协议的网络。

X.25 数据链路层采用 LAPB（平衡链路访问规程），帧中继数据链路层规程采用 LAPD（D 信道链路访问规程），它们都是 HDLC 的子集。

X.25 存在三层的处理，帧中继不需要进行第三层的处理，它能够让帧在每个交换机中直接通过。X.25 中，一个节点将一个完整的帧接收下来后，要先进行差错检测，然后才开始转发，并且还需要向发送节点发确认。在帧中继中，每个节点收到帧的帧头，获得了地址就开始转发，帧中继采用的是边收边转发，即交换机在帧的尾部还未收到之前就开始转发给下一个交换机，这种边收边转发的工作方式让帧中继大大提高了转发速率。

帧中继采用了有限的差错控制。帧中继的帧格式中仍然存在校验码，每个节点对收到的帧仍然进行校验，但是当校验发现出错时，并不要求重发，而是立即中止该传输，由于此时该帧已经转发出去，差错处理的方式是由该节点将中止传输的指示告知下一节点，下一节点收到该指示后，立即中止该系列帧的传输，将其丢弃，发生错误的帧最终由源端和目的端来做重发处理。

X.25 采用节点到节点的流量控制方式，而帧中继采用端到端的流量控制方式，在发生拥塞时，帧中继通过前向显式拥塞通知（FECN）和后向显式拥塞通知（BECN），通知发送方和接收方，调整传输数据速率，实现了流量控制，这种端到端的流量控制方式，减少了流量控制处理时间开销。

正是因为每个节点处理工作的减少，给帧中继带来了明显的效果，使帧中继有较高的吞吐量，能够达到较高的传输速率和较小的传输时延。

7.4.4 虚电路服务

帧中继提供的虚电路服务也分为交换虚电路（SVC）和永久虚电路（PVC）两种。但应用得较多的还是永久虚电路服务，因为帧中继的应用一般为企事业单位向电信部门租用，以实现企事业单位远程局域网的互联，这种互联一旦连接建立起来，是不需要拆除的，所以采用永久虚电路服务。图 7－23 所示为局域网通过帧中继实现互联的例子。

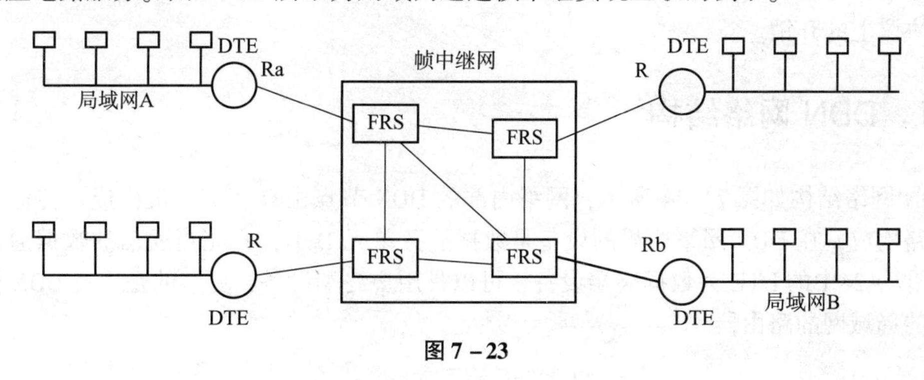

图 7－23

在如图 7－23 所示的例子中，单位的局域网通过出口路由器 R 与帧中继网相连，此时，帧中继网中与路由器直接连接的帧中继交换机 FRS 相当于 DCE，而用于将局域网接入帧中继网的路由器 R 相当于 DTE。

当局域网 A 中的计算机要与局域网 B 中的计算机进行通信时，具体过程如下：

在网络连接完成后，帧中继网在建立连接阶段建立了从局域网 A 到局域网 B 的永久虚电路（为每段链路分配了虚电路通道号，在各节点交换机上建立了虚电路表）。

数据发送时，路由器 Ra 首先接收到局域网 A 上的源计算机发过来的数据帧（MAC 帧），Ra 去掉该帧的头部、尾部，解封为 IP 数据分组交给路由器做路由处理，路由器查找路由表找到帧中继网相连的转发接口准备送往帧中继网。

由于局域网 A 与帧中继网属于不同的网络，路由器 Ra 还需实现协议转换，路由器 Ra 将该 IP 数据包按照帧中继帧格式进行封装，并在封装的帧中填写了相应的虚电路号，然后从转发接口转发给帧中继网中与局域网相连的帧中继交换机。

帧中继交换机发现一个帧到来，就按照数据帧的虚电路号及 FRS 上的虚电路表对该帧进行转发。经过逐节点的转发，最终该帧到达路由器 Rb。路由器 Rb 在收到帧中继网送来的帧后，完成校验处理，去除帧头、帧尾，恢复 IP 数据包，交去做路由处理。路由器查找路由表，找到与局域网 B 相连的转发端口，将该数据分组送到数据链路层封装成局域网 B 的帧格式，从该端口转发出去，该数据帧到达局域网 B，通过局域网 B 将该数据帧交给目的计算机。

7.5 公用数字数据网

公用数字数据网（Digital Data Network，DDN），是利用数字信道传输数据的传输网。DDN 通过光缆和高速路由交换机组成数字电路，构成一个传输速率高、延迟小的数字传输网络。DDN 基于同步时分复用、电路交换技术，为用户提供语音、数据、图像信号的传输服务。

DDN 采用时分复用技术将多种信息汇聚到高速链路进行传输，采用交叉连接技术构成传输通路，可根据用户需要，在约定的时间接通所需带宽的线路，信道的容量分配和持续时间设置在计算机控制下进行，具有极大的灵活性。

DDN 是透明传输网，它仅为各类数据用户提供一个数字信道，不对用户数据做任何改动，也没有封装数据的过程。DDN 网络在用户端通过用户设备来完成协议的转换，所以支持任何通信协议，使用何种协议由用户决定（如 X.25 或帧中继），资源利用上没有额外的交换及协议上的开销。

7.5.1 DDN 网络结构

DDN 网络结构如图 7-24 所示，网络内部的 DDN 节点由高速交换机构成，传输链路由光纤链路构成，在 DDN 网络边界的设备是数据业务单元 DSU，它充当通信的数据通信设备 DCE，图7-24中的 DTE 为数据终端设备，可以是用户终端设备，更多的是通过 DDN 网络实现互联的局域网的路由器。

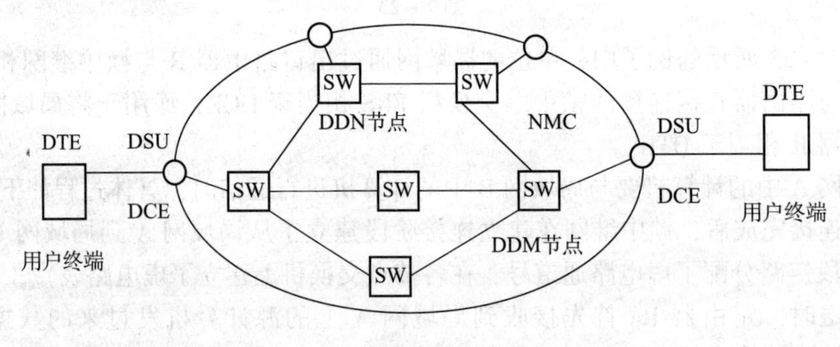

图 7-24

DDN 网络的各个部分功能如下。

数据业务单元 DSU：DSU 实现将 DTE 接入 DDN。DSU 一般可以是调制解调器或基带传输设备，以及时分复用、语音/数据复用等设备。

网管中心 NMC：DDN 的用户的通信信道构成、容量分配和持续时间通过 NMC 进行管理，NMC 可以方便地进行网络结构和业务的配置，实时地监视网络运行情况，进行网络信息、网络告警、线路利用情况等收集统计报告。

DDN 节点：DDN 节点由高速路由交换机构成，采用交叉连接技术构成传输通路，实现路由和转发功能。交叉连接是指在节点内部对具有相同速率的支路通过交叉连接矩阵实现交叉接通的过程。

DDN 节点可以有骨干节点、接入节点、用户节点几种类型。骨干节点实现 DDN 网络骨干交换，接入节点为各种 DDN 业务提供接入功能，用户节点为 DDN 用户提供接入网络的接口，并进行必要的协议转换。

高速光纤链路实现各节点的互联传输链路，为 DDN 网络提供高速数据传输通路。

7.5.2 DDN 的特性

DDN 可以视为一条高带宽、高质量数字专用通道。

DDN 线路的传输速率可以根据用户需求申请改变，DDN 增加了控制算法，可以通过软件方式控制网络带宽和分配流量。

DDN 采取了热冗余备用技术和路由故障自动迂回功能，使电路安全可靠。

DDN 采用多路复用技术将多个低速线路复用到高速线路上传输，如将多个小于 64 Kb/s 的信道复用到 64 Kb/s 的信道上传输，将多个 64 Kb/s 的信道复用到 2 048 Kb/s 的线路上传输。

DDN 可向用户提供 2.4 Kb/s、4.8 Kb/s、9.6 Kb/s、19.2 Kb/s、N * 64 Kb/s（N = 1 ~ 32）及 2 048 Kb/s（E1）速率的全透明的专用电路。

DDN 向用户提供永久性和半永久性连接两种数字数据传输信道。永久性连接的数字数据传输信道是指用户间建立固定连接，传输速率不变的独占带宽电路。

独享线路资源、信道专用是永久性连接 DDN 的特点。即通过 DDN 的交叉连接的电路交换方式，在网络内为用户提供一条固定的，由用户独自完全占有的数字电路物理通道。无论用户是否在传送数据，该通道始终为用户独享，除非网管删除此条用户电路。半永久性连接的数字数据传输信道是指用户间建立临时连接，传输结束就收回的数字传输信道的方式。

DDN 的主要业务是向用户提供点到点的数字专用电路，永久性连接和半永久性连接都是电信经营商向广大用户提供了灵活方便的数字电路出租业务，供各行业构成自己的专用网。

7.6 综合业务数字网

7.6.1 ISDN 概述

在通信网发展初期，不同的通信网络提供不同的通信业务服务，如电话网提供语音传输服务，电报网提供文字传输服务，数据网提供数据传输服务。而随着通信技术和计算机技术的发展，通信业务已经不仅仅需要传输文字、语音、数据，还需要传输图形、图像等多媒体信息，为这些不同业务建设不同的通信网是很不经济的，于是研究一种能同时传输语音、数据、图形、图像等信息的网络成为当时通信网络的发展需求，综合业务数字网（Integrated Service Digital Network，ISDN）就是在这样的背景下出台的。ISDN 能将语音、数据、图形、图像等综合业务都在一个网络中进行传输，它的接入、传输系统都采用了数字系统，所以起名为综合业务数字网。

自 1984 年起，美、英、法等国先后建立了 ISDN 实验网，在此基础上，CCITT 1988 年提出了有关 ISDN 的一系列建议，详细规定了 ISDN 技术标准，并于 1988 年开始商用化。我国也在 90 年代后期建成了 ISDN 网络，1996 年正式向用户提供 ISDN 业务。

ISDN 又细分为窄带 ISDN（Narrow band Integrated Service Digital Network）和宽带 ISDN（Braod band Integrated Service Digital Network）。窄带 ISDN 简称为 N - ISDN，宽带 ISDN 简称为 B - ISDN。N - ISDN 是第一代 ISDN，只能提供 2 Mb/s 以下的传输业务，B - ISDN 是第二代 ISDN，带宽达到 155 Mb/s，甚至更高的速率，能支持各种高带宽的传输业务。

7.6.2 ISDN 体系结构

1988 年，CCITT 给出了 ISDN 的定义：“ISDN 是由综合数字电话网发展起来的一个网络，它提供端到端的数字连接以支持广泛的服务，包括声音的和非声音的，用户的访问是通过有线的多用途的用户接口标准来实现的。”按照 ISDN 技术标准，用户只需使用一根用户数字电话线路就可将不同的业务接入 ISDN 网，按照统一的规程进行通信，该业务在我国又被称为“一线通业务”。

ISDN 是一个数字网，用户的所有业务都以数字形式进行传输和交换，用户的语音、文字、数据等信息都要在终端设备端转换为数字信号才能进行传输，或者说 ISDN 网络对应的终端都是数字终端。传输网内部采用电路交换、分组交换和时分多路复用技术实现各种业务数字信号的传输和交换。

CCITT 向用户提供了用户与网络间的标准接口，所有 ISDN 业务终端都通过该接口接入 ISDN 网络，该接口是用户设备和传输设备之间传送比特流的通信信道，也被称为“数字管道”，比喻通信信道像自来水管一样接入用户室内，提供比特流传输服务。数字管道采用时分多路复用技术将信道复用成多个独立的子通道，供不同的业务进行通信使用。

ISDN 的系统连接如图 7－25 所示，用户通过网络终端连接器接入 ISDN 网络，CCITT 定义了两种网络终端连接器：NT1 和 NT2。家庭和小型办公室 ISDN 使用第一类网络终端连接器 NT1 接入 ISDN 网络。NT1 安装在用户室内，利用数字电话线与 ISDN 传输网的交换机相连，连到 NT1 的 ISDN 终端可多达 8 个，如数字电话、数字传真机、计算机等，NT1 以总线方式进行终端的连接，通过争用总线，决定哪个设备使用总线进行传输。

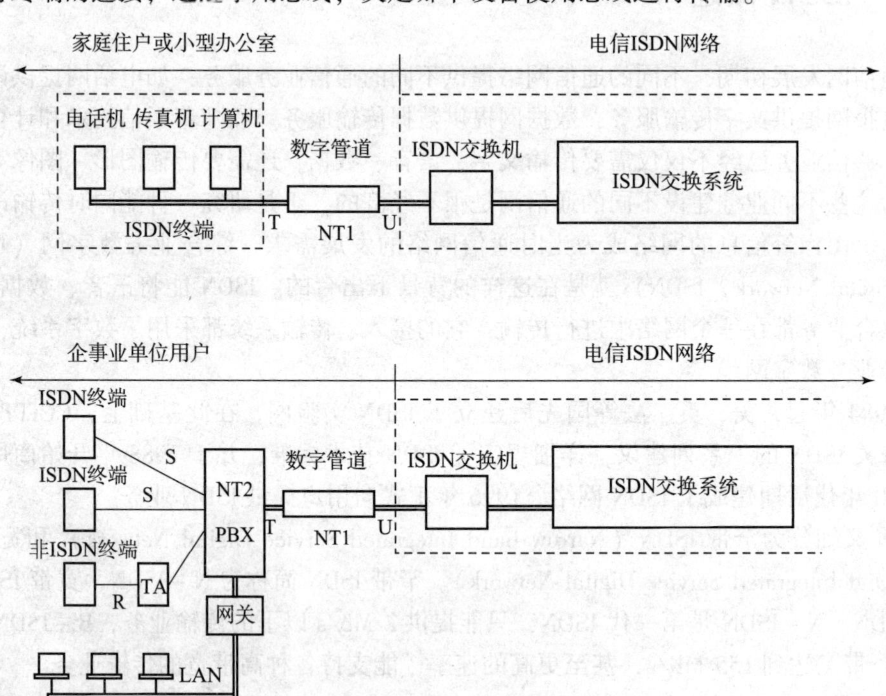

图 7－25

当用户拥有较多的数字终端设备时，NT1 就不适合使用，用户需要使用第二类网络终端连接器 NT2。NT2 是 ISDN 专用小型交换机（Private Branch Exchange，PBX），用户多个数字终端设备通过 NT2 设备的交换将需要通信的终端设备转接到 NT1，实现接入 ISDN 网络。

CCITT 对各种设备定义了 4 类参考点，分别为 R、S、T、U。参考点 U 连接 ISDN 交换系统和 NT1，目前采用铜缆实现连接；参考点 T 是 NT1 提供给用户的连接点；参考点 S 是 ISDN 的 CBX 和 ISDN 终端的接口；参考点 R 用于连接终端适配器 TA 和非 ISDN 终端。

7.6.3 ISDN 接口标准

CCITT 定义了两种接口标准：一种是基本速率接口（Basic Rate Interface，BRI），一种是一次群速率接口（Primary Rate Interface，PRI）。如图 7－26 所示。

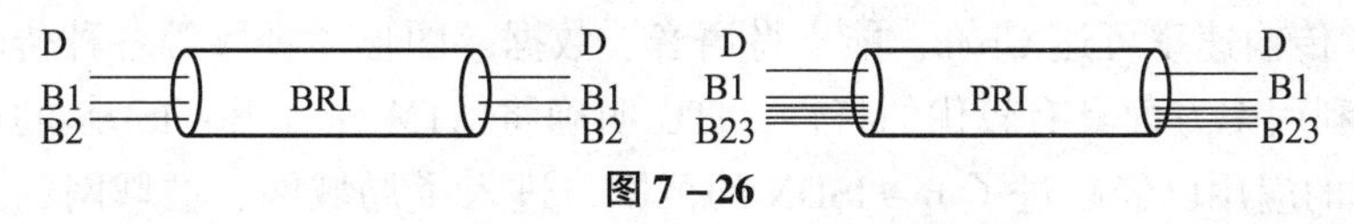

图 7－26

基本速率接口 BRI 提供两个带宽为 64 Kb/s 的 B 信道和一个带宽为 16 Kb/s 的 D 信道，即提供 2B＋D 的数字管道。两个 B 信道一个可以用于语音通信，一个用于数据通信。一个 D 通道提供传输带外信令。基本速率接口 BRI 主要用于家庭和小型办公室。

ISDN 采用同步传输模式（Synchronous Transfer Mode，STM）进行传输，定义了比特流的格式和复用的方法。在同步传输模式中，系统为传输的信息分配固定的时隙，传输的信息在分配的时隙到来时，使用信道进行传输。

BRI 时分复用的帧格式如图 7－27 所示。每个帧 48 比特，每秒钟发 4 000 个帧，即 256 μs一帧，即线路速率为 192 Kb/s，由于每个帧中有 2 个 B1 时隙、2 个 B2 时隙、4 个 D 时隙，数据速率为 144 Kb/s。

1	1	8	1	1	1	1	1	8	1	1	1	8	1	1	1	8	1	1	1
F	L	B1	E	D	A	F	F	B2	E	D	S	B1	E	D	S	B2	E	D	S

F:帧标志位　L:直流负载平衡位　E:总线争用位　D:D信道
A:设备激活位　S:备用位　B1:第一B信道　B2:第二B信道

图 7－27

一次群速率接口 PRI 提供 23 个带宽为 64 Kb/s 的 B 通道和一个带宽为 64 Kb/s 的 D 信道，即提供 23B＋D（北美、日本标准）的数字管道，或者 30B＋D（欧洲标准）的数字管道。其中 23B＋D 与 1.544 Mb/s 线路对应，30B＋D 与 2.048 Mb/s 线路对应。同样，当用户使用 PRI 时，可以使用 B 信道完成数据传输，使用 D 信道完成信令传输。一次群速率接口 PRI 主要用于大型企事业单位的大容量的系统。

ISDN 出现后，在一些国家得到应用，但是 ISDN 自始至终没有在美国的电话网络上得到广泛应用，现在 ISDN 已经是一种过时的技术。作为数据连接服务，ISDN 事实上已经被 xDSL 技术淘汰。

7.7 ATM 网络

异步传输模式（Asynchronous Transfer Mode，ATM）是一种全新的交换技术，它功能强大、性能优越，为宽带综合业务数字网 B－ISDN 提供了一种高速传输和交换模式，是电话交换网络和分组交换网络之后的新一代交换网络，是高速传输网采用的主要技术。

随着社会的发展，一些新的业务如多媒体业务，如数字电视、高清电视等业务相继出现，对网络传输速率提出了更高的要求，N－ISDN 只有 1.544 Mb/s 和 2.048 Mb/s 的速率，已经不能胜任这些业务的要求。于是第二代 ISDN，即宽带综合业务数字网 B－ISDN 就提出来了。

B－ISDN 要求更高的传输速率，支持更多的传输业务，支持不同速率的通信业务。而第一代的 N－ISDN 采用同步传输模式（Synchronous Transfer Mode，STM），是不能满足 B－ISDN 的传输要求的，B－ISDN 必须在交换模式上进行革新，采用崭新的技术，这种技术就是异步传输模式（Asynchronous Transfer Mode，ATM）。

由于 ATM 传输速率可达 Gb/s，能支持语音、数据、图形、视频等各种传输业务，在交换速率和信道利用率方面具有较优的特性，ITU 明确将 ATM 作为 B－ISDN 的传输模式。目前，ATM 技术的应用已经超过了 B－ISDN 的范围，进入了局域网、城域网，并且获得了极大的成功，现在一般把 ATM 技术的网络统称为 ATM 网，把 B－ISDN 看成是广域的光纤 ATM 网。

7.7.1 ATM 的基本概念

异步传输模式（Asynchronous Transfer Mode，ATM）是一种结合电路交换和分组交换、基于信元的交换和复用的技术，为网络提供了一种通用的，适用于不同业务、不同传输速率要求的传输模式。

与以太网、X.25、FR 网络等使用可变长度包交换技术不同，ATM 使用 53 字节固定长度的单元进行交换。这种特殊的分组交换技术使得它具有很小的传输延时，非常适合音频和视频数据的传输。

ATM 技术将各种业务数据分割成短小固定长度的数据分组，在分割的数据分组前加上相关控制信息构成 53 字节的短小交换单元（称为信元），发送方采用统计时分多路复用——STDM 技术将各种业务的信元复用到高速链路上进行传输，从一个节点转发到另外一个节点，最终到达接收方，接收方将收到的信元组装恢复成原来的业务数据，交给高层。

ATM 能支持不同速率的各种业务，ATM 采用统计时分复用——STDM 技术，系统根据业务类型对传输速率提出的需要，为各种业务建立逻辑信道，为每一个逻辑信道分配一个或几个固定时隙，允许不同的终端在有足够位（一个信元单位）的信息时就去使用信道，从而灵活地获得带宽。当传输结束后，这些时隙将会分配给其他传输。

ATM 网采用面向连接的虚电路网络技术。在进行数据通信时，ATM 首先将所需要传输的数据分割成固定长度（53 字节）的“信元”（Cell），然后通过建立虚通道（Virtual Path）与虚信道（Virtual Channel），在信息发送方与接收方之间构成一条虚电路，实现高速信息交换。

ATM 采用复用技术在高速线路上实现多种语音、数据、视频等多种业务数据的传输，将来自不同业务的信息流适配成长度固定的信息元，汇聚到交换节点的缓冲器内排队，队列中的信元根据到达的先后按优先等级逐个输出到传输线路上，形成首尾相接的信元流。具有同样标志的信元在传输线上并不对应着某个固定的时隙，也不是按周期出现的，这种传输模式就是异步传输模式。

ATM 技术还通过简化交换过程，将 OSI 第三层的纠错、流量控制功能转移到用户终端去完成，降低了网络时延，获得了较高的交换速度。

7.7.2 ATM 网络结构

ATM 网络由 ATM 端点、ATM 交换机及传输链路构成，如图 7－28 所示。其中 ATM 端点是 ATM 网络中的用户终端设备，ATM 端点在网络中的作用是将数据划分成 53 个字节的信元传送给 ATM 交换机，另外，通过网络接收 ATM 交换机中的信元，ATM 端点实际就是由计算机终端加上 ATM 网卡构成。ATM 交换机是一个高速交换机，它的构成与以太网交换机类似，主要由高速交换矩阵、高速端口和相应的缓存构成。

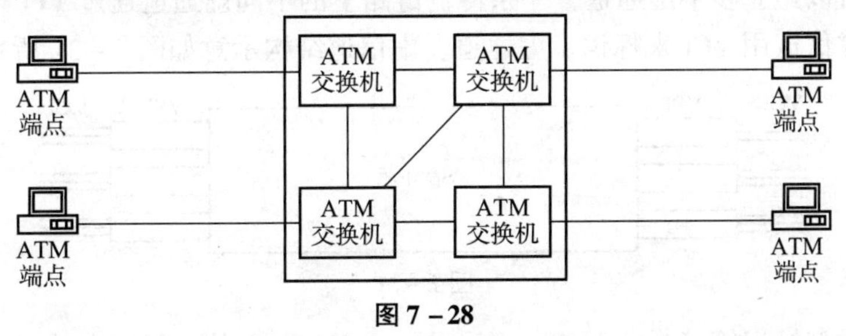

图 7－28

ATM 网络由物理介质相关层（Physical Medium Dependent，PMD）、传输汇聚子层（Transmission Convergence，TC）和 ATM 层构成。

ATM 网络由物理层提供比特流传输、编码、解码。ATM 的物理介质相关层与传输介质密切相关，定义了使用光纤传输的物理层标准。传输汇聚子层类似于数据链路层，在发送方主要完成将数据按照信元长度分割数据，并将分割的数据封装成帧，将其复用到高速线路上传输，在接收方完成解封恢复数据，并完成分用，将数据提交给高层。ATM 层类似于网络层功能，主要完成选择建立虚电路，为到达的每个数据帧进行路由转发，使之最终到达目的端。

ATM 传输线路采用高速数据链路，典型的链路数据速率为 155 Mb/s，按照每个信元为 53 字节计算，则 ATM 链路上大约每秒有 360 000 个信元。ATM 通过时隙分配将各种业务都合成在高速线路上传输，所以 ATM 网络能支持语音、数据、视频等各种业务的传输。

7.7.3 ATM 信元结构

ATM 的信元是固定长度的帧，共有 53 个字节，分为信头和数据段两部分。ATM 信元前面 5 个字节为信头，用于传输寻址和控制，后面的 48 个字节为数据段，用来装载来自不同用户、不同业务的数据。ATM 信元格式如图 7－29 所示。

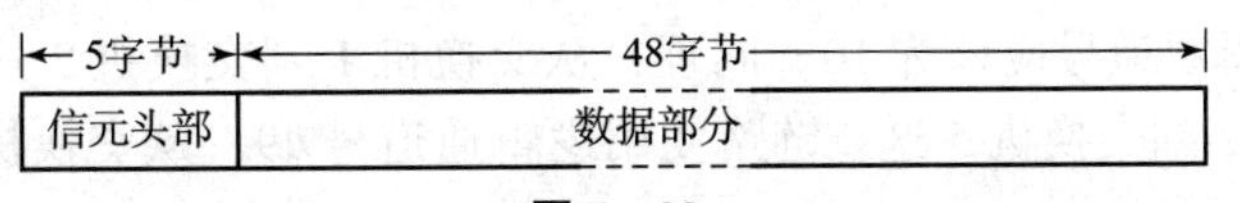

图 7－29

ATM 信元的信头部分如图 7－30 所示，各部分含义如下：

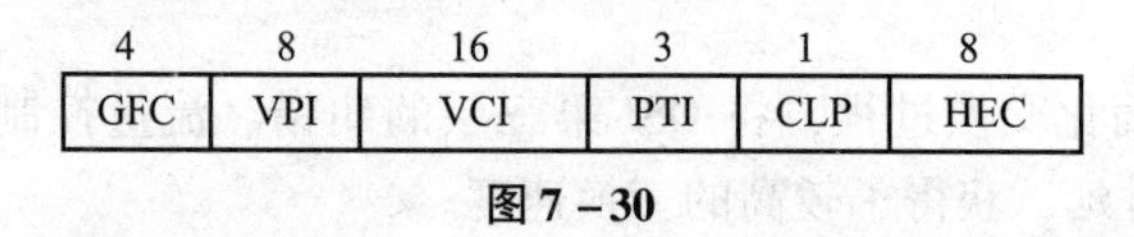

图 7－30

总体流量控制位（General Flow Control，GFC）：用 4 位表示，主机和 ATM 网络连接情况下该位才使用。该位用于控制主机送入网络的流量，以避免网络过载。

虚通道标识符（Virtual Path Identifier，VPI）：用 8 位表示，虚通道号用于标识传输建立的虚电路逻辑通道。虚通道号用 8 位表示，一共可以标识 256 个虚通道。

虚信道信道符（Virtual Channel Identifier，VCI）：用 16 位表示，虚信道号用于标识在一条虚通道中建立的不同虚信道。虚信道号用 16 位表示，一共可以标识 65 536 个虚信道。

在 ATM 传输的是信元，将多个虚信道（VCI）捆绑在一起形成一个虚通道（VPI），一条传输链路上可以建立多个虚通道，一条传输链路上的不同虚通道通过 VPI 来标识，一个虚通道中的不同虚信道用 VCI 来标识。虚通道、虚信道结构示意如图 7－31 所示。

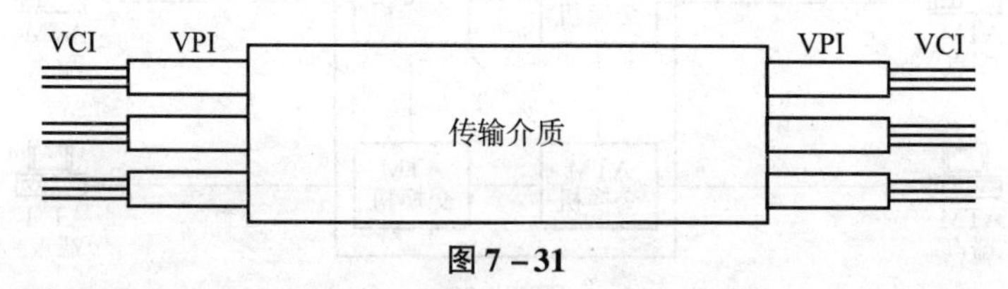

图 7－31

有效载荷类型标识符（Payload Type Identifier，PTI）：3 位，标识有效载荷区域内的数据类型，3 位可以标识 8 种类型，其中 4 种为用户数据信息类型，3 种为网络管理信息，还有 1 种没有定义。

信元丢失优先级（Cell Loss Priority，CLP）：1 位，用于标示信息的优先级，当该位被置为 1 时，表示网络出现拥塞时，可以优先丢弃该信元。

信头差错校验（Head Error Calibration，HEC）：8 位，用于对信头部分进行差错校验。

7.7.4 ATM 的传输

ATM 提供采用面向连接传输服务，ATM 用“信元交换”来替代“分组交换”，用虚电路号作为寻址标识符，当用户需要传输数据时，首先向目的站点提出建立虚连接的请求，当该请求被满足时，则建立起一条虚电路连接，发送方就可以通过这条虚电路将数据发送到接收方。当数据经过交换节点时，要进行虚电路号交换，信元中的虚电路号被赋予新值，然后继续向前传输，直至到达目的站点。数据传输结束后，虚连接被拆除。

在如图 7－32 所示网络拓扑中，主机 1 和主机 2 要进行通信，在建立连接阶段，建立了从主机 1—交换机 1—交换机 2—交换机 5—主机 2 的一条虚电路。

虚电路表的建立过程如下：

在主机到交换机 1 的路径中，由于之前该条链路已经使用过逻辑通道号 9，现在建立这条虚电路选择的逻辑通道号应该为 10。同理，从交换机 1 到交换机 2 这条链路使用逻辑通道号 19，从交换机 2 到交换机 5 这条链路使用逻辑通道号 49，从交换机 5 到主机 2 这条链路使用逻辑通道号 8。

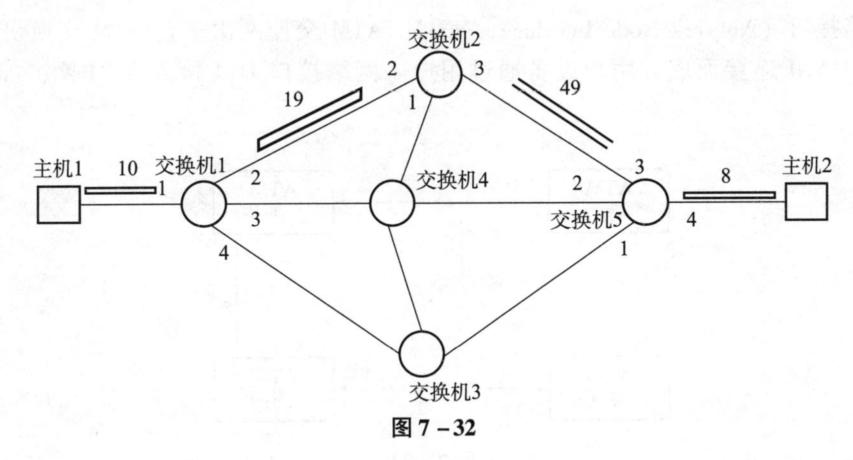

图 7－32

在传输过程中，当数据信元从主机 1 传输到交换机 1 时，从主机发送出来的信元中的地址的虚电路通道号为 10，当该信元到达交换机 1 时，从交换机 1 的虚电路表中，可以得到，来自主机 1、虚电路通道号为 10 的信元应该从端口 2 送出，送往交换机 2，同时，交换机 1 还需要将该信元的虚电路通道号换为 19。

同样，当该信元到达交换机 2 时，从交换机 2 的虚电路表中可以得到，来自交换机 1、虚电路通道号为 19 的信元应该从端口 3 送出，送往交换机 5，同时，交换机 2 还需要将该信元的虚电路通道号换为 49。

当该信元到达交换机 5 时，从交换机 5 的虚电路表中可以得到，来自交换机 2、虚电路通道号为 49 的信元应该从端口 4 送出，送往主机 2，同时，交换机 5 还需要将该信元的虚电路通道号换为 8。

按照这样的方式，从主机 1 发出的数据必然沿着在建立连接时选择的这条虚电路的路径传输到主机 2。在各个交换机上建立的虚电路表如图 7－33 所示。

交换机 1

in port	in VCi	outport	out VCi
1	10	2	19

交换机 2

in port	in VCi	outport	out VCi
2	19	3	49

交换机 5

in port	in VCi	outport	out VCi
3	49	4	8

图 7－33

7.7.5 ATM 的接口

在 ATM 网络中存在两种接口：用户－网络接口（User Network Interface，UNI）和网络接口－网络接口（Network Node Interface，NNI）。ATM 交换网由多台 ATM 交换机通过链路和网络接口 NNI 连接而成，用户设备通过用户－网络接口 UNI 接入 ATM 网，如图 7－34 所示。

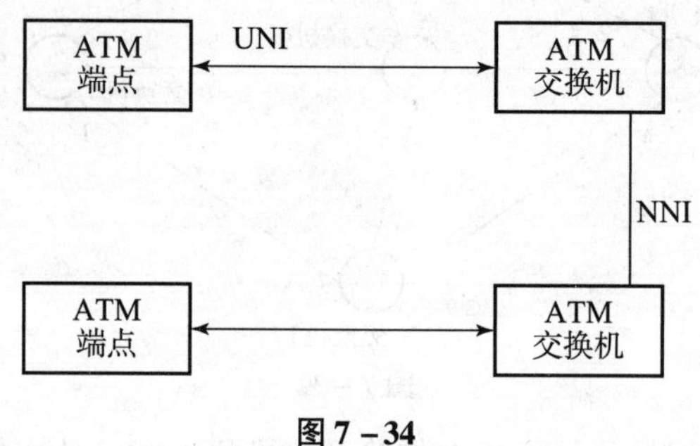

图 7－34

异步时分复用使 ATM 具有很大的灵活性，任何业务都按实际信息量来占用资源，使网络资源得到最大限度的利用。此外，不论业务源的性质有多么不同（如速率高低、突发性大小、质量和实时性要求如何），网络都按同样的模式来处理，真正做到完全的业务综合。

最早的 ATM 网可以实现 155 Mb/s 的速率，随着技术大发展，ATM 传输速率不断提高，发展到 622 Mb/s，目前 ATM 网已经可以支持 2.4 Gbp、10 Gb/s 的传输速率。

7.8 同步数字系列

在 20 世纪 70—80 年代，陆续出现了 T1（DS1）/E1 载波系统（1.544/2.048 Mb/s）、X.25、帧中继、DDN（综合业务数字网）和 FDDI（光纤分布式数据接口）等多种网络技术。随着信息社会的到来，人们希望现代信息传输网络能快速、经济、有效地提供各种电路和业务，而上述网络技术由于其业务的单调性、扩展的复杂性、带宽的局限性，仅在原有框架内进行修改已经无法满足高速传输的要求，更无法承担起电信网络传输重任。同时，由于历史的原因，历史上存在两个互不兼容的标准体系：日本和北美的 T1 标准及欧洲的 E1 标准。T1 标准将 24 个 64 Kbp 的信号复用到 1 条 1.544 Mb/s 的信道上传输，E1 标准将 32 个 64 Kbp 的信号复用到 1 条 2.048 Mb/s 的信道上传输。这两种标准后来制定的高次群速率也不相同，这种现象加剧了两种标准间的不兼容。

基于上面的原因，制定一个高速、能兼容 T1 和 E1 统一的数据传输网络体系迫在眉睫。20 世纪 80 年代美国贝尔通信技术研究所提出了同步光纤网络（Synchronous Optical Network，SONET）的概念，制定了光传输网络的接口规范，定义了接口速率和服务等级标准。SONET 位于 OSI 参考模型的物理层，能兼容 T1 和 E1 标准，允许数据以多种不同的速率复用在高速线路上传输，较好地解决了以上问题。

1988 年国际电讯联盟（International Telecommunication Union，ITU）采纳了 SONET，并对其进行了扩展，形成了一个通用的技术标准，新的标准不仅能够用于光纤通信，也能用于微波和卫星通信，ITU 将这一新的标准称为同步数字体系（Synchronous Digital Hierarchy，SDH）。

由于 SDH 能支持各种业务传送带宽要求，具有很高的传输速度，在传输链路故障时具有自愈能力，能很好地实现网络管理和维护，并且建设成本不断地下降，所以受到了业界的重视和欢迎，目前 SDH 在世界各个国家的电信范围内广泛应用，基本成为新建广域网的唯一技术选择。

7.8.1 基本同步模块

数字传输系统由于采用了 PCM 技术和 TDM 技术，要实现高速传输，必须很好地解决时钟同步问题，时钟同步意味着发送方和接收方在数据传输时，其时钟的速率和相位都需要保持一致。SDH 采用统一时钟的技术，整个的网络的各级同步时钟都来自一个非常精确的主时钟（采用昂贵铯原子钟，精度优于 $\pm 10^{-11}$），这种方式很好地解决了同步问题，这也是 SDH 网络被称为同步数字体系的原因。

为了支持各种业务的传输，SD 采用由低速速率复用获得高速速率，再由高速速率复用获得更高速速率的方式来获得各种通信速率。SDH 以基本同步传送模块 STM1 为基本单元进行传输，其他更高的速率通过多个 STM1 进行复用得到。SDH 确定的同步传送信号第一级速率为 STS－1（space transportation system），STS－1 的速率为 51. 840 Mb/s，而 STS－1 是由多个低速的 T1、T2、T3 信号复用后得到的基本速率信号 STM1，其中，T1 = 1. 544 Mb/s、T2 = 6. 312 Mb/s、T3 = 44. 736Mb/s。三路 STS－1 再复用后送到基本同步传送模块 STM1 线路传输，STM1 速率为 3 × 51. 840 Mb/s = 155. 520 Mb/s。STS－1、STM1 的复用关系如图 7－35 所示。

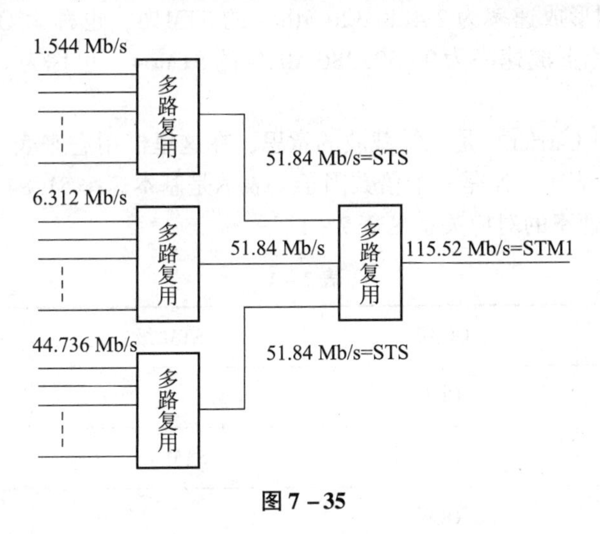

图 7－35

7.8.2 SDH 的帧结构

SDH 确定的最低传输速率 STS－1（OC1）为 51. 840 Mb/s，规定一个 STS 帧为 810 字节，每传输一帧为 125 μm，每秒传输 8 000 帧。8 × 810 × 8 000 = 51. 840（Mb/s），帧结构如图 7－36 所示。

为了方便表示 SDH 的帧结构，这里将一个 810 字节的 STS－1 帧表示成 9 行，90 列（9 × 90 = 810）。一个 STS－1 帧分为两部分，即传输开销和静载荷（数据）部分，在 STS－1 帧中，传输开销为 27 B，静载荷部分 783 B。传输时，发送顺序是从左到右、从上到下依次发送。

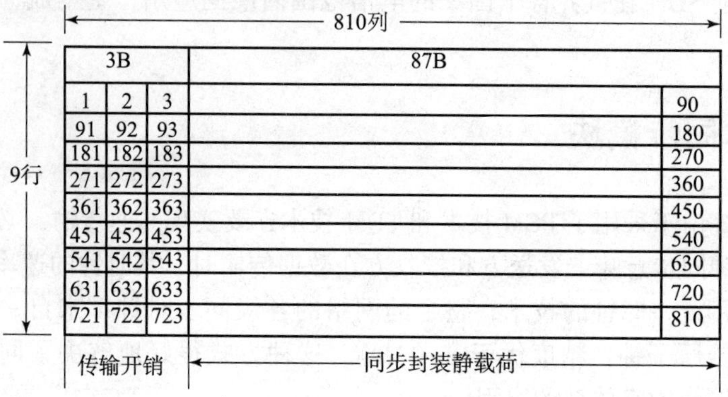

810列

9行

3B			87B	
1	2	3		90
91	92	93		180
181	182	183		270
271	272	273		360
361	362	363		450
451	452	453		540
541	542	543		630
631	632	633		720
721	722	723		810

传输开销　同步封装静载荷

图 7－36

7.8.3 SDH 的速率

SDH 的基本同步传送模块 STM1 的速率为 155.520 Mb/s，也称为 OC3（俗称 155M 线路），是由三路 STS－1（OC1）复用后得到，更高速率是由多个 STM1 再进行复用得到。其中 4 个 STM1 复用形成速率为 622.080 Mb/s 的 STM4，也称为 OC12（俗称 622M 线路），4 个 STM4 复用形成速率为 2 488.320 Mb/s 的 STM16，也称为 OC48（俗称 2.5G 线路），4 个 STM16 复用形成速率为 9 952.280 Mb/s 的 STM64，也称为 OC192（俗称 10G 线路）。

这里 OC（Optical Carrier）是光学载波的意思，在这里借用它来表示光纤网络中的线路速率，通常用 OC－N 表示。N 是一个倍数因子，表示是基本速率 51.84 Mb/s 的多少倍。OC 级、STM 级俗称线路速率的对应关系见表 7－1。

表 7－1

传输速度/（$Mb \cdot s^{-1}$）	OC 级	STM 级	俗称
51.840	OC1		
155.520	OC3	STM－1	155M 线路
466.080	OC9		
622.080	OC12	STM－4	622M 线路
933.120	OC18		
1 243.160	OC24		
1 866.240	OC36	STM－8	
2 488.320	OC48	STM－16	2.5G 线路
9 952.280	OC192	STM－64	10G 线路

7.8.4 SDH的网络结构

SDH是一种将复接、线路传输及交换功能融为一体，并由统一网管系统操作的综合信息高速传送网络，它的结构与交通道路类似。SDH传输系统将光纤作为传输骨干这类似于公路的主干道；SDH系列中使用分插复用器ADM实现数据从一条传输线路转接到另外一条线路，在这里ADM类似于公路上的立交桥或交叉路口，实现道路的转接，而在“SDH高速公路”上跑的“车”，就是各种电信业务（语音、图像、数据等）。

SDH网络由SDH网元NE（Net Element）和通信光缆构成。SDH存在四类网元：终端复用器TM、再生中继器REG、分插复用器ADM和数字交叉连接设备DXC。SDH网络的各种网元的符号表示如图7－37所示。

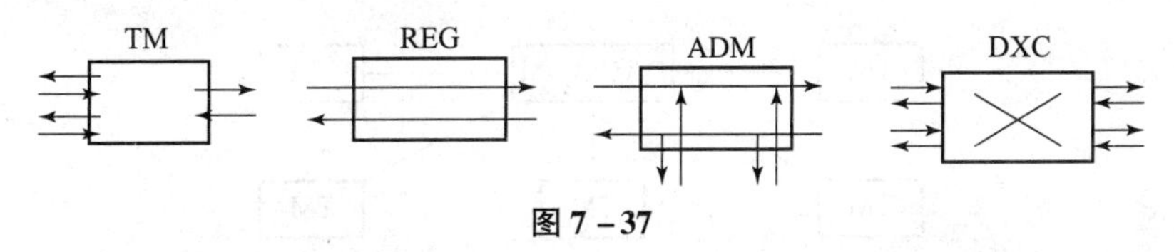

图7－37

终端复用器TM在发送方实现将电信号转换成光信号，并将需要传输的低速信号复用到高速线路上，通过高速线路传输。在接收方，TM实现将光信号恢复成电信号，并将高速线路上的信号分送给各接收方的低速线路。

再生中继器REG完成信号传输过程中信号的再生放大，保证信号传输质量。

分插复用器ADM用于网络的转接节点处，例如链路的中间节点或环路上的节点，ADM是SDH用得最多的网元，用于将低速线路复用到高速线路上去，或者将高速线路的信号分用到低速线路上去。

数字交叉连接设备DXC相当于一个交叉矩阵，完成STM－N信号的交叉连接功能，DXC是一个多端口器件，可将输入的m路的STM信号交叉连接到输出的n路STM－N信号上。除了交叉连接功能，DXC还完成配线、监控、网管等多种功能，用于SDH网络的配置和管理。

图7－38所示是一个由网元、链路组成的SDH网络示例，在该网络中，终端复用器TM将51.840 Mb/s的STS－1数据流复用成155.520 Mb/s的STM－1数据流，并转换成光信号送到光网络传输，经再生中继器REG完成信号传输过程中的信号再生放大，保证信号质量。传输到达分插复用器ADM时，完成再次复用到更高速率线路的插入或分用到更低速线路的下路，不需要插入或下路的数据流则继续通过网络单元向前传输。当数据流到达目的端时，经终端复用器分用成各自的STS－1数据流，送到各目的接收方。

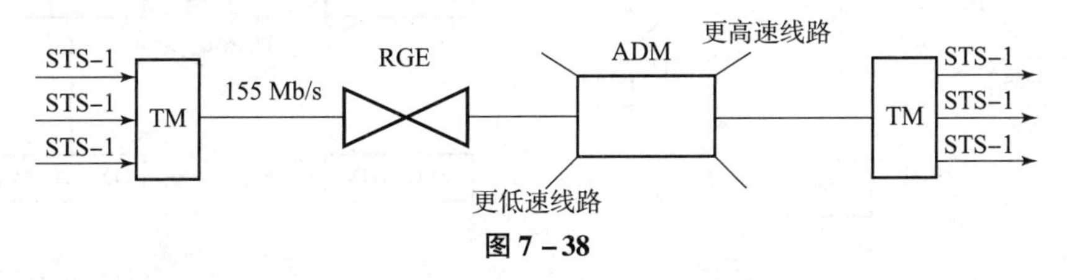

图7－38

SDH网络由网元和光纤链路组成，按照网元与光缆链路连接方式的不同组成不同拓扑结构的网络，SDH 主要的网络拓扑结构有链形、星形、树形、环形和网状形。

链形网络拓扑结构是将网络中的网元设备串联连接。这种拓扑结构的特点是经济，一般用于无分支的长途网络中，例如铁路网络。链形网络如图 7－39 所示。

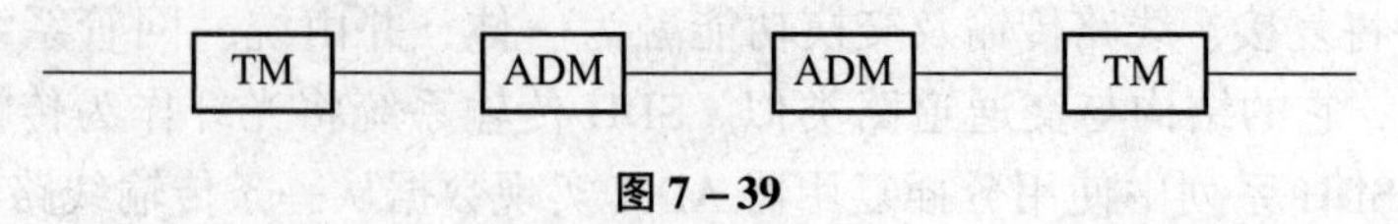

图 7－39

星形拓扑结构是将网元设备 DCX 或 ADM 作为中心节点与其他网元设备相连，其他网元设备之间互不相连，星型拓扑网络如图 7－40 所示。星型拓扑网络中各网元节点的传输都要经过中心节点的转接，该拓扑结构的特点是可以通过中心节点统一来管理其他网络节点，但中心节点处理负担较重，处理能力存在“瓶颈”，同时，中心节点故障将导致全网瘫痪，有一定的安全隐患。

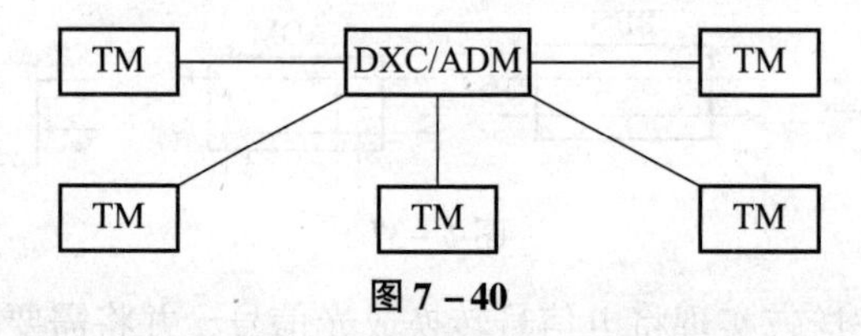

图 7－40

树形拓扑结构可以看成是链形结构和星形结构的结合，树形拓扑结构网络如图 7－41 所示。树形拓扑结构也存在中心节点的处理“瓶颈”和安全隐患问题。

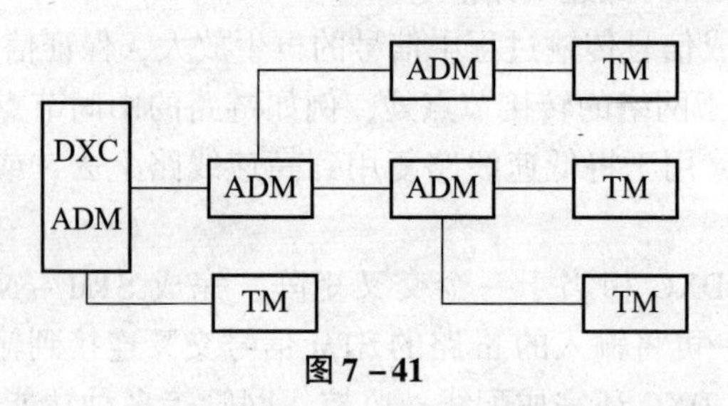

图 7－41

环形拓扑结构的各个网元通过链路首尾相连，环形网络拓扑具有自愈能力，可靠性较高，环形网络主要用于接入网、中继网等场合。环形拓扑结构网络如图 7－42（a）所示。

网状形网络，每个网元有多条链路与其他网元相连，使得任何一个网元到另一个网元有多条路径可达，网络可靠性较高，各节点处理负担相对均衡，不存在处理“瓶颈”，但是由于采用了冗余链路结构，导致成本较高，网络也相对复杂。网状形拓扑结构网络如图 7－42（b）所示。

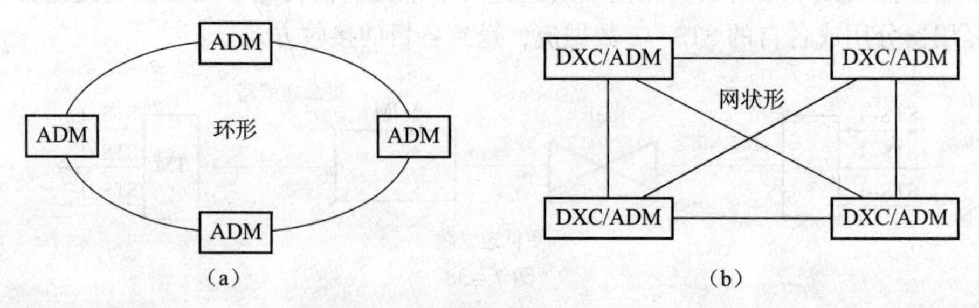

图 7－42

我国电信运营商最近几年大量地组建了 SDH 网络，其网络结构分由 4 个层面：第一层面为省际干线网，在主要省会城市装有 DXC4/4，其间由高速光纤链路 STM－16/STM－64连接，形成一个大容量、高可靠的网状一级骨干网结构。这一层面能实施大容量业务调配和监控，对一些质量要求很高的业务量，可以在网状网基础上组建一些可靠性更好、恢复时间更快的 SDH 自愈环。第二层面为省内干线网，在主要汇接点装有 DXC4/4、DXC4/1、ADM，其间由高速光纤链路 STM－16/STM－64 连接，形成省内网状网或二级骨干网。第三层面为中继网，可以按区域划分为若干个环，由 ADM 组成 STM－4/STM－16/STM－64 的自愈环，这些环具有很高的生存性，又具有业务疏导能力。环形网主要采用复用段保护环方式。如果业务量足够大，可以使用 DXC4/1 沟通，同时，DXC4/1 还可以作为长途网与中继网及中继网与接入网的网关或接口。第四层面为接入网，接入网处于网络的边界，业务量较低，并且大部分业务量汇接于一个节点，因此通道环和星形网都十分适合该应用环境。其网络结构如图 7－43 所示。

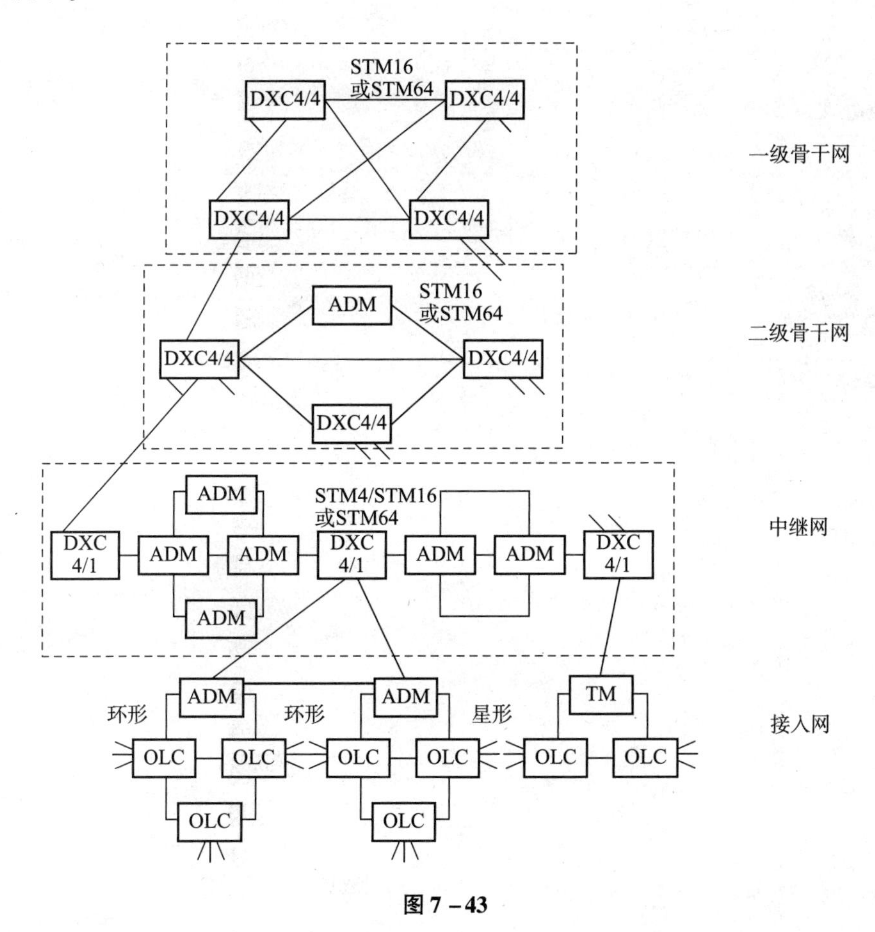

图 7－43

SDH 由于具有众多优越的特性，使其在广域网领域和专用网领域得到了巨大的发展。中国移动、电信、联通、广电等电信运营商都已经大规模建设了基于 SDH 的骨干光传输网络，利用大容量的 SDH 环路承载 IP 业务、ATM 业务或直接以租用电路的方式出租给企、事业单位。而一些大型的专用网络也采用了 SDH 技术架设系统内部的 SDH 光环路，以承载各种业务。比如电力系统，就利用 SDH 环路承载内部的数据、远控、视频、语音等业务。

目前，SDH 以其明显的优越性已成为传输网发展的主流。SDH 技术与一些先进技术相结合，如光波分复用（WDM）、ATM 技术、Internet 技术（IP over SDH）等，使 SDH 网络的作用越来越大。SDH 已被各国列入 21 世纪高速通信网的应用项目，是电信界公认的数字传输网的发展方向，具有远大的商用前景。

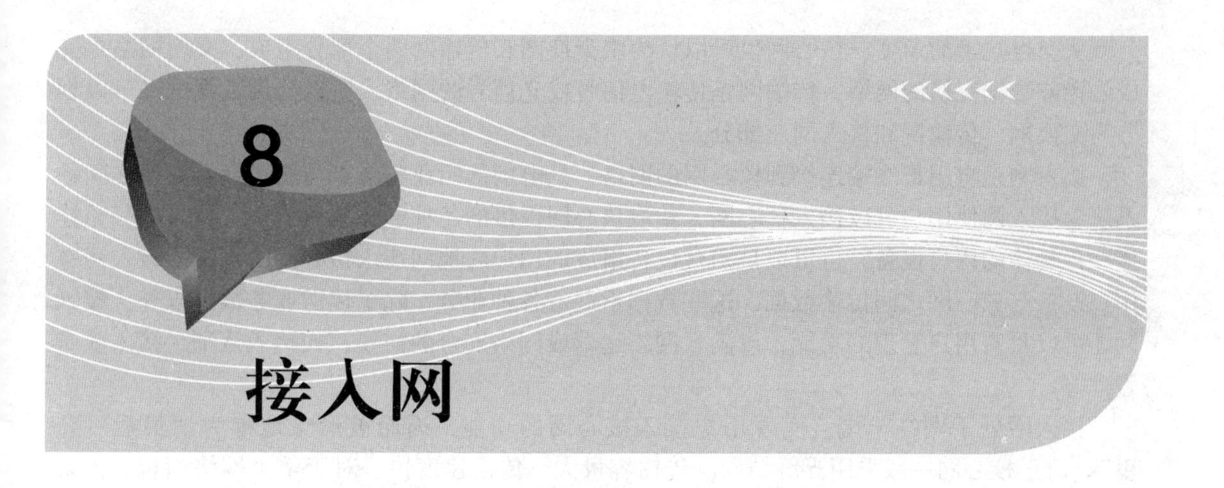

8 接入网

8.1 接入网概述

8.1.1 接入网概述

近年来，以互联网为代表的新技术革命正在深刻地改变传统的电信概念和体系结构，随着各国接入网市场的逐渐开放，电信管制政策的放松，竞争的日益加剧和扩大，新业务需求的迅速出现，有线技术（包括光纤技术）和无线技术的发展，接入网开始成为人们关注的焦点。

接入网的发展历史可以追溯到20世纪90年代后期。1975年，英国电信首次提出接入网概念，1995年11月，国际电联电信标准部ITU－T发布了第一个基于电信网的接入网标准G.902。这也是接入网首次作为一个独立的网络出现。2000年11月，ITU－T发布了第2个接入网标准Y.1231，Y.1231是基于IP网的接入网标准。Y.1231的发布，符合Internet迅猛发展的潮流，揭开了IP接入网迅速发展的序幕。

8.1.2 接入网概念

接入网是指核心网络到用户终端之间的所有网络部分。接入网实现用户接入到核心网的功能，是用户连接到核心网的网络。由于互联网存在电信建设的网络部分和用户建设的网络部分，从整个电信网的角度讲，可以将互联网划分为公用网和用户驻地网两大块，如图8－1所示。其中用户驻地网属用户所有，公用网属电信所有，因而，通常意义的电信网指的是公用电信网部分。

图8－1

从交换技术的角度，核心网也可以认为由交换网和传输网两个部分组成，交换网络是完成语音或数据交换的网络，传输网是传输电信号或光信号的网络，所以公用数据网又可以划分为交换网、传输网和接入网三部分。

接入网是将用户终端连接到核心网的网络，是电信部门业务节点与用户终端设备之间的系统。接入网使用户可以接入核心网，获取核心网提供的各种业务服务。接入网可以只是连接一台具体的用户设备，也可以是多台设备组成的用户驻地网连入核心网的网络。接入网在用户设备与核心网之间传输数据，这些数据承载着各种业务。除了传送业务数据以外，接入网还可以具有用户管理的功能，以满足网络运营或网络安全的需要，如接入认证、接入收费管理等。

接入网处于网络末端，实现用户接入核心网的功能，因而被形象地称为“最后一公里”。由于核心网一般采用光纤结构，传输容量大、传输速度快，对于整个网络而言，接入网成为整个网络系统的传输“瓶颈”。为了消除这个网络“瓶颈”，最近几年，各种宽带接入网技术迅速发展起来。接入网的接入方式包括铜线（普通电话线）接入、光纤同轴电缆（有线电视电缆）混合接入、光纤接入、以太网接入和无线接入等方式。

8.2　电信接入网标准 G.902

8.2.1　G.902 的体系结构

国际电信联盟（ITU－T）于 1995 年 11 月发布了基于电信网的接入网标准 G.902。G.902 定义了接入网的框架，从接入网的体系结构、功能、业务、接入类型、管理等方面定义了接入网标准。

基于电信网的接入网的定义如下：接入网是由一系列实体（诸如线缆装置和传输设施等）组成的、提供所需传送承载能力的一个实施系统。在一个业务节点接口（Service Node Interface，SNI）和与之相关联的每一个用户网络接口（User Network Interface，UNI）之间提供电信业务的所需的传送能力。接入网可以经由电信设备生产商实现的对该设备进行数据获取和操作的管理接口 Q3 接口进行配置和管理。

按照 G.902 定义，接入网由 SNI 和相关 UNI 之间的系统组成，用户网络接口实现用户连接接入网，业务网络接口实现从核心网获取网络业务服务，接入网是为传送电信业务提供所需承载能力的系统，经 Q 接口进行配置和管理。因此，接入网可由三个接口界定，即网络侧由服务节点接口 SNI 与业务相连，用户侧由用户网络接口 UNI 与用户相连，管理方面则由 Q3 接口与电信管理网（Telecom Management Network，TMN）相连，如图 8－2所示。

1992 年，接入网的概念在欧洲被首次提出，1994 年 ITU 正式接受了接入网这个名词，正式接纳了接入网在用户网中的位置，接纳了电信公用由传输网、交换网和接入网三个部分构成的模式。具体而言，接入网负责将电信业务透明地传送到用户，接入网为本地交换机与用户之间的连接部分，通常包括用户线传输系统、复用设备、交叉连接设备和用户及网络终端设备。

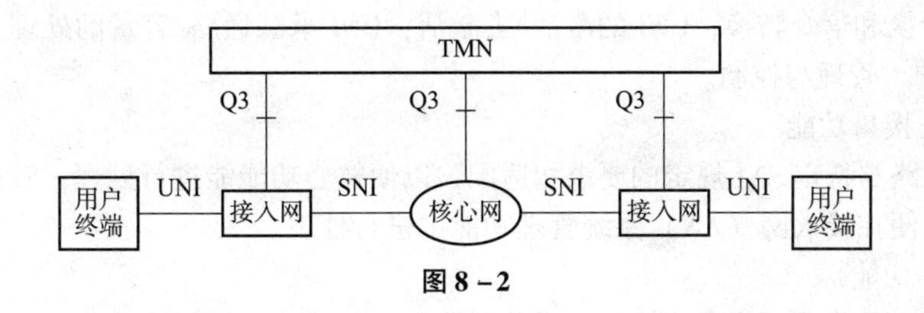

图 8-2

8.2.2 G.902 的参考模型

G.902 的参考模型如图 8-3 所示。为了便于网络设计与管理，接入网按垂直方向分解为四个独立的层次，其中每一层为其相邻的高层传送服务，同时又使用相邻的低层所提供的传送服务，这四层分别是传输介质层、传输通道层、电路层和接入承载处理功能层。

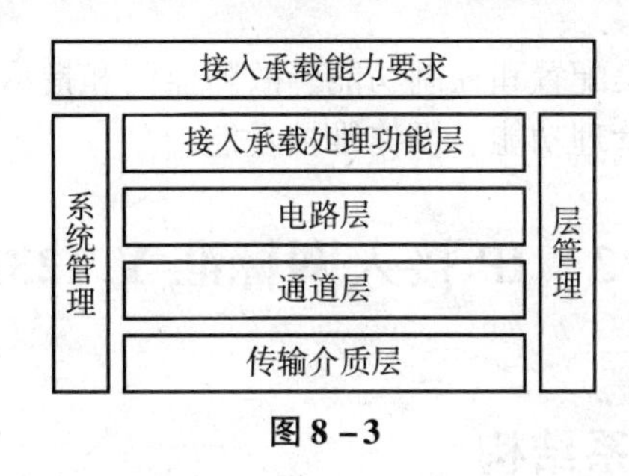

图 8-3

(1) 传输介质层

传输介质层与具体的传输介质（如光缆、微波等）有关，相当于 OSI 的物理层，它可以是铜缆系统（XDSL）、光纤接入系统、无线接入系统、混合接入系统等，而具体的传输介质可以是双绞线、光纤以及无线和同轴光纤混合方式。

(2) 传输通道层

传输通道在传输介质上实现传输信道，为电路层提供透明的传输通道，如综合布线系统（PDS）、光纤数字同步系列（SDH）、异步传输模式（ATM）及其他类型的通道。

(3) 电路层

电路层涉及电路层接入点之间的信息传递模式，并独立于传输通道层。电路层直接面向公用交换业务，并向用户直接提供通信业务。电路层的信息传递模式如电路模式、帧模式、帧中继模式和 ATM 模式等。

(4) 接入承载处理功能层

接入承载处理功能层位于电路层之上，主要完成用户承载处理、用户信令及控制与管理。

8.2.3 G.902 的主要功能

G.902 的主要功能可分解为五组，分别是用户接口功能（UIF）、业务接口功能（SPF）、核心功能（CF）、传送功能（TF）和系统管理功能（AN-SMF）。

(1) 用户接口功能

UIF 作用是对 UNI 的要求与核心功能和管理功能进行适配。具体的功能有：UNI 功能的终结；A/D 转换和信令转换；UNI 的激活/去激活；UNI 承载通路/容量的处理；UNI 的测试和 UPF 的维护、管理与控制。

(2) 业务接口功能

将承载通路与特定 SNI 规定的要求相适配，以便核心功能能进行处理；SPF 也负责选择相关信息，以便在接入网（AN）系统管理功能中进行处理。

(3) 核心功能

将各个用户承载通路要求或业务口承载通路要求与公用传送承载通路相适配；对协议承载通路进行处理，以满足协议适配的传送和复用要求。

(4) 传送功能

为 AN 不同地点之间公用承载通路的传送提供通道，同时也为所用传输介质提供介质适配功能。具体功能有：复用功能；交叉连接功能（包括疏导与配置）；管理和物理介质功能。

(5) 系统管理功能

接入网的管理功能主要是配置和控制功能、故障监测和指示功能、用户信息和性能数据收集功能、安全控制和资源管理功能、操作维护功能。

8.3 IP 接入网标准 Y.1231

8.3.1 Y.1231 的体系结构

ITU-T 于 2000 年 11 月发布了基于 IP 网的接入网标准 Y.1231。Y.1231 提出了 IP 接入网的定义、功能要求和功能模型、承载能力、可能的接入类型及接口。

基于 IP 网的接入网的定义如下：由网络实体组成提供所需接入能力的一个实施系统，用于在一个“IP 用户”和一个“IP 服务者”之间提供 IP 业务所需的承载能力。

IP 接入网的总体结构如图 8-4 所示。图中描述了 IP 接入网在总体网络中的位置，可以看出 IP 接入网位于用户驻地网和 IP 核心网之间，IP 接入网与用户驻地网及 IP 核心网与 IP 接入网之间的接口均为通用的参考点 RP。

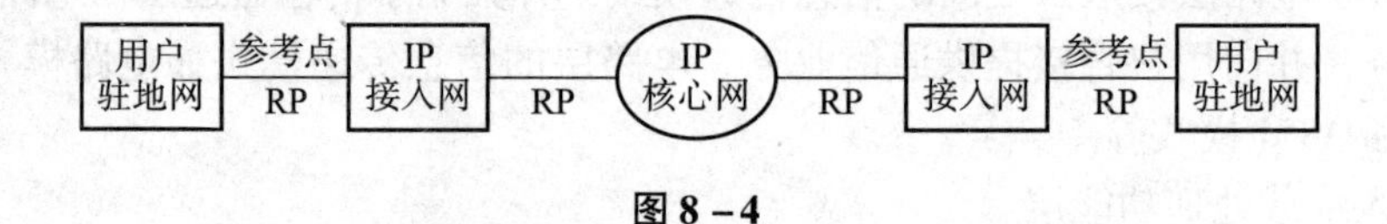

图 8-4

值得注意的是，IP 接入网的用户既可以是各种单台的 IP 设备，如 PC 计算机、IP 电话机或其他 IP 终端等，也可以是用户驻地网，如园区网、校园网。在 IP 网络中，向一个用户提供的 IP 业务通常是由核心网的另一端的数据中心网络提供，业务可以穿过核心网，这就使得接入网、核心网、业务网可以相对独立。

IP 接入网通过统一的抽象的接口 RP 与驻地网和核心网相连。电信接入网 G.902 标准定义了三种接口：UNI、SNI 和 Q3，不同用户或不同的业务需要使用不同的接口。而在 IP 接入网 Y.1231 标准中，RP 是一个统一的逻辑接口，不管是用户接口、业务接口，还是管理接口，都使用 RP 接口。

8.3.2 Y.1231 的参考模型及功能

Y.1231 的参考模型如图 8－5 所示。

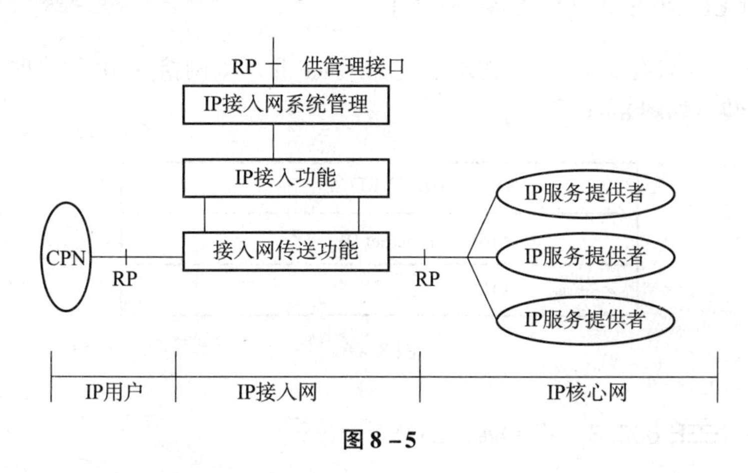

图 8－5

IP 接入网的参考模型描述了 IP 接入网的三大功能：传送功能、接入功能、系统管理功能。模型还描述了 IP 接入网的统一接口 RP。

①传送功能：承载并传送 IP 业务。

②接入功能：对用户接入进行控制和管理。Y.1231 总体结构定义的接入功能是用户用于管理和控制的功能，这些功能包括动态选择多个 IP 服务提供者、动态分配 IP 地址、地址转换、认证、加密等。

自从 Y.1231 发布以来，IP 接入网已经有了长足的发展，在 IP 接入功能中，最重要的也是最基本的是认证、授权和记账功能。用户接入网络先通过认证，通过认证后得到授权进行网络访问，同时，接入网对上网用户使用网络资源进行记账，以备收费和安全审计使用。

③系统管理功能：系统配置、监控、管理。

RP 是一种抽象的逻辑接口，在 Y.1231 标准中未做具体定义，适用于所有 IP 接入网，在具体的接入技术中，有专门的协议描述 RP。

Y.1231 建议比 G.902 建议更加简洁、抽象、统一和先进。使用抽象概念参考点 RP 代替了 G.902 建议中的 UNI、SNI 和 Q3 接口，使接入网的接口更加抽象和统一。并且 Y.1231 建议定义的 IP 接入网，适应基于 IP 的技术潮流，可以提供包括语音、数据、视频和其他多种业务，满足了未来融合网络的需要。如今的接入技术几乎都是基于 IP 接入网。

8.3.3 Y.1231 接入网的典型模型

IP 接入网允许多种接入类型，如 xDSL、Cable Modem、光纤接入、LAN、WAN、无线、卫星、ISDN 等。在 IP 接入网中，以太网接入是最典型的接入方式。

以太网技术不仅在局域网取得成功，并以其高性能、低价格的特点成为 IP 接入网的主流技术。因为以太网技术本来就是 IP 技术的孪生姐妹，所以以太网很适应接入 IP

网。由于自 20 世纪 80 年代以来，以太网一直有两个标准，即以太网封装 IP 的两种形式：Ethernet Ⅱ和 IEEE 802.3，所以以太网接入 IP 网也存在两种方式：Ethernet Ⅱ帧具有 TYPE 字段，可以封装多种数据；IEEE 802.3 的帧结构没有 TYPE 字段，只能封装 LLC 数据。

1. IP Over Ethernet Ⅱ（IP Over MAC）

由于 Ethernet Ⅱ只有 MAC 层和物理层，Ethernet Ⅱ以太网接入 IP 网络时，IP 数据包直接由 MAC 帧封装，如图 8－6 所示。

IP (IETF) RFC
MAC (Ethernet II)
PHY

图 8－6

2. IP Over IEEE 802.3（IP Over LLC）

IEEE 802.3 以太网具有完整的 LLC 子层、MAC 子层和物理层，IEEE 802.3 以太网接入 IP 网络时，IP 数据包由 LLC 帧封装，LLC 帧再封装在 MAC 帧中，如图 8－7 所示。

IP (IETF) RFC
LLC (IEEE 802.2)
MAC (Ethernet Ⅱ)
PHY

图 8－7

8.3.4 接入网的分类

近几年来，随着核心网、驻地网频繁更换和应用各种新技术，一大批新型宽带接入技术迅速发展起来。宽带接入技术主要有有线接入和无线接入两个大类。宽带有线接入网技术包括：基于双绞线的接入技术、基于电话线的 ADSL 技术、基于光纤和同轴电缆混合的 HFC 技术和基于光纤的接入技术。宽带无线接入网技术包括 MMDS、LMDS、卫星通信接入技术和不可见光纤无线接入技术。

基于双绞线的接入技术主要指 5 类及其以上的非屏蔽双绞线，如 CAT5、CAT5E、CAT6 等，它们都是专门设计来供以太网等高速网络使用的传输介质，在非屏蔽双绞线上使用以太网接入技术是一种高性能、低成本的主流技术，这种技术在园区网得到广泛应用，在小区也得到广泛应用。

基于电话线的 ADSL 技术使用电话网络的接入铜线技术实现了网络的宽带接入。ADSL 技术传输速率可达 10 Mb/s 数量级，传输距离可达几千米，特别适用于电信运营商为家庭提供宽带接入，最近几年得到电信运营商的广泛应用。

基于光纤和同轴电缆混合的 HFC 技术是 CATV 系统使用的一种优良的宽带传输接入技术，即借助于电视网络实现数据传输的技术。HFC 既是一种灵活的接入系统，同时也是一种优良的传输系统，HFC 把铜缆和光缆搭配起来，同时提供两种物理介质所具有的优秀特性。HFC 可同时支持模拟和数字传输，在大多数情况下，HFC 可以同现有的设备和设施合并。

光纤通信具有通信容量大、质量高、性能稳定、防电磁干扰、保密性强等优点。在干线通信中，光纤扮演着重要角色。随着网络技术的发展，用户端的网络带宽要求越来越高，光纤传输的高带宽特性使其最终成为网络“最后一公里”的接入传输介质。

光纤接入网从技术上可分为两大类：有源光网络（Active Optical Network，AON）和无源光网络（Passive Optical Optical Network，PON）。有源光网络又可分为基于 SDH 的 AON 和基于 PDH 的 AON。

无线接入技术是无线通信的关键。无线接入通过无线信号覆盖将移动终端与网络连接起来，以实现用户与网络间的信息传递。接入宽带无线接入网技术包括多点多信道分配系统（MMDS）、本地多点分配系统（LMDS）、无线局域网技术、蓝牙及红外技术、卫星通信接入技术、不可见光纤无线系统及无线局域网接入技术。

8.4 有线宽带接入技术

8.4.1 ADSL 接入技术

xDSL 是美国贝尔研究所于 1989 年为推动视频点播业务开发出的用户高速传输技术。xDSL 由 HDSL、SDSL、VDSL、ADSL 及 RSDSL 等技术组成，这些不同的技术主要是在传输速率、传输距离、对称性方面有所差异。在 XDSL 技术中，非对称数字用户线系统（Asymmetric Digital Subscriber Line，ADSL）是目前最有活力的技术，是大多数运营商为家庭提供宽带接入的首选技术。

ADSL 是一种速率非对称的铜线接入网技术，ADSL 采用 FDM（频分复用）技术、DMT（离散多音调制）技术及新的数据压缩技术，在现有铜质电话线上实现了较高的数据传输速率，同时还能不受干扰地在同一条线上进行常规语音业务。

ADSL 在铜质电话线上创建了可以同时工作的三个信道，即供数据传输的下行信道和上行信道以及供语音通信的语音信道，使得在传统电话线上能实现数据和语音信号互不干扰的同时传输。

针对网络业务访问的特点，ADSL 采用不对称的带宽实现数据的双向传输，即从 ISP 端到用户端采用较大的带宽传输（下行），而从用户端到 ISP 端（上行）采用较小的带宽传输，从而获得有效的带宽利用。目前，ADSL 能够向终端用户提供 8 Mb/s 的下行传输速度和 1 Mb/s 的上行传输速度，远远大于传统 Modem 或者 ISDN 的速度。

为了在电话线上分隔有效带宽，产生多路信道，ADSL 调制解调器采用频分复用（FDM）技术和离散多音调制技术（DMT）实现上下行信道和语音信道。FDM 在现有带宽

中分配一段频带作为语音通道，一段频带作为数据下行通道，同时分配另一段频带作为数据上行通道，具体划分情况如下：

将铜缆线路的0～1 104 kHz频带划分为三个频段，其中0～4 kHz的频段为语音频段，用于普通电话业务的传输，其他的频带被分成255个子载波，子载波之间的频率间隔为4. 312 5 kHz。在每个子载波上分别进行QAM调制（正交振幅调制）形成一个子信道，其中低频部分的一部分子载波用于上行数据的传输，其余子载波用于下行信号传输，上下行载波的分离点由具体设备设定。

ADSL的接入模型主要由用户ADSL Modem，语音、数据分离/整合器和交换局端模块接入多路复用系统DSLAM组成，如图8－8所示。

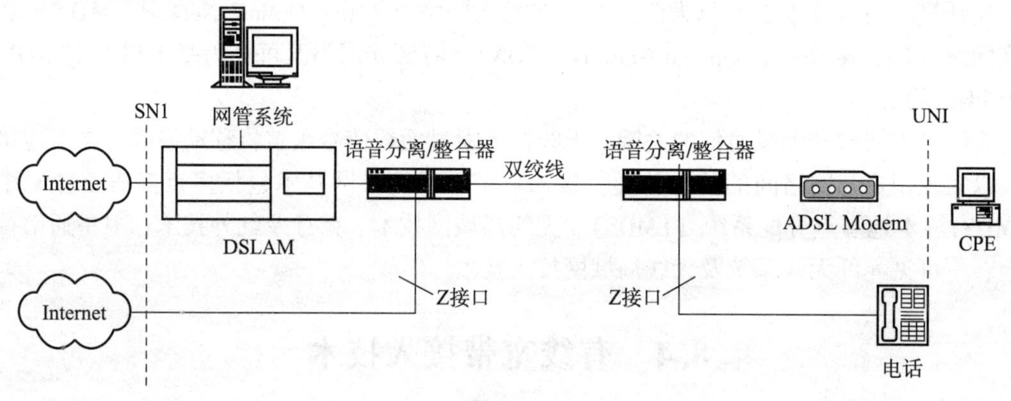

图8－8

在用户端传输数据时，ADSL Modem将计算机的数据和电话信号整合（调制）后通过一条双绞线传输到局端。到达局端后重新被分离成语音信号和数据信号，语音信号送到公用电话网PSTN，数据信号送到数据网Internet。

DSLAM是提供ADSL服务的局端设备，类似于局端的程控交换机，DSLAM将多个ADSL接入数据复接成一高速数据流经高速骨干网进行传输。

语音、数据分离/整合器是一个重要的部分。在局端DSLAM输出的数据信号和来自电话网的语音信号被语音、分离/合成器整合在一条线路进行远距离传输，传输到用户端后再通过用户端的语音、数据分离/整合器进行信号分离，分离出的数据信号经数据线送到计算机，分离出的语音信号经电话连接线送到电话机。

从接入网的角度来认识ADSL技术，用户计算机使用ADSL Modem接入ADSL系统，ADSL Modem连接计算机的接口就是UNI，通过局端的DSLAM接入Internet，DSLAM与Internet网络间的接口就是SNI，处于SNI和UNI间的ADSL系统部分就是接入网。

ADSL能够向终端用户提供8 Mb/s的下行传输速率和1 Mb/s的上行传输速率，比传统的56 Kb/s调制解调器快几十倍，也是传输速率达128 Kb/s的ISDN（综合业务数据网）所无法比拟的。

特别不容忽视的是，目前，全世界有将近7.5亿铜制电话线用户，并且还在不断地剧增，ADSL技术由于无须改动现有铜缆网络设施就能提供宽带网络业务，加上它的技术成熟，价格低廉，成为家庭用户接入网络的首选技术。

8.4.2 FEC 接入技术

HFC（Hybrid Fiber－Coaxial）混合光纤同轴电缆网络是目前电视网络公司广泛采用的有线网络系统，与传统有线电视网 CCTV 网络不同，传统 CCTV 系统是单向系统，只能实现电视节目下传，HFC 使用双向放大器，并在一条线路上采用频分多路复用技术实现双向传输，能满足网络业务双向传输的需要。

HFC 是综合应用模拟和数字传输技术，采用同轴电缆和光纤作为传输介质的宽带接入网络。HFC 除了传输有线电视视频节目，还能实现语音、数据的通信，使用户在家中利用电视网络线路，就能实现收看电视，访问网络，以及在家庭闭路电视线路上实现视频通信和数据通信。

HFC 系统由光纤干线网和同轴电缆分配网及用户引入线路几部分构成，如图 8－9 所示。光纤干线网采用星形拓扑结构，同轴电缆分配网采用树形结构。HFC 利用光纤的宽频特性实现主干线路上大容量的信息传输，利用同轴电缆相对的宽带特性和低造价实现服务区的信息传输，使整个系统具有较高的性价比，能同时传输数据业务和视频业务，在一个网络系统内实现了视频、数据业务的传输。

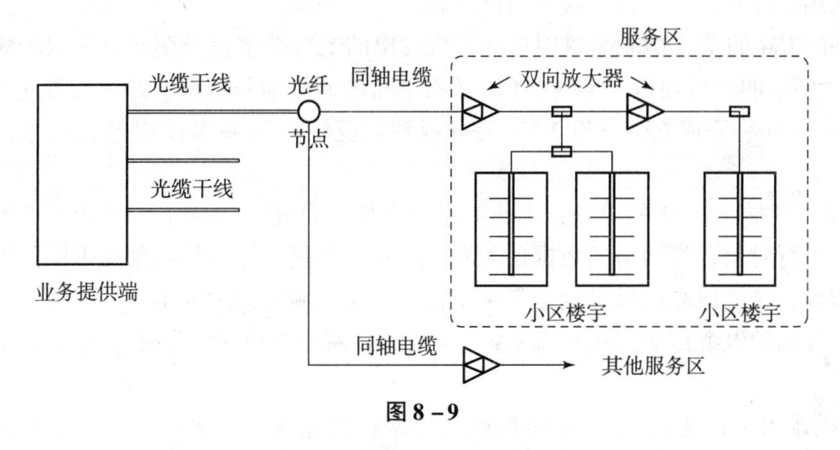

图 8－9

在 HFC 系统中，电视信号和网络数据信号从业务提供端经合成器合成后转变成光信号在光纤干线网上传输，到达住宅服务区域后把光信号转换成电信号，经由同轴电缆配线网分配后送到各楼宇分线盒，再从各楼宇分线盒经用户引线路引入用户室内。

HFC 网络采用的是光纤到服务区的结构，一个光纤节点可以连接多个服务区，构成星形拓扑结构，而在服务区内通过同轴电缆分配到各楼宇，各楼宇使用楼宇分线盒经用户引线路引入用户室内，构成树形结构。在服务区内，连接到各楼宇的所有用户共享一根同轴电缆，服务区内用户越多，每个用户分到的带宽越窄，所以 HFC 对一个服务区的用户数有所限制。一般一个服务区内可以接入 126～500 用户，一个光纤节点可以连接 4 个服务区，一个光纤节点可以接入 500～2 000 用户。

为了实现双向传输，HFC 采用频分复用技术，对同轴电缆的频带进行了划分，低端的 5～65 MHz 的频段用来供数据传输的上行信道使用，65～550 MHz 频段用来供现有的电视 CCTV 信号传输使用，550～750 MHz 频段用来供数据传输的下行信道使用，高于 750 MHz 的频段用于各种双向通信业务。

除了干线网、配线网和用户引入线路，HFC 系统还涉及电缆调制解调端接系统（Cable Modem Terminal System，CMTS）和电缆调制解调器（Cable Modem，CM）。系统的连接如图 8－10 所示。

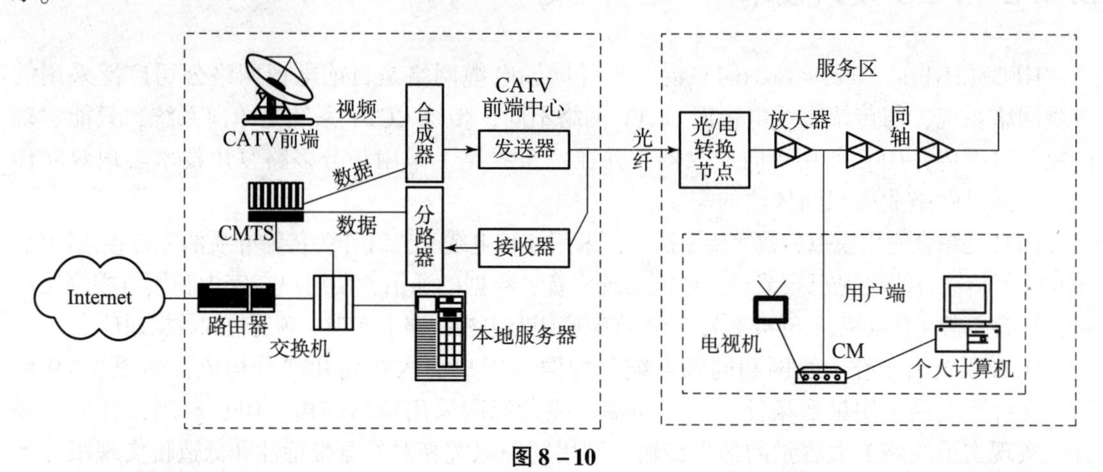

图 8－10

电缆调制解调器 CM 俗称机顶盒，是用户端设备，放在用户的家中，通过网络接口、电视接口实现用户计算机、电视机接入 HFC 网络。

用户端的 CM 的基本功能是将用户计算机输出的上行数字信号调制成 5～65 MHz 射频信号进入 HFC 网络的上行通道，同时，CM 还将下行的调制信号解调为数字信号送给用户计算机。此外，CM 还将完成 65～750 MHz 的电视频段范围内解调出模拟电视信号，供电视机使用。

CMTS 是管理控制 CM 的设备，上行时它负责将来自光纤的数字信号还原成网络数据包送往网络；下行时负责将网络的数据信号和 CCTV 的电视图像信号调制在不同的频段上，再经过电光转换，转换成光信号送到光纤主干传输，到达服务区的光节点处，再将光信号转换成电信号，经同轴电缆传输到用户端 CM，通过 CM 恢复成图像、数据信号分送给计算机和电视机。

CMTS 的配置可以通过 Console 接口或以太网接口完成。它可以设置上下行频率、调制方式等参数。通过主干网、配线网、用户引入线路及 CMTS 和 CM 的协调工作，HFC 网络实现了网络访问、电视收看的数据、视频业务。

从接入网的角度来认识 HFC 技术，用户计算机使用电缆调制解调器 CM 接入 HFC 系统，CM 连接计算机的接口就是 UNI，通过电视网络中心的 CMTS 接入 Internet，CMTS 与 Internet 网络间的接口就是业务网络接口 SNI，处于 SNI 和 UNI 间的 HFC 系统部分就是接入网。

1998 年 3 月，ITU 组织接受了 MCNS 的 DOCSIS 标准，确定了在 HFC 网络内进行高速数据通信的规范，为 CM 系统的发展提供了保证。与 ADSL 不同，HFC 的 CM 不依托 ATM 技术，而直接依靠 IP 技术，所以很容易开展基于 IP 的业务。通过 CM 系统，用户可以在有线电视网络内实现国际互联网访问、视频会议、视频点播、远程教育、网络游戏等功能。通过 HFC 网络在有线电视网上建立数据平台，已成为有线电视事业发展的必然趋势。

8.4.3 以太网接入技术

以太网技术相对简单，它支持有线、无线接入，基于可变帧长度传输，简约的域内广播等特性，以及能与IP协议天然匹配，使得以太网技术取得了突飞猛进的进步，以太网技术已经成为局域网的主流技术，甚至是唯一的技术。

以太网最早的标准是DIX标准，经历了DIX Ethernetv 1.0和DIX Ethernetv 2.0两个版本，DIX Ethernetv 2.0通常称为Ethernet Ⅱ标准。Ethernet的出现，推动了局域网标准的制定。1980年2月，IEEE公布了与以太网规范兼容的IEEE 802.3标准。

由于IEEE 802.3标准的帧结构必须配合IEEE 802.2标准使用，使其降低了应用的灵活性，IEEE 802.3标准并不占上风。1998年，由于IEEE 802.3工作组对IEEE 802.3标准做了重大改进，定义了类型域，从而可以在以太帧中灵活封装多种协议数据，为高效处理IP包建立了良好的基础，从而在应用中完全取代了Ethernet Ⅱ，使IEEE 802.3成为以太网权威的、唯一的标准。

以太网的另一个重大发展是以太网交换机的出现，以太网交换机的出现使得以太网从共享总线的网络成为交换式以太网。交换式以太网通过交换在通信的两个端口间建立了独立的传输通道，不再是共享信道传输方式，使得CSMA/CD协议不再需要，这种改变使得以太网的总体性能有了成百上千倍提高，推动了以太网络的快速发展。

自1982年IEEE正式发布了以太网的标准以来，经过20多年的发展，以太网推出许多新的标准，网络速度能支持百兆、千兆、万兆，传输介质集中为双绞线和光纤两种。

双绞线早就用在电话通信中传输模拟信号，它安装容易、价格低廉，是一种简单、经济的物理介质。相对来说，它的带宽较小，高频时损耗较大，一般传输距离为几百米，对于远距离的传输，要加中继器，对外界噪声的抗干扰能力也较弱。

以太网问世后，双绞线作为以太网的传输介质一直得到不断的发展，从支持10M以太网的3类线，到支持100M以太网的5类线、超5类线及到支持1 000M以太网的6类线、超6类线不断推出。

目前以太网双绞线常用的接口标准是100BASE－T和1000BASE－T。光纤常用的接口标准是既支持多模，也支持单模光纤上的长波激光的千兆以太网标准1000BaseSX，支持短波传输的万兆以太网标准10GBASE－SR和长波传输的万兆以太网标准10GBASE－LR，以及支持远距离传输的万兆以太网标准10GBASE－ER、10GBASE－ZR、10GBASE－EW、10GBASE－ZW等。

以太网的接入主要是通过楼宇的综合布线系统和接入交换机接入以太局域网，再通过以太局域网的边界路由器实现和互联网的连接，实现接入互联网。典型的接入应用如图8－11所示。

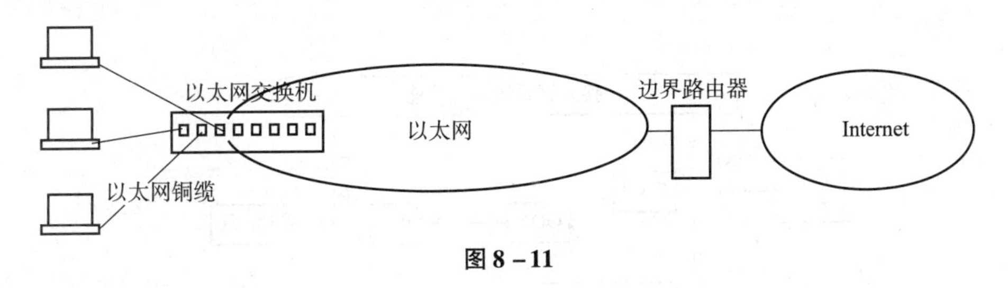

图8－11

8.4.4 光纤接入技术

光纤通信具有通信容量大、质量高、性能稳定、防电磁干扰、保密性强等优点。在干线

通信中，光纤扮演着重要角色。

光纤的最大优点是无限的带宽。现代光纤传输系统在单个波长上的传输速率可以达到10 Gb/s，采用波分复用技术可达 64×10 Gb/s，而采用密集波分复用传输速率可达 Tb/s，目前64个波长和1 Tb/s 的 DWDM 已经进入商用。实验室已经做到256个波长和单个波长速率10 Gb/s的水平。光纤的传输衰减很小，利用光纤无须中继就能实现信号的远距离通信。

目前在高性能主干网上，光纤通信已经成为主流。对于接入网而言，光纤接入已经成为发展的重点，正在显示出前所未有的光明前景。光纤接入网指的是接入网中的传输介质为光纤的接入网。由于光纤的带宽特性，基于光纤的接入网被认为是今后宽带接入网的发展趋势和唯一选择。

1. 光纤的接入延伸 FTTx

目前根据光网络单元的位置，光纤接入网（Optical Access Network，OMA）的方式可分为如下几种：

FTTC（光纤到路边）：Fiber to the Curb

FTTB（光纤到大楼）：Fiber to the Building

FTTH（光纤到用户）：Fiber to the Home

FTTC 通常用于为多个用户接入，ONU 设置在路边的交接箱或配线盒处，ONU 到用户之间仍然采用同轴电缆或双绞线。如果用户接入采用 ADSL，则接入采用的是 FTTC + ADSL 形式，此种情况下，ONU 到用户之间采用的是电话双绞线；如果用户接入采用 HFC，则接入采用的是 FTTC + HFC 形式，此种情况下，ONU 到用户之间采用同轴电缆。

FTTB 的 ONU 直接放在居民住宅或单位办公大楼旁边，然后通过5类双绞线或更高等级的双绞线通过布线系统到用户家中或办公大楼的各个房间。FTTB 比 FTTC 的光纤化程度更高，光纤已经铺设到大楼，更适用于高密度用户区。

FTTH 直接将光纤铺设到用户大楼并直接光纤入户，即光纤直接进入用户房间。FTTH 可以采用无源光传输设备实现，真正实现了纯光纤接入用户，是接入网的终极目标。

2. 光接入网基本结构

国际联盟定义了光接入网（Optical Access Network，OAN）的基本结构，如图 8－12 所示。

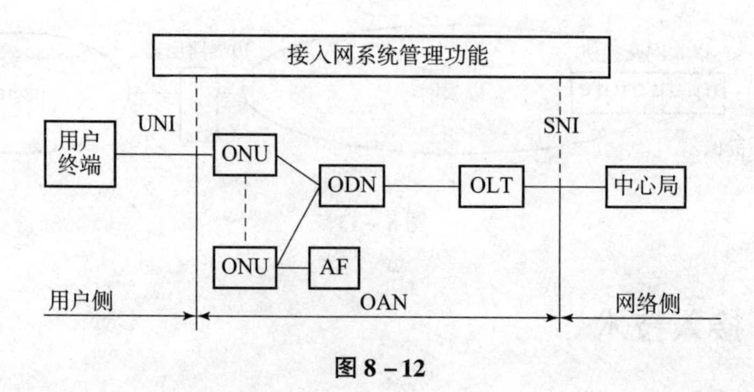

图 8－12

光接入网一般是一个点对多点的结构，包括光线路终端（Optical Line Terminal，OLT）、光分配网（Optical Distribution Network，ODN）、光网络单元ONU及适配功能AF。

OLT面向网络则为OAN，OLT提供与中心局的接口，将来自中心局的业务数据电信号转变成光信号，通过光纤介质进行传输，同时OLT提供与ODN的光接口，光网络是一点对多点的结构，一个ODN往往连接着多个ONU。在网络中，一个OLT可以连接若干个ODN，从而形成不同的OAN拓扑结构。

在光接入网络中，OLT、ODN担任着上下行传输的复用和分用的任务。下行时，OLT通过与中心局的接口接收业务数据，完成光电转换后交给ODN，ODN将来自OLT的不用业务传递给不同的ONU。上行时，ODN将来自各ONU的数据汇集成数据流，交给OLT，由OLT完成光信号到电信号的转换，通过与中心局的接口提交给中心局。

ONU在用户侧提供用户在接入网的接口，完成光电转换，连接ODN，ONU终结来自ODN的光信号，并为用户提供多个业务接口，完成速率匹配、信令转换等功能。

ODN位于OLT与ONU之间，在OLT和ONU之间提供光传输技术。ODN由光连接器和光分路器组成，完成光信号功率的分配及光信号的分接、复接功能。组成ODN的设备可以是有源设备，也可以是无源设备。ODN设备是有源设备时，对应的是有源光网络（Active Optical Network，AON）；ODN设备是无源设备时，对应的是无源光网络（Passive Optical Network，PON）。

3. 光接入网传输技术

光接入网是一种共享介质的点到点的网络结构。下行传输时，OLT通过广播方式向各个ONU传输信息。OLT先将要送至各ONU的信号时分复用成时隙流，然后经光纤送到光分路器进行功率分路后，再广播到各个ONU，各个ONU在规定的时隙接收自己的信息。上行通信时，由于是多个ONU共享一根传输光纤，而每个ONU发送的信号又是突发性的，为了避免上行信号的碰撞，需要按照策略进行时隙分配，保证任意时刻只有一个ONU发送信号，通过各个ONU之间轮流发送信号，实现传输信道的共享。

在光接入网中，通常采用空分复用、时分复用和波分复用技术进行传输。

（1）空分复用（Space Division Multiplexing，SDM）

在光传输网中，空分复用技术在上下行方向各使用一根光纤，两个传输方向的通信独立进行，互相不影响。但空分复用由于使用双倍的光缆，成本较高。

（2）时分复用（Time Division Multiplexing，TDM）

在光传输网中，时分复用在同一光波的波长上，把时间分成多个时隙，给每个ONU分配一个固定的时隙，各个ONU在分配给自己的时隙期间进行数据传输。

由于OAN中每个ONU到OLT额度距离不等，传输时延不同，到达OTL的相位也不同，为了防止在光路中出现碰撞，要求OLT必须有完善的测距技术，测定其与各ONU的相对距离以实现发送时间的定时调整，保证传输同步，保证OLT准确接收各个ONU的信号。

（3）波分复用（Wavelength Division Multiplexing，WDM）

波分复用将每个ONU的信息调制在不同的波长，把这些不同波长的光信息通过一根光纤进行传输，每个波长作为一个独立的通道进行信息的传输。

8.4.5 AON 和 PON

1. 有源光网络 AON

在有源光网络（Active Optical Network，AON）中，其 ODN 为含有光放大器等有源器件，OLT 和 ONU 通过 ODN 有源光传输设备相连。它实质是主干网技术在接入网中的延伸，通常基于 SDH 实现传输。AON 具有传输容量大、传输距离远的特点，接入速率可达 155.520 Mb/s 或 622.080 Mb/s，传输距离不加中继就可达到 70 km。AON 在主干网中得到了广泛的应用。

由于光网络是点对多点的传输，一个 OLT 通过 ODN 连接着多个 ONU，AON 往往采用复用技术进行传输。AON 中的 OLT 和 ONU 之间的传输又分为上行和下行两个方向。信号从 OLT 到 ONU 的传输为下行，从 ONU 到 OLT 的传输为上行。下行通信时，OLT 向各个 ONU 的传输采用广播方式，OLT 先将要送至各个 ONU 的信号时分复用成时隙流，经光分路器进行功率分路后，再广播到各个 ONU，各个 ONU 在规定的时隙接收子自己的信息。上行时，由多个 ONU 共享一根光纤传输，可以采用时分复用技术和波分复用技术实现上行传输。

采用时分复用技术时，每个 ONU 被分配一个固定的时隙，规定每个 ONU 只能在所分配的时隙内向 OLT 上传数据。上行数据经复用后形成一个持续的数据流，交给 OLT，OLT 按照给每个 ONU 分配的时隙分离出各 ONU 信号，并完成光电转换后，向网络侧提交。

采用波分复用技术时，每个 ONU 的信号被复用在不同的波长，通过一根光纤向 OLT 传输数据，到达 OLT 后再由 OLT 分光器分成各个 ONU 光信号，通过光电检测器恢复成各个 ONU 电信号，向网络侧提交。

2. 无源光网络 PON

无源光网络（Passive Optical Network，PON）是专门为接入网发展的技术，PON 是一种纯介质网络，全部由无源器件组成。PON 能很好地避免外部设备的电磁干扰和雷电影响，减少了线路和外部设备的故障率，提高了系统可靠性，同时 PON 大大节省了维护成本，是电信维护部门长期期待的技术。

PON 的业务透明性较好，原则上可适用于任何制式和速率信号。特别是基于 ATM 的无源光网络（APON）可以利用 ATM 的集中和统计复用，再结合无源分路器对光纤和光线路终端的共享作用，使成本可降至比 SDH 接入系统低 20% ~40%。

PON 的系统结构如图 8 - 13 所示。PON 同样由光线路终端 OLT、光分配网络 ODN 和光网络单元 ONU 三个部分组成。多个 ONU 经 ODN 连到 OLT，共享 OLT 的光传输介质和光电设备，以降低接入成本。

根据 SNI 端连接的网络是 ATM 网络，或者是以太网络，PON 又分为 APON、EPON 等。APON（ATM PON）是基于 ATM 的无源光网络，EPON（Ethernet PON）是基于以太网络的无源光网络。

3. 基于 ATM 的无源光网络 APON

早在 1995 年“互联网时代”之前，全球最大的电信运营商就开始讨论发展一种能支持语音、数据、视频的接入网全业务解决方案。当时有两个符合逻辑的选择：协议层采用ATM，物理层采用PON。经过以上电信运营商为主的FSAN（全业务接入网）集团的不懈努力，1998年10月通过了全业务接入网采用的APON格式标准——ITU－T G.983.1。

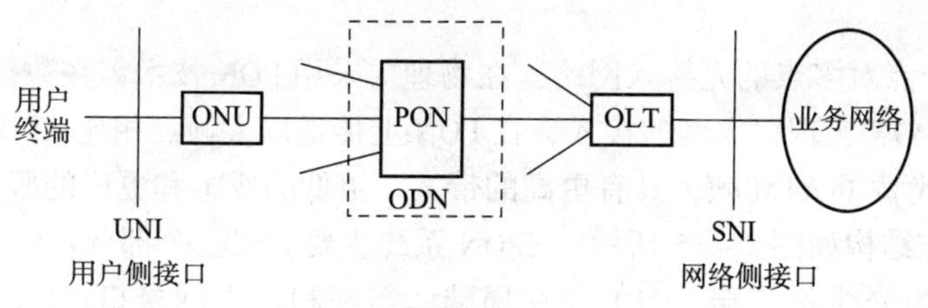

图8－13

ATM技术能为接入网提供动态的带宽分配，从而更适合宽带数据业务的需要，可以运行在多种物理层技术上。XDSL技术和PON技术均可为ATM的运行提供物理平台。

APON采用ATM信元的形式来传输信息，APON建立的是一个点到多点的系统，不仅可以利用光纤的巨大带宽提供宽带服务，还可以利用ATM进行高效的带宽业务管理。

APON的系统结构如图8－14所示。APON由ONU、OBD和OLT组成，OBD（Optical Branching Device）是光分路器，这里起到ODN的作用。一个ODN可以支持32个ONU。APON在PON上传输ATM信元，APON的物理层采用PON技术，数据链路层采用ATM技术。APON在ONU与OLT之间传输ATM信元，APON的网络一侧是ATM交换机，ONU可以通过ISDN、LAN等与用户终端接口。

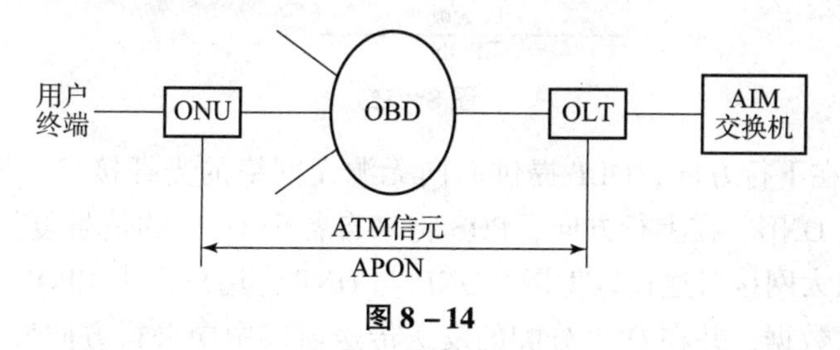

图8－14

ATM技术能为接入网提供动态的带宽分配，从而更适合宽带数据业务的需要。其可以运行在多种物理层技术上，xDSL技术和PON技术均可为ATM的运行提供物理平台。

APON在下行方向，采用TDM技术传送连续的时隙流。每个时隙为53字节，装载一个ATM信元，由ATM交换机来的信元先交给OLT，OLT将要送往各个ONU的下行业务组装成连续的下行帧，以广播的方式发送到下行信道上。各个ONU收到该广播帧后，根据信元头部信息中的虚电路号VCI取出自己的信息。

APON在上行方向上，由OLT轮询各个ONU，得到ONU的上行带宽要求，经OLT分配带宽后，以上行授权的形式允许ONU发送上行信元，即只有收到有效上行授权的ONU才有权利在上行帧中使用指定的时隙。

4. 基于以太网络的无源光网络EPON

APON由于在物理层使用PON技术，在数据链路层使用ATM技术，曾经被认为是最佳组合。但随着以太网技术的不断发展，以太网呈现出许多优势，ATM网逐渐被以太网取代，EPON技术的研究成为热点。

2000 年，IEEE 成立了研究组，开展了 EPON 标准化的制定工作，2004 年推出了 EPON 的标准 IEEE 802.3ah，IEEE 802.3ah 标准定义了两种光接口标准：1000Base - PX10 - U/D 和 1000Base - PX20 - U/D。标准还制定了多点控制协议（Multi - PointControlProtocol，MPCP）。

EPON 是一个点对多点的光接入网络，在物理层采用 PON 技术，在数据链路层采用以太网技术，它利用 PON 实现以太网的接入，在 PON 上传送以太帧。相比 APON，EPON 在数据链路层用以太帧代替了 ATM 帧，具有更高的带宽、更低的成本和更广的服务范围。

EPON 的系统结构如图 8 - 15 所示，EPON 系统主要分成三个部分：OLT、ODN 和 ONU/ONT。其中 OLT 为光线路终端，OLT 放在局端，实现和以太网接口，POS（Passive Optical Splitter）为无源光纤分支器（这里起到 ODN 的作用），实现 ONU 和 OLT 的连接。ONU 为光网络单元，ONT（Optical Network Terminal）为光网络终端，ONT 的功能与 ONU 的类似，只是 ONT 直接位于用户端，ONU 与用户间可能还有其他网络，如以太网。

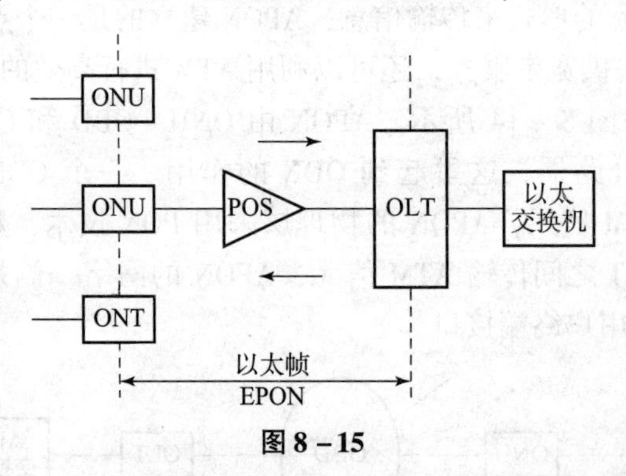

图 8 - 15

在 EPON 中，在下行方向，OLT 提供面向无源光网络的光纤接口，将来自 OLT 的信号通过 POS 分发给各 ONU。在上行方向，POS 将来自各个 ONU 的信号复接后集中送给 OLT，通过 OLT 的高速以太网接口送往以太网。ONU 与 ONT 为用户提供 EPON 接入功能，选择接收 OLT 发送的以太数据，并在 OLT 分配的发送传送窗口中向上行方向发送数据及实现其他以太网功能。

在物理层，EPON 使用 1 000Base 以太网的物理层标准，同时，在 PON 的传输机制上，控制 ONU 与 OLT 之间的通信，在数据链路层，EPON 采用成熟的全双工以太技术，采用 TDM 技术在规定的时隙内发送数据。

与 APON 一样，EPON 也存在下行帧和上行帧两种帧。下行帧每帧帧长度为 2 ms，每个帧中由若干时隙构成，每个时隙分配一个 ONU，帧的传输速率为 1.25 Gb/s。传输时，每个帧的开头是同步标识，占 1 个字节，每 2 ms 发送一次，用于 ONU 与 OLT 同步，数据帧遵循 802.3 协议格式，数据长度可变。

上行数据传输时，所有 ONU 在分配给自己的时隙内发送信息，各个 ONU 发出的信息通过光耦合器耦合进入光纤，经过 POS 复用成一个帧，以连续的数据流发给 OLT，通过 OLT 传输给以太网。

EPON 采用多点控制协议（Multi - Point Control Protocol，MPCP）进行时隙分配，在 EPON 的每个 ONU 中都包含了一个 MPCP 实体，MPCP 通过与 OLT 的通信，完成上下行时，向每个 ONU 分配时隙。

EPON 由于采用了光纤直接接入，可以实现更远的传输距离，更高的传输速率，可以实现1 000 Mb/s 到用户，EPON 采用无源器件实现传输，不需考虑供电问题，使其容易部署，维护简单。由于 EPON 采用可变长帧进行传输，可以支持各种业务。传输中采用了 QoS 机制、带宽分配机制，使服务质量得到保障，这些优点使得它具有广阔的应用前景。EPON 目前可以提供上下行对称的1.25 Gb/s 的带宽，随着以太技术的发展，已经升级到10 Gb/s。

8.5 无线宽带接入技术

随着电信技术的发展和 Internet 的快速普及，通信业务量，尤其是数据通信量大大增加。骨干网的带宽由于光纤的大量采用而相对充足，限制带宽需求的主要“瓶颈”在接入段。光接入网是发展宽带接入的长远解决方案，但目前这种方式还存在工程造价太高、建设速度慢等缺点，并且对于部分网络运行企业来说，不具备本地网络资源，在这种情况下，要进入和占领接入市场，采用宽带无线接入技术是一个比较合适的切入点。目前主要有四种宽带无线接入技术：MMDS、LMDS、卫星通信接入技术和不可见光纤无线系统。

8.5.1 MMDS 接入技术

多路微波分配系统（Multichannel Microwave Distribution System，MMDS）已成为有线电视系统的重要组成部分。MMDS 是以传送电视节目为目的，模拟 MMDS 只能传8 套节目，随着数字图像/声音技术和对高速数据的社会需求的出现，模拟 MMDS 正在向数字 MMDS 过渡。美国的数字 MMDS 由于有31 个频点，可以传送 MPEG－2 压缩的上百套电视节目和声音广播节目。它还可以在此基础上增加单向或双向的高速因特网业务。

MMDS 的频率是2.5～2.7 MHz。它的优点是：雨衰可以忽略不计；器件成熟；设备成本低。它的不足是带宽有限，仅200 MHz。许多通信公司看中用 LMDS 技术来作为数据、语音和视频的双向无线高速接入网。但由于 MMDS 的成本远低于 LMDS，技术也更成熟，因而通信公司愿意从 MMDS 入手。它们正在通过数字 MMDS 开展无线双向高速数据业务，主要是双向无线高速因特网业务。

最近，我国有的大城市已经成功地建成了数字 MMDS 系统，并且已经投入使用。不仅传送多套电视节目，同时还将传送高速数据，成为我国数字 MMDS 应用的先驱。数字 MMDS 不应该单纯为了多传电视节目，而应该充分发挥数字系统的功能，同时传送高速数据，开展增值业务。高速数据业务能促进地区经济的发展，同时也为 MMDS 经营者带来了更大的经济效益，因为数据业务的收入远高于电视业务的收入。

8.5.2 LMDS 接入技术

本地多点分配业务（Local Multipoint Distribution Service，LMDS）工作在20～40 GHz 频带上，传输容量可与光纤比拟，同时又兼有无线通信经济和易于实施等优点。

LMDS 基于 MPEG 技术，从微波视频分布系统（Microwave Video Distribution System，MVDS）发展而来。作为一种新兴的宽带无线接入技术，LMDS 为“最后一公里”宽带接入和交互式多媒体应用提供经济和简便的解决方案，它的宽带属性使其可以提供大量电信服务和应用。

一个完整的LMDS系统由四部帧成，分别是本地光纤骨干网、网络运营中心（NOC）、基站系统、用户端设备（CPE）。

LMDS的特点是：

①LMDS的带宽可与光纤相比拟，实现无线“光纤”到楼，可用频带至少1 GHz。与其他接入技术相比，LMDS是“最后一公里”光纤的灵活替代技术。

②光纤传输速率高达Gb/s，而LMDS传输速率可达155 Mb/s，稳居第二。

③LMDS可支持所有主要的语音和数据传输标准，如ATM、TCP/IP、MPEG－2等。

④LMDS工作在毫米波波段、20～40 GHz频率上，被许可的频率是24 GHz、28 GHz、31 GHz、38 GHz，其中以28 GHz获得的许可较多，该频段具有较宽松的频谱范围，最有潜力提供多种业务。

LMDS的缺点是：

①传输距离很短，仅5～6 km，因而不得不采用多个小蜂窝结构来覆盖一个城市。

②多蜂窝系统复杂。

③设备成本高。

④雨衰太大，降雨时很难工作。目前LMDS基本上还处于试用阶段，而不少的制造商则把为LMDS开发的技术使用到2.5～2.7 MHz和3.4～3.6 MHz频率的产品上，出现了新一代的无线双向宽带接入技术。

LMDS系统工作在10、24、26、28、31、38 GHz频段，在欧洲和北美已有多个频段得到了批准和使用，在中国，LMDS频率标准还未出台，但24～26 GHz、38～40 GHz已被批准用于试验。

8.5.3 卫星通信接入技术

在我国复杂的地理条件下，采用卫星通信技术是一种有效方案。在广播电视领域中，直播卫星电视是利用工作在专用卫星广播频段的广播卫星，将广播电视节目或声音广播直接送到家庭的一种广播方式。

随着Internet的快速发展，利用卫星的宽带IP多媒体广播解决Internet带宽的“瓶颈”问题，通过卫星进行多媒体广播的宽带IP系统逐渐引起了人们的重视，宽带IP系统提供的多媒体（音频、视频、数据等）信息和高速Internet接入等服务已经在商业运营中取得一定成效。由于卫星广播具有覆盖面大、传输距离远、不受地理条件限制等优点，利用卫星通信作为宽带接入网技术，将有很大的发展前景。目前，已有网络使用卫星通信的VSAT技术，发挥其非对称特点，即上行检索使用地面电话线或数据电路，而下行则以卫星通信高速率传输，可用于提供ISP的双向传输。

卫星通信在Internet接入网中的应用，在国外已很广泛，而我国也从1999年起，开始利用美国休斯公司DirecPC技术解决Internet下载“瓶颈”问题。另外，双威通信网络与首创公司已达成协议，双方各自利用无线接入技术和光缆等专线资源，共同为用户提供宽带互联网接入服务。这标志着卫星传送已进入首都信息平台。其上行通过现有的163拨号或专线

TCP/IP 网络传送，下行信息通过 54 MHz 卫星带宽广播发送，这样用户可享受比传统 Modem 高出 8 倍的速率，达到 400 kb/s 的浏览速度、3 Mb/s 的下载速度，为用户节省 60% 以上的上网时间，还可以享受宽带视频、音频多点传送服务。卫星通信技术用于 Internet 的前景非常好，相信不久之后，新一代低成本的双向 IPVSAT 将投入市场。

8.5.4 不可见光纤无线系统

不可见光纤无线系统是一种采用连续点串接网络结构组成自愈环工作的宽带无线接入系统，兼有 SDH 自愈环的高可用性能和无线接入的灵活配置特性，可应用于 28 GHz、29 GHz、31 GHz 和 38 GHz 等毫米波段。系统通路带宽为 50 MHz，前向纠错采用 RS 和格栅码调制。当通路调制采用 32QAM 时，可以提供 155 Mb/s 全双工 SDH 信号接口，用户之间通过标准 155 Mb/s，1 310 nm 单模光纤接口互连；当通路调制采用 8 psk 时，可以提供两个 100 Mb/s 全双工快速以太网信号接口，用户之间通过标准 100 Mb/s，1 310 nm 多模光纤接口互连。

该系统不同于多点的 LMDS，采用环形拓扑结构，当需要扩容时，可以分拆环或在 POP 点增加新环。系统的频谱效率很高，运营者可重复使用一对射频信道给业务区的所有用户提供服务。该系统采用有效的动态功率电平调节和向前纠错技术，具有优良的抗雨衰能力。可为用户提供宽带 Internet 接入、增值业务、会议电视、远程教学、VoIP、专线服务及传统的电话服务等，是一种在企事业市场上有竞争力的新技术。

总的来看，宽带无线接入技术代表了宽带接入技术的一种新的不可忽视的发展趋势，不仅敷设开通快，维护简单，用户较密时成本低，并且改变了本地电信业务的传统观念，最适合于新的电信竞争者与传统电信公司和有线电视网络公司展开有效的竞争，也可以作为电信公司和有线电视网络公司有线接入的重要补充。

目前，无论是电信网的核心部分还是 CATV（有线电视）网的骨干部分，都向着高速、高带宽的方向发展。网络传输的业务种类会越来越多，带宽的需求越来越宽，交互性会越来越强，显然网络的“瓶颈”部分——接入网也将向着同样的方向发展，只有这样，才能实现网络的现代化和宽带化。

9 无线局域网 WLAN

无线局域网（Wireless Local Area Network，WLAN）是指以无线方式接入有线网络的局域网络。WLAN 的网络主干仍然是有线网络，通过在有线网络的接入层连接无线接入设备，实现无线方式接入有线网络，并延伸了有线网络（LAN）的覆盖范围。

9.1 WLAN 的传输方式

无线局域网采用电磁波作为信息传输介质，采用无线电波与红外线作为传输介质，采用的调制方式主要为扩展频谱与窄带调制；采用的频段主要有 902 ~ 928 MHz、2.4 ~ 2.48 GHz、5.725 ~ 5.850 GHz。

在扩展频谱方式中，数据基带信号的频谱被扩展至几倍至几十倍后再被搬移至射频发射出去。这一做法虽然牺牲了频带带宽，却提高了通信系统的抗干扰能力和安全性。由于单位频带内的功率降低，对其他电子设备的干扰也减小了。

采用扩展频谱方式的无线局域网一般选择所谓 ISM 频段，这里 ISM 分别取于 Industrial、Scientific 及 Medical 的第一个字母。许多工业、科研和医疗设备辐射的能量集中于该频段，例如，美国 ISM 频段由 902 ~ 928 MHz、2.4 ~ 2.48 GHz、5.725 ~ 5.850 GHz 三个频段组成。如果发射功率及带宽辐射满足美国联邦通信委员会（FCC）的要求，则无须向 FCC 提出专门的申请即可使用 ISM 频段。

在窄带调制方式中，数据基带信号的频谱不做任何扩展即被直接搬移到射频发射出去。与扩展频谱方式相比，窄带调制方式占用频带少，频带利用率高。采用窄带调制方式的无线局域网一般选用专用频段，需要经过国家无线电管理部门的许可方可使用。

基于红外线的传输技术最近几年有了很大发展。目前广泛使用的家电遥控器几乎都是采用红外线传输技术。红外线的最大优点是这种传输方式不受无线电干扰，且红外线的使用不受国家无线电管理委员会的限制。然而，红外线对非透明物体的透过性极差，这导致传输距离受限。

9.1.1 电磁波

无线网局域网采用电磁波作为信息传输介质，电磁波是电磁场的一种运动形态，电磁波通过电磁场在空间中的变化，实现信号的传输。按照波长与频率把这些电磁波排列起来，就是电磁波频谱。如果把每个波段的频率由低到高排列起来，它们是工频电磁波、无线电波、红外线、可见光、紫外线、X 射线及 γ 射线。其中无线电的波长最长，宇宙射线的波长最短，如图 9－1 所示。

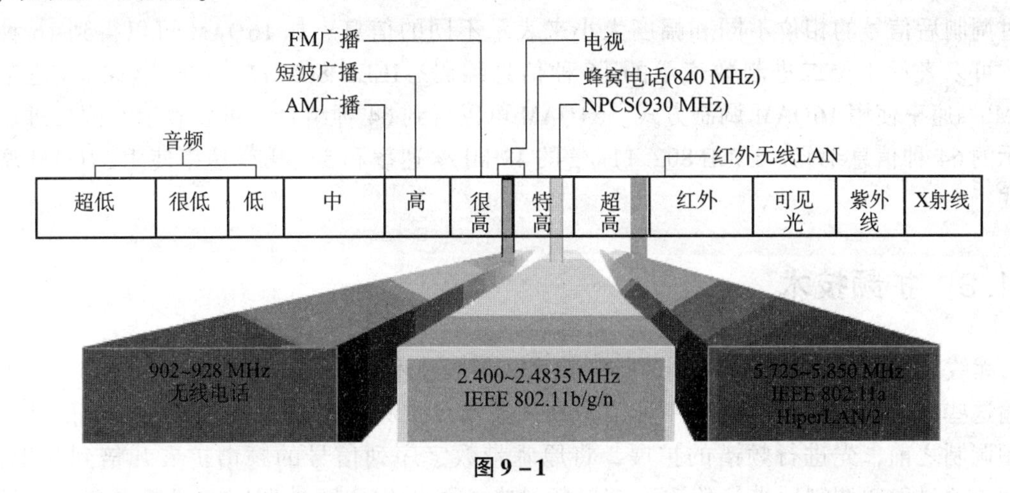

图 9－1

无线电波波长：3 000 m～0.3 mm

红外线波长：0.3～0.75 mm

可见光波长：0.4～0.7 μm

紫外光波长：0.4～10 μm

X 射线波长：0.1～10 μm

γ 射线波长：0.1～0.001 μm

IEEE 802.11b/g/n 协议标准使用的 2.4～2.48 GHz、5.725～5.850 GHz 频段属于无线电波中的超高与极高频段。

9.1.2 调制技术

无线网通信采用载波调制技术实现传输，发送端通过调制将传输的数据信息载在射频载波上进行传输，接收端将收到的射频载波进行解调，从载波中提取传输数据信息，恢复出传输数据信息。

调制技术基本的调制方式有幅移键控（ASK）调制方式、频移键控（FSK）调制方式和相移键控（PSK）调制方式。ASK 调制方式通过两个不同幅度的载波来表示 0、1 数字信息，FSK 调制方式通过两个不同频率的载波来表示 0、1 数字信息，PSK 调制方式通过两个不同相位的载波来表示 0、1 数字信息。

为了提高通信速率，无线数字通信中还使用其他综合调制方式。在无线局域网中，调制一般采用二进制相移监控方式（BPSK）、四相相移监控（QPSK）方式、补码键控（CCK）方式和正交调幅（QAM）方式。

BPSK 方式用一个相位来表示二进制中的一个 1、另一个相位来表示 0。IEEE 802.11 的 1 Mb/s 速率、IEEE 802.11a/g 的 6 Mb/s 速率和 9 Mb/s 速率使用 BPSK 调制方式。

QPSK 方式用 4 个相位分别来表示 2 个二进制数中的 00、01、10、11。IEEE 802.11 的

2 Mb/s速率、IEEE 802.11a/g 的 12 Mb/s 速率和 19 Mb/s 速率使用 BPSK 调制方式。

CCK 方式采用一个复杂的数学函数，可以使若干个 8 bit 序列在每个码子中编码 4 位或 8 位，IEEE 802.11b 的 5.5 Mb/s 速率、11 Mb/s 速率使用 CCK 调制方式。

正交调幅（QAM）方式是一种综合调制方式，通过对同相和正交两种信号进行调幅，通过调制后信号的相位不同和幅度大小来表示不同的信息。如 16QAM 可以得到 16 种组合，可以表示 4 位二进制数表示的 16 种信息编码。IEEE 802.11a/g 的 24 Mb/s 速率和 36 Mb/s速率使用 16QAM 调制方式。64QAM 可以得到 64 种组合，可以表示 6 位二进制数表示的 64 种信息编码。IEEE 802.11a/g 的 48 Mb/s 速率和 54 Mb/s 速率使用 64QAM 调制方式。

9.1.3 扩频技术

无线局域网的信号传输采用了扩频技术。扩频技术是传输信息时所用信号带宽远大于传输这些信息所需最小带宽的一种信号处理技术。扩频技术在对数据基带序列信号进行射频调制之前，先进行频谱的扩展，将原基带数字序列信号的频谱扩展几倍到几十倍，然后再通过射频调制后进行传输。扩展频谱方式可以用比窄带调制方式低得多的信号功率来发送，可在比信号还要强的噪声环境下保证信息的正确接收，大大提高了通信系统的抗干扰能力。

扩频技术由于信号频谱的展宽，导致干扰也需要在更宽的频带上进行，分散了干扰功率，提高了通信的抗干扰能力。简单地说，如果信号频谱展宽 10 倍，在总功率不变的条件下，其干扰强度只有原来的 1/10。显然，扩展的频谱越宽，抗干扰能力就越强。

无线网的传输环境往往干扰因素多，信噪比较差，在较差的信噪比情况下，可以通过增加带宽实现可靠地传输信号，甚至在信号被噪声淹没的情况下，只要增加带宽，仍然能够保持可靠地通信。

无线局域网中传输的信号为数据基带序列信号，采用扩频传输技术时，在发端输入的数据基带序列信号由扩频码发生器产生的扩频码序列去调制数据基带信号以展宽信号的频谱，展宽后的信号再调制到射频发送出去。由此可见，采用扩频传输技术，基带数字信号在发送端要经过两次调制，第一次调制为扩频调制，第二次调制为射频调制。同样，在接收端解调也相应地要经过射频解调和扩频解调两次解调。与一般通信系统比较，扩频通信多了扩频调制和解扩部分。

扩频存在多种扩频方式，无线局域网中常用的扩频方式有直接序列扩频（Direct Sequence Spread Spectrum，DSSS）、跳频扩频（Frequency Hopping Spread Spectrum，FHSS）和正交频分复用技术（Orthogonal Frequency Division Multiplexing，OFDM）。

直接序列扩频采用的扩频码序列是高频率的二进制比特流，这种二进制比特流是按照特定的算法由数字电路产生的扩频码序列。传输时，在发送端，先使用这种扩频码系列对无线传输载波进行调制，被扩频码系列调制后的载波又同传输数据信息进行混合，通过发射机发射。在接收端，相应的接收机内能够产生相同的扩频码系列，按照接收端的二次逆过程解调，解析出传输的数据信息。显然，直接序列扩频就是直接用高频率的扩频码系列去调制载波，扩展信号的频谱，而在接收端，用相同的扩频码序列进行解扩，

把展宽的扩频信号还原成原始的信息。直接序列扩频通信如图 9－2 所示。

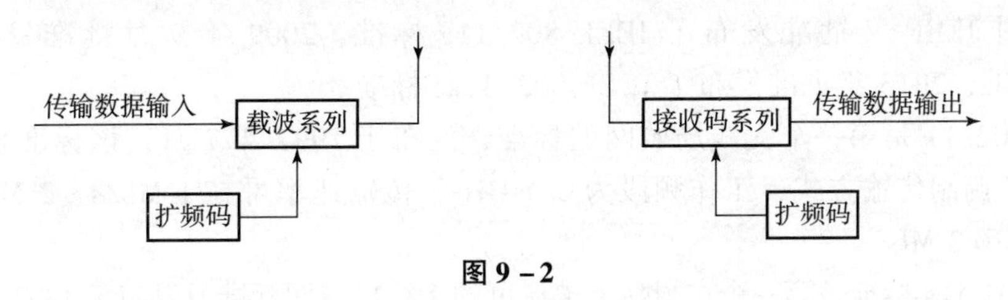

图 9－2

跳频扩频使用频移键控技术，使收发双方设备无线传输信号的载波频率按照预定算法或者规律进行离散变化，也就是说，无线传输信号使用的载波频率按照特定的算法由数字电路产生的伪随机码的控制而随机跳变。跳频扩频方式利用无线电从一个频率跳到另外一个频率来发送数据信号，在每个频率上传输若干位数据信息。

在跳频技术中，数据基带信号经调制成带宽的基带信号后，进入载波调制。载波调制的载波频率受伪随机码发生器控制，载波频率带宽远大于基带信号带宽，通过跳频调制实现基带信号带宽扩展到发射信号使用的带宽的频谱扩展。

简单的频移键控只使用两个频率，而无线通信的跳频系统使用几十个甚至上千个频率由伪随机码去控制，在传输中不断跳变，在接收端，通过使用与发送端完全相同的伪随机码进行第一次解扩，恢复出带宽的基带信号，然后在经过第二次解调恢复出原有的数据信息。与定频通信相比，跳频通信比较隐蔽，也难以被截获。只要对方不清楚载频跳变的规律，就很难截获发送方的通信内容，所以具有较高的安全性。

正交频分复用技术（Orthogonal Frequency Division Multiplexing，OFDM）是一种独特的扩频技术。OFDM 将信道分成若干正交子信道，将一个高速的数据信号转换成并行的低速子数据流，然后调制到通过划分的多个子信道上进行传输，从而减小了载波间的干扰。

扩频技术由于要用扩频编码进行扩频调制发送，而信号接收需要用相同的扩频编码之间的相关解扩才能得到，这就给频率复用和多址通信提供了基础。利用不同码型的扩频编码之间的相关特性，分配给不同用户不同的扩频编码，就可以区别不同用户的信号，实现多用户的复用通信。通过无线进行通信的众多用户，只要配对使用自己的扩频编码，就可以互不干扰地同时使用同一频率通信，从而实现了频率复用，使拥挤的频谱得到充分的利用。由于扩频技术具有抗干扰能力强、隐蔽性好、便于复用等优点，在无线网络通信传输中被广泛使用。

9.2 WLAN 技术标准

9.2.1 802.11 技术标准

无线网局域网始于 20 世纪 80 年代，一些厂家开始推出 WLAN 的雏形产品，随着无线网局域网技术的不断成熟。1990 年，IEEE 成立了 IEEE 无线网标准工作组，致力于 WLAN 相关技术研究和标准制定。1997 年，IEEE 发布了第一个 WLAN 的国际标准 IEEE 802.11，该标准于 1999 年完成修订，并相继发布了 IEEE 802.11a 和 IEEE 802.11b 两个标准。

随着 WLAN 的网络速率的不断提高，在 IEEE 802.11a 和 IEEE 802.11b 的基础上，2003 年 6 月 IEEE 又批准发布了 IEEE 802.11g 标准，2009 年 9 月批准发布了 IEEE 802.11n 标准，2013 年批准发布了 IEEE 802.41ac 标准。

IEEE 802.11 是第一个无线局域网的标准，发布于 1997 年 7 月，该标准采用 BPSK、QPSK/FHSS 调制传输方式，工作频段为 2.4 GHz，传输速率可在 1 Mb/s、2 Mb/s 之间切换，最高速率 2 Mb/s。

IEEE 802.11a 标准是第一个在国际上被认可的无线局域网标准，发布于 1997 年 9 月，该标准采用 64QAM/OFDM 调制传输方式，工作频段为 5.8 GHz，最高速率为 54 Mb/s。传输速率可在 6 Mb/s、9 Mb/s、12 Mb/s、18 Mb/s、24 Mb/s、36 Mb/s、48 Mb/s、54 Mb/s 之间切换。

IEEE 802.11b 标准于 1999 年 9 月被正式批准，该标准是对 IEEE 802.11 标准的一个补充，引入了 CCK/DSSS 调制传输方式。该标准工作频段为 2.4 GHz，最高速率为 11 Mbp。传输速率可在 11 Mb/s、5.5 Mb/s、2 Mb/s 、1 Mb/s 之间切换。

以上两个标准中，2.4 GHz 频段是免费开放的频段，采用 2.4 GHz 频段的 IEEE 802.11b 为世界上绝大多数国家所采用，而 5.8 GHz 是 IEEE 802.11a 独占的频段，目的是避免采用 2.2 GHz公共频段的信号干扰，但是 5.8 GHz 频段在一些国家和地区的使用情况比较复杂，加上高载波频率带来了负面效果，使得 802.11a 的普及受到了限制，尽管它是协议组的第一个版本。

IEEE 802.11g 标准是针对 IEEE 802.11b 速度较低提出的标准，IEEE 802.11g 工作频段仍然采用 2.4 GHz，传输速率从 IEEE 802.11b 的 11 Mb/s 提升到了 54 Mb/s，传输速率也可在 6 Mb/s、9 Mb/s、12 Mb/s、18 Mb/s、24 Mb/s、36 Mb/s、48 Mb/s、54 Mb/s 之间切换。IEEE 802.11g 分别采用了 IEEE 802.11b 的 CCK/DSSS 调制传输方式和 IEEE 802.11a 的 64QAM/OFDM 调制传输方式，故 IEEE 802.11g 的终端设备可以访问现有的 IEEE 802.11b 接入点和新的 IEEE 802.11g 接入点。

IEEE 802.11n 标准是为进一步提高无线局域网传输安全性和传输速率提出的标准，通过对 IEEE 802.11 的物理层和 MAC 层的技术改造，IEEE 802.11n 的安全性和传输速率都得到了显著的提高，传输速率可达 300 ~ 600 Mb/s，可工作在双频模式，包含 2.4 GHz 和 5.8 GHz 两个工作频段，可以与 IEEE 802.11a/b/g 标准兼容。

IEEE 802.11n 采用 OFDM/MIMO 调制技术。OFDM 调制技术是将高速率的数据流调制成多个较低速率的子数据流，再通过已划分为多个子载体的物理信道进行通信，从而减少了码间的干扰。MIMO（多入多出）技术是在链路的发送端和接收端都采用多副天线，在不增加信道带宽的情况下，成倍地提高通信系统的容量和频谱利用率，实现了 WLAN 系统速率从 54 Mb/s 到 300 Mb/s 提升。

IEEE 802.11n 通过将两个相邻的 20 MHz 带宽捆绑在一起组成一个 40 MHz 通信带宽，在实际工作时可以作为两个 20 MHz 的带宽使用（一个为主带宽，一个为次带宽，收发数据时既可以 40 MHz 的带宽工作，也可以单个 20 MHz 带宽工作），这样可将速率提高一倍，可以达到 600 Mb/s 的速率。

除了以上为了提升速度不断推出的 IEEE 802.11a/b/g/n 标准，为了解决 802.11 标准中安全机制的缺陷，IEEE 802.11i 工作组提出了 802.11i 标准。802.11i 标准结合 IEEE 802.1x

的用户端口认证和设备验证，对无线局域网的 MAC 层进行了修改，定义了严格的加密格式和授权机制，提升了无线局域网的安全性。此外，中国制定了 WAPI 标准。无论是 802.11i 还是 WAPI，都是为了保障用户无线数据的安全。

随着 WLAN 的大规模部署、Voice Over WLAN 等需求对无线网络覆盖范围、无线资源和无线终端管理提出了更高要求，为此，IEEE 成立了 802.11h、802.11k 和 802.11v 工作组，相继推出了 802.11h、802.11k 和 802.11v 标准。此外，为了简化大量 AP 设备部署时的操作成本，IETF 成立了 CAPWAP 工作组以制定相关标准。

为了满足 Voice Over WLAN 等业务对 QoS、快速漫游的要求，IEEE 成立了 802.11e、802.11r 工作组，推出了 802.11e、802.11r 标准；为了标准化基于 WLAN 的 mesh 网络技术，IEEE 成立了 802.11s 工作组，推出了 802.11s 标准。

历经十几年的发展，IEEE 802.11 已经从最初的 IEEE 802.11a/b/g/n 发展到了目前的 IEEE 802.11z 等 27 种标准。到目前为止，IEEE 802.11 标准还在不断地推出，更多新的 IEEE 802.11 标准正在制定中。

谈到 IEEE 802.11 工作组的相关标准，就必然谈到 Wi－Fi 联盟。IEEE 802.11 主要关注的是技术标准和协议接口，并没有限制协议的具体实现，所以即使各厂家基于相同协议标准开发，仍然存在互通风险。802.11 标准的产品化、产业化需要一个组织来推动，产品互通性需要一个组织来认证，这些需求促进了 Wi－Fi 联盟的诞生。Wi－Fi 联盟参考 IEEE 802.11 标准制定了大量认证标准。比如，参考 802.11i 协议，Wi－Fi 联盟制定了 WPA/WPA2 认证标准；参考 802.11e 协议，制定了 WMM 认证标准。Wi－Fi 联盟的存在极大地推动了 WLAN 产业化。

9.2.2 介质访问控制

按照局域网的体系结构，局域网由逻辑链路控制子层（LLC）、介质访问控制子层（MAC）和物理层（PHY）构成，不同的局域网统一采用了统一的 LLC 协议，它们的差别在于介质访问控制子层（MAC）和物理层（PHY）。WLAN 物理层涉及数据的调制方式、数据速率、工作频段，已经在 IEEE 802.11 标准中进行了讨论，这里讨论 IEEE 802.11 的介质访问控制子层 MAC 层。

MAC 层定义介质访问控制方法和 MAC 帧格式，无线局域网的介质访问控制方法是在 CSMA/CD 协议的基础上进行改进的介质访问控制方法 CSMA/CA。CSMA/CD 协议已经成功在有线局域网中使用，但 CSMA/CD 在无线局域网环境下却会发生一些问题。

首先是隐蔽站问题。由于无线局域网的接收信号强度远小于发送信号强度，可能会发生距离发射天线较远点的站未能侦听到发生冲突，这种站称为隐蔽站。隐蔽站的存在使得网络已经不空闲，但隐蔽站认为网络空闲，继续发送数据，导致冲突产生，发送失败。

隐蔽站的实例如图 9－3（a）所示，图中画出了四个无线移动站，假定无线信号的传播范围是以发送站为圆心的一个圆面积。图中 A 站和 C 站都要与 B 站通信，但 A 站、C 站相距较远，彼此听不到对方，当 A 站、C 站检测到信道空闲时，就向 B 站发送数据，结果产生碰撞，发生冲突。

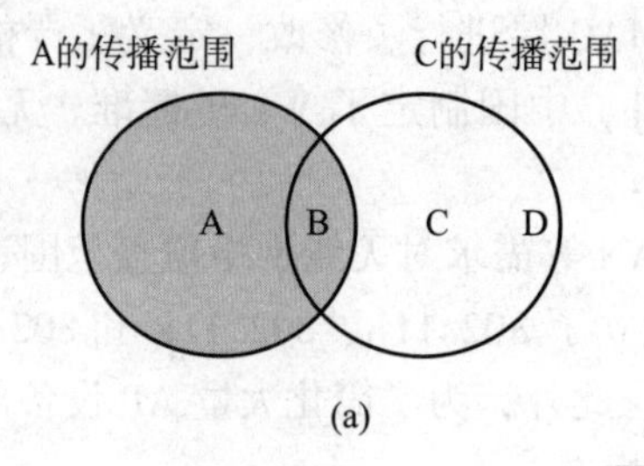

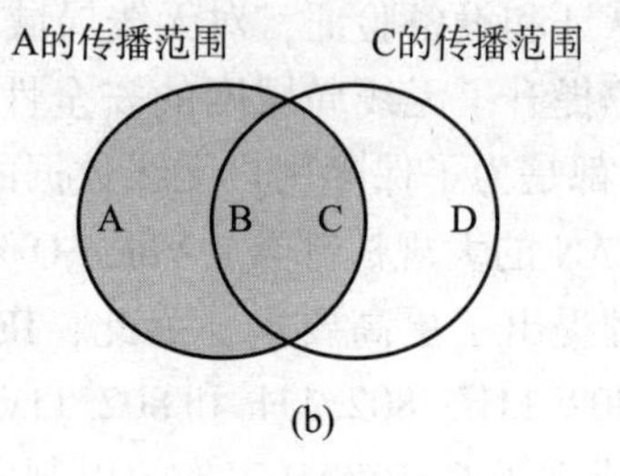

图 9 – 3

其次是暴露站的问题。无线局域网络允许在同一时刻多对站点同时发送数据。而在如图 9 – 3（b）所示网络中，站点 B 要向 A 站发送数据，而站点 C 也要向 D 站发送数据，但由于 B 的数据发送导致 C 检测到信道忙，于是 C 站不发送数据，处于等待状态。实际上，B 站向 A 站发送数据并不影响 C 站向 D 站发送数据。

由于隐蔽站和暴露站问题的存在，CSMA/CD 不能直接用在无线局域网中，需要对它进行改造。改造的重点是冲突检测部分，无线局网络改造 CSMA/CD 的思路是将冲突检测（Collision Detection，CD）改造为冲突避免（Collision Avoidance，CA），即将 CSMA/CD 改造成 CSMA/CA。

为了有效避免冲突，802.11 的 MAC 层定义了两个子层，分别采用两种操作模式，即点协调功能 PCF（Point Coordination Function）和分布协调功能 DCF（Distribution Coordination Function），如图 9 – 4 所示。

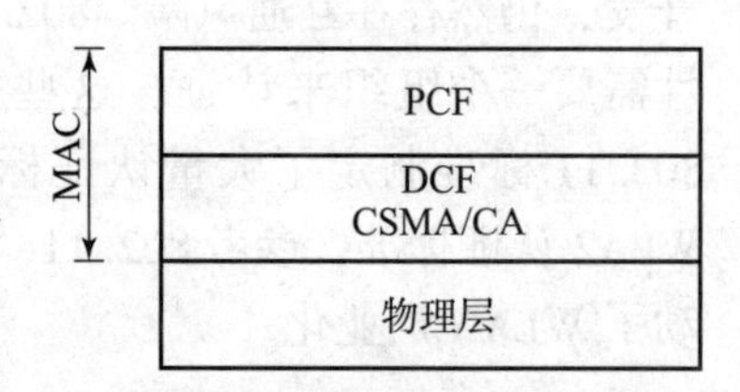

图 9 – 4

PCF 是一种无争用服务，采用集中式控制方式，由网上的控制中心采用轮询的办法将发送权轮流交给网上的各个站，从而避免了冲突的发生。

DCF 是一种争用服务，采用分布式控制方式，采用 CSMA/CA 协议，通过 CSMA 争用来获取信道，并通过在发送数据前对信道的预约来避免冲突（CA）发生。

802.11 协议规定，DCF 和 PCF 可以共存于一个站中，PCF 对每一个站是选用的功能，DCF 是每一个站必须具有的功能。

CSMA/CA 协议的工作流程分为两步：

①每个站需要发送数据，先监听信道状态，监听到信道空闲，维持一段时间后，才送出数据。由于每个站采用的维持随机时间不同，所以可以减少冲突的机会。

②送出数据前，先送一个请求传送控制帧（Request to Send，RTS）给接收站，接收站收到 RTS 帧后，向发送站回应一个允许发送控制帧（Clear to Send，CTS），发送站收到 CTS 后，就完成了预约，可向接收站发送其数据帧了（没有收到 RTS 的站是不能发送数据的）。接收站收到数据帧后，向发送站返回确认帧（Acknowledge，ACK）。CSMA/CA 利用 RTS – CTS 握手机制，完成信道预约，确保接下来传送数据帧时不会被碰撞。

CSMA/CA 的工作机制可以有效解决隐蔽站和暴露站的问题。原理如图 9 – 5 所示。图 9 – 5中，设 B 站、C 站、E 站在 A 站的无线信号覆盖范围内，而站 D 不在其内；A 站、E 站、D 站在 B 站 的无线信号覆盖范围内，但 C 站不在其内。

如果站 A 要向站 B 发送数据，那么，站 A 在发送数据帧之前，要先向站 B 发送 RTS 帧，站 B 收到 RTS 帧后就向站 A 回应 CTS 帧。站 A 收到 CTS 帧后就完成预约，可向 B 站发送其数据帧了。现在讨论在A和B两个站附近的一些站将做出什么反应。

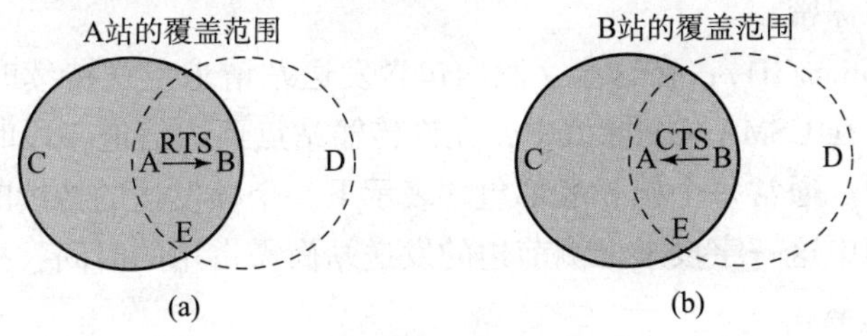

图9-5

对于C站，C站处于A站的无线传输范围内，但不在B站的无线传输范围内，因此，C站能够收听到A站发送的RTS帧，但经过一小段时间后，C站收听不到B站发送的CTS帧，说明不在B站的无线传输范围内，可以与在自己无线传输范围内的站点D传输数据，而不会干扰B站接收数据。于是站点C可以向站点D发送数据。

对于D站，D站收听不到A站发送的RTS帧，但能收听到B站发送的CTS帧，说明在B站的无线传输范围内，不能发送数据。因此，D站在收到B站发送的CTS帧后，应在B站随后接收数据帧的时间内关闭数据发送操作，以避免干扰B站接收自A站发来的数据。

对于E站，它能收到RTS帧和CTS帧，说明处于A站和B站的覆盖范围，因此，站E在站A发送数据帧的整个过程中不能发送数据。

可以看出CSMA/CA协议通过RTS和CTS帧预约信道能有效地避免冲突的发生，同时不影响不在无线传输范围内的其他站的同时发送数据。虽然使用RTS和CTS帧会使整个网络的效率有所下降，但这两种控制帧都很短，它们的长度分别为20和14字节，而数据帧则最长可达2 346字节，相比之下开销并不算大；相反，若不使用这种控制帧，一旦发生冲突，将导致数据帧重发，浪费的时间就更多。

尽管CSMA/CA协议经过了精心设计，但冲突仍然会发生。例如，B站和C站同时向A站发送RTS帧。这两个RTS帧发生冲突后，使得站A收不到正确的RTS帧，因而A站就不会发送后续的CTS帧。这时，站B和站C像以太网发生冲突那样，各自随机地推迟一段时间后重新发送其RTS帧。推迟时间的算法也是使用二进制指数退避。

9.2.3 MAC帧格式

IEEE 802.11定义的MAC帧结构如图9-6所示。MAC帧由30字节的帧头、长度可变（0~2 312字节）的帧主体信息（数据）和4字节的帧校验序列FCS组成。无线局域网中发送的各种类型的MAC帧都采用这种帧结构，帧格式中的各字段定义如下：

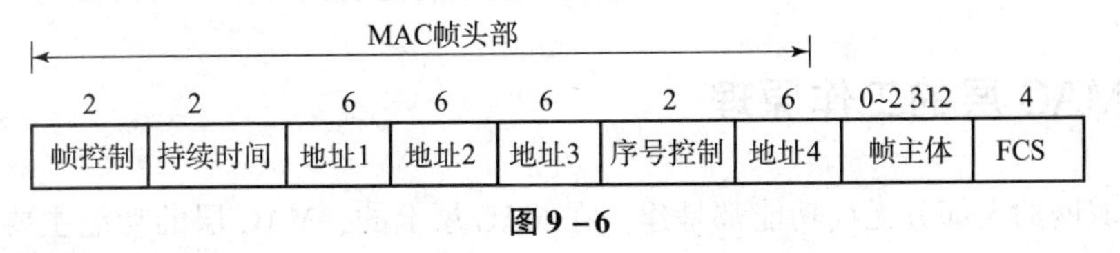

图9-6

帧控制（Frame Control）：帧控制字段在工作站之间发送的控制信息。控制字段又可划分为若干子字段。重要的子字段有协议字段、类型字段和有线等效保密字段等子字段。其中，协议字段表明使用的协议版本；类型字段用来表明当前发送帧的类型，如控制帧、数据帧或管理帧；有线等效保密字段表明在无线信道上使用 WEP 加密算法在效果上可以和在有线信道上通信一样地保密。

持续时间（Duration/ID）：在这个字段内包含发送站请求发送持续时间的数值，值的大小取决于帧的类型。在 CSMA/CA 协议中，允许传输站点预约信道一段时间，该时间的值被写入持续时间字段中。通常每个帧一般都包含表示下一个帧发送的持续时间信息。网络中的各个站都通过监视帧中这一字段来推测前边的发送站尚需占用的时间，推迟自己的发送，从而减少发生冲突的概率。

地址 1、地址 2、地址 3、地址 4，地址字段包含不同类型的地址，地址的类型取决于发送帧的类型。这些地址类型可以包含基本服务组标识（BSS - ID）、源地址、目标地址、发送站（AP）地址和接收站（AP）地址。各段地址长度均为 48 位，且有单独地址、组播地址和广播地址之分。

地址字段存在四个地址字段，地址 4 用于自组网络，在这里不予讨论。当无线网上的两个终端站 A、B 之间进行数据通信时，发送站 A 需要将数据发给无线接入点 AP，然后再从 AP 发给 B，此时从 A 发出的数据帧中需要给出自己的地址（源地址）、接收站的地址（目的地址）及无线 AP 的地址。即要给出三个地址，它们分别用地址 1、2、3 表示。如 A 站要将数据发给 B 站，此时 A 站发出的数据帧中地址 1 中表示的是目的地址，地址 2 中表示的是 AP 地址，地址 3 中表示的是源地址。

序列控制（Sequence Control）：序列控制字段指出当前发送帧的序号。序列控制字段能够使接收方区分开某一帧是新传送来的，还是因为出现错误而重传的。该字段最左边的 4 位由分段号子字段组成，第一个分段号为 0，后面的发送分段的分段号依次加 1。站在接收数据时，可通过监视序列号和分段号来判断是否为重复帧。

帧主体（Body）：帧主体字段的有效长度可变，所载的信息取决于发送帧的类型。如果发送帧是数据帧，那么该字段会包含一个 LLC 数据单元。如果发送帧是管理帧或控制帧，它们会在帧体中包含一些特定的控制参数。如果帧不需要承载信息，那么帧体字段的长度为 0。

帧校验序列（FCS）：帧校验系列用于差错控制，无线局域网采用循环冗余码校验法 CRC 对传输的数据帧进行差错校验。发送方对发送的数据按照 CRC 算法生成 FCS，接收方通过 FCS 对收到的数据信息进行校验，检查接收帧中是否有数据传输发生的差错。

检验出现错误的帧要设法进行恢复。差错恢复在接收方把收到错帧和没有收到帧一样对待，就是简单的不给响应帧；当发送方向某站发送一个帧后，若经过一定的时间间隔之后，收不到来自对方（目的工作站）的响应帧，则判断已发送的帧出现传输错误，要对该帧进行重发。系统要控制重发的次数，当超过重发次数限制之后，工作站会丢弃该帧。

9.2.4 MAC 层的工作原理

无线局域网的大部分无线功能都是建立在 MAC 层上的，MAC 层的功能主要是负责客户终端与无线 AP 之间的通信，主要功能有：扫描、认证、接入、传输、加密和漫游等，这些功能都是通过通信双方交换 MAC 帧来完成的。

MAC 的帧分为三种类型：数据帧、管理帧、控制帧。

数据帧：数据帧的功能是向目的工作站的MAC层传送数据信息。发送方要发送数据时，将来自LLC层的数据帧封装成MAC帧，传给物理层调制成无线信号进行传输。接收站收到无线信号时，经物理层解调恢复出MAC帧，对MAC帧解封得LLC帧，交给LLC层。

管理帧：管理帧负责发现无线AP及在工作站与无线AP之间建立初始的通信，提供建立连接和认证服务。当客户要接入无线网络时，首先要通过扫描发现当前环境下存在的无线AP，然后才能进行无线通信，实现数据传输。

当工作站要发送数据时，选择当前环境中存在的无线AP，然后向其发起认证，通过认证后，客户终端向无线AP发起连接，完成连接后，客户终端与无线AP之间的传输链路已经建立，二者就可以进行收发数据帧了。管理帧如Beacon、Probe、Authentication、Association。其中Beacon、Probe用于扫描发现无线AP，Authentication用于认证，Association用于连接。

控制帧：控制帧的功能是实现通信传输的介质控制。主要的控制帧有请求发送（RTS帧）、允许发送（CTS帧）和确认（ACK帧）。当客户终端与无线AP之间完成建立连接和认证之后，控制帧按照CSMA/CA协议的工作流程为数据帧的发送提供请求发送（RTS）、允许发送（CTS），获取信道使用权，进行数据发送。接收方对发来的数据进行接收，并对收到数据对数据信息进行差错校验，校验结果正确，则向发送方回应确认（ACK）帧，表示数据已正确接收。

扫描：扫描是客户终端接入无线局域网的第一个步骤，客户终端通过扫描来发现当前环境存在的无线AP，或者是在漫游时寻找新的无线AP。无线局域网的扫描存在主动扫描（Active Scanning）和被动扫描（Passive Scanning）两种方式。

当AP上设置了SSID信息后，AP会定期（100 ms）发送一个Beacon的管理帧，Beacon帧中包含了该AP的服务集标识符（SSID）名称、通信速率、认证方式及加密算法、工作信道，发送时间间隔等信息，上网的客户终端通过侦听无线AP定期发送的Beacon帧来发现周围的无线AP。

在被动扫描（Passive Scanning）方式中，客户终端会在不同信道之间不断切换，静候Beacon帧的到来，当一个客户终端进入有无线信号覆盖的环境时，将记录所有收到的Beacon帧的信息，以此来发现周围的无线AP，获取网络服务。

在主动扫描方式中，客户终端主动在每个信道上发送Probe Ruestest帧，从AP回应的Probe Response帧获取AP的SSID名称、通信速率、认证方式、加密算法、工作信道、发送时间间隔等信息，以此来发现周围的无线AP，获取网络服务。

一般情况下，无线局域网采用被动扫描方式，当客户终端进入有无线信号覆盖的环境时，就能发现该环境下的所有无线AP，通过选择合适的无线AP获取网络服务。当系统需要隐藏某个SSID信息时，可以采用主动扫描方式。例如，在一栋办公大楼中提供了两个无线接入AP，其SSID名称分别是“Office”和“Visitor”，其中Office为公司人员提供无线接入服务，连接此SSID可访问公司内网资源，而Visitor专为外部访客提供无线接入服务，连接此SSID仅可以访问Internet资源。为了提高无线网络的安全性，可以将“Office”的无线服务设置为隐藏SSID方式，外部访客将不知道有名为“Office”的AP存在，而内部员工可以通过主动扫描方式获得连接此SSID，获取公司内部网络资源服务。隐藏SSID是最简单、最简便的无线网络安全接入手段之一。

9.3 WLAN组网方式

9.3.1 WLAN相关设备

WLAN网络主要有无线工作站（STA）、无线接入点（AP）、无线控制器（AC）及无线网桥等设备。

①无线工作站（STA）：无线工作站（STA）是带有无线网卡的PC机、支持无线上网的笔记本电脑或APD、智能手机等无线终端。

②无线接入点AP（Access Point）：无线接入点AP简称为无线AP，无线AP提供无线终端到有线网的桥接功能，在无线终端与有线网之间进行无线到有线或有线到无线的帧转发。

③无线控制器AC（Access Controller）：无线控制器AC用于“胖”AP模式，对无线局域网中的AP和STA进行控制和管理，无线控制器还可以通过与认证服务器交互信息来为无线用户提供接入认证服务。

④无线网桥：无线网桥是通过无线接口将两个独立的网络（有线网络或无线网络）桥接起来的桥接设备。

9.3.2 组网方式

目前无线局域网的组网方式主要有Ad-Hoc模式、Infrastructure模式（基础架构模式）、无线漫游模式、无线桥接模式等组网方式。

1. Ad-Hoc模式

Ad-Hoc模式是一种对等网模式。Ad-Hoc模式组成的网络中，只有无线工作站，没有其他设备。每个无线工作站配有无线网卡，通过无线网卡进行相互间的通信。网络中的所有无线工作站（无线终端）都可以与其他工作站直接传递信息，网络中的所有无线工作站地位平等，无须设置任何中心控制节点。网络中的一个无线工作站必须能同时“看”到网络中的其他无线工作站，否则就认为网络中断。Ad-Hoc模式主要用来在没有基础设施的地方快速而轻松地创建无线局域网。Ad-Hoc模式如图9-7所示。由于网络通过各无线工作站独立完成相互的通信，由这些无线工作站独立构成的网络称为独立基本服务集（Independent Basic Service Set，IBSS）。

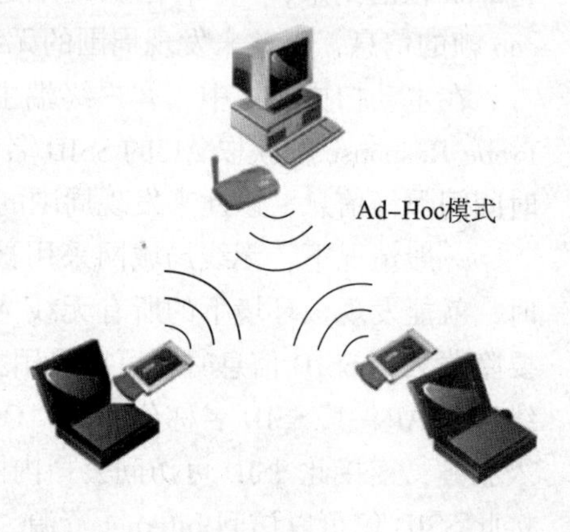

图9-7

2. Infrastructure 模式（基础架构模式）

Infrastructure 模式是目前最常见的一种组网模式，这种组网模式包含一个无线 AP 和多个无线工作站 STA 及有线网络。无线 AP 通过电缆连线与有线网络建立连接，同时通过无线电波与无线工作站连接，实现了多个无线工作站之间的通信、无线工作站到有线网的桥接功能、无线工作站与有线网的通信。

AP 相当于有线局域网里的 Hub，上行传输时，无线 AP 接收来自其各个 STA 发送的无线信号，并对这些无线信号进行处理后通过电缆连线转发给连接 AP 的有线网络，同样，下行传输时，无线 AP 通过电缆连接线接收来自有线网络的信息，并对这些信号处理后以无线信号方式转发给相应的 STA。

通常一个 AP 能够覆盖几十个用户，覆盖半径达上百米，可接入几十个用户终端 STA。通过一个无线访问点（AP）和多个无线工作站（STA）构成的网络称为基本服务集（BSS）。

每一个 AP 能提供一个无线接入服务，无线网络中用服务集标识码（Service Set ID，SSID）来表示每一个 AP 提供的无线接入服务，内容包括接入速率、认证加密方法、网络访问权限等。无线局域网用不同的 SSID 来标识不同的无线接入服务。

Infrastructure 模式是 WLAN 最典型的工作模式，如图 9－8 所示。这种模式中，有线网使用最多的是以太网，无线工作站可以通过 AP 接入以太网共享网络资源。在家庭中，也采用 Infrastructure 模式构成家庭无线网，家庭无线网中，使用最多的是 AP 通过 ADSL 接入公网，使家庭能够访问 Internet。家庭无线组网模式如图 9－9 所示。

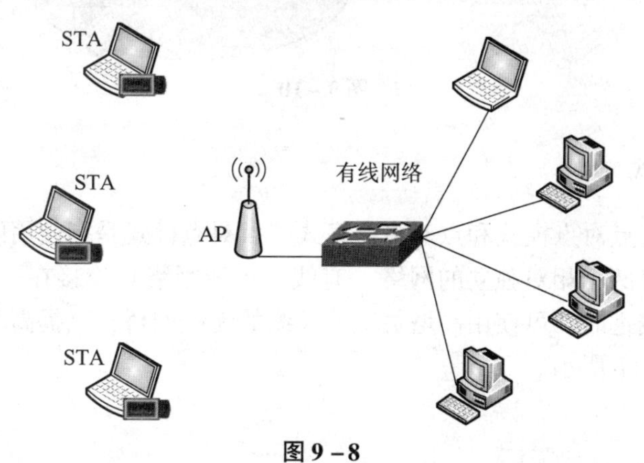

图 9－8

3. 无线漫游网络

无线局域网中，将两个或两个以上的 BSS 连在一起的系统称为分步系统（Distribution System，DS），而通过 DS 把采用相同的 SSID 的多个 BSS 组合成一个大的无线网络称为扩展服务集（Extended Service Set，ESS）。

在无线局域网中，有线网（以太网）构成了分配系统 DS，通过 DS 将多个采用相同 SSID 的 BSS 的连接起来，构成了无线漫游网络，实现用户

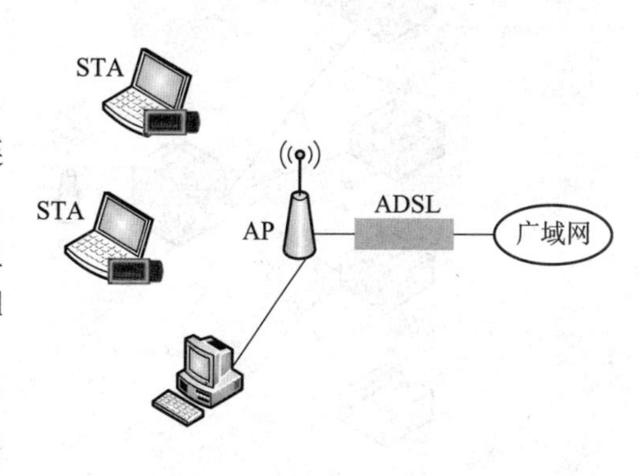

图 9－9

在整个网络内的无线漫游。当用户从一个位置移动到另一个位置，以及一个无线访问点的信号变弱或访问点由于通信量太大而拥塞时，可以连接到新的访问点，而不中断与网络的连接，这一点与日常使用的移动电话非常相似。扩展服务区中的每个 AP 都是一个独立的 BSS，所有 AP 共享同一个扩展服务区标示符 ESSID（每一个 AP 都采用相同的 SSID，该 SSID 名称为 ESSID）。相同 ESSID 的无线网络间可以进行漫游，不同 ESSID 的无线网络形成逻辑子网。无线漫游的无线网络如图 9－10 所示。

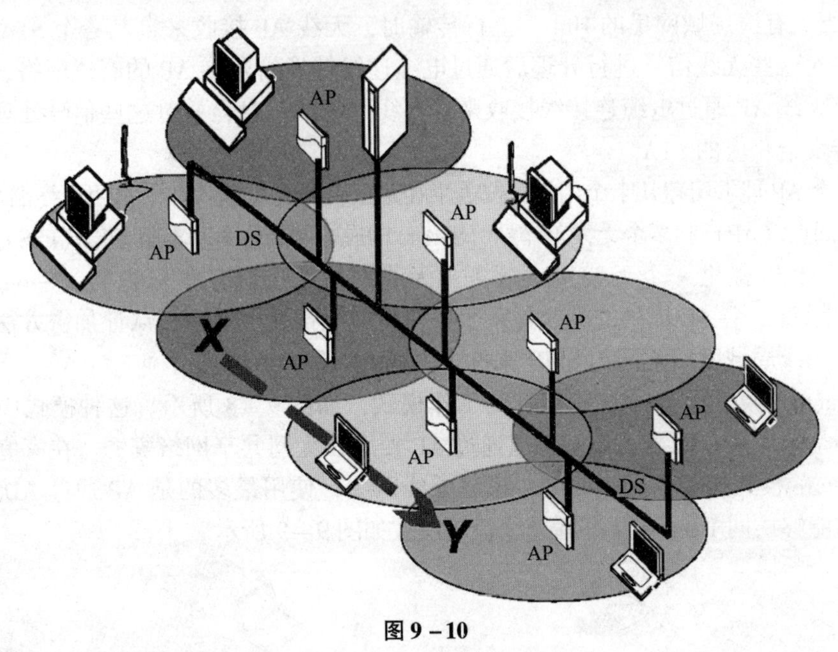

图 9－10

4. 无线桥接模式

无线桥接模式有点对点模式和点对多点模式。点对点模式是指使用两个无线网桥，采用点对点连接方式，将两个相对独立的网络（有线、无线网络）连接在一起。当建筑物之间、网络子网之间相距较远时，可使用高增益室外天线的无线网桥，以提高其覆盖范围，实现彼此的连接，如图 9－11 所示。

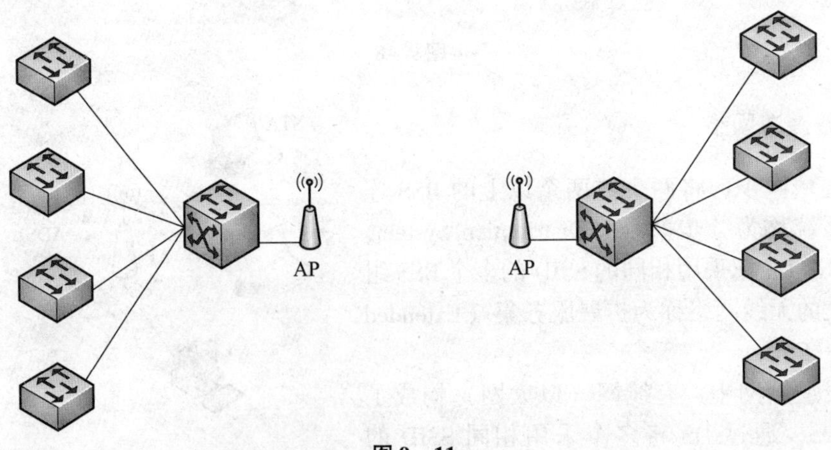

图 9－11

点对多点模式是指使用多个无线网桥，以其中一个无线网桥为根，其他非根无线网桥分布在其周围，并且只能与位于中心的无线网桥通信，从而将多个相对独立的网络连接起来。点对多点无线网络适用于3个或3个以上的建筑物之间、园区之间，或者总部和分支机构之间的连接，如图9－12所示。

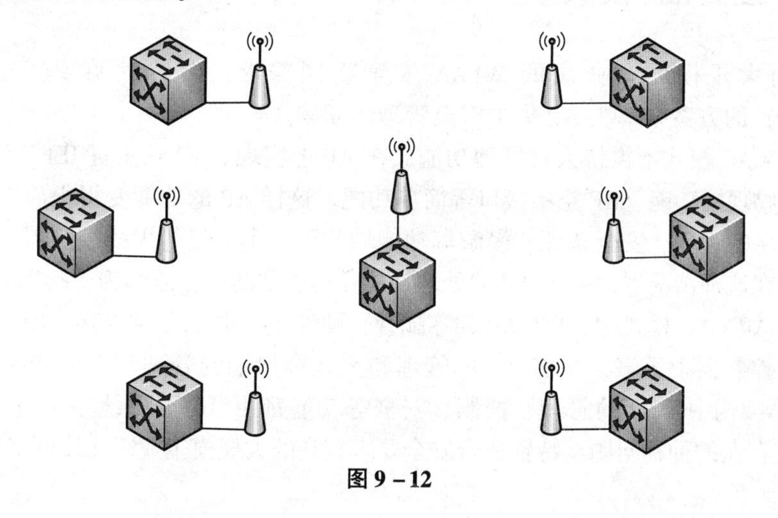

图9－12

9.3.3 “胖”AP模式

早期的无线局域网常采用的网络模式为“胖”AP（FAT AP）的模式，如图9－13所示。

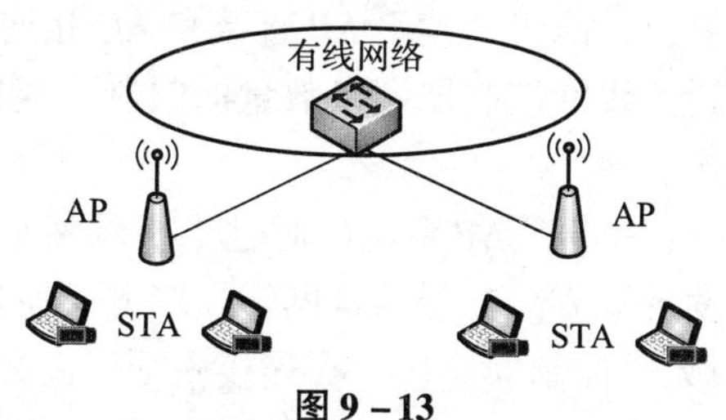

图9－13

从图中可以看到，“胖”AP模式中，整个网络是由有线网部分和以AP为中心的无线网区域部分构成，无线区域里每一个AP都要承担着对自己的覆盖区域范围内的所有STA的管理。整个无线网络部分的物理层、用户数据处理、安全认证、无线网络的管理及漫游功能等都要由AP设备来承担。在这里，AP需要完成所有的传输、控制和管理的功能，处理功能复杂，所以被称为“胖”AP。

由于“胖”AP模式需要对每个AP单独进行配置来完成信道管理和安全性管理，组建大型无线网络时对于AP的配置工作量巨大，同时“胖”AP的软件都保存在AP上，软件升级需要逐台进行，工作量巨大。此外，当AP数量特别多时，每个AP将要承担非常庞大的任务，给网络的管理带来繁重的负担。在安全性上，“胖”AP的配置都保存在AP上，AP设备的丢失可造成系统配置的泄露。“胖”AP模式由于是独立管理，攻击者只要攻陷其中一个AP，就可以通过该AP攻击AP背后的有线网络；另外，当网络中出现非法AP时，“胖”AP模式下也无法抑制非法AP的工作，可能会导致无线用户遭受中间人攻击。因此，“胖”AP方案并不适合安全要求较高、规模较大的无线网组网。但是“胖”AP组网模式可由 AP 直接在有线 LAN 的基础上搭建，简单快捷，适用于家庭或组网和小范围企业无线网络的快速覆盖。

9.3.4 “瘦” AP 模式

为了应对大规模的企业级的 WLAN 安全组网需求，人们发明了“瘦” AP + AC（FIT AP + AC）的方案来解决 AP 集中安全管理的问题。

“瘦” AP + AC 模式不再将大量管理功能放在 AP 上实现。AP 只负责 IEEE 802.11 报文传输的加解密等物理层功能、RF 空中接口等简单功能。这样 AP 的功能变得很简单，原本由 AP 负责的无线网络的管理、安全认证、漫游等功能均放到一个专门的无线控制器（AC）的设备来统一处理。在这种情况下，由于 AP 的处理功能变得非常简单，故称为“瘦” AP。

在“瘦” AP + AC 模式中，FIT AP 为零配置，硬件主要由 CPU + 内存 + RF 构成，配置和软件都从无线控制器上下载，所有 AP 的管理和无线客户端的管理都在无线控制器上完成。“瘦” AP + AC 架构中，AP 的管理、控制、安全等功能都由 AC 可以统一负责，解决了原来“胖” AP 模式存在的种种问题，特别适合安全要求较高的大规模企业级无线网组网。

9.3.5 AP + AC 的三种连接模式

“瘦” AP + AC 模式根据网络拓扑结构分为三种连接模式，分别是直连模式、二层结构网络连接方式和三层结构网络连接方式。

直连模式拓扑结构最简单，只需将“瘦” AP 直接和 AC 相连即可，AC 相当于以太网交换机的作用。但直连模式受到无线网控制器端口数量的限制，能够连接的 AP 数目有限，故一般组网都不会采取直连模式。

二层结构网络连接方式中，“瘦” AP 和 AC 通过二层网络相连，AC 和 AP 需在同一子网范围内，不需要寻址即可发现双方。二层结构网络连接方式通过二层交换机实现连接，可以实现数量较多的 FIT AP 与无线控制器连接，在连接中须保证无线控制器与 FIT AP 间为二层网络。

三层结构网络连接方式中，“瘦” AP 和 AC 通常不在一个网内，需要通过三层网络设备来进行通信，AC 需要连接在三层交换机或者路由器上，AP 和 AC 之间通信需要进行 IP 寻址，由三层网络传输。三层结构网络连接可以实现大量 AP 的连接，只要 FIT AP 与无线控制器间三层路由可达即可。“瘦” AP + AC 的三种连接方式如图 9 – 14 所示。

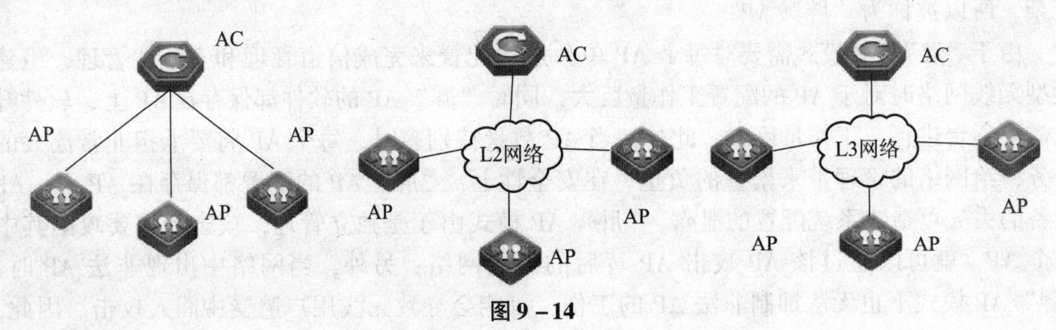

图 9 – 14

9.3.6 大规模 WLAN 组网

企业网、校园网一般规模较大，大规模的 WLAN 组网采用三层结构网络连接方式。由于 WLAN 是在三层结构有线网络的基础上在接入层延伸出无线网，大规模的 WLAN 组网时首先要架构一张有足够带宽、高速交换性能和具有高可靠性及安全性的大规模三层结构有线局域网，在此基础上构建 WLAN。

目前大规模的三层结构有线局域网一般采取核心层、汇聚层、接入层三层网络架构模式，如图 9－15 所示。在核心、汇聚、接入架构的网络中，核心交换机和汇聚交换机都是三层设备，接入层可以是二层交换机，所以它们仍然是三层结构网络。

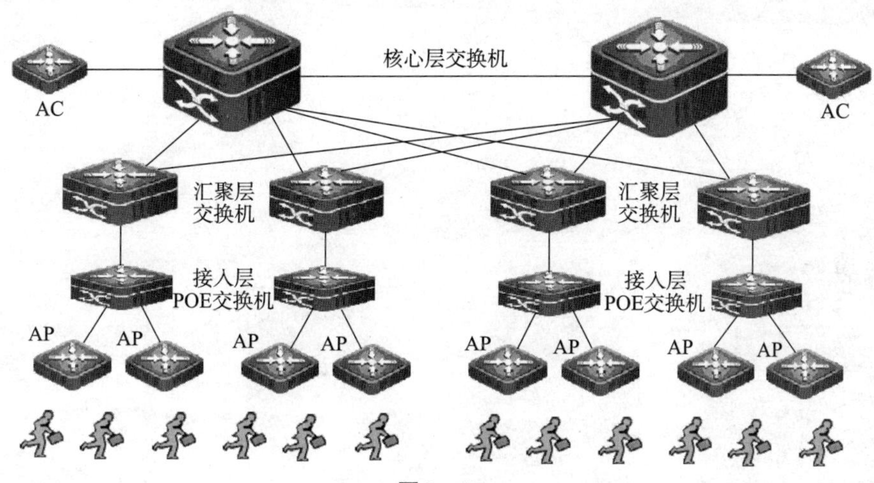

图 9－15

在核心、汇聚、接入架构的网络中，各层有严格的分工，每一层完成特定的功能。核心层负责对来自汇聚层的数据包进行路由选择和高速转发，核心层交换机需要较强的路由能力和高速数据转发能力；汇聚层负责路由聚合、实施控制策略、数据流量收敛，负责将接入层的数据流汇聚后转发给核心层，汇聚层交换机需要具有一定的路由能力和数据转发能力，还需具有相应的网络策略能力；接入层负责用户计算机的网络接入，完成用户接入的安全控制，接入层交换机需要具有一定端口密度，实现多个用户计算机接入网络，获取网络服务，并需要具有接入安全控制功能，实现接入安全控制。

在大规模的网络中，为了保证核心、汇聚、接入三层结构有线局域网有足够带宽、高速交换性能和高可靠性，通常采用双核心＋双 AC 冗余结构来构架有线局域网，如图 9－15 所示。双核心冗余结构设置两台核心交换机，两台核心交换机间互为备份，一个核心交换机为主交换机，另一个设为备用交换机，当主交换机出故障时，由备用交换机接替担任核心交换任务，保障网络的不中断服务。汇聚交换机和两台核心交换机设备之间实现 N＋1 的线路冗余设计，并运行 OSPF 路由协议。双 AC 冗余结构设置两台无线控制器，在本网络中，采用了模块化的无线控制器，即通过在两台核心交换机上配置无线控制器（AC 模块），实现 AC 设备的双冗余。两个 AC 互为备份，一台 AC 设置为主 AC，另一台 AC 设置为备 AC。同样，当 AC 出故障时，由备用 AC 接替担任主 AC 对 AP 的控制、安全及管理任务，保障无线网络的不中断服务。这样的多层双冗余设计可以极大地提升网络的可靠性，只有当两台核心交换机或双 AC 均失灵的情况下，网络才会出现故障，大大提高了网络的可靠性。

在接入层采用了 POE（Power Over Ethernet）交换机，POE 指的是在现有的以太网铜缆布线基础架构不做任何改动的情况下，在为一些基于 IP 的终端（如 IP 电话机、无线局域网接入点 AP、网络摄像机等）传输数据信号的同时，还能为此类设备提供直流供电的技术。采用 POE 交换机能利用原有的接入层布线，在实现 AP 接入以太有线网的同时，实现对 AP 的供电，该技术能在确保现有结构化布线安全的同时保证现有网络的正常运作，最大限度地降低成本。

10.1 网络安全的概述

网络是一个开放的系统，能实现网上设备间的通信及资源共享，必然伴随带来安全隐患。随着计算机网络覆盖面的不断延伸、网上业务的不断增加，人们对计算机网络的依赖程度日渐加深，计算机网络安全问题也日益突出。

计算机网络的开放性、国际化的特点在增加应用自由度的同时，也为网络上的攻击、破坏、信息窃取等行为提供了方便，面对计算机网络上的新的挑战，保护单位或个人的机密信息不被透露；抵御网络攻击，使网络不受干扰，维护网络的安全，已经成为信息化系统建设中的重要方面。

10.1.1 网络安全的概念

ISO 对计算机网络安全的定义如下：为数据处理系统建立和使用所采取的技术和管理的安全保护措施，保护计算机硬件、软件和数据不因偶然和恶意的原因遭到破坏、更改和泄露。

按照以上定义，可以将计算机网络的安全理解为：通过各种技术和管理措施，使网络系统正常运行，确保网络数据的可用性、完整性和保密性。

具体来讲，网络安全包括以下五个基本要素：

机密性：确保信息不暴露给未经授权的人或应用进程。

完整性：确保数据在传输过程中没有被篡改，只有得到允许的人或应用进程才可以修改数据，并且能够判别出数据是否已经被更改，是谁更改。

可用性：只有得到授权的用户在需要的时候才可以访问数据。

可控性：能够对授权范围内的信息流向和行为方式进行控制。

可审查性：当网络出现安全问题时，能够提供调查的依据和手段。

10.1.2 网络安全的威胁

网络安全的威胁既有内部因素引起的安全威胁，也有外部因素引起的安全威胁。内部因素引起的安全威胁是由于网络设计、系统设计本身存在缺陷而导致的安全问题。缺陷的存在导致网络存在潜在利用，这些缺陷可能导致信息泄露，系统资源耗尽、非法访问、资源被盗、系统或数据被破坏等。外部因素引起的安全威胁主要来自黑客恶意的攻击，攻击者对信息进行篡改、删除等破坏活动，使信息的真实性、完整性和可用性受到破坏。攻击者伪造身份、建立新的连接、无限复制数据包，造成服务器拒绝报文服务、网络链路拥塞、无法实现正常网络和服务访问。网络安全的威胁来自许多方面，并且会随着技术的发展不断变化，网络涉及的安全威胁主要包括以下几个方面：

1. 物理安全威胁

物理安全威胁主要体现在设备工作的运行环境和防盗环境。

运行环境：网络设备必须放置在良好的物理环境（供电、电磁辐射、温度、湿度、接地防雷等），如果设备的物理环境不能满足要求，或者环境发生了变化，都会给设备的正常运行带来影响。运行环境不满足设备运行要求，可能带来设备和部件的损坏，导致网络系统不能正常工作，网络服务中断。

防盗环境：网络设备价格不菲，盗窃的存在给网络的正常运行带来极大的隐患，也给国家带来经济上的损失，放置设备的网络机房建设要考虑技术防盗措施，例如，安装视频监控系统、门禁系统等。网络信息资源是重要的信息资产，防止各种手段的网络信息资源盗窃也是安全的另外一个重要方面。

2. 系统安全威胁

系统安全威胁的一个主要方面是系统漏洞问题。系统漏洞是指系统在设计时存在缺陷，而这个缺陷可能导致系统极容易被入侵，发现漏洞也是黑客进行入侵和攻击的主要步骤。据有关权威机构统计，每年收到的各种系统漏洞报告近万个，国内80%以上的网站存在明显的系统漏洞，这些漏洞的存在给互联网的安全造成极大的威胁。

操作系统的漏洞是最经常见的系统漏洞，操作系统的漏洞是黑客利用系统缺陷发起攻击的主要例子，及时地完成操作系统的升级是防止漏洞威胁的办法之一。

虽然人为的或非人为的因素都会对网络安全造成威胁，但是人为精心设计的攻击是网络安全的主要威胁。一般来说，人为因素的威胁可以分为人为失误和恶意攻击。人为失误主要发生在系统管理员安全意识不强，口令设置不当，借用账户、安全管理制度不健全，有制度不落实等带来的网络安全事故。恶意攻击通过各种技术手段有选择地破坏网络系统，使网络堵塞、服务器瘫痪、破坏计算机系统、窃取重要文件、泄露机密信息等。

系统安全威胁的另一方面是身份鉴别威胁。当一个实体假扮成另一个实体进行网络活动时，就发生了假冒。身份鉴别实现对访问者的身份进行真伪鉴别，身份鉴别威胁来自口令圈套、口令破解等方式。口令圈套通过嵌入蓄意的口令模块到正常的登录界面，窃取用户的密码账户。口令破解通过猜想、穷举等方式破解用户密码。防止假冒身份的主要办法是采用先进的身份认证技术，如指纹技术、虹膜技术等使其不容易窃取用户的身份信息。

窃听也是信息安全的主要威胁。窃听者使用专用工具或设备，截获网络上的数据进行分析，进而获得所需的信息，如搭线窃听、安装通信监视器读取数据等。防止窃听的办法主要是采用防止电磁泄漏的屏蔽机房、屏蔽线缆，对传输数据进行加密处理。

3. 计算机病毒威胁

计算机病毒是计算机系统最常见、最主要的威胁。计算机病毒可以快速地扩散漫延，破坏文件和数据，导致文件无法使用，系统无法运行，消耗系统资源，导致正常业务无法进行，甚至还会破坏计算机硬件，导致计算机彻底瘫痪。主要的计算机病毒如下：

逻辑炸弹：逻辑炸弹是嵌入在某个合法程序的一段代码，被设置成某个条件满足时就会发作。一旦爆发，往往大量删除用户数据和文件，具有较大的破坏性。

特诺伊木马：特诺伊木马是包含在合法程序中的非法程序，该程序一般都有客户端和服务器两个执行程序，客户端程序是进行远端控制的程序，而服务器端程序是木马程序，攻击者把服务器端程序植入要控制的计算机中，然后使用客户端程序进行远程控制，进行信息窃取、破坏。

间谍软件：间谍软件一般在浏览网页或安装软件时被安装在计算机上，一旦安装成功，该软件窃取计算机上的重要信息，发送到窃取信息的目的端。

蠕虫病毒：蠕虫在网络环境下会按指数增长模式进行快速扩散，被蠕虫入侵的计算机，系统资源被严重占用，运行效率会大大下降；被蠕虫入侵的网络，带宽资源被严重占有，情况严重时会导致网络瘫痪。

10.1.3 网络安全的策略

网络安全策略是指在一个特定的环境里，为保证提供一定安全级别而采取的网络安全措施。网络安全策略主要有技术手段和管理措施两个方面。

先进的技术是网络信息安全的根本保障，用户根据自己面临的安全风险等级进行评估，根据评估决定其需要的安全机制，在此基础上选择先进的技术手段，构建相应的网络信息安全系统。

网络信息安全，除了先进的技术手段、完善的结构体系，更需要严格的管理措施。各网络用户单位，要具有强烈的网络信息安全意识，制定相应的网络信息安全管理规范，并严格执行各种安全管理制度。只有从技术和管理两个方面做好网络安全工作，才能真正有效地实现网络安全。

从技术的角度，网络安全的主要策略包含以下几个方面：

1. 物理安全策略

物理安全策略是保护计算机、服务器、交换机、路由器、传输链路等网络硬件设备免受电源、温度异常、雷击、静电等影响，以免造成设备损害，防止光缆、铜缆等通信链路免受自然灾害、人为破坏等造成的损坏，为网络运行提供良好的物理环境的措施。

为了使网络设备能工作在良好的物理环境，网络设备应该放置在按照技术标准建设的网络机房。网络机房应能提供满足要求（供电、电磁辐射、温度、湿度、接地、防雷等）的物理环境，机房应采取门禁系统、视频监控等防盗措施，机房装修及应采取很好的防火措施，并在机房部署很好的火灾报警及消防系统，机房与外部链接的通信链路应具有良好的防破坏措施，确保通信链路安全。

2. 访问控制策略

访问控制是网络安全防范的主要策略，访问控制的主要任务是保证网络资源不被非法访问和使用。访问控制一般由接入网络控制和内外网访问控制等组成。

接入网络控制为网络访问提供第一层次的控制。它控制合法用户能接入网络、获取网络资源，拒绝非法用户接入网络。接入网络控制一般通过选择合适的网络接入认证技术，通过接入认证的用户允许接入网络，访问网络资源，未通过接入认证的用户不允许接入网络，不允许访问网络资源。

接入认证主要通过对接入网络的用户身份进行合法性认证，目的是防止非法用户进入系统。一般采用账户、密码进行身份认证，对于更高的安全要求，可以采用高强度的密码技术进行身份认证。

内外网的访问控制是一种网络间的访问控制措施，内外网访问控制通过使用防火墙实现网间的访问控制。通过防火墙过滤不安全的服务，允许或拒绝发对内网或外网的某些主机的访问，提供内网访问日志，监测内外网访问情况。防火墙对企业内部网实现集中的安全管理，在防火墙定义的安全规则可以运行于整个内部网络系统，而无须在内部网每台机器上分别设立安全策略。

3. 信息加密策略

信息加密的目的是保护网络传输的各种数据、文件、口令和其他控制信息，为用户提供可靠的保密通信。网络加密常用的方法有链路加密、端点加密和节点加密三种。链路加密的目的是保护网络节点之间的链路信息安全；端点加密的目的是对源端用户到目的端用户的数据提供保护；节点加密的目的是对源节点到目的节点之间的传输链路提供保护，用户可根据网络情况酌情选择上述加密方式。信息加密过程是由各种类型的加密算法来具体实施，它以很小的代价提供很大的安全保护，在多数情况下，信息加密是保证信息机密性的唯一方法。

4. 数据安全策略

数据安全主要考虑数据传输和数据存储安全，数据传输安全通过对传输的数据进行加密实现传输安全，数据存储安全主要通过对存储的数据进行数据备份实现存储安全。数据备份主要通过定期备份系统文件及数据，备份系统文件及数据用于发生宕机、不能提供服务后的及时恢复。

数据安全的另一方式是采取数据异地容灾。数据备份虽然能为用户保存备份数据，但数据备份是本地备份方式，当发生地震、火灾等灾难时，系统存储数据和备份数据可能会同时遭到毁坏。数据异地容灾在远离存储数据系统的地点建立备份系统，从而进一步提高数据抵抗各种可能安全因素的容灾能力。

5. 系统安全策略

系统安全策略控制用户对系统的访问，通过身份识别允许对系统的访问；通过权限控制，控制用户对系统、文件及资源的访问；管理员权限控制用于控制读写权限及创建、删除、修改、查找、存取的权限；控制允许上载、下载的权限，安装、修改、配置的权限；通过对系统文件的备份，实现系统出现故障时及时恢复。定期打补丁，定期分析设备运行情况，发现入侵痕迹，进行追查。通过对服务器登录时间限制或使用专用的上下载工具来保证系统的安全。

6. 病毒防范策略

网络防病毒策略主要是检测、清除病毒。检测病毒一般采用两种方法：一种方法是根据病毒具有的特征信息检测文件和数据。在文件和数据中，凡有类似的特征信息出现，则认定是计算机病毒。另一种方法不是靠病毒的特征信息识别出病毒存在，而是对某个文件或数据段进行检验和计算并保存其结果，以后定期或不定期地以保存的结果对该文件或数据段进行检验，若出现差异，即表示该文件或数据段完整性已遭到破坏，感染上了病毒，从而检测到病毒的存在。

清除病毒是在某种病毒出现后，通过对其进行分析研究而研制出来的具有相应解毒（杀毒）功能的软件，通过使用这些杀毒软件清除病毒。网络中，病毒的检测、清除由防病毒系统实现，由于新病毒的不断出现，防病毒系统需要不断更新升级，保证新的病毒能够被识别和清除。

7. 双设备冗余策略

由于各种硬件设备都是有源设备，不可避免地会产生损坏，设备的损坏将使系统宕机，无法提供网络服务，这在网络中是个致命的问题。为了解决这个问题，对于风险等级比较高的网络系统，一般都采取双冗余策略。对网络核心交换机、汇聚交换机、网络服务器、网络安全设备等关键设备及网络关键链路采取双机、双链路冗余策略，主设备、主链路出问题时，由辅助设备、辅助链路接替主设备、主链路的工作，保证网络系统的不中断服务。

10.2 数据加密技术

随着网络技术的发展、网上业务的普及，网络安全问题越来越突出，其中密码技术是对计算机信息进行保护的最实用和最可靠的办法。密码技术是一门古老而又年轻的学科，其历史可以追溯到几千年前。在古希腊时代，加密技术就被用于消息传递，第二次世界大战后，密码技术随着计算机技术的迅速发展而快速发展起来，逐渐发展为一个独立的学科，形成了成熟、多样的密码技术。

10.2.1 数据加密技术

数据加密的目的是防止机密信息泄密，同时还可以验证传输信息的真实性，验证收到的数据的完整性。加密通常需要进行隐蔽的转换，这个转换需要使用密钥进行加密。加密前的数据称为明文，加密后的数据称为密文。

在密码中，密钥是一种只有双方才知道的信息，通过密钥将明文转换成密文的过程为加密，而通过密钥将密文转换成明文的过程为解密。加密技术主要就是研究加密、解密及密钥的技术。

一般的加密模型如图 10－1 所示。在发送端，明文用加密算法和加密密钥加密成密文，然后以密文方式进行网络传输，到达接收方后，对密文进行解密，还原为明文。密文在传输过程中可能会被非法截获，但由于没有解密密钥而无法将密文还原为明文。

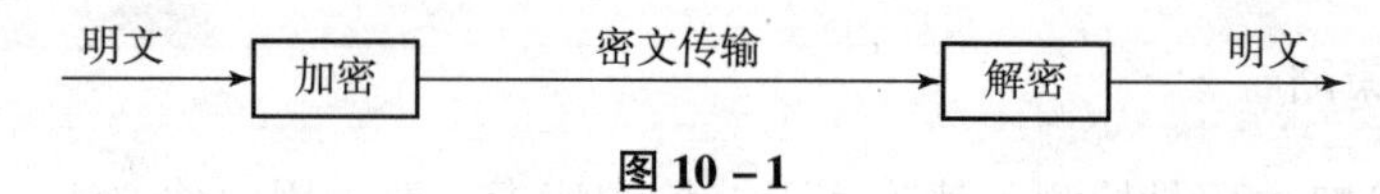

图 10－1

在加密方法中，存在对称加密和非对称加密两种方式。在一种加密方法中，用一个密钥同时用作信息的加密密钥和解密密钥，这种加密方法称为对称加密。在一种加密方法中使用两个密钥，一个用于加密，另一个用于解密，这种加密方法称为非对称加密。

1. 对称加密

对称加密算法是应用较早的加密算法，技术较为成熟。在对称加密算法中，实现加密的过程是数据发送方将明文（原始数据）和加密密钥一起经过特殊加密算法处理后，使其变成复杂的加密密文发送出去。接收方收到密文后，使用加密的密钥及相同算法的逆算法对密文进行解密，使其恢复成明文。在对称加密算法中，使用的密钥只有一个，发送方和接收方都使用这个密钥对数据进行加密和解密，这就要求解密方事先必须知道加密密钥。

历史上典型的对称加密例子是凯撒密码，凯撒密码使用的密钥是 3，也就是甲方的加密过程为将明文中的每个字母在字母表中的位置都向后移动 3 位，即将明文中的一个字母换成后 3 位位置上的另外一个字母。如 a 换成 d，b 换成 e，c 换成 f，……，h 换成 k，……，s 换成 v，……，x 换成 a，y 换成 b，z 换成 c。图 10－2 所示为凯撒密码例子。

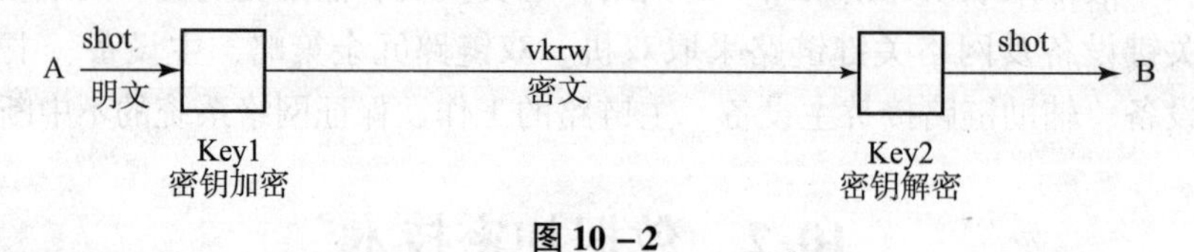

图 10－2

在发送方，明文 shot 经过加密就变成密文 vkrw。该密文发到接收方后，如果接收方知道密钥是 3，通过逆运算，就可以将密文解密为原来的 shot。在凯撒密码中，加密和解密使用了相同的密钥，即 Key1 = Key2。

由于凯撒密码中仅使用了 26 个字母，其加密算法为：将某个小写英文字母用排列在该字母后面的第 K 个字母进行替换。在凯撒密码中，K = 3，对称加密的数学表达式为如下形式：

加密过程：　$E=(M+K)\bmod(26)$

解密过程：　$E=(M-K)\bmod(26)$

其中，M 表示小写字英文字母按 0～25 的排序序号；E 表示加密后的序号；mod 表示取模。

对称加密的安全程度依赖于密钥的秘密性，而不是算法的秘密性，容易通过硬件方式实现加密、解密的处理，实现较高的加解密处理速度，在实际应用中具有其优越的一面。

对称加密系统由于加密方和解密方都使用相同的密钥，每对用户每次使用对称加密算法时，都需要使用其他人不知道的唯一密钥，这会使发收信双方所拥有的密钥数量成几何级数增长。如果一个用户要与网上的 N 个人进行保密通信，就需要 N 个不同的对称密码，如果一个网络有 N 个用户，他们之间要进行相互的保密通信时，网络共需 N(N－1)/2 个密钥（每个用户都要保存 N－1 个密钥），这样大的密钥量分配和管理是极不容易的。

2. 非对称加密

非对称加密技术将密钥分解成一对，一个用于加密，另一个用于解密。这两个密钥一个称为公钥，一个称为私钥。公钥可以通过非保密方式向他人公开，在加密时使用。私钥是不公开的，是需要保密的，在解密时使用。非对称加密的这对密钥中的任何一个都可以作为公钥，相应地，另外一个就作为私钥。图 10－3 所示为非对称加密的示例。

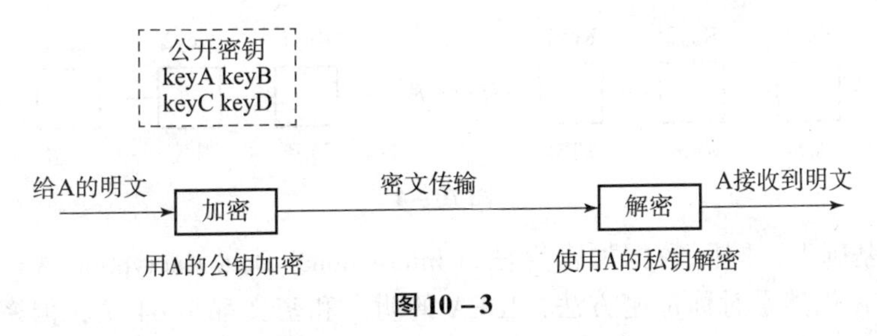

图 10－3

公开密钥与私有密钥是一对，如果用公开密钥对数据进行加密，只有用对应的私有密钥才能解密；如果用私有密钥对数据进行加密，那么只有用对应的公开密钥才能解密。因为加密和解密使用的是两个不同的密钥，所以这种算法叫作非对称加密算法。

非对称加密算法实现机密信息交换的基本过程是：甲乙双方生成一对密钥并将其中的一把作为公用密钥向对方公开，得到乙方公钥的甲方（乙方）使用该公钥对数据进行加密后再发送给乙方（甲方）；乙方再用自己保存的私钥对加密后的信息进行解密。

如果一个网络有 N 个用户，他们之间存在秘密通信的需要时，每个用户需要保存 N－1 个密钥，网络需要生成 N 对密钥，并分发 N 个公钥。由于公钥是可以公开的（类似公开电话号码），用户只要保管好自己的私钥即可，因此非对称加密密钥的分发将变得十分简单。在非对称加密方式中，由于每个用户的私钥是唯一的，接收信息的用户除了可以通过信息发送者的公钥来验证信息的来源是否真实，还可以确保发送者无法否认曾发送过该信息，即具有不可抵赖性，这也是非对称加密的一大优点。非对称加密的缺点是加解密过程相对复杂，速度要远远慢于对称加密。

非对称加密方式中，只要某一用户知道其他用户的公钥，就可以实现安全通信。也就是说，非对称加密方式中，通信双方无须事先交换密钥就可以建立安全通信。正是由于它具有这样的优越性，非对称加密被广泛用于身份认证、数字签名等信息交换领域。

10.2.2 数据加密标准

数据加密标准（Data Encryption Standard，DES）是一个广泛用于商用数据保密的公开密码算法，1977 年由美国国家标准局颁布。DES 采用对称加密，分组密码的加密技术，采用56位密钥对64位二进制数据块进行加密。DES加密处理时，先将明文划分成若干组64位的数据块，然后对每一个64位数据块进行16轮编码，经一系列替换和移位后，形成与原始数据完全不同的密文。

由于DES具有运算速度快、密钥产生容易，适合在计算机上实现等优点，推出后得到迅速的推广使用。大量计算机厂家还生产了以DES为基本算法的加密机，使用专用芯片、专用软件，形成了以DES为核心的数据安全加密产品。但DES也存在不足，由于密钥容量仅有56位，安全度不够高。

为了克服DES的不足，美国1985年推出三重数据加密（3DES）。3DES使用两个密钥，对每个数据块使用三次DES加密算法。3DES密钥长度达112位，具有足够的安全度。3DES加密时使用加密、解密、加密的方式，解密时使用解密、加密、解密的方式，实现了对DES的兼容。当Key1 = Key2时，3DES的效果完全等同于DES。3DES加密示例如图10－4所示。

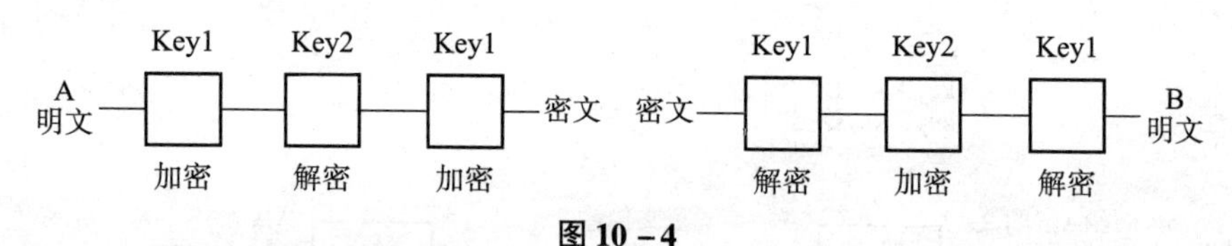

图10－4

在DES的基础上，国际数据加密算法（International Data Encryption Algorithm，IDEA）发展起来，IDEA仍然是对称加密方法，IDEA的明文和密文都是64位，但密钥长度为128位，使得密码的破译更加不容易实现，因而具有更高的安全性。

IDEA与DES相似，也是先将明文化成一个个64位的数据块，然后将每个64位数据经过8轮编码和一次变换得出64位密文。对于每一轮编码，每一个输出比特都与每一个输入比特有关。IDEA比DES加密性好，运算速度快，实现容易，得到广泛的应用。

10.2.3 数字签名技术

传统事务中存在大量人工签名情况，签名的目的是证明签名者的身份和所签信息的真实性，实际上也是提供一种证实信息。既然签名是一种信息，也就可以用数字的形式出现，这就是数字签名。

数字签名就是在附加在报文中一起传送的一串经过加密的代码。数字签名能证实报文的真实性。数据签名必须满足以下要求：

①发送者对报文的签名，接收者能够核实。

②发送者（事后）不能否认（抵赖）对报文的签名。

③接收者不能伪造和修改发送者对报文的签名。

手写签名一般都能满足以上条件，因而得到了司法的支持，具有一定的法律效力，数字签名采用密码技术使其具有与手写签名同样的功效。

数字签名采用非对称密码技术，一般使用双重解密。传输的A、B双方进行数字签名的过程如下：

①签名：在数字签名过程中，A使用自己的私有密钥SKa对明文X进行加密，通过加密实现了签名。由于是使用A自己的私钥对明文X进行加密，A自己的私钥只有A自己知

道，除了A以外，无人能产生密文，所以被加密的报文就证实了一定是来自A的报文，也就是证实了签名。

②鉴别：若A要抵赖曾经发送过信息给B，B可以将经签名的密文交给第三方证实A确实发送了信息给B，所以起到了不可抵赖的作用。

以上过程的完成就已经实现了签名和能够实现签名的鉴别，但是还不能实现对传输明文的保密。因为凡是知道发送者身份的人，都可以获得发送者的公钥。对于以上情况，A的公钥是公开的，只要某人截获到签名的报文Dsk(x)，利用公钥就可解密密文成明文x。

为了能同时实现数字签名和通信保密，数字签名在完成A利用自己的私有密钥SKa对报文进行加密（签名）后，还要对经过签名的报文Dsk利用B的公钥进行加密，这次加密的目的是保证数据通信的保密性。

所以，传输的A、B双方进行数字签名的完整过程应该是：A利用自己的私有密钥SKa对报文X进行加密（签名），接着对经过签名的报文Dsk(x)利用B的公钥进行加密，形成传输加密报文Epk(Dsk(x))，该报文传到对方后，B先利用的私有密钥进行解密，还原出签名报文Dsk(x)，接着再用发送的公开密钥进行第二次解密，还原出明文x。通过这样的方式达到鉴别签名的真实性，同时也实现了数据通信的保密性。数字签名过程示例如图10－5所示。

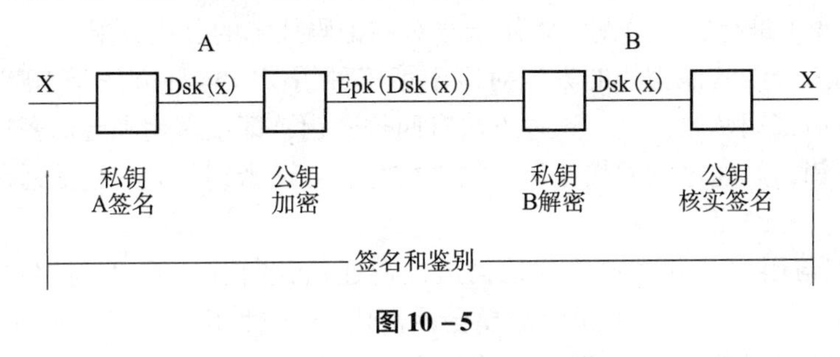

图10－5

10.3 密钥分配与管理

密码系统的两个基本要素是加密算法和密钥管理。加密算法是一些公式和法则，它规定了明文和密文之间的变换方法，由于密码算法的反复使用，仅靠加密算法已难以保证信息的安全。随着密码学的发展，大部分加密算法已经公开，人们可以通过各种途径得到它，因此信息的保密性很大程度依赖于密钥的保密，如何通过安全的渠道对密码进行分配就成为关键的问题，事实上，加密信息的安全性依赖于密钥分配与管理。

密钥分配最简单的办法是生成密钥后通过安全的渠道送给对方，这种方式对于密钥量不大的通信是合适的，但是随着网络通信量的不断增加，密钥量也随之增大，密钥的传送与分配成为严重的负担，必须采用一种方法自动实现网络通信中的密钥传送与分配。

密钥分配技术一般要满足两方面的要求，实现密钥的自动分配，减少系统中的密钥驻留量。为了满足这两个要求，目前有两种类型的密钥分配方式，即集中式和分布式密钥分配方式。集中式分配方式是建立一个密钥分配中心（Key Distribution Center，KDC），由KDC来负责密钥的产生并分配给通信双方。分布式分配方案是指网络中通信的各方具有相同的地位，它们之间的密钥分配取决于它们之间的协商，即每个通信方都既可以是密钥分配方，也可以是被分配密钥方。

10.3.1　密钥分配的基本办法

密钥分配可以有以下几种方法：

①密钥由 A 选定，然后通过物理方法（如密钥封装在信封中）安全地传送给 B。

②密钥由可信赖的第三方 C 选定，并通过物理方法安全地传送给 A 和 B。

③如果 A 和 B 事先已有一密钥，那么其中一方选取新密钥后，用自己的密钥加密新密钥发送给另一方。

④如果 A 和 B 都有一个与可信赖的第三方 C 建立的保密信道，那么 C 就可以为 A 和 B 选取密钥后安全地发送给 A 和 B。

⑤如果 A 和 B 都在可信赖的第三方 C 发布自己公开的密钥，那么它们用彼此的公开密钥进行通信。

显然，前两种方法是人工方式，不适用于现代通信需要，第三种方法由于要对所有用户分配初始密钥，代价也很大，也有应用的局限性。第四种方法通过可信赖的第三方密钥分配中心 KDC 进行密钥分配，常用于对称密码技术的密钥分配。第五种方法通过可信赖的第三方证书授权中心 CA 进行密钥分配，常用于非对称密码技术的公钥分配。

用一个密钥来分配其他密钥的方案对应于第三种情况，这种方法是 DES 的密钥分配方法，它适用于任何密钥密码体制。这种方法有两种密钥，即主密钥和会话密钥。主密钥的作用是加密会话密钥，并通过它间接地保护报文内容，会话密钥是只在会话通信时暂时使用的一次性密钥。

假设用户 A 与用户 B 建立一个通信信道进行通信，首先用户 A 与用户 B 协商好了共同使用主密钥 Kab，然后用户 A 完成选择会话密钥 SK，使用主密钥 Kab 对会话密钥 SK 加密后发送给用户 B，用户 B 收到此加密报文后，使用主密钥 Kab 解密出报文，即解密出会话密钥 SK，此时用户 B 获得会话密钥 SK。在获得会话密钥的情况下，双方使用会话密钥 SK 进行加密通信，通信结束后，用户 A 和用户 B 销毁会话密钥 SK。工作过程如图 10－6 所示。

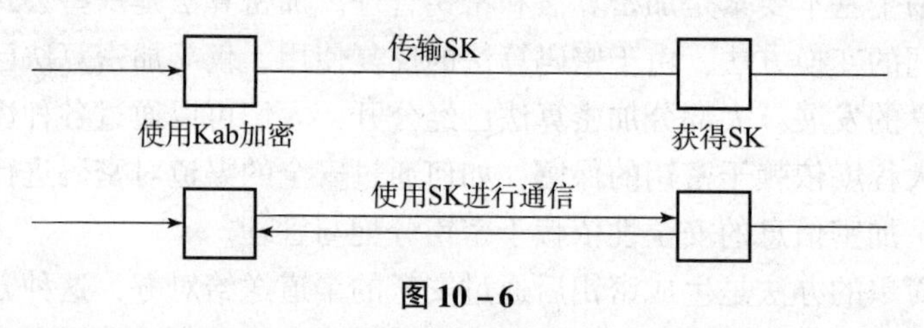

图 10－6

这种密钥分配是对称的，无论是用户 A 或是用户 B，都可请求一个会话，选取一个会话密钥或终止使用的会话密钥。在此种方式中，主密钥必须精心保护，当用户很多时，对这么多主密钥的保密和传送是很困难的。解决密钥分配与传送的办法是设立一个大家都信任的密钥分配中心（Key Distribution Center，KDC），每个用户都与密钥分配中心建立一个对称密钥。

10.3.2 对称密钥分配方案

集中式对称密钥分配方案是设立一个大家都信任的KDC，由KDC负责密钥的产生并分配给通信的双方。在这种方式下，用户不需要保存大量的会话密钥，只需保存与KDC通信的加密密钥。

集中式对称密钥分配对应于密钥分配方法的第四种情况，即如果A和B都有一个可信赖的第三方KDC建立的保密信道，KDC为A和B选取密钥并将选取的密钥安全地发送给A和B，如图10-7所示。

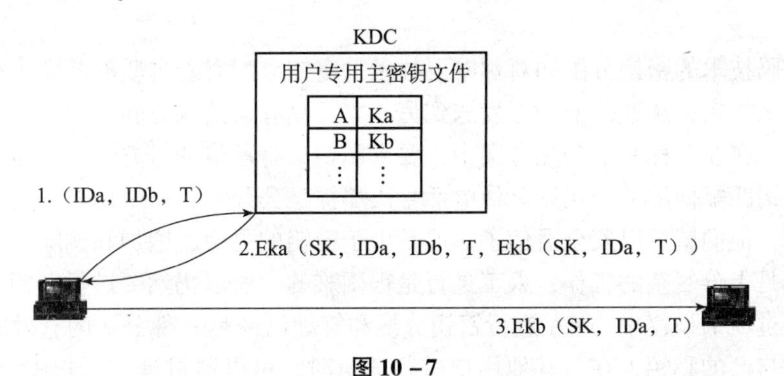

图10-7

①用户A以明文方式向KDC发送一个请求，说明他需要申请会话密钥SK用于与用户B进行通信。该请求消息由两个数据项组成：一个是A和B的身份IDa和IDb，一个是时间戳T，时间戳是为了标识本次业务和保证收到证书的时间有效性。

$$A \rightarrow KDC: M = (IDa, IDb, T)$$

②KDC收到请求后，从用户专用密钥文件中找出为用户A和用户B传输会话密钥使用的加密密钥Ka和Kb，同时产生供用户A和用户B通信使用的一次性会话密钥SK。然后使用用户A的主密钥Ka对SK进行加密，并加上时间戳将该消息传送给用户A（这个信息是用A的主密钥加密的，所以只有用户A能解密）。同时，KDC也将一次性会话密钥SK及A的身份IDa使用B的主密钥Kb加密后传送给用户A，该信息将由A转发给B。该信息用于建立A和B之间的连接并向B证明A的身份。

$$KDC \rightarrow A: M = EKa(SK, IDa, IDb, T, EKb(SK, IDa, T))$$

③A将信息EKb(SK,IDa,T)传送给B，B收到这一报文后，使用自己的主密钥对密文进行解密获得一次性会话密钥SK。

$$A \rightarrow B: M = EKb(SK, IDa, T)$$

④至此，用户A和用户B均已获得会话密钥SK，可以进入会话通信，于是双方使用SK进行加密通信，通信结束后，用户A和用户B销毁一次性会话密钥SK。

由于KDC可以为每一对用户的通信产生一个一次性会话密钥SK，从而使得破译密文更为困难，安全性更好。在这种方式中，主密钥是用来保护会话密钥的，所以主密钥也不能长期使用而不进行更换。

在集中式对称密钥分配方式中，由于报文中的Ka和Kb是KDC与用户A和用户B共同使用的主密钥，所以，当用户A收到EKa(SK,IDa,IDb,T,EKb(SK,IDa,T))这一报文时，便知这一报文来自 KDC，同样，当用户 B 收到 EKb(SK,IDa,T) 这一报文时，就可以确定这是从用户 A 发来的报文，也就是说，该报文可以起到向 B 证明自己就是用户 A 的作用。因此，可以认为该报文是由 KDC 签发给用户 A 用于向用户 B 证明其身份的证书。

证书可以在一段时间内重复使用，在这一段时间内用户 A 与用户 B 不必每次都要向 KDC 申请密钥，从而减少了 KDC 的工作量，提高了网络效率。证书的有效时间可由日期 T 和给定的有效期决定，例如，每个证书用 1 小时，那么从 T 开始以后的 1 小时内证书是有效的。

10.3.3 非对称密钥分配方案

非对称密码技术的密钥分配和对称密码技术的密钥分配有着本质的差别，在对称密钥分配方案中，要求将密钥从通信的一方发送到另一方，只有通信双方知道密钥，而其他任何方都不知道密钥。在非对称密钥分配方案中，要求私钥只有通信的一方知道，而其他任何方都不知道，与私钥匹配使用的公钥则是像电话号码那样是公开的，一个用户只要查到另一个用户的公开密钥，他们就可以安全通信了。但是由于密钥的更换、增加和删除，公开密钥的完整性保护等都是十分复杂的工作，人工进行是很困难的，所以仍然要进行密钥自动分配。

目前，通过证书授权中心 CA 进行密钥分配和管理已经是一种公认的有效的方法。每个用户只要保存自己的私钥，在与其他用户进行通信时，可以通过证书授权中心 CA（Certification Authority）获得其他用户的公钥。而 CA 使用私钥对为其他用户分配公钥的信息进行加密，用户使用 CA 的公钥解密信息，获得分配的公钥。通过证书授权中心 CA 进行密钥分配的工作原理如图 10－8 所示。

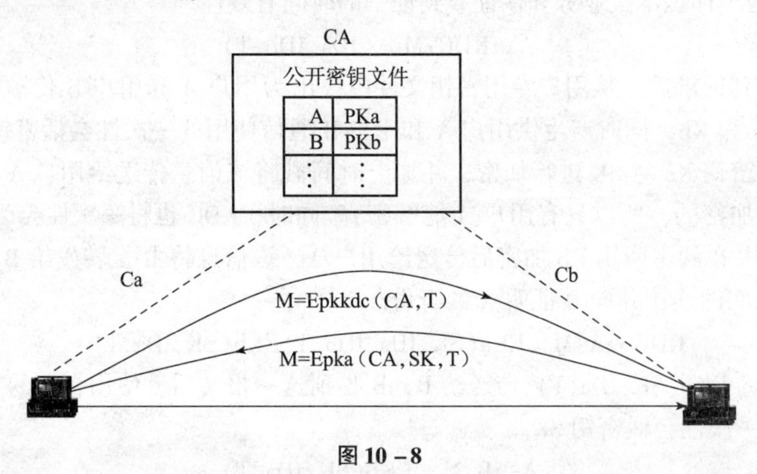

图 10－8

在非对称密钥分配方式中，CA 为了和其他用户进行保密通信，也需要一对公开密钥 PKca 和会话密钥 SKca。每个用户在通信前先向 CA 申请一个证书，CA 收到申请后，使用自己的私钥进行证书发放，并使用会话密钥 SKca 进行传输加密，证书的数据项包含了申请用户的公钥 PK、用户身份 ID 和时间戳 T 等。如用户 A 和用户 B 要进行通信，它们向 CA 申请获得证书分别为：

CA→A　　Ca = Esk ca(IDA,PKa,T)

CA→B　　Cb = Esk ca(IDb,PKb,T)

当用户 A 和用户 B 进行保密通信时，用户 A 将自己的证书 Ca 送给用户 B，B 使自己保存的 CA 的公钥 PKkdc 对证书加以验证，由于只有用 CA 的公钥才能解密读出证书，这样 B 就验证了证书确实是 CA 发放的。同时，用户 B 还获得了 A 的公钥 PKa 和用户 A 的身份标识 IDA。

A→B　　M = Epkkdc(CA,T)

当用户 B 收到 A 的证书后，B 将自己的证书 Cb 和由自己产生的会话密钥 SK 使用 A 的公钥加密后送给 A，用户 A 收到后使用自己的私钥解密后获得了 B 的公钥 PKb、身份标识 IDB 及会话密钥 SK。

B→A　　M = Epka(CA,SK,T)

经过这样的交互，A、B 双方都已获得了共享的会话密钥 SK，双方使用该会话密钥 SK 进行加密通信，通信结束后，用户 A 和用户 B 销毁 SK。

非对称加密的密钥分配过程既具有保密性，又具有认证性，因此既可以防止被动攻击，又可以防止主动攻击。这种特性使得非对称加密的密钥分配被广泛使用于安全要求较高的场合。

10.3.4　报文鉴别

报文鉴别（Message Authentication，MA）对于开放的网络中的各种信息的安全性具有重要作用，是防止攻击的重要技术。报文鉴别的目的是鉴别报文的真实性和完整性，使接收方能够鉴别出接收到的报文是发送方发来的，而不是冒充的，能够验证报文在传输和存储的过程中，没有发生被篡改、重放、延迟。

1. 报文鉴别的办法

报文鉴别的实现需要加密技术，目前，报文鉴别中多使用报文摘要（Message Digest，MD）算法来实现。具体过程如下：

①发送方和接收方首先确定报文摘要 H(m)的固定长度。

②发送方通过散列函数（Hash Function)将要发送的报文进行报文摘要处理得到报文摘要 H(m)。

③发送方对得到的报文摘要 H(m)进行加密，得到密文 Ek[H(m)]。

④发送方将 Ek[H(m)]追加在报文 m 后面发送给接收方。

⑤接收方成功接收到 Ek[H(m)]和报文 m 后，先给 Ek[H(m)] 解密得到 H(m)，然后对报文 m 进行同样的报文摘要处理得到报文摘要 H(m) 1。

⑥接收方将 H(m)与 H(m)1 进行比较，如果结果是 H(m) = H(m)1，则可以断定收到的报文是真实的，否则报文 m 在传输过程中被篡改或伪造了。

由于报文是明文方式传输，报文摘要算法也较为简单，系统只需对报文摘要进行加密、解密操作，所以这种鉴别方式对系统的要求较低，很适合 Internet 的应用。

2. 报文摘要算法 MD5

在 RFC1321 中规定的报文摘要算法 MD5 已经得到广泛的应用。MD5 算法的特点是可以对任意长度的报文进行运算处理，得到的报文摘要长度均为128位。MD5算法的实现过程如下：

①先将报文按照模2、64计算其余数（64位），并将结果追加到报文后面。

②为使数据的总长度为512的整数倍，可以在报文和余数之间填充1~512位，但填充比特的首位应该是1，后面是0。

③将追加和填充后的报文分割为一个个512位的数据块，每一个512的数据块又分成4个128位的小数据块，然后依次送到不同的散列函数进行4轮计算，每一轮又按32位更小的数据块进行复杂的运算，最后得到MD5报文摘要。

3. 安全散列算法（SHA）

MD5目前应用已经很广泛，另一个应用较为广泛的标准是由美国国家技术标准和技术协议（NIST）提出的安全散列算法（Secure Hash Algorithm，SHA）。SHA与MD5在总体上的技术思想很相似，也是任意长度的报文作为输入，并按照512位长度的数据块进行处理，两者的主要差别如下：

①SHA产生的报文摘要长度为160位，而MD5的报文摘要长度为128位。

②SHA每轮有20步操作运算，而MD5仅有4轮。

③所使用的运算函数不同。

SHA比MD5更加安全，但SHA对系统的要求较高。

4. Hash函数

Hash函数就是把任意长度的报文通过散列算法压缩成固定长度的输出（函数值），该输出就是散列值。简单地说，Hash函数就是一种将任意长度的报文压缩到某一固定长度的消息摘要的函数。Hash函数的思想是把函数值看成输入报文的报文摘要，当输入报文中的任何一个二进制位发生变化时，都将引起Hash函数值的变化，其目的就是产生文件、消息或其他数据块的“指纹”。Hash函数能够接受任意长度的消息输入，并产生定长的输出。

使用一个散列函数可以很直观地检测出数据在传输时发生的错误。在数据的发送方，对将要发送的数据应用散列函数，并将计算的结果同原始数据一同发送。在数据的接收方，同样的散列函数被再一次应用到接收到的数据上，如果两次散列函数计算出来的结果不一致，就说明数据在传输的过程中某些地方有错误。

10.4 防火墙系统

防火墙（Fire Wall，FW）是由软硬件构成的网络安全设备，用于外部网络与内部网络之间的访问控制。防火墙根据人为制定的控制策略实现内外网的访问控制，对外屏蔽、隔离网络内部结构，保护网络内部信息，监测、审计穿越内外网之间的数据流，提供穿越内外网之间的数据流记录，是保证网络安全的重要设备。

10.4.1 防火墙概述

防火墙部署在内部网和外部网之间，防火墙内部的网络为“可信任的网络”，而防火墙外部的网络为“不可信任的网络”。防火墙用来解决内网与外网之间的安全问题，是内部网络与外部网络通信的唯一途径。防火墙对流经内部网和外部网之间的数据包进行检查，阻止所有网络间被禁止流动的数据包，而让那些被允许的数据包通过，实现内外网的隔离和安全控制。防火墙在内外网间的连接如图 10－9 所示。

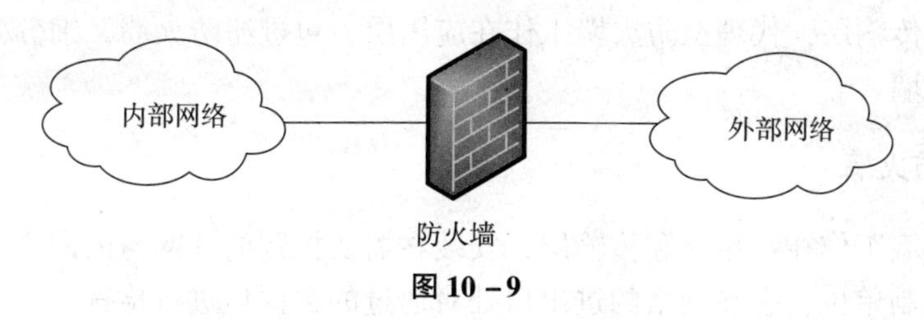

图 10－9

防火墙主要实现以下功能：

①屏蔽、隔离内部与外部网络，防止内部网络信息泄露。防火墙让外部网络不能直接接触内部网络，对外隔离、屏蔽了内部网络结构，防止外部网络用户非法使用内部网络信息，以免内部网络的敏感数据被窃取，保护内部网络不受到破坏。

②实现内外网间的访问控制。针对网络攻击的不安全因素，防火墙采取控制进出内外网的数据包，让那些被允许的数据包通过，阻止被禁止的数据包，实时监控网络上数据包的状态，并对这些状态加以分析和处理，及时发现异常行为，并对异常行为采取联动防范措施，保证网络系统安全。

③控制协议和服务：针对网络本身的不安全因素，对相关协议和服务采取控制措施，让授权的协议和服务通过防火墙，并拒绝没有授权的协议和服务通过防火墙，有效屏蔽不安全的服务。

④保护内部网络：为了防止系统漏洞等带来的安全影响，防火墙采用了自己的安全系统，同时通过漏洞扫描、入侵检测等技术，发现网络内应用系统、操作系统漏洞，发现网络入侵，通过对异常访问的限制，保护内部网络，保护内部网络中的服务应用系统。

⑤日志与审计：防火墙通过对所有内外网的网络访问请求进行日志记录，为网络管理的运行优化，为攻击防范策略制定提供重要的情报信息，为异常事情发生的追溯提供重要依据。

⑥网络地址转换。

在内外网访问时，由于内外网使用了不同地址，当要实现内外网访问时，需要实现地址转换，将内部网络的自有地址转换为外网的公有地址。由于防火墙处于两个网络间网关的位置，所以地址转换功能也可以集成在防火墙上，通过防火墙来实现地址转换。

防火墙可以是一台独立的硬件设备，也可以是一个软件防火墙。硬件防火墙是厂家专门生产的防火墙产品，采用专门的芯片、操作系统和相应软件。硬件防火墙运行速度快，处理能力强，是大型网络系统中的重要安全设备。软件防火墙在一台主机上（计算机或路由器上），安装相应软件成为一台具有访问控制功能的防火墙，一般安装在个人计算机上的防火墙是纯软件防火墙，用于保护个人计算机免受病毒、黑客入侵和未经授权的访问。除了独立的防火墙设备，还可在路由器上安装防火墙软件构成集成了防火墙功能的路由器产品，目前一般的高端路由器都集成了防火墙功能。

10.4.2 包过滤防火墙

按照防火墙工作的层次，防火墙可以分为包过滤防火墙和代理型防火墙。包过滤防火墙工作在网络层和传输层，代理型防火墙工作在应用层，包过滤防火墙又细分为包过滤防火墙和状态检测防火墙。

1. 包过滤防火墙

包过滤防火墙工作在网络层和传输层，安装在需要控制的外网与内网之间。包过滤防火墙以数据包为控制单位，它在网络的进出口处对通过的数据包进行检查，并根据事先设置的安全访问控制策略（访问控制列表——ACL）的规则决定数据包是否允许通过。只有满足规则的数据包可以才允许进出内外网络，而其余数据包均被防火墙过滤。

包过滤防火墙工作原理如图 10－10 所示。包过滤防火墙逐个检查输入数据流的每个数据包的 IP 头部或传输层的头部信息，根据头部信息的源地址、目的地址、使用的端口号的等，或者它们的组合来确定数据包是否可以通过。由于包过滤防火墙通过检查 IP 地址、端口信息等信息来决定包是否过滤，所以包过滤防火墙工作在网络层和传输层。

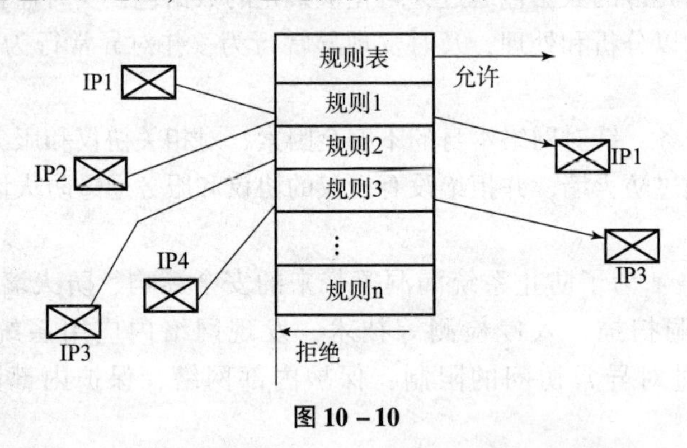

图 10－10

防火墙对包的过滤规则是由网管人员事前设定的，过滤规则存放在防火墙内部，以过滤规则表的形式存在。当数据包进入防火墙时，防火墙将会读取 IP 包包头信息中的 IP 源地址、IP 目标地址、传输协议（TCP、UDP、ICMP 等）、TCP/UDP 目标端口、ICMP 消息类型等信息，并与过滤规则表中的表项逐条进行比对，以便确定其是否与某一条包过滤规则匹配，如果这些规则中有一项得到匹配吻合，则该数据包按照规则表规定的策略允许通过或拒绝通过。

如果到来的数据包的 IP 地址或端口地址不能和规则表中的任何一条规则相匹配，则采取默认处理。默认处理可以是默认为“拒绝”，或默认为“允许”。

对于默认为“拒绝”的情况，如果收到的数据包中没有与过滤规则相匹配的表项存在，则该数据包将做“拒绝”处理，该数据包不能通过防火墙，即该规则遵循的是一切未被允许的访问就是禁止的准则。对于默认为“允许”的情况，如果收到的数据包中没有与过滤规则相匹配的表项存在，则该数据包将做“允许”处理，即该规则遵循的是一切未被拒绝的访问就是允许的准则。

默认方式让防火墙的规则表制定变得更为简单，对于只有少量数据包需要过滤的情况，规则表只要将这些少量的数据包设定为“拒绝”，并将默认设定为“允许”即可，这样其余没有被设定的数据包都能够通过防火墙。

一个规则表的实例见表 10－1。设内部网络地址为 192.168.16.0，外部网络地址为 202.203.218.0，外部网络地址是一个危险网络，访问控制策略需要拒绝该危险网络访问内部网络，同时拒绝内网络访问该危险网络。

表 10－1

顺序号	访问方向	源地址	目的地址	允许/拒绝
1	出（从内网到外网）	192.168.16.0	202.203.218.0	拒绝
2	入（从外网到内网）	202.203.218.0	192.168.16.0	拒绝

数据包的过滤可以双向进行，既处理从外网到内网的数据包，也处理从内外到外网的数据包。配置防火墙时，必须事先人工配制过滤规则，确定自己的安全策略。数据包到来时，防火墙与过滤规则表的比对是从第一条开始，然后向下逐条进行的，所以规则的位置相对重要，频繁使用的规则应该排在前面。

包过滤防火墙能实现内外网的访问控制，由于工作是在网络层和传输层进行的，对通过数据包的速度影响不大，但包过滤防火墙也存在以下不足：

①防火墙不能防范不经过防火墙的攻击。例如，客户通过拨号上网，或者通过无线上网，则绕过了防火墙系统提供的安全保护，从而造成一个潜在的后门攻击渠道。

②包直接接触要访问的网络，内网容易被攻击。包过滤防火墙在规则表允许通过时，包不再做其他处理，直接允许通过。这样从外网来的数据包直接接触到内部的网络，如果这些包是恶意的数据包，则给内部网络带来极大的风险。

③无法识别基于应用层的恶意入侵。由于包过滤防火墙根据 IP 地址、端口地址等进行数据包通过的控制，当 IP 地址或端口都是合法地址时，包过滤防火墙对其是不加隔离的，直接让其通过。这样如携带病毒的电子邮件等数据包到来时，由于地址、端口都是合法的，包过滤防火墙对此类威胁网络安全的数据包是无能为力的。

④无法识别 IP 地址的欺骗。由于包过滤防火墙是基于地址过滤的访问控制，外部的用户也可伪装成合法的 IP 地址访问内部网络，同样，内部用户可以伪装成合法的 IP 地址的用户来访问外部网络。包过滤防火墙对于这种伪装成合法地址的访问的控制同样是无能为力的。

2. 状态检测防火墙

状态检测防火墙又称为动态包过滤防火墙，相对应的传统的包过滤防火墙为静态包过滤防火墙。状态检测防火墙也是一种包过滤防火墙，只是通过专门的策略来检测数据包状态，进一步提高对数据包的鉴别能力和处理能力。

状态检测防火墙有一个状态检测模块，状态检测模块建立一个状态检测表，状态检测表由过滤规则表和连接状态表两部分构成。其过滤规则表的工作情况与包过滤防火墙的过滤规则表的工作情况是同样的，连接状态表用于记录通过防火墙的数据包的连接状态，用于判断到来的数据包是新建连接的数据包，还是已经建立连接的数据包，或者是不符合通信逻辑的异常包，然后根据情况进行相应的处理。

大部分应用协议都是按照客户机/服务器的模式工作的，当内网用户向外网服务器端发起服务请求时（如访问网站），客户端会发起一个请求连接的数据包，该数据包到达状态检测防火墙时，状态检测防火墙会检测到这是一个发起连接的初始数据包（由 SYN 标志），然后它就会把这个数据包中的信息与防火墙规则作比较，以决定是否允许通过。按照过滤规则表的相关信息，如果该数据包是允许通过的，则状态检测防火墙让其通过。

与此同时状态检测防火墙在连接状态表中新建一条会话，通常这条会话会包括此连接的源地址、目标地址，源端口、目标端口、连接时间等信息，对于 TCP 连接，它还应该包含序列号和标志位等信息。当后续数据包到达时，如果这个数据包不含 SYN 标志，说明这个数据包不是发起一个新的连接的数据包，状态检测引擎就会直接把它的信息与状态表中的会话条目中的信息进行比较，如果信息匹配，说明该数据包是前面那个新建连接数据包的后续数据包，状态检测防火墙直接允许这些后续数据包通过，而不必再让这些数据包再去接受规则的检查，提高了处理效率。如果信息不匹配，数据包就会被丢弃或连接被拒绝，并且每个会话还有一个超时值，过了这个时间，相应会话条目就会被从状态表中删除掉。

按照这种工作方式，状态检测防火墙只需对通信双方的第一个数据包进行规则表检测，记录其连接状态，后续数据包都不必再经过规则表检测，而是直接按照与连接表的匹配情况直接允许通过或拒绝通过，大大提高了数据包的处理效率。

状态检测防火墙可以检测到非正常的连接，并拒绝非正常连接的数据包通过防火墙。例如，客户机与服务器之间建立 TCP 连接采用的三次握手数据包的顺序是：SYN、SYN + ACK、ACK。如果在防火墙连接状态表中没有向外网发出过 SYN 包的情况下，却收到了一个来自外网的 SYN + ACK 数据包，这个包的出现违反了 TCP 的握手规则，应该将该数据包丢弃。可以看出由于状态检测防火墙在数据安全和数据处理效率上的有机结合，大大提高安全性和处理效率。

10.4.3 代理型防火墙

代理型防火墙是工作在应用层的防火墙，是应用级的防火墙。代理型防火墙从应用程序进行访问控制，允许访问某个应用程序而阻止另一些应用程序通过。同样，代理防火墙也部署在内外网之间，在内外网之间起到中间作用，外网对内网的访问是由代理防火墙的代理来完成的。代理类似房屋中介公司，使参与交流的双方必须借助代理来完成，否则它们之间完全是隔离的。

代理型防火墙系统的工作原理如图 10 - 11 所示。代理型防火墙通过一个代理服务器介入实现访问控制，代理服务器采用双网卡的主机实现，通过代理服务器使所有跨越防火墙的网络通信连接被分为两段，即内网与代理服务器的连接及外网与代理服务器的连接。在外部网络上面的计算机系统的网络连接只能到达代理服务器，访问内网也由代理服务器完成，内外网访问的连接都终止于代理服务器，这就成功地实现了防火墙内外网络上计算机系统的隔离。由于外部网络不能直接接触要访问的网络，从而降低了被攻击的可能。

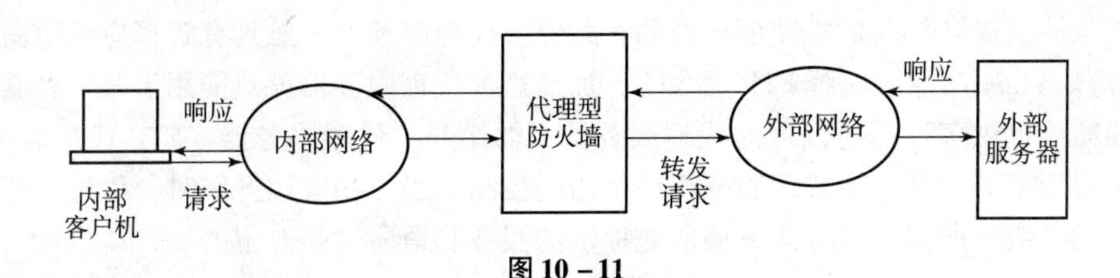

图 10－11

代理防火墙具有代理服务器和防火墙的双重功能，从客户端来看，代理服务器就是一台真正的服务器。代理防火墙将内部网络到外部网络的连接请求划分成两个部分：首先代理服务器根据安全过滤规则决定是否允许这个连接，如果规则允许访问，则代理服务器就代替客户向外部网络服务器发出访问请求；当代理服务器收到外部网络中的服务器返回的访问响应数据包时，同样要根据安全规则决定是否让该数据包进入内部网络，如果允许，代理服务器将这个数据包转发给内部网络来发起这个请求的客户机。

代理型防火墙中的代理服务器除了可以对连接进行鉴别外，还可以针对特殊的网络应用协议确定数据的过滤规则，也可以对数据包进行分析，形成审计报告。

由于代理防火墙工作在应用层，形成一个应用层网关，能对网络应用进行有效控制，具有如下优点：

①代理防火墙通过应用层的访问规则进行访问控制，可以针对应用层进行检测和扫描，可以有效地防止应用层的恶意入侵和病毒。

②代理服务器具有较高的安全性，由于每一个内外网之间的连接都是通过代理服务器完成的，每一个特定的应用（如 FTP、HTTP、SMTP、TELNET）都有相应的代理程序提供处理。代理服务器可以针对不同的应用采用不同的程序加以处理，如建立 Telnet 应用网关、FPT 应用网关，分别对 Telnet、FPT、SMTP、HTTP 应用进行处理，进一步提高了内外网访问的控制能力，提高了安全性。工作示意如图 10－12 所示。

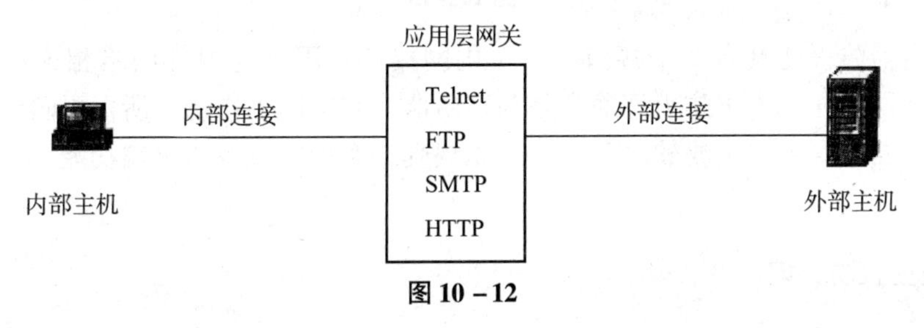

图 10－12

③代理服务器在客户机和真实服务器之间完全控制会话，可以提供很详细的日志和安全审计功能。

④代理防火墙一般都设计了内部的高速缓存，保留了最近访问过的站点内容，当下一个用户要访问同样的站点时，可以直接从高速缓存中提取，而不必再访问远程的外网服务器，可以在一定程度上提高访问速度。

由于代理服务器在通信中担任了二传手的角色，既能够实现内外网的访问，又不给内外网络的计算机以任何直接会话的机会，能较好地避免入侵者使用数据驱动类型的攻击方式入侵内部网，所以具有较好的安全性。

但是事情都是一分为二的，代理防火墙由于工作在应用层，主要是通过软件方式实现以上控制功能的，所以代理防火墙的处理速度相对于包过滤防火墙来说较慢，也就是说，代理防火墙安全性的提高是以牺牲速度得到的。此外，代理服务器一般具有解释应用层命令的功能，如解释 Telnet 命令、解释 FTP 命令等，那么这种代理服务器就只能用于某一种服务。因此，可能需要提供多种不同代理的代理服务器，如 Telnet 代理服务器、FTP 代理服务器等，并且每个应用都必须有一个代理服务程序来访问控制，当一种应用升级时，代理服务器也要进行相应的升级。所以，代理防火墙所能提供的服务和适应性是有限的。

10.4.4 防火墙的系统结构

防火墙的系统结构是指防火墙的产品结构，根据防火墙在网络中的部署位置及它与网络中其他设备的关系，只有选用合理的防火墙系统结构，才能使之具有最佳的安全性能。防火墙的系统结构可以分成包过滤防火墙、堡垒主机防火墙结构、单 DMZ 防火墙结构、双 DMZ 防火墙结构等几种。

1. 屏蔽路由器防火墙

屏蔽路由器防火墙是一个包过滤防火墙，也是最简单、最常见的防火墙，其工作原理如图 10 – 13 所示。

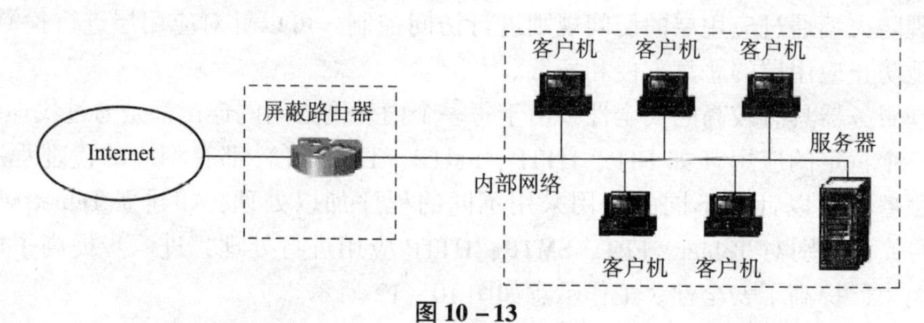

图 10 – 13

屏蔽路由器防火墙具有两个接口：一个内网接口，用于与内部网络相连；一个外网接口，用于与外网相连。由于防火墙通常是与路由器一起协同工作的，所以屏蔽路由器防火墙往往是在路由器上安装包过滤软件，配置过滤规则，实现包过滤防火墙功能，一般简称为屏蔽路由器。

2. 堡垒主机防火墙

堡垒主机（也称为双宿主机）实际是一台配置了两块网卡的服务器主机，其工作原理如图 10 – 14 所示。

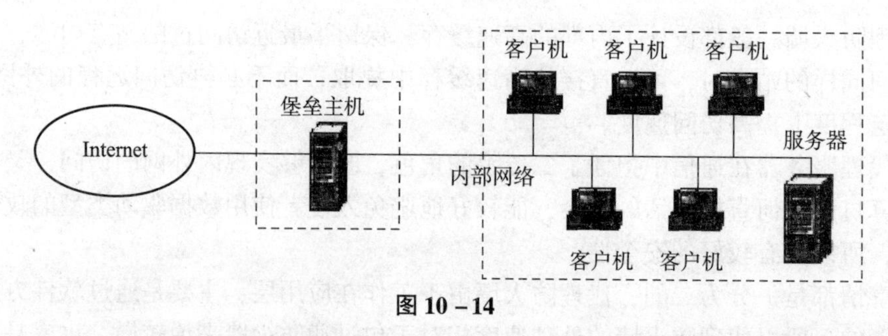

图 10 – 14

堡垒主机上安装防火墙软件，构成堡垒主机防火墙。堡垒主机属于代理型防火墙，在堡垒主机防火墙结构中，堡垒主机位于内部网络与外部网络之间，堡垒主机上的两块网卡分别与内部网络和外部网络相连，在物理连接上同包过滤防火墙，其中一块网卡与内部网络相连，而另外一块网卡与外部网络连接。堡垒主机上运行着各种代理服务程序，按照控制策略控制转发应用程序，提供网络安全控制。

与包过滤防火墙相比，双宿主机网关堡垒主机的系统软件可用于维护系统日志。由于双宿主机是内外网通信的传输通道，当内外网通信量较大时，双宿主机可能成为通信的“瓶颈”，因此双宿主机应选择性能优良的服务器主机。

堡垒主机最大的安全威胁是攻击者如果掌握了登录主机的权限，则内部网络就非常容易遭受攻击。如果堡垒主机失效，则意味着整个内部网络将被置于外部攻击之下，所以相对而言，堡垒主机防火墙仍然是一种不太安全的防火墙模式。

3. 带有屏蔽路由器的单网段防火墙

带有屏蔽路由器的单网段防火墙由一个屏蔽路由器和一个堡垒主机构成。工作原理如图10－15所示。

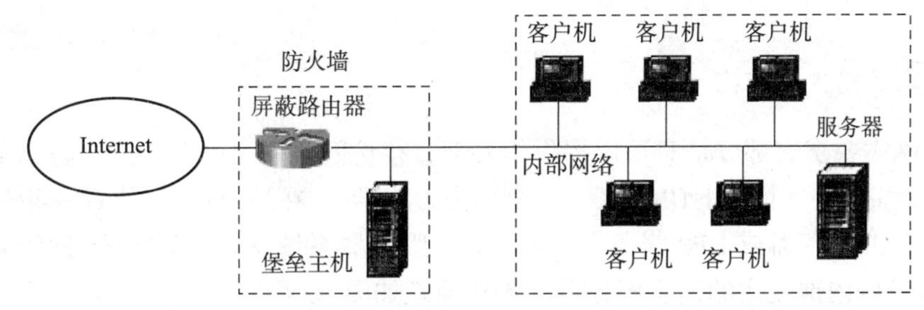

图 10－15

堡垒主机只有一块网卡连接在内部网络上，成为外部网络可以访问内部网络唯一的站点。网络服务由堡垒主机上相应的代理服务程序来支持，屏蔽路由让所有输入的信息必须先送往堡垒主机，并且只接受来自堡垒主机输出的信息。内网上的所有主机也只能访问堡垒主机，堡垒主机成为外网上的主机与内网上的主机之间的桥梁。包过滤路由器拒绝内部网络中的主机直接访问外网，内网主机访问外网的请求必须通过堡垒主机进行代理。为了保证不改变上述固定的数据包路径，屏蔽路由器应该进行必要的配置，如设置静态路由。

4. 单 DMZ 结构的防火墙

DMZ 是英文“demilitarized zone”的缩写，中文名称为“隔离区”，也称为“非军事化区”。DMZ 是为了解决安装防火墙后外部网络不能访问内部网络服务器，不利于部署 Web、E－mail 等网络服务的问题而设立的一个非安全系统与安全系统之间的缓冲区域。

这个缓冲区域可以理解为一个不同于外网或内网的特殊网络区域。这个特殊网络区域位于单位内部网络和外部网络之间的小网络区域内，一般称为 DMZ 区。在 DMZ 区域内可以放置一些服务于公众的服务器设施，如企业 Web 服务器、E－mail 服务器、FTP 服务器和论坛等。这样，来自外网的访问者可以访问 DMZ 区域中的服务器，获取相应的服务。但这些访问者不可能接触到部署在内网的网络服务器，也就不能获取这些内部信息。通过这样一个

DMZ 区域，能把服务于公众的服务器等设施与服务于内部人员的服务器等设施分离开来，更加有效地保护了内部服务器等设施的网络信息。单 DMZ 结构的防火墙工作原理如图 10－16 所示。

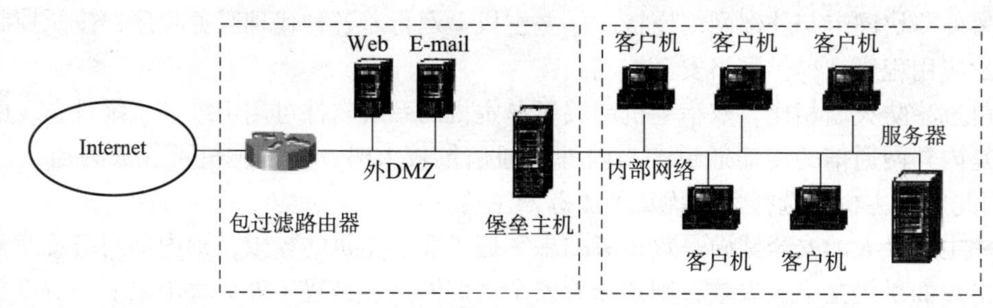

图 10－16

单 DMZ 防火墙结构的防火墙由屏蔽路由器和堡垒主机连接在同一个网段上，确保跨防火墙的数据必须先经过屏蔽路由器和堡垒主机这两个安全单元，单 DMZ 防火墙结构中的堡垒主机是双宿主机。而 DMZ 区成为外部网络与内部网络之间附加的一个安全层。堡垒主机可以作为一个应用网关，也可以作为代理服务器。由于堡垒主机是唯一能从外网直接访问内网的主机，所以内部主机得到了保护。

5. 双 DMZ 防火墙结构

如果内网中要求有部分信息可以提供给外部直接访问共享，可以通过在防火墙中建立两个 DMZ 区来解决：一个为外 DMZ 区，一个为内 DMZ 区。在外 DMZ 区放置一些公共服务信息服务器（Web 服务器或 FTP 服务器），而这些服务器系统本身也作为外堡垒主机；在内 DMZ 区放置一些内部使用的信息服务器。工作原理如图 10－17 所示。

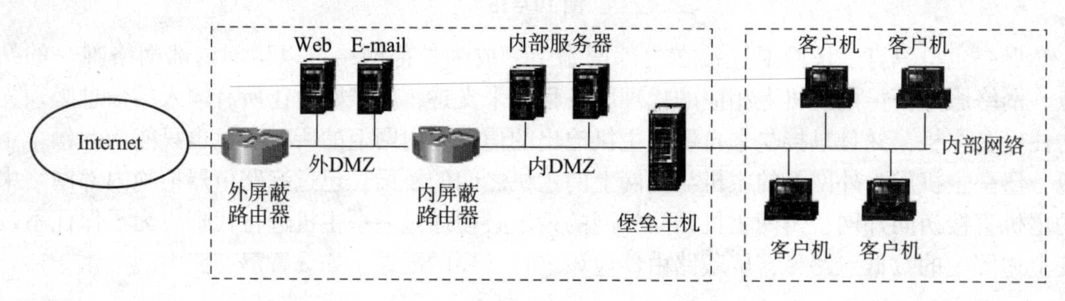

图 10－17

对于从外部网络来的数据包，外屏蔽路由器用于防范外部攻击，并管理对外 DMZ 的访问，内屏蔽路由器只允许接受来目的地址是堡垒主机的数据包，负责内 DMZ 到内部网络的访问。

对于要送到外网的数据包，内部屏蔽路由器管理堡垒主机到 DMZ 网络的访问，防火墙系统让内部网络上的站点只访问堡垒主机，屏蔽路由器只接受来自堡垒主机去往外网的数据包。

部署带 DMZ 的防火墙系统有如下好处：入侵者必须突破几个不同的设备，如外部屏蔽路由器、内部屏蔽路由器、堡垒主机等，才能攻击内部网络，攻击难度大大加强，相应地，内部网络的安全性也就大大加强，但投资成本相应地也是最高的。

10.5 入侵检测技术

10.5.1 入侵检测系统

入侵检测系统（Intrusion Detection Systems，IDS）是继防火墙、数据加密等保护措施后的又新一代安全保障系统，是为保证计算机系统的安全而设计的一种能够及时发现并报告系统中未授权或异常现象的技术。入侵检测既能检测出外部网络的入侵行为，又能监督内部网络中未授权的活动，目前已经成为防火墙之后的第二道安全网关。

做一个形象的比喻：假如防火墙是一幢大楼的门锁，那么 IDS 就是这幢大楼里的监视系统。一旦小偷爬窗进入大楼，或内部人员有越界行为，只有实时监视系统才能发现情况并发出警告。利用审计记录，入侵检测系统能够识别出任何不希望有的活动，从而限制这些活动，保护系统的安全。

入侵检测系统的应用，能使在入侵攻击对系统发生危害前检测到入侵攻击，并利用报警与防护系统驱逐入侵攻击。在入侵攻击过程中，能减少入侵攻击所造成的损失。在被入侵攻击后，收集入侵攻击的相关信息，作为防范系统的知识，添加入知识库内，以增强系统的防范能力。

典型的入侵检测系统由信息收集、信息分析和结果处理三个部分构成，信息处理的流程也是按照以下顺序完成的，如图 10－18 所示。

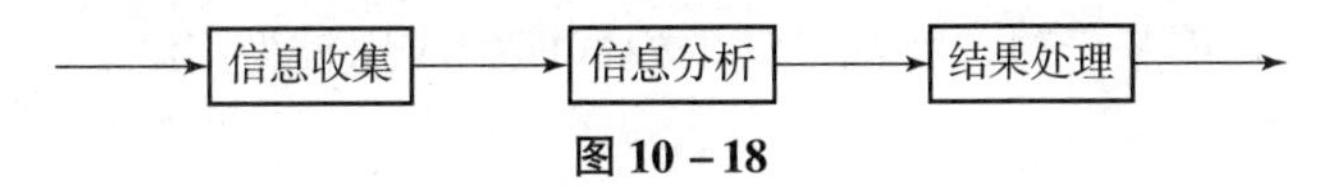

图 10－18

①信息收集：入侵检测的第一步是信息收集。收集内容包括系统、网络、数据及用户活动的状态和行为。由放置在不同网段的探测器或不同主机的代理来收集信息，包括系统和网络日志文件、网络流量、非正常的目录和文件改变、非正常的程序执行。

②信息分析：收集到的有关系统、网络、数据及用户活动的状态和行为等信息，被送到信息分析检测引擎，通过分析检测来发现入侵。当检测到入侵时，产生一个告警并发送给控制台。

③结果处理：控制台按照告警产生预先定义的响应采取相应措施，可以是重新配置路由器或防火墙，可以是终止进程、切断连接、改变文件属性等保护措施。

10.5.2 入侵检测系统的分类

从检测系统所分析的对象出发，可以把入侵检测系统分为基于网络的入侵检测系统、基于主机的入侵检测系统和混合式入侵检测系统三种类型。

基于网络的入侵检测系统（Network IDS）主要由管理站和探测器构成。入侵检测系统的输入数据来源于网络的数据流量包，探测器放置在比较重要的网段内，不停地监视网段中的各种数据包。对每一个数据包或可疑的数据包进行特征分析，如果数据包与产品内置的某些规则吻合，探测器将向管理站报告，管理站将发出警报甚至直接切断网络连接。目前，大部分入侵检测产品是基于网络的。

基于主机的入侵检测产品（Host IDS）通常安装在被重点检测的主机之上，入侵检测系统的输入数据来源于主机系统地审计日志，主要是对该主机的网络实时连接，以及系统审计日志进行智能分析和判断。如果其中主体活动十分可疑（特征或违反统计规律），入侵检测系统就会采取相应措施，以达到保护主机的目的。

基于网络的入侵检测产品和基于主机的入侵检测产品都有不足之处，单纯使用一类产品会造成主动防御体系不全面。但是，它们的缺憾是互补的，将这两种技术结合起来实现的入侵检测系统就是混合式入侵检测系统。混合式入侵检测系统既可以发现网络中的攻击信息，也可以从主机系统日志中发现异常情况。

混合入侵检测系统由多个部件组成，各个部件分布在网络的各个部分，所以混合式入侵检测系统又称为分布式入侵检测系统。混合式入侵检测系统的各个部分共同完成数据信息采集、数据信息分析，并通过中心的控制部件进行数据汇总、分析处理、产生入侵报警等结果处理。

按照入侵检测系统所采用的分析方法，可分为特征检测、异常检测及协议分析三种。

1. 特征检测

特征检测（Signature - based detection）假设入侵者活动可以用一种模式来表示，系统的目标是检测主体活动是否符合这些模式。通过模式匹配，发现违背安全政策的行为。特征检测可以将已有的入侵方法检查出来，但对新的入侵方法无能为力。其难点在于如何设计模式，既能够表达“入侵”现象，又不会将正常的活动包含进来，特征检测方法与计算机病毒的检测方式类似，目前基于对包特征描述的模式匹配应用较为广泛。

2. 异常检测

异常检测（Anomaly detection）的假设是入侵者活动异于正常主体的活动。根据这一理念建立主体正常活动的“活动档案”，将当前主体的活动状况与“活动档案”相比较，当违反其统计规律时，认为该活动可能是“入侵”行为。异常行为检测通常采用阈值检测，例如用户在一段时间内存取文件的次数、用户登录失败的次数、进程的 CPU 利用率、磁盘空间的变化等。异常检测的难题在于如何建立“活动档案”及如何设计统计算法，从而不把正常的操作作为“入侵”或忽略真正的“入侵”行为。

3. 协议分析

协议分析是一种新一代的入侵检测技术，它利用网络协议的高度规则来快速检测攻击的存在。协议分析入侵检测系统结合了高速数据包捕获、协议分析与命令解析、特征模式匹配几种方法，较大地提高了入侵检的准确性。

新一代协议分析 IDS 网络入侵检测引擎包含超过数量众多的命令解析器，可以在不同的上层应用协议上，对每一个用户命令做出详细分析，协议解析也大大减少了模式匹配 IDS 系统中常见的误报现象。

使用命令解析器可以确保一个特征串的实际意义被真正理解，辨认出串是不是攻击或可疑的。在基于协议分析的 IDS 中，各种协议都被解析，如果出现 IP 碎片设置，数据包将首先被重装，然后详细分析来了解潜在的攻击行为。

新一代协议分析 IDS 系统网络传感器采用新设计的高性能数据包驱动器，使其不仅支持线速百兆流量检测，并且千兆网络传感器具有高达 900M 网络流量的 100% 检测能力，不会忽略任何一个数据包。

10.5.3 入侵检测系统部署

IDS 入侵检测系统是一个监听设备，无须跨接在任何链路上，自身也不产生网络流量。因此，对 IDS 部署的要求是 IDS 应当挂接在所关注的流量流经的链路上。在这里，“所关注流量”指的是来自高危网络区域的访问流量和需要进行统计、监视的网络报文。目前大部分的网络都采用交换式网络结构。因此，IDS 在交换式网络中的位置一般部署在尽可能靠近攻击源，尽可能靠近受保护资源的地方。网络中，这些位置通常是：

①Internet 接入路由器之后的第一台交换机上。

②重点保护的主机上，服务器子网区域的交换机上。

③重点保护网段的局域网交换机上。

④DMZ 网段的交换机上。

工作时每个受监视的主机、交换机都运行着一个监视模块，用于采集相关信息，然后通过通信代理将采集的信息送到控制主机，控制主机汇集从各个监视模块送来的相关事件信息，送到主机的事件分析器根据规则库进行事件分析处理，然后根据规则制定的相应方式通过事件响应单元进行结果处理。

参 考 文 献

[1] 王群. 计算机网路教程 [M]. 北京：清华大学出版社，2009.
[2] 尤克，等. 通信原理教程 [M]. 北京：机械工业出版社，2008.
[3] 何林波，等. 网络设备配置与管理技术 [M]. 北京：邮电大学出版社，2010.
[4] 冯昊，等. 交换机、路由器配置与管理 [M]. 北京：清华大学出版社，2011.
[5] 张士斌，等. 网络安全基础教程 [M]. 人民邮电出版社，2009.
[6] H3C. 网络安全技术 [M]. H3C 网络学院，2012.
[7] 张卫，等. 计算机网络工程 [M]. 北京：清华大学出版社，2010.
[8] 兰少华，等. TCP/IP 网络与协议 [M]. 北京：电子工业出版社，2005.
[9] 谢希仁. 计算机网络 [M]. 北京：电子工业出版社，2015.
[10] 雷振甲. 计算机网络 [M]. 北京：机械工业出版社，2012.
[11] 雷振甲. 网络工程师教程 [M]. 北京：机械工业出版社，2012.
[12] 黄传河. 网络规划设计师教程 [M]. 北京：清华大学出版社，2011.
[13] 杨威，等. 网络工程设计与系统集成 [M]. 北京：人民邮电出版社，2012.
[14] 陈鸣. 网络工程设计教程与系统集成方法 [M]. 北京：机械工业出版社，2009.
[15] 曾慧林，等. 网络规划与设计 [M]. 北京：冶金工业出版社，2007.
[16] 胡云. 综合布线教程 [M]. 北京：中国水利出版社，2009.
[17] 董茜，等. 网络综合布线与案例 [M]. 北京：电子工业出版社，2008.
[18] (美) 库罗斯，(美) 罗斯. 计算机网络：自顶向下方法 [M]. 陈鸣，译. 北京：机械工业出版社，2014.
[19] David Gourley，Brian Totty，MarjorieSayer，等. HTTP 权威指南 [M]. 北京：人民邮电出版社，2012.
[20] (美) 特南鲍姆，(美) 韦瑟罗尔. 计算机网络 [M]. 严伟，潘爱民，译. 北京：清华大学出版社，2012.